VORLESUNGEN ÜBER NUMERISCHES RECHNEN

VON

C. RUNGE UND H. KÖNIG

O. PROFESSOR DER MATHEMATIK AN DER UNIVERSITÄT GÖTTINGEN

O. PROFESSOR DER MATHEMATIK AN DER BERGAKADEMIE CLAUSTHAL

MIT 13 ABBILDUNGEN

BERLIN
VERLAG VON JULIUS SPRINGER
1924

Softcover reprint of the hardcover 1st edition

ISBN-13: 978-3-642-98278-1 e-ISBN-13: 978-3-642-99089-2
DOI: 10.1007/ 978-3-642-99089-2

Vorwort.

Das Buch ist aus den Vorlesungen hervorgegangen, die der eine von uns seit 1904 etwa alle zwei Jahre an der Göttinger Universität gehalten hat und noch hält. Die Vorlesungen sind mit Übungen verbunden in der Art von Laboratoriumsübungen, in denen die Studierenden auch die Handhabung der rechnerischen Hilfsmittel, des Rechenschiebers und der vierstelligen Logarithmentafel für geringe Genauigkeit, und der Rechenmaschine für hohe Genauigkeit kennenlernen (die mehrstelligen Logarithmentafeln sind von der Schule her den Studierenden allgemein bekannt). Die Kenntnis der Elemente der Differential- und Integralrechnung wird dabei vorausgesetzt.

Von deutschen Werken über numerisches Rechnen sind uns bekannt geworden: *J. Lüroth*, Vorlesungen über numerisches Rechnen, Leipzig 1900, *H. Bruns*, Grundlinien des wissenschaftlichen Rechnens, Leipzig 1903, *O. Biermann*, Vorlesungen über mathematische Näherungsmethoden, Braunschweig 1905. Wir geben uns indessen der Hoffnung hin, daß das vorliegende Buch durch diese Werke nicht überflüssig gemacht wird. Bei der Durchsicht der Korrekturen und bei dem elften Kapitel, das die Auflösungen der gestellten Aufgaben enthält, sind wir von Herrn Studienassessor *Rudloff* unterstützt worden.

Göttingen und Clausthal, im März 1924.

C. Runge und **H. König.**

Inhaltsverzeichnis.

Erstes Kapitel.

Das Rechnen und seine Hilfsmittel.

Zweites Kapitel.

Lineare Gleichungen.

Drittes Kapitel.

Ausgleichungsrechnung.

Viertes Kapitel.

Ganze rationale Funktionen.

Fünftes Kapitel.

Das Rechnen mit unendlichen Reihen.

Sechstes Kapitel.

Gleichungen mit einer Unbekannten.

Siebentes Kapitel.

Gleichungen mit mehreren Unbekannten.

Achtes Kapitel.

Annäherung willkürlicher Funktionen durch Reihen gegebener.

Neuntes Kapitel.

Numerische Integration und Differentiation.

Zehntes Kapitel.

Numerische Integration von gewöhnlichen Differentialgleichungen.

Elftes Kapitel.

Auflösungen der Aufgaben.

Erstes Kapitel.

Das Rechnen und seine Hilfsmittel.

§ 1. Einleitende Bemerkungen über das Rechnen.

Der Zweig der Mathematik, der sich mit den Methoden beschäftigt, um ein Problem bis zu seinem quantitativen Resultat durchzuführen, hat bei den Mathematikern in den letzten hundert Jahren nicht die gleiche Pflege erhalten wie die anderen Zweige. Früher, als noch Personalunion in den Reichen der Mathematik, der Astronomie, der Physik bestand, war das anders. *Gauß* z. B. hat den Methoden des numerischen Rechnens, der Interpolation, der Integration, der Ausgleichung viel Nachdenken gewidmet, wie seine Theoria motus corporum coelestium, seine Methode der kleinsten Quadrate, seine Betrachtungen über Quadratur beweisen. Von ihm sind die fruchtbarsten Anregungen ausgegangen, die für eine Reihe von Wissenschaften von grundlegender Bedeutung geworden sind. Sie sind in die Wissenschaften übergegangen, die vornehmlich aus ihnen Nutzen ziehen, in die Geodäsie und die Astronomie. Aber von den Mathematikern im engeren Sinne sind sie wenig gepflegt worden. Nicht überall gehört das numerische Rechnen zu dem regelmäßigen Studiengange des mathematischen Unterrichts, obschon es so sein sollte. Denn in der Tat sollte die Lehre, wie mathematische Aufgaben am zweckmäßigsten numerisch zu Ende geführt werden, und die Übung in der Ausführung einen ebenso wichtigen Teil des Unterrichts bilden wie alles übrige. Sowohl für den Mathematiker selbst als namentlich für den Studierenden der Physik, der Astronomie, der Technik, der sich die Mathematik nicht um ihrer selbst willen, sondern als Handwerkszeug zu eigen machen will, ist diese „mathematische Exekutive" unerläßlich. Denn er kann sich bei seinen Arbeiten nicht mit dem Beweis der Möglichkeit der Lösung zufrieden geben, sondern er will mit einer gewissen Genauigkeit die Zahlenwerte haben, die seinen Beobachtungen entsprechen, und sein Verlangen ist, sie mit der geringsten Mühe zu gewinnen. Dadurch ergeben sich für die mathematische Untersuchung zwei wichtige Gesichtspunkte. Es muß die Genauigkeit der Approximation beachtet werden, mit der man sich begnügen will, und es muß die Zeit beachtet werden, die man auf eine Lösung verwendet. Das führt wieder auf die Hilfsmittel der Rechnung, die Hilfstabellen, die Rechenmaschinen und mathematischen Apparate, die man lernen muß zu verstehen und zu handhaben, und denen sich die rechnerischen Methoden wieder anzupassen haben. Die zu erreichende Genauigkeit bestimmt die Wahl des Hilfsmittels, mit dem in der kürzesten Zeit das gewünschte Resultat erhalten werden kann, und bestimmt damit auch das Rechnungsverfahren.

§ 2. Der Rechenschieber.

Um eine Funktion $y = f(x)$ graphisch darzustellen, trägt man bekanntlich in einem Koordinatensystem zu den Abszissen x die zugehörigen Ordinaten y auf unter Zugrundelegung geeigneter, nicht notwendigerweise gleicher Längen als Einheiten. Hieraus läßt sich nun eine in der angewandten Mathematik sehr gebräuchliche eindimensionale Darstellung der Funktion durch eine Skala ableiten (Abb. 1): Man projiziert die Punkte der Kurve $f(x)$ auf die y-Achse und schreibt an die so erhaltenen Punkte die Werte des Arguments x. Die so entstandene Skala auf der y-Achse stellt jetzt die Funktion $y = f(x)$ in der Weise dar, daß der Abstand eines mit x bezeichneten Teilstrichs vom Koordinatenanfang in der Ordinateneinheit gemessen den Funktionswert angibt.

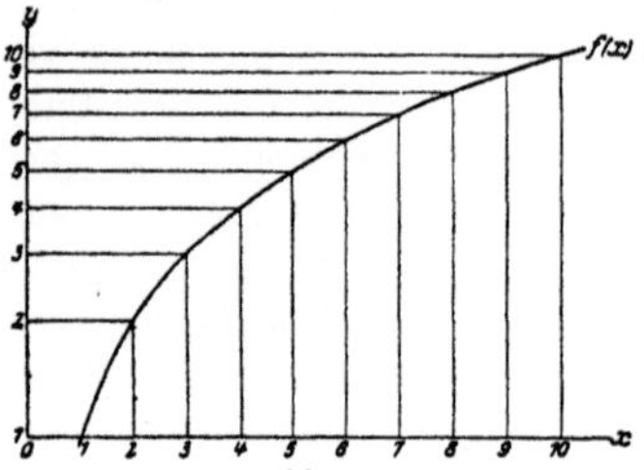

Abb. 1.

Zur Herstellung einer solchen Skala braucht die Kurve vorher nicht gezeichnet zu werden. Man trägt vielmehr direkt für runde Werte von x mit der Längeneinheit l die Strecken $l \cdot f(x)$ auf einer y-Achse vom Anfangspunkt aus ab. Die einzelnen Teilstriche werden mit den Werten x beziffert und müssen für den praktischen Gebrauch so dicht liegen, daß man zwischen ihnen nach Augenmaß interpolieren kann.

Ebenso soll jetzt eine zweite Funktion $g(t)$ durch eine Skala mit der gleichen Längeneinheit l dargestellt werden. Bringt man die beiden Skalen so zur Deckung, daß ihre Anfangspunkte zusammenfallen, dann stehen sich auf der y-Achse immer solche Werte von x und t gegenüber, für die die Relation gilt

$$f(x) = g(t) .$$

Verschiebt man nun die Skala für $g(t)$ längs der $f(x)$-Skala um eine Strecke c, so erfüllen gegenüberstehende Werte von x und t jetzt offenbar die Bedingung

$$f(x) = g(t) + c .$$

Das ist die Grundgleichung, auf der jeder Rechenschieber beruht.

Beim logarithmischen Rechenschieber finden in der Hauptsache logarithmische Skalen Verwendung. Die *Vorderseite* des Rechenschiebers (Abb. 2) trägt (in der normalen Ausführung) vier Skalen, zwei auf dem festen Stab und zwei auf der beweglichen Zunge. Ein Glasläufer mit eingeritzter Indexlinie dient dazu, solche Skalen miteinander in Verbindung zu bringen, die nicht unmittelbar aneinander grenzen, und findet auch Verwendung zur genaueren Interpolation zwischen benachbarten Teilstrichen.

Die obere Stab- und die obere Zungenskala sind identisch und stellen in geeigneter Längeneinheit unter Benutzung briggischer Logarithmen die Funktionen $f(x) = \log x$ und $g(t) = \log t$ dar. Die Teilung läuft von 1 bis 100, die logarithmische Skala besteht also aus zwei kongruenten Stücken von 1 bis 10 und von 10 bis 100. Für das zweite Stück findet sich daher auch häufig die Bezifferung von 1 bis 10 wieder-

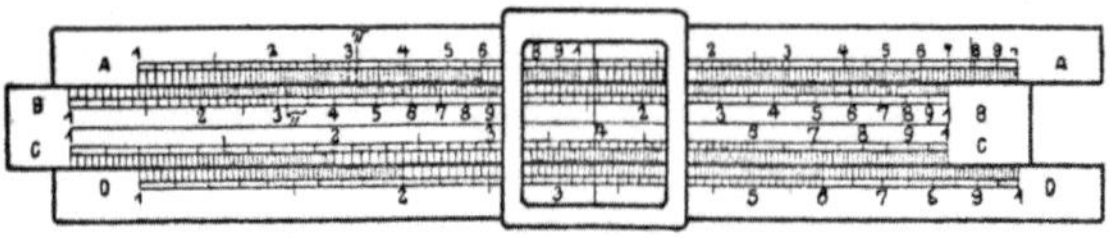

Abb. 2

holt. Die Längeneinheit ist gleich der Strecke von 1 bis 10, die ganze Skala entspricht daher der Strecke von $y = 0$ bis $y = 2$.

Die untere Zungen- und die untere Stabskala sind ebenfalls identisch. Hier sind die Logarithmen der Zahlen von 1 bis 10 aufgetragen, der Maßstab ist daher doppelt so groß. Bezeichnet man die Ablesung auf der unteren Stabskala mit X und die auf der unteren Zungenskala mit T, so stellen diese Skalen die Funktionen $y = 2\log X$ und $y = 2\log T$ dar.

Die *Rückseite* der Zunge enthält drei weitere Skalen. Die mit S bezeichnete Skala hat die Teilung $y = 2 + \log\sin\frac{u\pi}{180}$. Die mit T bezeichnete Skala entspricht der Funktion $y = 2 + 2\log\operatorname{tg}\frac{v\pi}{180}$, dabei stellen u und v die in Grad gemessenen Winkel dar. Zwischen diesen beiden Skalen befindet sich schließlich noch eine gleichförmige von rechts nach links bezifferte Skala, die zu der Funktion $y = 2 - 0{,}2\lambda$ gehört.

§ 3. Das Rechnen mit dem logarithmischen Rechenschieber.

Betrachtet man zunächst die beiden *oberen Skalen* des Rechenschiebers, so stehen bei einer beliebigen Stellung der Zunge zwei Werte x und t einander gegenüber, die entsprechend der Grundgleichung die Bedingung erfüllen

$$\log x = \log t + c \qquad \text{oder} \qquad \frac{x}{t} = C\,.$$

Je zwei gegenüberstehende Zahlen haben also stets dasselbe Verhältnis

$$\frac{x}{t} = \frac{x_1}{t_1}.$$

Handelt es sich darum, eine Reihe von Zahlen $x_1\ x_2\ x_3 \ldots$ mit dem konstanten Verhältnis $\frac{b}{a}$ zu multiplizieren, eine Aufgabe, vor die man beispielsweise bei der Maßstabsänderung einer Zeichnung gestellt ist, so kann man die Produkte $x_\nu \frac{b}{a} = t_\nu$ bei einer einzigen Stellung des Rechenschiebers ablesen. Man braucht nur entsprechend der Gleichung

$$\frac{x_\nu}{t_\nu} = \frac{a}{b}$$

der Zahl a auf der x-Skala die Zahl b auf der t-Skala gegenüberzustellen und findet zu jedem Wert x_ν gegenüberstehend den Wert t_ν. Bei der einfachen Multiplikation hat man $a = 1$ zu setzen, d. h. man stellt den Anfangsstrich der oberen Skala dem Faktor b auf der t-Skala gegenüber und kann bei derselben Schieberstellung für beliebige Werte x das Produkt $t = b \cdot x$ ablesen. Entsprechend gelingt die Division dadurch, daß man $b = 1$ setzt, also den Anfangsstrich der Zungenskala dem Divisor auf der x-Skala gegenüberstellt. Auch die Division einer Reihe von Zahlen durch einen festen Divisor wird dadurch besonders bequem, daß man alle Quotienten bei derselben Stellung des Schiebers ablesen kann.

Es ist eine besondere Eigenschaft der logarithmischen Skala, daß sie trotz endlicher Länge alle Werte der Veränderlichen beherrscht, da die Stücke für die Werte der Veränderlichen von 0·1 bis 1, von 1 bis 10, von 10 bis 100 usw. alle untereinander kongruent sind. Die Stellenzahl des Resultats vermag daher der Rechenschieber nicht zu liefern, man braucht sich aber auch zunächst, ebenso wie beim Rechnen mit Logarithmen, nicht um die Stellung des Kommas zu kümmern, sondern ermittelt sie für das Resultat nachträglich durch eine Überschlagsrechnung. Beim Rechnen mit den beiden oberen Skalen ist es daher gleichgültig, welchen der beiden Punkte in den kongruenten Abschnitten man für eine Zahl benutzt, aber nicht immer wird jedem der beiden Punkte ein Stück der anderen Skala gegenüberstehen.

Genau so, wie mit den beiden oberen Skalen des Rechenschiebers, kann man auch mit den beiden *unteren*, mit der X-Skala und der T-Skala, rechnen. Da der Maßstab der unteren Skalen doppelt so groß ist, wird auch die Genauigkeit des Resultates verdoppelt. Dabei stellt sich allerdings der Nachteil ein, daß einem Teilstrich der einen Skala nicht immer ein Stück der anderen gegenübersteht. Man ist dann gezwungen, die Zunge um ihre ganze Länge nach rechts oder links zu verschieben, nötigenfalls unter Fixierung des Endpunktes mit dem Läufer. Häufig kann man die Verschiebung der Zunge dadurch vermeiden, daß man an

Stelle einer bestimmten Zahl ihre Hälfte oder ihr Doppeltes auf der Skala aufsucht, dem dann vielleicht ein Stück der anderen Skala gegenübersteht. Natürlich ist das Resultat dann entsprechend mit 2 zu multiplizieren oder zu dividieren. Dieser Nachteil wird im allgemeinen durch die größere Genauigkeit der unteren Skalen nicht aufgewogen, denn wenn die Genauigkeit der oberen Skalen nicht genügt, dann wird in der Regel nicht die doppelte Genauigkeit, sondern eine Dezimale mehr, d. h. die zehnfache Genauigkeit, verlangt, so daß die unteren Skalen ebenfalls unzureichend sind. Die Bedeutung der unteren Skalen liegt vielmehr in ihrer Verbindung mit den oberen.

Bringt man zunächst die *obere* und die *untere* Stabskala in Verbindung unter Benutzung des Läufers, so entsprechen sich die beiden festen Anfangspunkte. Die beiden Zahlen x und X stehen dann gemäß der Grundgleichung in der Beziehung

$$\log x = 2 \log X \qquad \text{oder} \qquad x = X^2 .$$

Man kann also an der oberen Skala die Quadrate der Zahlen der unteren Skala ablesen, und umgekehrt an der unteren die Quadratwurzeln aus den Zahlen der oberen Skala. Beim *Wurzelziehen* ist jedoch darauf zu achten, daß die untere Skala nicht ebenso wie die obere in zwei kongruente Stücke zerfällt. Man muß daher unter den beiden Hälften der oberen Skala die richtige Auswahl treffen, die von der Stellung des Kommas im Radikanden abhängt, denn z. B. die Wurzeln aus 4·9 und 49 sind nicht nur durch die Stellung des Kommas voneinander verschieden. Eine Überschlagsrechnung wird hier leicht den richtigen Fingerzeig geben.

Man findet häufig Läufer, die mit drei Indexlinien versehen sind. Die beiden äußeren haben von der mittleren gleichen Abstand, der an der oberen Skala gemessen dem Logarithmus von $\frac{\pi}{4}$ entspricht. Verbindet man die untere mit der oberen Stabskala und geht gleichzeitig zu der links benachbarten Indexlinie über, so liest man zu einem Werte X den Wert von $\frac{\pi}{4} x = \frac{\pi}{4} X^2$ ab. Es ist auf diese Weise eine direkte Verbindung zwischen Durchmesser und Inhalt eines Kreises hergestellt.

Kombiniert man ferner die obere feste Skala für x mit der unteren Zungenskala für T, so stehen gegenüberliegende Werte der Grundgleichung zufolge in der Beziehung

$$\log x = 2 \log T + c$$

oder

$$\frac{x}{T^2} = C .$$

Es ist also immer das Verhältnis der oberen Zahl zu dem Quadrat der unteren konstant.

Man kann diese Beziehung zur Konstruktion einer Parabel benutzen, die durch einen gegebenen Punkt (u_0, v_0) hindurchgeht und die

v-Achse im Anfangspunkt berührt. Bedeutet p den Parameter, so lautet ihre Gleichung

$$v^2 = 2pu$$

oder

$$\frac{u}{v^2} = \frac{1}{2p} = \frac{u_0}{v_0^2}.$$

Der Rechenschieber braucht jetzt nur so eingestellt zu werden, daß der Wert u_0 auf der oberen Stabskala dem Werte v_0 auf der unteren Zungenskala gegenübersteht, dann können bei derselben Stellung des Schiebers nur durch Verschiebung des Läufers zu beliebigen u-Werten die Werte von v abgelesen werden und umgekehrt.

Die Kombination der unteren Stabskala (X) mit der oberen Zungenskala (t) ergibt nichts Neues.

Steckt man die Zunge *umgekehrt* hinein, so daß ihre beiden Skalen vertauscht werden, so stellt die jetzt unten befindliche t-Skala die Funktion

$$y = 2 - \log t$$

dar, während der jetzt oben befindlichen T-Skala die Funktion entspricht

$$y = 2 - 2 \log T.$$

Kombiniert man nun zunächst wieder die x-Skala mit der t-Skala, so stehen jetzt die gegenüberliegenden Werte in der Beziehung

$$\log x = 2 - \log t + c,$$

oder

$$\log x t = 2 + c = c'$$

$$x t = C.$$

Das Produkt zweier gegenüberliegender Zahlen ist konstant. Schreibt man die Beziehung in der Form

$$t = \frac{C}{x},$$

so erkennt man, daß diese Stellung der Zunge dazu benutzt werden kann, eine feste Zahl C durch eine Reihe von Zahlen x zu dividieren ohne Änderung der Einstellung. Man hat nur den Anfangsstrich der Zunge mit der Zahl C auf der x-Skala zur Deckung zu bringen. Kombiniert man andererseits die x-Skala mit der jetzt oben befindlichen T-Skala, so besteht zwischen den beiden Werten die Beziehung:

$$\log x = 2 - 2 \log T + c$$

oder

$$x T^2 = C.$$

Das Produkt aus der oberen Zahl und dem Quadrat der gegenüberstehenden Zahl der Zunge ist konstant.

Diese Stellung läßt sich zur *Berechnung von dritten Wurzeln* benutzen. Stellt man den Anfangs- oder Endstrich der Zunge auf eine Zahl a der oberen Stabskala und sucht auf der x- und T-Skala gegenüberstehende gleiche Zahlen $x = T$ auf, so wird

$$x \cdot T^2 = x^3 = a$$

oder

$$x = \sqrt[3]{a}.$$

Zu jedem Werte a findet man auf dem Rechenschieber drei verschiedene Stellen der Übereinstimmung zwischen x und T, entsprechend den drei verschiedenen Wurzeln, die sich aus a ohne Rücksicht auf die Stellung des Kommas ziehen lassen. Bei einer bestimmten Stellung des Rechenschiebers können aber höchstens zwei dieser Werte abgelesen werden. Den dritten Wert findet man durch Verschieben der Zunge um ihre halbe Länge. Die Auswahl unter den drei Werten ist durch Überschlagen leicht zu treffen.

Beispiel: $\sqrt[3]{7}, \quad \sqrt[3]{70}, \quad \sqrt[3]{700}$

zu berechnen.

Stellt man den Anfangsstrich auf die Zahl 7 der rechten Hälfte, so findet man Übereinstimmung bei 1913 und 412. Stellt man den Endstrich auf die Zahl 7 der linken Hälfte, so ergibt sich der Wert 888. Also

$$\sqrt[3]{7} = 1{\cdot}913, \quad \sqrt[3]{70} = 4{\cdot}12, \quad \sqrt[3]{700} = 8{\cdot}88.$$

Die *Rückseite* der Zunge dient in der Hauptsache zur Ausführung trigonometrischer Rechnungen. Da die Genauigkeit des Rechenschiebers etwa der einer guten Zeichnung gleichkommt, sind diese Teilungen beim Zeichnen sehr gut zu gebrauchen. Kombiniert man die S-Skala mit der oberen festen Skala, so besteht zwischen gegenüberliegenden Werten x und u die Beziehung

$$\log x = 2 + \log \sin \frac{u\pi}{180} + c$$

oder

$$\frac{x}{\sin \frac{u\pi}{180}} = C.$$

Die Anwendung dieser Beziehung zur Dreiecksberechnung auf Grund des Sinussatzes leuchtet ohne weiteres ein. Allerdings stehen bei beliebiger Einstellung den Zahlen u nicht immer Werte von x gegenüber. Man hilft sich durch Verschieben der Zunge um ihre halbe Länge, so daß man die 10 fachen oder 0·1 fachen Werte von x ablesen kann. Ebenso wie mit dem Sinus läßt sich auch mit dem Kosinus rechnen, denn es ist ja

$$\cos \frac{u\pi}{180} = \sin \frac{(90 - u)\pi}{180}.$$

Es lassen sich auf diese Weise z. B. die rechtwinkligen Koordinaten der Punkte eines Kreises ermitteln, wenn der Radius und der Winkel zwischen Radius und Abszissenachse gegeben ist, d. h. es lassen sich auf Grund der Formeln

$$x = r \cos\varphi, \quad y = r \sin\varphi$$

Polarkoordinaten in rechtwinklige verwandeln. Bei konstantem r findet man durch eine einzige Einstellung aus der Beziehung

$$\frac{y}{\sin\frac{u\pi}{180}} = \frac{x}{\sin\frac{(90-u)\pi}{180}} = r$$

über jedem Winkel die Ordinate und über seinem Komplement die Abszisse des entsprechenden Punktes.

Verbindet man die T-Skala mit der unteren Stabskala für X, so entsteht die Beziehung

$$2\log X = 2 + 2\log\operatorname{tg}\frac{v\pi}{180} + c$$

oder

$$\frac{X}{\operatorname{tg}\frac{v\pi}{180}} = C\,.$$

Daraus ergibt sich die Möglichkeit, zu jedem Winkel unter 45° den Tangens abzulesen. Sind X, v und X', v' zwei Paare einander bei irgendeiner Stellung der Zunge gegenüberstehender Zahlen, Werte der X-Skala und der v-Skala, so ist also

$$\frac{X}{\operatorname{tg}\frac{v\pi}{180}} = \frac{X'}{\operatorname{tg}\frac{v'\pi}{180}}\,.$$

Jetzt werde X' dem Endstrich $v' = 45°$ gegenübergesetzt; dann ist

$$\operatorname{tg}\frac{v'\pi}{180} = 1$$

und mithin

$$\operatorname{tg}\frac{v\pi}{180} = \frac{X}{X'}\,.$$

Oder es werde X' dem linken Endstrich gegenübergesetzt für den

$$\operatorname{tg}\frac{v'\pi}{180} = 0{\cdot}1\,;$$

dann ist

$$\operatorname{tg}\frac{v\pi}{180} = 0{\cdot}1\,\frac{X}{X'}\,.$$

Gleichzeitig erhält man die Kotangenten der Winkel über 45°, da

$$\operatorname{tg}\frac{v\pi}{180} = \operatorname{ctg}\frac{(90-v)\pi}{180}$$

ist. Um die Tangenten der Winkel über 45° zu ermitteln, geht man von der Beziehung aus

$$\operatorname{tg}\frac{v\pi}{180}\cdot\operatorname{tg}\frac{(90-v)\pi}{180} = 1\,.$$

Es folgt

$$\frac{0{\cdot}1}{\operatorname{tg}\frac{v\pi}{180}} = \frac{\operatorname{tg}\frac{(90-v)\pi}{180}}{10}\,.$$

Man hat also das Komplement des Winkels über den Endstrich der X-Skala zu stellen und findet unter dem Anfangsstrich der Zungenskala den gesuchten Tangens. Entsprechend ergeben sich die Kotangenten der Winkel unter 45° aus

$$\frac{0{\cdot}1}{\operatorname{ctg}\frac{v\pi}{180}} = \frac{\operatorname{tg}\frac{v\pi}{180}}{10}.$$

Man stellt den Winkel über den Endstrich der X-Skala und findet unter dem Anfangsstrich der Zungenskala die Kotangente.

Die Sinusskala ist beschränkt auf Winkel, deren Sinus größer ist als 0·01, also auf Winkel, die größer sind als 34′. Entsprechend erstreckt sich die Tangensskala nach links nur bis 0·1, sie ist also beschränkt auf Winkel, die größer sind als 5° 43′. Bei der Genauigkeit des Rechenschiebers ist es ausreichend, für *kleinere Winkel* die Funktionen gleich den Winkeln zu setzen. Das geschieht am einfachsten dadurch, daß man den in Minuten ausgedrückten Winkel durch 3438 dividiert, eine Zahl, die auf dem Rechenschieber in der Regel durch einen besonderen mit ϱ' bezeichneten Teilstrich angegeben ist. Um nicht die Zunge zur Ausführung dieser Rechnung wieder umkehren zu müssen, kann man sich auch merken, daß die Division durch den Sinus von 20° 6′ oder den Tangens von 18° 58′ ausgeführt werden kann.

Endlich kann man auch die x-Skala mit der T-Skala oder die X-Skala mit der S-Skala in Verbindung bringen und erhält dann die Beziehungen

$$\log x = 2 + 2\log\operatorname{tg}\frac{v\pi}{180} + c\,,$$

$$\frac{x}{\operatorname{tg}^2\frac{v\pi}{180}} = C$$

und entsprechend

$$2\log X = 2 + \log\sin\frac{u\pi}{180} + c\,,$$

$$\frac{x^2}{\sin\frac{u\pi}{180}} = C$$

Die in der Mitte der Zunge befindliche gleichförmige Skala für die Funktion

$$y = 2 - 0{\cdot}2\lambda$$

erlaubt es, den Logarithmus einer Zahl zu finden. Verbindet man sie mit der unteren Stabskala, so entsteht die Beziehung

$$2\log X = 2 - 0{\cdot}2\lambda + c$$

oder

$$\lambda + 10\log X = C = \lambda' + 10\log X'.$$

Setzt man $\lambda = 10$ und $X' = 10$, so wird

$$10 + 10\log X = \lambda' + 10\,.$$

Stellt man also den linken Endstrich der Zungenskala über eine Zahl X, so kann man über dem rechten Endstrich der Stabskala $\lambda' = 10 \log X$ ablesen.

Um ohne Verstellung der Zunge die Logarithmen mehrerer Zahlen zu finden, steckt man die Zunge umgekehrt, d. h. rechts mit links vertauscht, in den Schieber. Es ergibt sich die Beziehung

$$2 \log X = 0{\cdot}2\lambda + c$$

oder

$$10 \log X = \lambda + C\,.$$

Bringt man die Endstriche von Stab und Zunge zur Deckung, wird $C = 0$, und man liest über jeder Zahl X den Wert $\lambda = 10 \log X$ ab.

Kombiniert man bei der umgekehrten Zungenstellung die x-Skala mit der S-Skala und die X-Skala mit der T-Skala, so sind in diesem Falle analog dem Früheren die Produkte konstant

$$x \sin \frac{u\pi}{180} = C \quad \text{und} \quad X \operatorname{tg} \frac{v\pi}{180} = C\,.$$

Auf diese Weise ist es möglich, ohne Verschiebung der Zunge die Tangenten der Winkel über 45° und die Kotangenten der Winkel unter 45° abzulesen. Bringt man die Endstriche der Stab- und Zungenskala zur Deckung, so findet man unter jedem Winkel v seine Kotangente und unter seinem Komplement den Tangens auf der X-Skala.

Schließlich lassen sich bei der umgekehrten Zungenstellung noch die Beziehungen herstellen

$$x \operatorname{tg}^2 \frac{v\pi}{180} = C \quad \text{und} \quad X^2 \sin \frac{u\pi}{180} = C\,.$$

Um bei der Normalstellung der Zunge einzelne Ablesungen auf den rückwärtigen Skalen zu ermöglichen, sind auf der Rückseite des Rechenschiebers an beiden Enden *Aussparungen* mit Indexstrichen angebracht. Stellt man die Marke auf einen Winkel u der S-Skala, so liest man unter dem rechten Endstrich der Stabskala den Wert $100 \cdot \sin \frac{u\pi}{180}$ auf der t-Skala ab. Stellt man auf einen Winkel v der T-Skala ein, so findet man über dem linken Endstrich der Stabskala auf der T-Skala den Wert $10 \operatorname{tg} \frac{v\pi}{180}$ und unter dem rechten Endstrich der Zunge auf der X-Skala den Wert $\operatorname{ctg} \frac{v\pi}{180}$. Für Winkel über 45° benutzt man die Komplementwinkel und erhält Tangens und Kotangens in der umgekehrten Reihenfolge. Um den Logarithmus zu finden, stellt man den linken Endstrich der Zunge auf die Zahl X und liest in der rechten Aussparung den Wert $10 \log X$ ab. Die Genauigkeit aller dieser Ablesungen wird durch Parallaxe etwas herabgesetzt.

§ 4. Die Genauigkeit des Rechenschiebers.

Der Anwendung des Rechenschiebers ist durch seine beschränkte Genauigkeit eine Grenze gezogen. Wir werden weiter unten sehen, wie sich diese Genauigkeit bei einfachen Aufgaben verhältnismäßig leicht steigern läßt. Zunächst soll jedoch abgeschätzt werden, mit welcher Genauigkeit das Resultat einer einfachen Rechnung ohne Kunstgriffe zu erwarten ist. Dabei ist vorausgesetzt, daß das Ablesen ohne optische Hilfsmittel geschieht, und daß nicht gerade mit solchen Zahlen gerechnet wird, die auf dem Rechenschieber durch Teilstriche vertreten sind. Die Benutzung des Rechenschiebers erfordert die richtige Schätzung von Abständen, und da bildet ein Abstand von 0·1 mm etwa die Grenze des mit bloßem Auge Erkennbaren. Beim Einstellen oder Ablesen einer Zahl wird also ein mittlerer Längenfehler von 0·1 mm zu erwarten sein. Rechnet man mit den oberen Skalen eines normalen 25 cm langen Rechenschiebers, so entspricht dem Werte $y = 1$ die Strecke 125 mm. Einem Fehler von 0·1 mm entspricht also in y der Fehler

$$\Delta y = \frac{0\cdot 1}{125} = \frac{1}{1250};$$

es fragt sich, welcher Fehler in x hierdurch bedingt wird. Aus der Beziehung

$$y = \log x$$

folgt durch Differenzieren

$$dy = \frac{dx}{x} \log e\,.$$

ein Ausdruck, der näherungsweise auch für kleine endliche Differenzen benutzt werden kann,

$$\Delta y = \frac{\Delta x}{x} \log e\,.$$

Daraus ergibt sich

$$\Delta x = \frac{\Delta y}{\log e} \cdot x\,.$$

und wenn man den Wert von Δy und $\log e = 0\cdot 434$ einsetzt,

$$\Delta x = \frac{x}{543} = 0\cdot 00184\, x\,.$$

Der Fehler einer Einstellung beträgt also kaum 0·2% von x und ist prozentual genau derselbe, gleichgültig ob x klein oder groß ist, eine bemerkenswerte Eigenschaft der logarithmischen Skala! Bei einer einfachen Multiplikation oder Division kommt dieser Schätzungsfehler dreimal in Betracht. Nun wird in der Ausgleichungsrechnung gezeigt, daß, wenn m den mittleren Fehler einer Messung bedeutet, der mittlere Fehler des Ergebnisses, das durch Summierung des n mal ausgeführten Messungsvorganges entsteht, gleich

$$m\sqrt{n}$$

ist. Als mittlerer Fehler des Resultats einer einfachen Multiplikation oder Division ist demnach

$$0\cdot 00184 \cdot \sqrt{3} = 0\cdot 00319 = \text{rd. } 3\,‰$$

zu erwarten. Dieser Fehler wird noch vergrößert durch die Ungenauigkeit der Einteilung. Es ist jedoch von einem guten Rechenschieber zu fordern, daß die Teilungsfehler erheblich unter dem oben ermittelten Betrag bleiben.

Die beiden unteren Skalen des Rechenschiebers besitzen, wie schon erwähnt, die doppelte Genauigkeit. Das Resultat einer einfachen Rechnung ist demnach beim Rechnen mit diesen Skalen mit einem Fehler von etwa 1·5‰ zu erwarten.

Reicht bei einer Rechnung die Genauigkeit des Rechenschiebers nicht aus, so muß man zu den weiter unten zu besprechenden Hilfsmitteln greifen. Bei einfachen Aufgaben läßt sich jedoch die Genauigkeit dadurch steigern, daß man die Rechnung in gewöhnlicher Weise beginnt und mit dem Rechenschieber fortfährt, sobald seine Genauigkeit ausreicht. Soll beispielsweise der Umfang eines Kreises aus dem Durchmesser nach der Formel $u = \pi \cdot d$ berechnet werden, wobei $\pi = 3{\cdot}1416$ ist, dann zerlegt man π in $3 + 0{\cdot}1416$ und führt die Multiplikation einzeln durch:

$$\pi \cdot d = 3 \cdot d + 0{\cdot}1416\, d\,.$$

Das erste Produkt wird im Kopf, das zweite mit dem Rechenschieber gebildet. Die relative Genauigkeit des kleinen zweiten Produkts beträgt nach dem Früheren etwa 3‰, die Genauigkeit des Resultats ist also wesentlich größer. Ist z. B. $d = 4712$, so gestaltet sich die Rechnung folgendermaßen:

$$\begin{array}{r} 3 \cdot 4712 = 14\,136 \\ 0{\cdot}1416 \cdot 4712 = \quad 667 \\ \hline \pi \cdot 4712 = 14\,803\,. \end{array}$$

Das Resultat ist mit sämtlichen angeschriebenen Ziffern richtig. Bei direkter Multiplikation $\pi \cdot 4712$ hätte man nur die Ziffern 1480 ablesen können, und die 0 wäre schon zweifelhaft gewesen.

Ganz ähnlich verhält sich die Rechnung bei der Division. Will man bei der Division $5{\cdot}1473 : 1{\cdot}4126$ im Quotienten ebenfalls vier Ziffern hinter dem Komma angeben, so hat man durch gewöhnliche Division zunächst zwei Ziffern zu ermitteln:

$$\begin{array}{l} 5{\cdot}1473 : 1{\cdot}4126 = 3{\cdot}6\,. \\ 4{\cdot}2378 \\ \hline \quad 9095 \\ \quad 8476 \\ \hline \quad\ 619 \end{array}$$

Die Division des Restes $619 : 1{\cdot}4126$ wird mit dem Rechenschieber ausgeführt und ergibt noch die Ziffern 438. Als Quotient ergibt sich also

$$5{\cdot}1473 : 1{\cdot}4126 = 3{\cdot}6438\,,$$

wobei höchstens die letzte Ziffer um eine Einheit fehlerhaft ist.

Nach diesem Prinzip kann man die Genauigkeit natürlich beliebig weit treiben.

Auch beim Wurzelziehen läßt sich die Genauigkeit auf ähnliche Weise steigern. Man beginnt die Rechnung wie gewöhnlich; sobald man einige Stellen gefunden hat, kann man durch Division etwa drei weitere Stellen ermitteln. In dem Beispiel $\sqrt{2}$ sollen zunächst drei Ziffern auf die gewöhnliche Weise ermittelt werden:

$$\sqrt{2} = 1{\cdot}41\,.$$

$$\begin{array}{r|l} & 1 \\ \hline 2 & 100 \\ & 96 \\ \hline 28 & 400 \\ & 281 \\ \hline & 119 \end{array}$$

Es bleibt der Rest 0·0119, d. h. es ist

$$2 - (1{\cdot}41)^2 = 0{\cdot}0119\,.$$

Der wahre Wert von $\sqrt{2}$ sei $1{\cdot}41 + \varepsilon$, dann ist:

$$2 = (1{\cdot}41)^2 + 2{\cdot}82\,\varepsilon + \varepsilon^2,$$

$$2 - (1{\cdot}41)^2 = 0{\cdot}0119 = 2{\cdot}82\,\varepsilon + \varepsilon^2,$$

oder

$$2{\cdot}82\,\varepsilon = 0{\cdot}0119 - \varepsilon^2\,.$$

Da ε nur einige Einheiten der dritten Dezimale ausmacht, so wirkt ε^2 höchstens auf die fünfte Dezimale ein, verändert also den Wert 0·0119 nicht mehr. Somit ergibt sich

$$\varepsilon = 0{\cdot}0119 : 2{\cdot}82 = 0{\cdot}00422\,.$$

Dieser Wert läßt sich durch eine Überschlagsrechnung noch etwas verschärfen, wenn man aus ihm ε^2 berechnet und damit $0{\cdot}0119 - \varepsilon^2$ verbessert. Es ist ε^2 etwa 0·00002 und daher

$$0{\cdot}0119 - \varepsilon^2 = 0{\cdot}01188,$$

und somit wird

$$\varepsilon = 0{\cdot}01188 : 2{\cdot}82 = 0{\cdot}00421\,.$$

Demnach ist das Resultat

$$\sqrt{2} = 1{\cdot}41421\,.$$

§ 5. Anwendungen des Rechenschiebers.

Wir wollen jetzt einige Aufgaben von allgemeinerer Bedeutung betrachten, bei denen durch geschickte Anwendung des Rechenschiebers die Genauigkeit gesteigert und die Rechnung erheblich abgekürzt werden kann.

Häufig ist man gezwungen, von rechtwinkligen Koordinaten zu *Polarkoordinaten* überzugehen, beispielsweise um bequem eine Drehung des rechtwinkligen Koordinatensystems ausführen zu können. Die Aufgabe besteht dann darin, aus den Transformationsformeln

$$x = r\cos\varphi,$$
$$y = r\sin\varphi$$

r und φ auszurechnen, wenn x und y gegeben sind. Bei der üblichen Auflösung

$$\operatorname{tg}\varphi = \frac{y}{x},$$
$$r = \sqrt{x^2 + y^2}$$

läßt sich r mit dem Rechenschieber nur unbequem und wenig genau berechnen. Wir bezeichnen daher die absoluten Beträge von x und y mit p und q, und es sei stets

$$p \geqq q.$$

Dann ermittelt man mit dem Rechenschieber den Winkel α aus

$$\operatorname{tg}\alpha = \frac{q}{p}.$$

α ist stets $\leqq 45°$ und liefert sofort den gesuchten Winkel φ, man muß sich nur etwa an Hand einer Figur klarmachen, in welchem Quadranten der Winkel zu suchen ist. Es ergibt sich folgende Zusammenstellung:

$\lvert x\rvert > \lvert y\rvert$	1. Quadrant	$\varphi = \alpha$		$\lvert x\rvert < \lvert y\rvert$	1. Quadrant	$\varphi = 90° - \alpha$
	2. ,,	$\varphi = 180° - \alpha$			2. ,,	$\varphi = 90° + \alpha$
	3. ,,	$\varphi = 180° + \alpha$			3. ,,	$\varphi = 270° - \alpha$
	4. ,,	$\varphi = 360° - \alpha$			4. ,,	$\varphi = 270° + \alpha$

Ist P (Abb. 3) der Punkt, dessen Koordinaten p und q transformiert werden sollen, so gibt $OA = OP$ den gesuchten Radius r. Da das Dreieck AOP gleichschenklig ist, ist der Winkel BPA gleich $\frac{\alpha}{2}$, und es wird

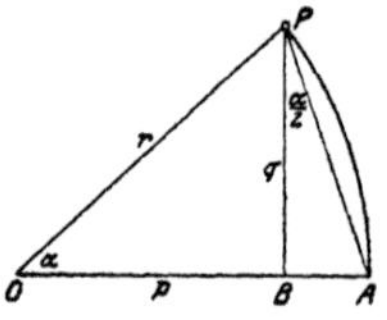

Abb. 3.

$$r = OA = OB + BA = p + q\operatorname{tg}\frac{\alpha}{2}.$$

In dieser Formel stellt der zweite Term nur eine kleine Korrektur des ersten dar, q ist kleiner als p und $\operatorname{tg}\frac{\alpha}{2}$ kleiner als 0·42. Findet man $q \cdot \operatorname{tg}\frac{\alpha}{2}$ etwa auf 3‰ genau, so ist die Summe $r = p + q\operatorname{tg}\frac{\alpha}{2}$ wesentlich genauer bestimmt.

Ist z. B. $x = -1{\cdot}125$ und $y = 3{\cdot}47$, so wird $p = 3{\cdot}47$ und $q = 1{\cdot}125$, und daraus ergibt sich

$$\alpha = 17°\,58'.$$

Um p und q auf den beiden unteren Skalen des Schiebers einstellen zu können, vgl. die Bemerkung auf S. 8. Der Teilstrich $v = 45°$ der T-Skala wird gegenüber $X = 3{\cdot}47$ gestellt und gegenüber $X = 1{\cdot}125$ der Winkel $v = 17°\,57'$ abgelesen. Nun wird das linke Ende der T-Skala

$\left(\operatorname{tg}\frac{v\pi}{180} = 0{\cdot}1\right)$ gegenüber $X = 1{\cdot}125$ eingestellt und gegenüber $v = \frac{\alpha}{2} = 8^\circ\, 59'$ der Wert

$$X = q \cdot \operatorname{tg}\frac{\alpha}{2} = 0{\cdot}1778$$

abgelesen. Somit ist

$$r = p + q\operatorname{tg}\frac{\alpha}{2} = 3{\cdot}47 + 0{\cdot}1778 = 3{\cdot}6478\,.$$

Da $|x| < |y|$ ist und φ im zweiten Quadranten liegt, ist

$$\varphi = 90^\circ + \alpha = 107^\circ\, 58'\,.$$

Wir betrachten ferner die *Auflösung der quadratischen Gleichung*

$$x^2 - ax + b = 0\,, \qquad a > 0\,.$$

Sind x_1 und x_2 die Wurzeln der Gleichung, so ist

$$x_1 + x_2 = a\,, \qquad x_1 x_2 = b\,.$$

Wir stellen nun den Anfangsstrich der umgekehrten Zunge über den absoluten Betrag von b auf der X-Skala und kombinieren mit dem Läufer die X-Werte mit den jetzt auf der Zunge oben befindlichen T-Werten. Es ergeben sich lauter Zahlenpaare, deren Produkte gleich $|b|$ sind, dabei ist jedoch auf den Stellenwert der Zahlen zu achten. Ist $b > 0$, so muß unter diesen Zahlen das Paar herausgesucht werden, dessen Summe gleich a ist. Es braucht nicht immer ein solches Paar zu existieren, man erkennt aber sehr schnell, welches der kleinste Wert ist, den diese Summe annehmen kann (die beiden Zahlen müssen einander gleich sein). Ist $b < 0$, so muß ein Zahlenpaar aufgesucht werden, dessen Differenz gleich a ist. Es existiert immer eine reelle Lösung, die größere Zahl ist die positive Wurzel der Gleichung, die kleinere ergibt den absoluten Betrag der negativen Wurzel. Ist schließlich $a < 0$, so läßt sich diese Gleichung auf die soeben betrachtete Form zurückführen dadurch, daß man x durch $-x$ ersetzt. D. h. man behandelt die Gleichung so, als wäre $a > 0$ und vertauscht nachträglich bei den Wurzeln die Vorzeichen.

Beispiel: Bei der Gleichung

$$x^2 - 3{\cdot}28\,x - 2{\cdot}165 = 0$$

muß die Differenz der Zahlen X und T gleich $3{\cdot}28$ sein. Man erkennt sehr schnell, daß eine Wurzel in der Nähe von 4 liegen muß, denn 4 ergibt mit der darüberstehenden Zahl $0{\cdot}54$ die Differenz $3{\cdot}46$. Da die Differenzen nach links abnehmen, findet man bald das richtige Zahlenpaar

$$3{\cdot}843 \quad \text{und} \quad 0{\cdot}563\,.$$

Dabei läßt sich die größere Zahl auf Grund der kleineren bedeutend genauer angeben als es bei direkter Ablesung der Fall wäre. Hat man also die kleinere Zahl nur roh abgelesen, z. B. $0{\cdot}54$, so ergibt sich die größere durch $3{\cdot}28 + 0{\cdot}54 = 3{\cdot}82$. Dem Wert $3{\cdot}82$ der T-Skala gegenüber finden wir nun auf der X-Skala für die kleinere Zahl den besseren Wert $0{\cdot}566$ und damit für die größere wieder $3{\cdot}846$. $3{\cdot}846$ gegenüber endlich $0{\cdot}563$ und damit $3{\cdot}843$. Die gesuchten Wurzeln sind also

$$x_1 = 3{\cdot}843\,, \quad x_2 = -0{\cdot}563\,.$$

Wir betrachten schließlich die Anwendung des Rechenschiebers zur *Auflösung der kubischen Gleichung*. Ist die Gleichung in der Normalform

$$z^3 + a_1 z^2 + a_2 z + a_3 = 0$$

gegeben, so muß sie zunächst durch die Substitution

$$z = u - \frac{a_1}{3}$$

auf die reduzierte Form gebracht werden:

$$u^3 + a u - b = 0\,.$$

Anstatt die Potenzen einzeln zu bilden und sie mit den Koeffizienten zu multiplizieren, geht man bei der numerischen Behandlung der Aufgabe zweckmäßiger folgendermaßen vor. Wir schreiben zunächst die Koeffizienten allein, mit dem Koeffizienten 1 der höchsten Potenz beginnend, nebeneinander hin:

$$\begin{array}{cccc}
1 & a_1 & a_2 & a_3 \\
 & p \cdot 1 & p \cdot a_1' & p \cdot a_2' \\
\hline
 & a_1' & a_2' & \underline{a_3'} \\
 & p \cdot 1 & p \cdot a_1'' & \\
\hline
 & a_1'' & \underline{a_2''} &
\end{array}$$

Zur Abkürzung bezeichnen wir $-\frac{a_1}{3}$ mit p, multiplizieren den ersten Koeffizienten (1) mit p und addieren das Produkt zu a_1, die Summe sei a_1'. Dann multiplizieren wir a_1' mit p und addieren das Produkt zu a_2, es entsteht a_2'. Entsprechend verfahren wir mit a_2' und erhalten a_3'. Schließlich haben wir die neu entstandene Zeile auf die gleiche Weise zu behandeln und erhalten a_1'' und a_2'' (a_3'' braucht nicht mehr gebildet zu werden). Damit haben wir die Koeffizienten der angeschriebenen reduzierten Form erhalten, es ist

$$a = a_2'' \quad \text{und} \quad -b = a_3'\,.$$

Der Gang der Rechnung ergibt sich ohne weiteres aus dem angeschriebenen Schema, der Beweis wird bei der Betrachtung des *Horner*schen Schemas erbracht werden. Die ganze Rechnung kann mit einer einzigen Einstellung des Rechenschiebers durchgeführt werden. Als Beispiel soll die Gleichung

$$z^3 + 6{\cdot}3\, z^2 + 7{\cdot}5\, z - 5{\cdot}3 = 0$$

behandelt werden. Es ist jetzt $p = -2{\cdot}1$ und das Schema nimmt die folgende Gestalt an:

1	6·3	7·5	− 5·3
	− 2·1	− 8·82	2·772
	4·2	− 1·32	− 2·528
	− 2·1	− 4·41	
	2·1	− 5·73	

Die reduzierte Gleichung lautet daher

$$u^3 - 5{\cdot}73\,u - 2{\cdot}528 = 0,$$

und es ist darin

$$z = u + p = u - 2{\cdot}1$$

gesetzt worden.

Gehen wir jetzt von der Form

$$u^3 + a\,u = b$$

aus, so können wir ohne Einschränkung der Allgemeinheit b als positiv voraussetzen. Denn wäre b negativ, so könnte man ebenso wie bei der quadratischen Gleichung u durch $-u$ ersetzen und würde dann zu einer kubischen Gleichung mit positivem b gelangen. Bei den Wurzeln dieser Gleichung würden dann nachträglich noch die Vorzeichen umzukehren sein. Wir dividieren die Gleichung durch u und schreiben sie in der Form

$$u^2 - \frac{b}{u} = -a.$$

Um mit den bisher benutzten Bezeichnungen für die Skalen des Rechenschiebers im Einklang zu bleiben, wollen wir u mit X bezeichnen,

$$X^2 - \frac{b}{X} = -a.$$

Die Zunge wird in umgekehrter Lage so eingestellt, daß ihr Endstrich über dem Wert b auf der X-Skala steht. Es ist dann für alle zusammengehörigen Werte X und T

$$XT = b, \quad T = \frac{b}{X}.$$

Denken wir daran, daß wir auf der oberen Stabskala die Werte $x = X^2$ ablesen können, so erhält die kubische Gleichung die Form

$$x - T = -a.$$

Auf den beiden aneinander liegenden Skalen x und T ist jetzt ein Wertepaar aufzusuchen, dessen Differenz gleich $-a$ ist, nötigenfalls unter Verschiebung der Zunge um ihre ganze Länge.

In unserem Beispiel ist der Endstrich der umgekehrten Zunge über die Zahl 2·528 zu stellen, und es sind dann zwei Zahlen x und T zu suchen, die die Bedingung erfüllen

$$x - T = 5{\cdot}73.$$

Über dem Endstrich der Zunge stehen sich die Zahlen $x = 6{\cdot}40$ und $T = 1$ gegenüber. Ihre Differenz $5{\cdot}40$ ist noch zu klein, doch da die Differenzen nach rechts schnell wachsen, findet man bald die richtige Stelle $x = 6{\cdot}71$. Senkrecht darunter auf der X-Skala lesen wir den gesuchten Wurzelwert ab:

$$X = 2{\cdot}590\,.$$

Dieser Wert läßt sich noch verschärfen, da durch den Wert von T der Wert von x mit erheblich größerer Genauigkeit bestimmt ist, als man durch direktes Ablesen finden kann. Es ist nämlich $T = 0{\cdot}976$ und somit $x = 6{\cdot}706$. Um einen genaueren Wert für X zu finden, ziehen wir daraus die Wurzel nach dem auf S. 13 geschilderten Verfahren. Setzen wir $X = 2{\cdot}6 - \varepsilon$, so wird

$$6{\cdot}706 = 2{\cdot}6^2 - 5{\cdot}2\,\varepsilon + \varepsilon^2,$$
$$5{\cdot}2\,\varepsilon = 6{\cdot}76 - 6{\cdot}706 + \varepsilon^2 = 0{\cdot}054 + \textcircled{\scriptsize ε^2},$$
$$\varepsilon = 0{\cdot}0104\,.$$

Damit ergibt sich dann der genauere Wurzelwert

$$X = 2{\cdot}6 - 0{\cdot}0104 = 2{\cdot}5896\,.$$

Die Gleichung dritten Grades mit reellen Koeffizienten hat stets eine reelle Wurzel; es fragt sich, ob noch *weitere reelle Wurzeln* vorhanden sind. Um diese Frage allgemein zu entscheiden, betrachten wir die Differenz

$$X^2 - \frac{b}{X}\,.$$

Für positive Werte von X wächst X ständig von 0 bis ∞, während $\frac{b}{X}$ von ∞ bis 0 ständig abnimmt. Die Differenz $X^2 - \frac{b}{X}$ steigt also monoton von $-\infty$ bis $+\infty$, nimmt somit jeden Wert zwischen diesen Grenzen einmal und nur einmal an. Mit anderen Worten, für jeden positiven oder negativen Wert von a hat die Gleichung

$$X^2 - \frac{b}{X} = -a$$

eine und nur eine positive Wurzel.

Für negative Werte von X hat die Differenz $X^2 - \frac{b}{X}$, da b positiv vorausgesetzt ist, nur positive Werte. X^2 läuft wieder von 0 bis ∞ und $-\frac{b}{X}$ von ∞ bis 0. Die Differenz wird somit von ∞ zunächst bis zu einem gewissen Minimum abnehmen und dann wieder nach ∞ hin zunehmen. Die Gleichung

$$X^2 - \frac{b}{X} = -a$$

hat somit für positive Werte von a keine negativen Wurzeln. Für negative Werte von a hat die Gleichung keine, zwei zusammenfallende oder zwei getrennte negative Wurzeln, je nachdem $-a$ kleiner, gleich oder größer als das Minimum der Differenz $X^2 - \frac{b}{X}$ ist.

Um diese drei Fälle voneinander zu trennen, suchen wir nach den Regeln der Differentialrechnung dieses Minimum auf. Aus der Ableitung

$$2X + \frac{b}{X^2} = 0$$

folgt

$$2X^2 = -\frac{b}{X},$$

$$2x = T.$$

Mit der gleichen Stellung des Rechenschiebers (nötigenfalls nach Umsteckung der Zunge um ihre ganze Länge), mit der wir die positive Wurzel gefunden haben, suchen wir jetzt die Stelle auf, wo $2x = T$ ist. Dem Werte von x entspricht jetzt natürlich ein negativer Wert von X. Damit haben wir auch schon das gesuchte Minimum, es ist gleich der Summe der soeben bestimmten Werte x und T, die wir mit x_0 und T_0 bezeichnen wollen. Wir können jetzt unsere Kriterien dahin zusammenfassen:

Die Gleichung $$X^2 - \frac{b}{X} = -a \qquad b > 0$$

hat stets eine und nur eine positive Wurzel und hat

für $a > 0$			keine negativen Wurzeln,
für $a < 0$	falls	$-a < x_0 + T_0$	keine negativen Wurzeln,
	falls aber	$-a > x_0 + T_0$	zwei negative Wurzeln.

Ist schließlich $-a = x_0 + T_0$, so fallen die beiden negativen Wurzeln zusammen und haben den Wert $-\sqrt{x_0}$.

Um die negativen Wurzeln zu ermitteln, müssen wir daran denken, daß $\frac{b}{X}$ für negative Werte von X negativ ist. Da der Rechenschieber das negative Vorzeichen nicht zu liefern vermag, müssen wir Wertepaare x und T suchen, deren Summe gleich $-a$ ist. Auf der X-Skala lesen wir dann die absoluten Beträge dieser negativen Wurzeln ab.

Suchen wir in unserem Beispiel die Lösung der Gleichung $2x = T$, so finden wir nach Umsteckung der Zunge die Werte

$$x_0 = 1{\cdot}17, \qquad T_0 = 2{\cdot}34.$$

Da $-a$ den Wert $5{\cdot}73$ hat, also größer als $x_0 + T_0$ ist, hat die kubische Gleichung noch zwei weitere negative Wurzeln. Man findet demnach für die Gleichung $$x + T = 5{\cdot}73$$

noch die beiden weiteren Wertepaare

$$x = 0{\cdot}210, \qquad T = 5{\cdot}520,$$
$$x = 4{\cdot}543, \qquad T = 1{\cdot}187.$$

Bei dem ersten Wertepaar bestimmt man den Wurzelwert statt aus x viel genauer aus T durch Division in $b = 2{\cdot}528$,

$$\begin{array}{l} 2{\cdot}528 : 5{\cdot}520 = 0{\cdot}4580 \\ \underline{2\,208} \\ \quad 320 \end{array}$$

Das zweite Paar ergibt $X = 2{\cdot}13$, diese Wurzel läßt sich aber ebenso wie die positive noch erheblich verschärfen:

$$\begin{array}{l} \sqrt{4{\cdot}543} = 2{\cdot}1 \\ \underline{4{\cdot}41} \\ 0{\cdot}133 : 4{\cdot}2 = 0{\cdot}0316\,. \end{array}$$

Somit haben wir die drei Wurzeln gefunden:

$$u_1 = 2{\cdot}5896\,,$$
$$u_2 = -\,0{\cdot}4580\,,$$
$$u_3 = -\,2{\cdot}1316\,.$$

Eine Probe auf die Richtigkeit der Rechnung liefert die Tatsache, daß die Summe der drei Wurzeln der reduzierten Gleichung den Wert 0 ergeben muß.

Kehren wir schließlich durch Addition von $-\,2{\cdot}1$ zur ursprünglichen Gleichung zurück, so ergeben sich die Wurzeln:

$$z_1 = 0{\cdot}4896\,, \quad z_2 = -\,2{\cdot}5580\,, \quad z_3 = -\,4{\cdot}2316\,.$$

§ 6. Tafeln.

Die Genauigkeit des Rechenschiebers läßt sich, wie wir gesehen haben, durch gewisse Kunstgriffe beliebig vergrößern. Von dieser Möglichkeit wird man aber nur in Ausnahmefällen Gebrauch machen und wird daher gut tun, für genauere Rechnungen andere Hilfsmittel heranzuziehen.

Die nächste Stufe bilden vierstellige Logarithmen. Sie haben den ungemein zeitsparenden Vorzug, daß sie sich auf einem Blatt unterbringen lassen. Durch bequeme Anordnung zeichnen sich beispielsweise die im Verlag von G. Köster, Heidelberg, erschienenen Tafeln der Logarithmen und Antilogarithmen aus.

Aus der sehr großen Zahl der Logarithmentafeln seien ferner herausgegriffen: die fünfstellige Tafel von *F. G. Gauß*, die neben den Logarithmen eine Sammlung anderer Tafeln enthält, unter denen besonders eine Tafel der Quadrate der Zahlen von 0·000 bis 10·009 zu erwähnen ist, und die Tafel von *Gravelius* in Verbindung mit logarithmisch-trigonometrischen Tafeln für die Dezimalteilung des Quadranten. Die sechsstellige Tafel von *Bremiker* und die siebenstelligen Tafeln von *Schrön* und *Vega* (herausgegeben von *Bremiker*). Von achtstelligen

Tafeln sind nur die von *Bauschinger* und *Peters* bekannt geworden. Schließlich die seltene zehnstellige Tafel „Arithmetica logarithmica" von *Vlack* und der durch photozinkographische Reproduktion wieder zugänglich gewordene „Thesaurus logarithmorum" von *Vega*. Die zehnstelligen Tafeln sind wegen der quadratischen Interpolation bereits recht unbequem zu benutzen und kommen für praktische Rechnungen kaum in Frage. Höchste Genauigkeit ist z. B. erforderlich in der Landesvermessung bei der Berechnung von Dreiecken 1. Ordnung und bei gewissen astronomischen Rechnungen. Aber auch hier kommt man mit siebenstelligen oder höchstens achtstelligen Logarithmen immer aus.

Einen Anhalt für die *Genauigkeit* einer logarithmischen Rechnung gewinnt man leicht, wenn man bedenkt, daß in einer $n$stelligen Tafel eine halbe Einheit der $n$ten Stelle unsicher ist. Dieser Fehler kann sich durch die Interpolation auf eine ganze Einheit vergrößern, wenn der gesuchte Logarithmus nicht gerade in der Tafel enthalten ist und die $(n+1)$te Stelle vernachlässigt wird. Bei der Berechnung eines Produkts aus zwei Faktoren kann sich der Fehler im äußersten Falle auf das Doppelte steigern, der Logarithmus des Resultats kann daher um zwei Einheiten der letzten Stelle, also um $2 \cdot 10^{-n}$ unsicher sein. Der dadurch bedingte Fehler im Numerus ergibt sich aus der Entwicklung von

$$y = \log x,$$

die bis auf Glieder zweiter Ordnung lautet

$$\Delta y = \log e \frac{\Delta x}{x}.$$

Nun ist $\Delta y = 2 \cdot 10^{-n}$ und $\frac{1}{\log e} = 2{\cdot}30$, also

$$\frac{\Delta x}{x} = 2{\cdot}30 \cdot 2 \cdot 10^{-n} = 4{\cdot}6 \cdot 10^{-n}.$$

Das Produkt ist also z. B. bei vierstelligen Logarithmen etwa auf fünf Zehntausendstel seines Betrages unsicher.

Der Gebrauch einer vierstelligen Tafel bedingt demnach etwa die zehnfache Genauigkeit des Rechenschiebers.

Neben den gewöhnlichen Logarithmentafeln, über deren Einrichtung nichts gesagt zu werden braucht, findet man noch häufig die sog. „*Gaußischen Logarithmen*" oder „*Additions- und Subtraktionslogarithmen*", die der Aufgabe dienen, aus $\log a$ und $\log b$ die Logarithmen von $a + b$ und $a - b$ abzuleiten, ohne vorher auf die Numeri zurückgehen zu müssen. In der verbreitetsten Anordnung stehen die beiden mit A und B bezeichneten Kolonnen in der Beziehung

$$A = \log x, \qquad B = \log(1 + x).$$

Die beiden Fundamentalaufgaben werden dann durch die Beziehungen gelöst

$$\log a - \log b = A, \qquad \log(a+b) = B + \log b = \log a + (B - A)$$

und

$$\log a - \log b = B, \qquad \log(a-b) = A + \log b = \log a - (B - A).$$

Da man statt dreimal nur einmal in die Tafel einzugehen braucht, ist die Benutzung dieser Logarithmen sehr zweckmäßig.

Bei der gewöhnlichen Multiplikation und Division werden Logarithmen ganz vermieden durch Produktentafeln, unter denen die von *Crelle* bis 1000 · 1000 und die von *L. Zimmermann* bis 100 · 1000 gehen.

Für viele Zwecke, so insbesondere für das Rechnen mit der Rechenmaschine, ist eine Tafel der Reziproken wertvoll. Am ausführlichsten ist die siebenstellige „Table of the reciprocals of numbers" von *W. H. Oakes.*

Ebenfalls für das Maschinenrechnen sind Tafeln der natürlichen trigonometrischen Funktionen wichtig. Neben dem siebenstelligen „Opus palatinum", neu herausgegeben von *Jordan*, seien die siebenstellige Tafel von *Peters* und die fünfstellige von *Lohse* erwähnt. Die beiden letzteren sind für Dezimalteilung des Grades eingerichtet.

Außer den Tafeln der trigonometrischen Funktionen sind für wissenschaftliche Rechnungen häufig Tafeln der *Hyperbelfunktionen* wertvoll. Zu erwähnen sind die Tafeln von *Ligowski, Burrau, Becker* und *van Orstrand* und von *Hayashi.* Sie enthalten neben den Hyperbelfunktionen zum Teil auch die Kreisfunktionen zu dem in Bogenmaß gemessenen Winkel.

Schließlich sei noch für eine Reihe anderer Funktionen auf die *Funktionentafeln* von *Jahnke* und *Emde* verwiesen.

§ 7. Rechenmaschinen.

Den bisher besprochenen Rechenhilfsmitteln wohnt nur eine beschränkte Genauigkeit inne, sie reichen aber in allen Fällen der Praxis aus, bei denen die zugrunde gelegten Werte durch Beobachtung oder Messung, also auch nur angenähert, bekannt sind. Die Auswahl unter ihnen ist nach dem Gesichtspunkt zu treffen, daß der durch die genäherte Rechnung entstehende Fehler den durch die Ungenauigkeit der gegebenen Größen bedingten nicht erheblich vergrößert.

Im Gegensatz dazu ist das Resultat, das die Rechenmaschine liefert, vollkommen genau. Allerdings findet diese Genauigkeit eine Grenze in der Anzahl der Ziffern, für die die Maschine konstruiert ist. Der große Vorteil bei der Benutzung einer Rechenmaschine liegt aber nicht in ihrer Genauigkeit, sondern darin, daß bei geeigneter Konstruktion Rechenfehler ausgeschlossen und die Resultate durch die Maschine selbst noch überdies kontrolliert werden können. Demgegenüber fällt der Nachteil, der häufig in der Mitführung einer mehr oder minder großen Anzahl unnötiger Ziffern besteht, nicht ins Gewicht; zumal die Rechenmaschine einer gleichwertigen logarithmischen Rechnung an Schnelligkeit weit überlegen ist.

Der eigentliche Erfinder der Rechenmaschine ist *Leibniz*. Ein nach seinen Angaben erbautes Modell ist noch heute auf der Bibliothek in Hannover zu sehen. Durch die Konstruktion der *Staffelwalze* hat *Leibniz* seiner Rechenmaschine eine heute noch gebräuchliche Ausführung gegeben.

In einem Rahmen, dem sog. Schaltwerk, sind nebeneinander eine Reihe von Walzen angebracht, die den Namen „Staffelwalzen" nach den neun verschieden langen Rippen führen, die sie auf ihrer Oberfläche tragen (Abb. 4). Die Walzen stehen durch Kegelräderpaare mit einer Kurbel *b* in Verbindung, so daß bei einer Drehung der Kurbel jede Walze einmal um ihre Achse gedreht wird.

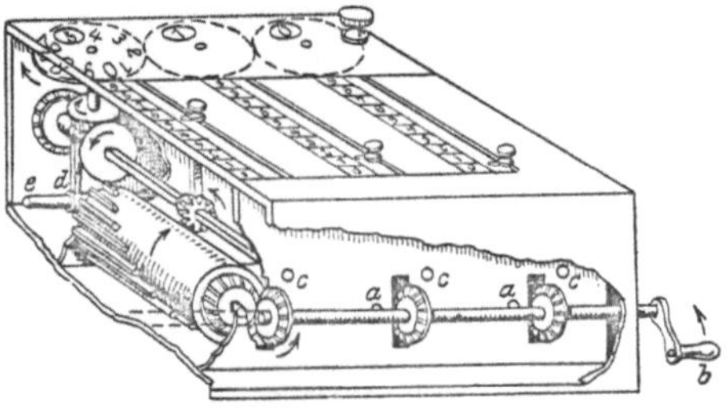

Abb. 4.

Über jeder Walze befindet sich parallel zu ihr eine vierkantige Achse, die ein kleines auf ihr verschiebbares Zahnrad trägt. Bei einer Drehung der Walze gelangt ein Teil der zehn Zähne des Zahnrades mit den Rippen der Walze zum Eingriff. Das Zahnrad wird um einen bestimmten Betrag gedreht, der von seiner Stellung auf der vierkantigen Achse, nämlich davon abhängt, wieviel Rippen der Walze noch bis zu den Zähnen des Zahnrades reichen. Steht das Zahnrad ganz vorn, so greift keine der Rippen ein, das Zahnrad bleibt in Ruhe. Am entgegengesetzten Ende greifen alle neun Rippen ein, das Zahnrad dreht sich bei einer Kurbeldrehung um $^9/_{10}$ seines Umfanges. Eine Skala mit den Ziffern 0 bis 9 auf der oberen Fläche des Gehäuses gibt den jeweiligen Stand und damit an, um wieviel Zehntel seines Umfangs sich das Zahnrad bei einer Kurbelumdrehung weiterdreht. Neben der Skala befindet sich ein Einstellknopf, der es gestattet, mit einem durch einen Schlitz greifenden Stab das Zahnrad auf seiner Achse bis zu der gewünschten Stelle zu verschieben.

Die Achse wird infolge ihres viereckigen Querschnittes bei jeder Drehung des Zahnrades mitgenommen und überträgt ihre Bewegung durch ein Kegelräderpaar auf eine kreisförmige Scheibe mit vertikaler Achse. Alle diese Scheiben, von denen jede zu einer Staffelwalze gehört, bilden das *Zählwerk*. Sie tragen auf ihrer oberen Seite die Ziffern 0 bis 9, von denen aber jedesmal nur eine durch ein Schauloch im Gehäuse sichtbar ist. Das Kegelradgetriebe ist so bemessen, daß eine Umdrehung der vierkantigen Achse auch eine Umdrehung der Ziffernscheibe bedingt.

Auf der vierkantigen Achse sitzt aber nicht nur das eine Kegelrad, das gerade mit dem der vertikalen Achse in Eingriff steht, sondern noch ein zweites ihm gegenüberliegendes. Beide Kegelräder sind miteinander verbunden und um ein kleines Stück auf der Achse verschiebbar. Durch eine Umschaltvorrichtung *d*, *e* läßt sich daher erreichen, daß entweder das eine oder das andere der beiden Kegelräder zur Wirkung kommt, daß die Ziffernscheibe also in dem einen oder anderen Sinne gedreht werden kann.

Ist nun an den Einstellknöpfen eine bestimmte Zahl eingestellt, z. B.

2 4 3 1 1 3,

so wird bei einer Umdrehung der Kurbel jede Scheibe um so viel Ziffern weitergedreht, als Rippen der Staffelwalzen in die Zahnräder eingreifen. Standen alle Ziffernscheiben vorher auf 0, so erscheint jetzt die Zahl

2 4 3 1 1 3

in den Schaulöchern. Bei der nächsten Kurbeldrehung wird jede Scheibe wieder um den entsprechenden Betrag weitergedreht, es erscheint die Zahl 4 8 6 2 2 6.

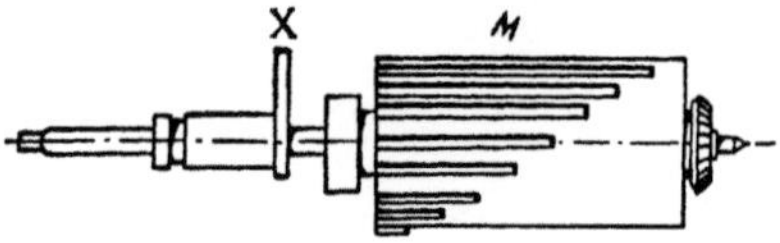

Abb. 5.

Die eingestellte Zahl ist also durch zwei Kurbeldrehungen mit 2 multipliziert worden.

Würde man jetzt weiterdrehen, so würde die zweite Ziffernscheibe über 0 hinweggehen, und die Zahl auf der ersten Scheibe müßte um eine Einheit vergrößert werden. In dieser *Zehnerübertragung* liegt die größte Schwierigkeit, die bei der Konstruktion der Rechenmaschine zu überwinden war. Die durch die Staffelwalzen bewirkte Drehung der Ziffernscheiben und die Übertragung der Zehner kann nicht gleichzeitig erfolgen; außerdem darf die Zehnerübertragung erst dann bei einer bestimmten Ziffernscheibe wirksam werden, wenn alle Übertragungen bei den (rechts) vorhergehenden Scheiben erledigt sind. Deshalb bedecken die Rippen nur einen Bruchteil des Walzenumfanges, so daß mehr als die Hälfte der Umdrehung für die Zehnerübertragung frei bleibt. Jede vierkantige Achse trägt in ihrer Verlängerung noch ein festes Zahnrad (in Abb. 4 nicht sichtbar), dem ein Zahn *X* auf der verlängerten Walzenachse entspricht (Abb. 5). Gewöhnlich greifen beide nicht ineinander, nur wenn die vorhergehende Ziffernscheibe von 9 nach 0 übergeht, wird durch eine Hebelübertragung der Zahn *X* in die Ebene des Zahnrades gebracht und dreht die zugehörige Ziffernscheibe um eine Zahl weiter. Damit alle Zehnerübertragungen nacheinander erfolgen, sind die Zähne X gegeneinander um einen gewissen Winkel verdreht.

Durch die Zehnerübertragung wird es nun möglich, eine auf dem Schaltwerk eingestellte Zahl mit einem beliebigen Faktor zu multiplizieren, indem man sooft dreht, wie der Multiplikator angibt. Das Produkt erscheint in den Schaulöchern des Zählwerks. Nun ist das Zählwerk in Form eines Lineals gegen das Schaltwerk verschiebbar. Verschiebt man das Lineal um eine Stelle nach rechts, so wird bei einer Kurbeldrehung das Zehnfache der eingestellten Zahl addiert. Bei vier Kurbeldrehungen wird eine Multiplikation mit 40 ausgeführt. So ist es möglich, durch wenige Kurbeldrehungen auch mit einem mehrstelligen Faktor zu multiplizieren. Ein weiteres Zählwerk zählt die Umdrehungen der Kurbel, gibt also nach beendeter Rechnung den Multiplikator an.

Durch die oben erwähnte Umschaltung läßt sich erreichen, daß die Ziffernscheiben des Zählwerks im entgegengesetzten Sinne gedreht werden. Bei einer Kurbeldrehung wird die im Schaltwerk eingestellte Zahl von der im Zählwerk befindlichen subtrahiert. Durch das Verschieben des Zählwerks ist es möglich, die Division zweier Zahlen auf einzelne Subtraktionen zurückzuführen. Man stellt den Dividenden im Zählwerk, den Divisor im Schaltwerk ein, so daß die Ziffern höchsten Ranges untereinanderstehen. Nun subtrahiert man den Divisor so oft es geht und erhält im Umdrehungszählwerk die erste Stelle des Quotienten. Jetzt wird das Zählwerk um eine Stelle nach links verlegt, man subtrahiert aufs neue den Divisor und erhält die zweite Stelle des Quotienten usw. Schließlich sind die im Umdrehungszählwerk vorgesehenen Stellen erschöpft und im Zählwerk bleibt der Rest der Division stehen. Man könnte weitere Stellen des Quotienten bestimmen, indem man mit dem Rest die Division vor vorn anfinge. Etwa drei weitere Stellen vermag auch die Division mit dem Rechenschieber zu geben

Sobald auf dem linken Ende des Zählwerks eine Zehnerübertragung, nicht mehr ausgeführt werden kann, ertönt ein Glockensignal als Warnungszeichen. Würde man daher bei der Division einmal zu oft subtrahieren, also der Maschine zumuten, eine größere Zahl von einer kleineren zu subtrahieren, so würde man durch das Glockensignal auf diesen Irrtum aufmerksam gemacht werden und könnte durch Addition des Divisors den Fehler wieder rückgängig machen. Schließlich ist eine besondere *Löschvorrichtung* vorhanden, die es gestattet, alle Ziffernscheiben beider Zählwerke gleichzeitig auf 0 zu stellen.

Eine andere Konstruktion des Schaltwerks benutzt an Stelle der Staffelwalzen Zahnräder mit veränderlicher Zähnezahl (Abb. 6). Die Zähne werden durch einen Hebel, der an einer von 0 bis 9 bezifferten Skala entlang läuft, vor- oder zurückgeschoben. Eine Einstellung des Hebels auf eine bestimmte Ziffer bewirkt das Herausspringen der entsprechenden Anzahl Zähne. Bei einer Drehung des Zahnrades wird daher das eingreifende Zahnrad des Zählwerks um die gewünschte Ziffernzahl weitergedreht. Da die Zahnräder auf einer gemeinsamen horizontalen Achse angebracht sind, zeichnet sich diese Maschine durch gedrungene Bauart aus. Die Zahlen stehen auf den Stirnflächen der Zahnräder dichter beieinander als bei anderen Maschinen mit horizontal liegenden Ziffernscheiben und lassen sich beim Ablesen leichter überblicken. Dem steht als Nachteil gegenüber das beim Drehen der Kurbel auftretende ungleiche Drehmoment und die ungünstige Löschvorrichtung.

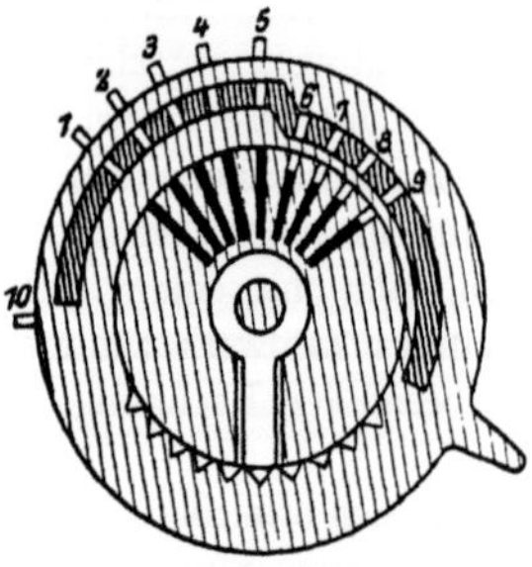

Abb. 6.

Eine neuere Konstruktion (Abb. 7) ersetzt die Staffelwalzen durch zehn in der Längsrichtung verschiebbare *Zahnstangen Z*. Für ihre Verschiebung sorgt ein *Proportionalhebel H*, der um einen seiner Endpunkte von einer mit der Kurbel *K* verbundenen Pleuelstange *P* gedreht wird. Dabei verschiebt sich die erste Zahnstange überhaupt nicht, die zweite um einen Zahn, die dritte um zwei usw., die zehnte um neun Zähne. Auch bei dieser Maschine befinden sich unter den Einstellschlitzen zehnzähnige Rädchen auf vierkantigen Achsen. Stellt man eine bestimmte Ziffer ein, so befindet sich das entsprechende Rädchen gerade über der Zahnstange, die um die eingestellte Zähnezahl verschoben wird, und überträgt

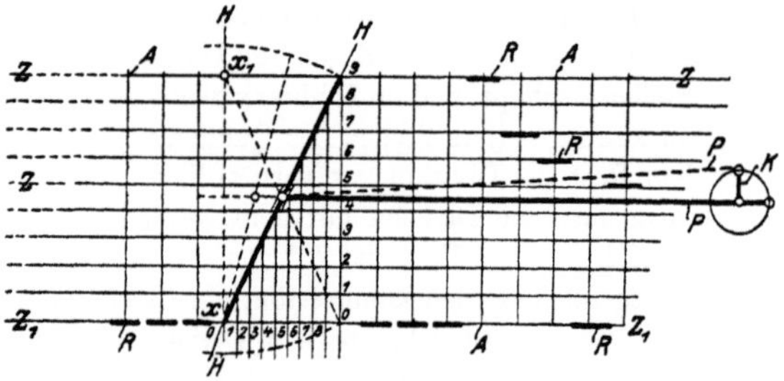

Abb. 7.

die gewünschte Drehung auf die vierkantige Achse. Durch eine Umschaltung kann der andere Endpunkt des Proportionalhebels festgehalten werden, dann verschiebt sich die erste Zahnstange um neun, die zweite um acht usw., die zehnte überhaupt nicht. Jedesmal ergänzt jetzt die Zähnezahl, um die sich eine Zahnstange verschiebt, die der früheren Verschiebung zu 9. Diese Einstellung dient zur Subtraktion, die ja in der Tat durch Addition der Ergänzungen zu 9 ausgeführt werden kann, wenn man noch die höchste Stelle um eine Einheit erniedrigt, die letzte um eine Einheit erhöht, eine Korrektur, die durch besondere Vorrichtungen von der Maschine selbst besorgt wird. An Stelle des Glockenzeichens, das die nicht mehr vorhandene Zehnerübertragung ankündigt, tritt bei dieser Maschine eine mit Federdruck bewirkte Hemmung der Kurbel. Dadurch wird es möglich, die Division zu einer vollkommen automatischen Operation zu machen, ein Umstand, der es gestattet, die Kurbel ganz wegfallen zu lassen und die Maschine mit elektrischen Antrieb zu versehen.

Neben den bisher beschriebenen Maschinen, die man als erweiterte Additionsmaschinen bezeichnen kann, sind auch eigentliche *Multiplikationsmaschinen* gebaut worden, die Multiplikationen direkt und nicht durch sukzessive Additionen ausführen. Ähnlich wie bei der soeben beschriebenen Maschine befinden sich unter den Einstellschlitzen Zahnstangen, die ihre Bewegung auf längs vierkantigen Achsen verschiebbare Zahnrädchen übertragen. Die Verschiebung der Zahnstangen erfolgt bei dieser Maschine durch einen sog. Einmaleinskörper, der durch einen besonderen Hebel jedesmal in die für die Multiplikation mit der betreffenden Ziffer notwendige Stellung gebracht wird. Bei der Multiplikation ist für jede Stelle des Faktors nur eine Kurbeldrehung erforderlich, die auch gleichzeitig jedesmal eine Verschiebung des Zählwerks bewirkt. Leider ist diese Maschine durch ihre Größe etwas unhandlich.

Bei den meisten neueren Rechenmaschinen ist auch eine Zehnerübertragung im Umdrehungszählwerk angebracht. Diese Einrichtung ist nicht nur bei der Multiplikation mit der dekadischen Ergänzung und bei der Division von Vorteil, sondern gestattet es, bei einer Reihe von Divisionen die Quotienten fortlaufend zu addieren.

§ 8. Anwendungen der Rechenmaschine.

Neben der Ausführung von Multiplikationen und Divisionen gestattet die Rechenmaschine auch die *Berechnung von Quadratwurzeln*. Ein Verfahren beruht auf dem Satz, daß die Summe der n ersten ungeraden Zahlen gleich n^2 ist, und soll an dem Beispiel $\sqrt{21}$ gezeigt werden. Bei der gewöhnlichen Rechnung würde man von 21 zunächst 4^2 subtrahieren und den Rest mit zwei Nullen versehen. Von 500 zieht man das doppelte Produkt aus 4 und der nächsten Stelle, die man schätzungsweise ermitteln muß, sowie deren Quadrat ab usw.

Um die Aufgabe auf ähnliche Weise mit der Maschine zu lösen, stellen wir im Zählwerk 21 ein und zählen davon nacheinander die ersten ungeraden Zahlen 1, 3, 5, 7 ab, soweit es geht. Das Quotientenzählwerk registriert 4 Kurbeldrehungen und das Quadrat von 4 ist abgezogen worden. Um nun das doppelte Produkt von 4 und der nächsten Stelle und gleichzeitig deren Quadrat zu subtrahieren, verschieben wir das Lineal um eine Stelle nach links und subtrahieren nacheinander

0·80 + 0·01, 0·80 + 0·03, 0·80 + 0·05, ... Die Anzahl der möglichen Subtraktionen gibt die nächste Stelle der Wurzel. Wieder verschieben wir das Lineal um eine Stelle nach links und müssen jetzt das doppelte Produkt aus 4·5 und der nächsten Stelle sowie deren Quadrat abziehen. Das geschieht durch sukzessives Subtrahieren von 900 + 1, 900 + 3, 900 + 5, ... (unter Fortlassen des Kommas). Die Anzahl der möglichen Subtraktionen ist jetzt 8.

So kann man beliebig fortfahren. Wollte man aber die Rechnung an dieser Stelle abbrechen, so könnte man, da das Quadrat der nächsten Ziffer nur eine geringe Rolle spielt, einige weitere Ziffern durch einfache

```
     √21 = 4·5 ...                      7500
      16                                 901
     ----                               ----
    8|500                               6599
      425                                903
      ---                               ----
                                        5696
                                         905
                                        ----
                           500          4791
                            81           907
                           ---          ----
          21               419          3884
           1                83           909
          --               ---          ----
          20               336          2975
           3                85           911
          --               ---          ----
          17               251          2064
           5                87           913
          --               ---          ----
          12               164          1151
           7                89           915
          --               ---          ----
 4·        5       5        75       8   236
                                    ----
                                    4·58 ...
```

Division ermitteln (vgl. S. 13). Da der Rest 236 durch 916 dividiert 0·258 ergibt, findet man also sehr schnell

$$\sqrt{21} = 4{\cdot}58\,258\ldots$$

Sobald einige Ziffern der gesuchten Wurzel bekannt sind, führt ein anderes Verfahren schneller zum Ziel. Wir stellen wieder den Radikanden auf dem Zählwerk ein und dividieren ihn durch den Näherungswert der Wurzel, das arithmetische Mittel aus Divisor und Quotient gibt dann einen besseren Näherungswert.

Ist x_1 ein Näherungswert der Gleichung

$$x^2 = a$$

und beträgt seine Verbesserung ξ_1, dann müßte

$$a = (x_1 + \xi_1)^2 = x_1^2 + 2\,\xi_1 x_1 + \xi_1^2$$

sein, oder

$$\xi_1 = \frac{1}{2}\left(\frac{a}{x_1} - x_1\right) - \frac{\xi_1^2}{2\,x_1}.$$

Unter Vernachlässigung von $\frac{\xi_1^2}{2x_1}$ ergibt sich somit der zweite Näherungswert

$$x_2 = x_1 + \xi_1 = \frac{1}{2}\left(x_1 + \frac{a}{x_1}\right),$$

also gleich dem arithmetischen Mittel aus Divisor x_1 und Quotient $\frac{a}{x_1}$. Sein Fehler ξ_2 ist gleich dem vernachlässigten Ausdruck $\frac{\xi_1^2}{2x_1}$ oder relativ

$$\frac{\xi_2}{x_1} = \frac{1}{2}\left(\frac{\xi_1}{x_1}\right)^2.$$

Der zweite Näherungswert ist daher, kurz gesagt, etwa auf doppelt soviel Stellen richtig wie der erste.

Natürlich könnte man mit dem zweiten Näherungswert das Verfahren wiederholen und würde zu einem Werte für die Wurzel gelangen, der wieder doppelt soviel richtige Ziffern aufweist. Bestimmt man den ersten Näherungswert mit dem Rechenschieber auf drei Stellen genau, so würde schon der erste Schritt ein auf etwa 6 Stellen genaues Resultat liefern. Der nächste Schritt ergäbe bereits ein Resultat, dessen Genauigkeit mit den meisten Maschinen nicht mehr voll ausgenutzt werden kann.

Sehr vorteilhaft ist die Maschine auch zur Bildung von Aggregaten der Form

$$a_1 b_1 + a_2 b_2 + a_3 b_3 + \ldots$$

zu benutzen, da die einzelnen Teilprodukte fortlaufend addiert werden können. Während bei logarithmischen Rechnungen derartige Ausdrücke ein großes Hindernis bilden und möglichst durch Umgestaltung der Formeln weggeschafft werden, wird man sie beim Maschinenrechnen gerade herbeizuführen suchen.

Viele Rechnungen lassen sich mit der Maschine leicht so ausführen, daß sich am Schluß eine Kontrolle einstellt. Bei der in der Physik so häufig vorkommenden *linearen Interpolation* handelt es sich darum, aus der Gleichung

$$y = ax + b$$

zu einer Reihe gegebener Werte x die entsprechenden y zu berechnen. Man bestimme zunächst

$$y_1 = ax_1 + b,$$

dann läßt sich die Berechnung jedes folgenden Wertes auf die des vorhergehenden aufbauen:

$$\begin{aligned} y_2 &= y_1 + a(x_2 - x_1) \\ y_3 &= y_2 + a(x_3 - x_2) \\ &\vdots \end{aligned}$$

Der Faktor a bleibt ein für allemal eingestellt und wird der Reihe nach mit den Differenzen $(x_{i+1} - x_i)$ multipliziert und zu dem Werte y_i der vorhergehenden Rechnung addiert. Entsteht im Laufe der Rechnung ein Fehler, etwa dadurch, daß die Maschine schadhaft geworden ist, so pflanzt er sich durch die ganze Rechnung bis zum letzten Werte y_n

fort. Berechnet man y_n noch ein zweites Mal direkt, so gibt die Übereinstimmung der beiden Schlußwerte eine nahezu unbedingte Garantie dafür, daß auch alle vorhergehenden Werte richtig sind.

§ 9. Aufgaben zum 1. Kapitel.

*1. Eine Reihe von Maßen in englischen Zoll:

0·758, 1·361, 2·493, 3·58, 5·71, 9·26, 11·07

ist in Zentimeter umzurechnen. 1 Zoll = 2·540 cm.

*2. Ein Luftpumpenzylinder zeigt bei 27 cm Abstand des Kolbens von der Bodenfläche 1·6 Atm. Druck. Welchen Druck zeigt der Zylinder bei 40, 35, 30, 25, 20, 15, 10, 5 cm Abstand?

*3. Eine Strecke von 13·25 km Länge ist in 5 Teile zu teilen, die sich wie 2 : 3 : 5 : 7·5 : 10 verhalten.

4. 160 Arbeiter brauchen zu einer bestimmten Arbeitsleistung bei achtstündiger Arbeitszeit 42 Tage. Welche Zeit brauchen

75, 100, 250, 600 Arbeiter

a) bei achtstündiger,
b) bei sechsstündiger Arbeitszeit?

5. Mit dem Rechenschieber sind die folgenden Wurzeln zu berechnen:

$$\sqrt{27{\cdot}3} \qquad \sqrt{0{\cdot}0684} \qquad \sqrt{5{\cdot}31} \qquad \sqrt{1846}$$

$$\sqrt[3]{0{\cdot}0291} \qquad \sqrt[3]{6{\cdot}15} \qquad \sqrt[3]{21{\cdot}4} \qquad \sqrt[3]{442}\,.$$

*6. Die Flächeninhalte der Kreise mit den Durchmessern $d = 1{\cdot}35$, 4·91, 7·25, 11·31, 24·06, 38·77 mm sind zu berechnen.

*7. Die Geschwindigkeit eines aus der Höhe h frei fallenden Körpers ist $v = \sqrt{2gh}$. Welche Geschwindigkeiten gehören zu den Fallhöhen

12, 23, 36, 58, 112 m?

*8. Durch ein Rohr von 26·3 cm Durchmesser strömt Wasser mit der Geschwindigkeit 0·84 m/Sek. Mit welcher Geschwindigkeit erfolgt die Strömung durch Rohre mit den Durchmessern

14·7, 19·1, 23·0, 31·8, 37·4 cm?

*9. Die Verlängerung Δl eines mit P kg belasteten Drahtes von der Länge l und dem Durchmesser d wird aus

$$\Delta l = \frac{lP}{d^2 \frac{\pi}{4} E}$$

Anmerkung. Die mit einem * versehenen Aufgaben können je bei *einer* Stellung des Rechenschiebers gelöst werden.

berechnet. Wie groß ist die Verlängerung von 1 m langen mit 10 kg belasteten

$$0{\cdot}78,\ 1{\cdot}32,\ 2{\cdot}53,\ 4{\cdot}48 \text{ mm}$$

starken Drähten? Der Elastizitätsmodul ist $E = 2\,200\,000$ kg/cm².

10. Von einem Dreieck sind eine Seite und die beiden anliegenden Winkel gegeben:

$a = 63{\cdot}2$	$\alpha = 13{\cdot}5°$	$\beta = 48{\cdot}1°$
$47{\cdot}5$	$36{\cdot}1°$	$56{\cdot}2°$
$96{\cdot}8$	$78{\cdot}3°$	$23{\cdot}6°$.

Wie groß sind die beiden andern Seiten?

11. Von einem Dreieck sind zwei Seiten und ein gegenüberliegender Winkel gegeben.

$a = 92{\cdot}8$	$b = 117{\cdot}6$	$\alpha = 21{\cdot}9°$
$91{\cdot}2$	$20{\cdot}4$	$13{\cdot}1°$
$64{\cdot}7$	$79{\cdot}2$	$54{\cdot}3°$.

Wie groß sind die beiden andern Winkel und die dritte Seite?

12. Von einem Dreieck sind zwei Seiten und der eingeschlossene Winkel gegeben.

$a = 186{\cdot}4$	$b = 73{\cdot}2$	$\gamma = 95{\cdot}4°$
$145{\cdot}7$	$82{\cdot}4$	$63{\cdot}2°$
$121{\cdot}2$	$126{\cdot}4$	$48{\cdot}2°$.

Wie groß sind die beiden andern Winkel und die dritte Seite?

*13. Ein Mast von 23·5 m Höhe soll durch ein von der Spitze zur Erde gespanntes Seil gehalten werden. Wie lang ist das Seil, wenn es mit dem Erdboden Winkel von

$$65{\cdot}3°,\ 47{\cdot}1°,\ 31{\cdot}6°,\ 23{\cdot}7°$$

bildet?

14. Die Polarkoordinaten

$r = 6{\cdot}50$	$4{\cdot}81$	$7{\cdot}54$	$5{\cdot}36$
$\varphi = 51{\cdot}2°$	$117{\cdot}9°$	$241{\cdot}3°$	$327{\cdot}9°$

sind in rechtwinklige Koordinaten zu verwandeln.

15. Die rechtwinkligen Koordinaten

$x = 2{\cdot}31$	$-1{\cdot}87$	$-4{\cdot}39$	$1{\cdot}61$
$y = 4{\cdot}49$	$5{\cdot}72$	$-0{\cdot}94$	$-3{\cdot}86$

sind in Polarkoordinaten zu verwandeln.

*16. Die *Briggs*schen Logarithmen der Zahlen 2, 3, 4, 5, 6, 7, 8, 9 sind durch Multiplikation mit 2·3026 in natürliche zu verwandeln.

$$\log 2 = 0{\cdot}3010 \qquad \log 5 = 0{\cdot}6990 \qquad \log 8 = 0{\cdot}9031$$
$$\log 3 = 0{\cdot}4771 \qquad \log 6 = 0{\cdot}7782 \qquad \log 9 = 0{\cdot}9542$$
$$\log 4 = 0{\cdot}6021 \qquad \log 7 = 0{\cdot}8451\,.$$

Die Rechnung ist auf vier Stellen nach dem Komma durchzuführen.

17. Die Wurzeln

$$\sqrt{19{\cdot}315} \qquad \sqrt{57{\cdot}896} \qquad \sqrt{143{\cdot}25}$$

sind mit dem Rechenschieber auf 4 Dezimalen zu berechnen.

18. Die Wurzeln der Gleichungen

$$x^2 - 2{\cdot}11\,x + 1{\cdot}062 = 0$$
$$x^2 - 3{\cdot}51\,x - 18{\cdot}12 = 0$$
$$x^2 + 4{\cdot}78\,x + 4{\cdot}66 = 0$$

sind mit dem Rechenschieber zu berechnen.

19. Wieviel reelle Wurzeln haben die nachstehenden Gleichungen dritten Grades?

$$x^3 - 7{\cdot}98\,x + 8{\cdot}38 = 0$$
$$x^3 + 3{\cdot}38\,x - 1{\cdot}54 = 0$$
$$x^3 - 34{\cdot}9\,x - 41{\cdot}7 = 0\,.$$

20. Die reellen Wurzeln der vorstehenden Gleichungen sowie der Gleichungen

$$x^3 - 2{\cdot}8\,x^2 + 2{\cdot}233\,x - 0{\cdot}523 = 0$$
$$x^3 + 1{\cdot}3\,x^2 - 17{\cdot}65\,x + 19{\cdot}31 = 0$$
$$x^3 - 2{\cdot}75\,x^2 - 6{\cdot}28\,x - 1{\cdot}929 = 0$$
$$x^3 + 9{\cdot}5\,x^2 + 28{\cdot}04\,x + 25{\cdot}02 = 0$$
$$x^3 - 3{\cdot}78\,x^2 + 5{\cdot}92\,x - 3{\cdot}6 = 0$$
$$x^3 + 3{\cdot}83\,x^2 + 2{\cdot}975\,x + 1{\cdot}045 = 0$$

sind mit dem Rechenschieber zu ermitteln.

Zweites Kapitel.

Lineare Gleichungen.

§ 10. Gleichungen mit zwei Unbekannten.

Die Auflösung linearer Gleichungen ist theoretisch mit den elementarsten Sätzen der Determinantentheorie abgetan. Für die rechnerische Behandlung der Aufgabe ist die Lösung durch Determinanten jedoch durchaus ungeeignet, vielmehr geschieht umgekehrt die numerische Berechnung von Determinanten nach derselben Methode, die hier für die numerische Auflösung von linearen Gleichungen dargelegt wird. Das Verfahren soll an zwei Gleichungen mit zwei Unbekannten in solcher Allgemeinheit entwickelt werden, daß sich seine Ausdehung auf Gleichungen mit mehr als zwei Unbekannten sofort ergibt.

Die beiden Gleichungen, aus denen die Unbekannten x und y ermittelt werden sollen, seien in der Form gegeben

$$(1) \qquad \begin{cases} a_1 x + b_1 y + l_1 = 0, \\ a_2 x + b_2 y + l_2 = 0. \end{cases}$$

Die Koeffizienten a_1 und a_2 können nicht beide gleichzeitig gleich 0 sein, da dann x in den Gleichungen nicht vorkäme, also auch nicht bestimmt werden könnte. Ist einer von beiden, etwa a_1, gleich 0, dann reduziert sich die betreffende Gleichung auf eine Gleichung mit einer Unbekannten, aus der man durch Division sofort

$$y = -\frac{l_1}{b_1}$$

findet. Die Unbekannte x ergibt sich aus der andern Gleichung durch Einsetzen dieses Wertes für y.

Im allgemeinen Falle multiplizieren wir die erste Gleichung mit einer Zahl m so, daß

$$m \cdot a_1 = -a_2$$

wird und addieren die multiplizierte Gleichung zu der zweiten. Es entsteht eine neue Gleichung, die x nicht mehr enthält,

$$b_2' y + l_1' = 0,$$

aus der also durch Division die Unbekannte y gefunden werden kann:

$$y = -\frac{l'_2}{b'_2}.$$

Durch Einsetzen dieses Wertes in eine der beiden gegebenen Gleichungen ergibt sich eine Gleichung für x.

Die Rechnung läßt sich sehr bequem mit dem Rechenschieber ausführen, falls seine Genauigkeit genügt. Zur Abkürzung der Schreibweise lassen wir die Unbekannten ganz weg, die Bedeutung der Koeffizienten ergibt sich aus ihrer Position. Stellen wir die Koeffizienten a_1 und a_2 auf dem Rechenschieber einander gegenüber, so können wir zu den Koeffizienten b_1 und l_1 gegenüberstehend sofort die Werte $|mb_1|$ und $|ml_1|$ ablesen. Die Vorzeichen dieser Werte sind gleich oder entgegengesetzt den Koeffizienten der ersten Gleichung, je nachdem a_1 und a_2 entgegengesetztes oder gleiches Vorzeichen haben. Dann stellen wir b'_2 und l'_2 gegenüber und lesen gegenüber l und b_1 die Werte $|y|$ und $|yb_1|$. Auch hier haben wir gleiches oder entgegengesetztes Vorzeichen der gegenüberstehenden Werte, je nachdem b'_2 und l'_2 entgegengesetztes oder gleiches Vorzeichen haben. Durch Addition

$$l_1 + y b_1 = \overline{l}_1$$

ergibt sich die Gleichung mit einer Unbekannten

$$a_1 x + \overline{l}_1 = 0,$$

aus der x durch Division gefunden werden kann. Zur Bestimmung von x werden also die Kolonnen genau so behandelt, wie vorher die Reihen. Die ganze Rechnung läßt sich daher in ein symmetrisches Schema einordnen:

(1a)

x	y			
a_1	b_1	l_1	$\overline{l}_1$	0
		yb_1	xa_1	$x =$
a_2	b_2	l_2		
ma_1	mb_1	ml_1		
	b'_2	l'_2	0	
		yb'_2	$y =$	

Diese Behandlung der Aufgabe setzt voraus, daß $a_1 \neq 0$ ist, was ohne Beschränkung der Allgemeinheit angenommen werden kann, wenn die Gleichungen x wirklich enthalten. Außerdem muß $b'_2 \neq 0$ sein. Wäre $b'_2 = 0$ und $l'_2 \neq 0$, so enthalten die Gleichungen einen Widerspruch und können nicht durch endliche Werte der Unbekannten erfüllt werden, ist dagegen neben $b'_2 = 0$ auch $l'_2 = 0$, so sind die Gleichungen nicht voneinander unabhängig, es gibt unendlich viele Wertepaare x, y, die sie erfüllen. Für den regulären Fall werden wir also als Bedingung formulieren

$$a_1 b'_2 \neq 0,$$

und diese Bedingung ist identisch mit

$$a_1\left(b_2 - \frac{a_2}{a_1}\,b_1\right) = a_1 b_2 - a_2 b_1 = \begin{vmatrix} a_1 b_1 \\ a_2 b_2 \end{vmatrix} \neq 0 .$$

Eine Probe ergibt sich durch Einsetzen der gefundenen Werte, wobei man jetzt zweckmäßig Zeilen und Kolonnen miteinander vertauscht:

	1. Gl.	2. Gl.
	$a_1 x$	$a_2 x$
	$b_1 y$	$b_2 y$
Summe	...	...

Die Summen müssen gleich $-l_1$ und $-l_2$ sein.

Beispiel: Die Auflösung der beiden Gleichungen

$$4{\cdot}17\,x - 2{\cdot}13\,y - 3{\cdot}28 = 0,$$
$$-1{\cdot}03\,x + 3{\cdot}17\,y - 1{\cdot}56 = 0$$

gestaltet sich in übersichtlicher Form folgendermaßen:

x	y			
4·17	− 2·13	− 3·28	− 4·87	0
		− 1·59	4·87	$x = 1{\cdot}168$
− 1·03	3·71	− 1·56		
1·03	− 53	− 81		
	3·18	− 2·37	0	
		2·37	$y = 0{\cdot}745$	

Die Probe ergibt

1. Gl.	2. Gl.
4·87	− 1·20
− 1·59	2·76
3·28	1·56

zwei Summen, die mit $-l_1 = 3{\cdot}28$ und $-l_2 = 1{\cdot}56$ mit der von vornherein angenommenen Genauigkeit übereinstimmen.

Sind die Koeffizienten a_1 und a_2 von 0 verschieden, so wäre es vom Standpunkte der reinen Mathematik aus gleichgültig, aus welcher der beiden Gleichungen man die Unbekannte x eliminiert. Aus der zweiten Gleichung ergibt sich mit Hilfe der ersten

$$\left(b_2 - \frac{a_2}{a_1}\,b_1\right) y + \left(l_2 - \frac{a_2}{a_1}\,l_1\right) = 0$$

und aus der ersten mit Hilfe der zweiten

$$\left(b_1 - \frac{a_1}{a_2}\,b_2\right) y + \left(l_1 - \frac{a_1}{a_2}\,l_2\right) = 0 .$$

Beide Gleichungen sind einander vollkommen äquivalent, denn multipliziert man die erste mit a_1 und die zweite mit $-a_2$, so ergeben beide

$$(a_1 b_2 - a_2 b_1)\,y + (a_1 l_2 - a_2 l_1) = 0 .$$

Ein Unterschied entsteht erst dann, wenn die Koeffizienten der Gleichungen nicht exakte, sondern nur *genähert* bekannte Größen sind, wie es meist in der angewandten Mathematik der Fall ist. Sind a_1 und a_2 mit gleicher Genauigkeit gegeben, so ist es zweckmäßiger, die Unbekannte x aus der Gleichung mit dem absolut kleineren Werte von a zu eliminieren. Denn ist z. B. $|a_2|$ kleiner als $|a_1|$, so ist $m = -\frac{a_2}{a_1}$ absolut genommen ein echter Bruch und es wird $|m \cdot b_1|$ kleiner als $|b_1|$. Es genügt eine geringere Rechengenauigkeit, um $m \cdot b_1$ mit der gleichen Genauigkeit zu berechnen, mit der b_2 gegeben ist, als in dem umgekehrten Falle, wenn m absolut größer als 1 wäre.

Da x zum Schluß aus der Gleichung

$$ax + \bar{l} = 0$$

berechnet wird, so würde sich bei Benutzung der ersten Gleichung ergeben

$$x = -\frac{\bar{l}_1}{a_1},$$

während die zweite das Resultat liefern würde

$$x = -\frac{\bar{l}_2}{a_2}.$$

Wären die Koeffizienten genau gegeben, so müßten beide Gleichungen selbstverständlich den gleichen Wert für x liefern. Sind dagegen die Werte von a und $\bar{l}$ fehlerhaft, und ist ε der absolut genommene Fehler von a_1 und a_2, δ der absolut genommene Fehler von $\bar{l}_1$ und $\bar{l}_2$, so ergibt sich für den Fehler von x im ersten Falle etwa $\frac{\varepsilon x + \delta}{a_1}$, dagegen bei Benutzung der zweiten Gleichung etwa $\frac{\varepsilon x + \delta}{a_2}$. Zur *Erzielung möglichst großer Genauigkeit* für x ist es also ebenfalls vorteilhaft, *wenn a_1 möglichst groß* ist.

In unserem Beispiel begannen die Gleichungen mit

$$\begin{aligned} &4{\cdot}17\,x + \ldots \\ -&1{\cdot}03\,x + \ldots \end{aligned}$$

Aus der zweiten Gleichung eliminiert man daher am besten x und aus der ersten berechnet man es nachher wieder.

Wäre ein Koeffizient von x genauer gegeben als der andere, so kann man die betreffende Gleichung mit einem geeigneten Faktor multiplizieren, um gleiche Genauigkeit mit der anderen Gleichung herstellen. Würde z. B. der Anfang unserer Gleichungen lauten

$$\begin{aligned} &4{\cdot}17\,x \;\; + \ldots \\ -&1{\cdot}030\,x + \ldots, \end{aligned}$$

wo 4·17 auf 0·01 genau, 1·030 dagegen auf 0·001 genau gegeben ist, so multiplizieren wir die zweite Gleichung mit 10 und erhalten mit gleicher Genauigkeit

$$4{\cdot}17\,x + \ldots$$
$$-\,10{\cdot}30\,x + \ldots$$

Da die zweite Gleichung den absolut größeren Koeffizienten von x enthält, wäre jetzt die Reihenfolge der beiden Gleichungen zu vertauschen. An die erste Stelle kommt also die Gleichung, die den absolut größeren Koeffizienten von x enthält, wenn beide auf gleiche Genauigkeit gebracht worden sind.

Ist a_2 absolut genommen sehr viel kleiner als a_1, so stellen die Produkte $m \cdot b_1$ und $m \cdot l_1$ nur kleine Größen dar, vorausgesetzt, daß die übrigen Koeffizienten der Gleichung etwa die gleiche Größenordnung haben; sie können auch dann noch mit dem Rechenschieber berechnet werden, wenn die Koeffizienten mit größerer Genauigkeit gegeben sind, als sie der Rechenschieber zu liefern vermag. Im allgemeinen müßte man, wenn der Rechenschieber nicht ausreicht, mit der Rechenmaschine oder mit Logarithmen rechnen, doch läßt sich auch ein *Kunstgriff* anwenden, durch den man eine Gleichung erhält, die x sozusagen nur schwach enthält, bei der also der Koeffizient von x absolut klein ist gegen den der anderen Gleichung. Sind in unserem Beispiel die Koeffizienten mit hundertfacher Genauigkeit gegeben:

$$4{\cdot}1700\,x - 2{\cdot}1300\,y - 3{\cdot}2800 = 0\,,$$
$$-\,1{\cdot}0300\,x + 3{\cdot}7100\,y - 1{\cdot}5600 = 0\,,$$

so würde bei direkter Auflösung mit dem Rechenschieber diese größere Genauigkeit nicht mehr ausgenützt werden können. Leitet man jedoch zunächst eine *neue Gleichung* ab dadurch, daß man die erste Gleichung durch 4 dividiert und zu der zweiten addiert, so entsteht eine weitere Gleichung, bei der der Koeffizient von x so klein ist, daß die Reduktion der ersten in Verbindung mit dieser neuen Gleichung durch den Rechenschieber mit ausreichender Genauigkeit möglich wird. Die noch auftretenden Multiplikationen und Divisionen von vier- und fünfstelligen Zahlen können ebenfalls mit dem Rechenschieber ausgeführt werden, nachdem man ein- bis zweimal direkt gerechnet hat (siehe S. 12). Die ganze Rechnung gestaltet sich jetzt folgendermaßen:

x	y			
4·1700	− 2·1300	− 3·2800	− 4·8656	
		− 1·4910	4·1700	
		− 946		
− 1·0300	3·7100	− 1·5600	− 6956	
1·0425	− 0·5325	− 0·8200	4170	
0·0125	3·1775	− 2·3800	− 2786	0
− 0·0125	64	98	2786	$x = 1{\cdot}1668$
	3·1839	− 2·3702		
		2·2287		
		− 1415	0	
		1415	$y = 0{\cdot}7444$	

Bisher ist immer vorausgesetzt worden, daß der Koeffizient

$$b_2' = b_2 - \frac{a_2}{a_1} b_1$$

von 0 verschieden ist, d. h. daß die Determinante des Gleichungssystems nicht verschwindet. Sind die Koeffizienten nur mit einer gewissen Genauigkeit gegeben, so kann es vorkommen, daß die Determinante des Systems sehr klein wird, ohne daß man innerhalb der Genauigkeitsgrenzen sagen kann, ob sie verschwindet oder nicht. Würden in unserem Beispiel die Gleichungen lauten

$$4{\cdot}16\,x - 2{\cdot}12\,y - 3{\cdot}28 = 0,$$
$$-1{\cdot}04\,x + 0{\cdot}53\,y - 1{\cdot}56 = 0,$$

so würden wir daraus durch Elimination von x die Gleichung erhalten

$$0{\cdot}00\,y - 2{\cdot}38 = 0\,.$$

Wir könnten daher schließen, daß die Gleichungen einen Widerspruch enthalten, daß es keine endlichen Lösungen für die Unbekannten gibt. Nehmen wir nun aber an, daß die Koeffizienten nur bis auf eine Einheit der letzten Stelle genau sind, so könnte für $0{\cdot}00\,y$ mit demselben Rechte $0{\cdot}01\,y$ oder $-0{\cdot}01\,y$ gesetzt werden. Der Maximalwert $0{\cdot}01$ des Koeffizienten würde $y = 238$ ergeben, der Minimalwert $-0{\cdot}01 = -238$. Die Genauigkeit der Koeffizienten gestattet also für y nur die Bestimmung, daß sein Wert außerhalb des Intervalls -238 bis $+238$ liegt.

§ 11. Gleichungen mit drei und mehr Unbekannten.

Sind mehr als zwei Unbekannte gegeben, so läßt sich die numerische Auflösung der Gleichungen ganz analog durchführen. Es soll nur noch der Fall von drei Unbekannten betrachtet werden, da dann die Ausdehnung des Verfahrens auf beliebig viele Unbekannte sofort ersichtlich ist. Gegeben seien die Gleichungen

$$(2)\qquad \left\{\begin{array}{l} a_1 x + b_1 y + c_1 z + l_1 = 0\,, \\ a_2 x + b_2 y + c_2 z + l_2 = 0\,, \\ a_3 x + b_3 y + c_3 z + l_3 = 0\,. \end{array}\right.$$

Von den Koeffizienten a_1, a_2, a_3 kann wenigstens einer von Null verschieden angenommen werden. Die Gleichung, die den absolut größten Koeffizienten a enthält, denken wir uns an den Anfang gestellt. Wir multiplizieren die erste Gleichung mit einer Zahl m so, daß $m \cdot a_1 = -a_2$ wird und addieren die erhaltene Gleichung zu der zweiten. Ebenso bestimmen wir eine Zahl n so, daß $n \cdot a_1 = -a_3$ ist; die mit n multiplizierte erste Gleichung addieren wir zur dritten. Auf diese Weise entstehen zwei neue Gleichungen, die nun x nicht mehr enthalten:

$$(3)\qquad \left\{\begin{array}{l} b_2' y + c_2' z + l_2' = 0\,, \\ b_3' y + c_3' z + l_3' = 0\,. \end{array}\right.$$

Wieder denken wir uns jetzt die Gleichung, die den absolut größten Koeffizienten b enthält, vorangestellt, vorausgesetzt, daß nicht b'_2 und b'_3 gleichzeitig verschwinden. Andernfalls können wir die Rollen von y und z vertauschen, also die dritte Kolonne an die Stelle der zweiten treten lassen. Sind die vier Größen b'_2, b'_3, c'_2, c'_3 gleich Null, so enthalten die Gleichungen entweder einen Widerspruch oder sie sind nicht voneinander unabhängig, je nachdem ob die Größen l'_2 und l'_3 von Null verschieden sind oder nicht.

Die beiden Gleichungen (3) werden nun analog behandelt, wir bestimmen eine Zahl n', so daß $n' \cdot b'_2 = -b'_3$ ist und addieren die mit n' multiplizierte erste Gleichung zur zweiten. Es entsteht eine Gleichung für z allein:

$$c''_3 z + l''_3 = 0 .$$

Ist $c''_3 = 0$, so enthalten die Gleichungen einen Widerspruch oder sind nicht unabhängig voneinander, je nachdem ob l''_3 von Null verschieden ist oder nicht. Für den regulären Fall können wir daher bei drei Gleichungen die Bedingung formulieren

$$a_1 b'_2 c''_3 \neq 0 .$$

Das Produkt auf der linken Seite ist auch hier wieder identisch mit der Determinante des Systems.

Zur Ermittlung der Unbekannten werden jetzt die Kolonnen genau so behandelt wie vorher die Zeilen. Wir bestimmen zunächst eine Zahl z so, daß $z \cdot c''_3 = -l''_3$ ist. Mit z multiplizieren wir die Größen c_1, c'_2, c''_3 der dritten Kolonne [siehe (2a)] und addieren die Produkte zu den entsprechenden Größen der vierten Kolonnen, es entsteht die neue Kolonne $\overline{l}_1$, $\overline{l}'_2$ und 0. Jetzt wird eine Zahl y so bestimmt, daß $y \cdot b'_2 = -\overline{l}'_2$ ist. Mit y multiplizieren wir die zweite Kolonne b_1, b'_2 und addieren die Produkte zu der soeben neu erhaltenen Kolonne, es entsteht $\overline{\overline{l}}_1$ und 0. Schließlich bestimmen wir noch eine Zahl x so, daß $x \cdot a_1 = -\overline{\overline{l}}_1$ wird.

Bei einer längeren Rechnung ist es sehr erwünscht, Proben zu besitzen, die es gestatten, im Verlauf der Rechnung die Richtigkeit einzelner Teilresultate zu prüfen. Zu diesem Zweck führt man die algebraischen Summen s_1, s_2, s_3 der Koeffizienten einer jeden Zeile von (2) ein und nimmt mit ihnen genau dieselben Operationen vor wie mit den anderen Koeffizienten ihrer Zeile. Dann müssen die neugefundenen Größen s'_2, s'_3 und s''_3 wieder die algebraischen Summen der Koeffizienten ihrer Zeilen darstellen. Man bildet also beispielsweise aus s_1 und s_2

$$s'_2 = s_2 + m \cdot s_1 ,$$

dann muß s'_2 die algebraische Summe der Koeffizienten b'_2, c'_2, l'_2 darstellen. Denn es ist

$$\begin{aligned} 0 &= a_2 + m \cdot a_1 \\ b'_2 &= b_2 + m \cdot b_1 \\ c'_2 &= c_2 + m \cdot c_1 \\ l'_2 &= l_2 + m \cdot l_1 \end{aligned}$$

und die Summe $$b'_2 + c'_2 + l'_2 = s_2 + m \cdot s_1 = s'_2 .$$

Wenn man die Summen s ständig mitführt, hat man daher die Möglichkeit, die Koeffizienten einer jeden Zeile zu prüfen.

Mit Benutzung der Summen gewinnt das Rechenschema für die Auflösung der drei Gleichungen (2) die folgende Gestalt:

	x	y	z					
	a_1	b_1	c_1	l_1	s_1	$\bar{l}_1$	$\bar{\bar{l}}_1$	0
				zc_1		yb_1	xa_1	$x =$
	a_2	b_2	c_2	l_2	s_2			
	ma_1	mb_1	mc_1	ml_1	ms_1			
	a_3	b_3	c_3	l_3	s_3			
(2a)	na_1	nb_1	nc_1	nl_1	ns_1			
		b'_2	c'_2	l'_2	s'_2	$\bar{l}'_2$	0	
				zc'_2		yb'_2	$y =$	
		b'_3	c'_3	l'_3	s'_3			
		$n'b'_2$	$n'c'_2$	$n'l'_2$	$n's'_2$			
			c''_3	l''_3	s''_3	0		
				zc''_3		$z =$		

Die Ausdehnung der Methode auf beliebig viele Gleichungen leuchtet nun ohne weiteres ein.

Die Richtigkeit der für x, y und z gefundenen Werte läßt sich nachträglich wieder durch Einsetzen prüfen. Man vertauscht in den Gleichungen Zeilen mit Kolonnen und bildet die Summen:

	1. Gl.	2. Gl.	3. Gl.
	$a_1 x$	$a_2 x$	$a_3 x$
	$b_1 y$	$b_2 y$	$b_3 y$
	$c_1 z$	$c_2 z$	$c_3 z$
Summe	...	...	...

die mit den Werten $-l_1$, $-l_2$ und $-l_3$ übereinstimmen müssen.

Als Beispiel sollen die drei Gleichungen

$$\begin{aligned} 4{\cdot}17\,x - 2{\cdot}13\,x + 1{\cdot}17\,z + 2{\cdot}55 &= 0 , \\ -\,1{\cdot}03\,x + 3{\cdot}71\,y + 0{\cdot}65\,z + 1{\cdot}15 &= 0 , \\ 1{\cdot}32\,x - 1{\cdot}06\,y + 4{\cdot}58\,z - 2{\cdot}11 &= 0 \end{aligned}$$

gelöst werden, wobei zur Kontrolle die Koeffizientensummen mitgeführt werden mögen. Das Rechenschema gewinnt folgende Gestalt:

x	y	z		s			
4·17	− 2·13	1·17	2·55	5·76	3·28	4·87	0
			73		1·59	− 4·87	$x = -1{\cdot}168$
− 1·03	3·71	0·65	1·15	4·48			
1·03	− 53	29	63	1·42			
1·32	− 1·06	4·58	− 2·11	2·73			
− 1·32	67	− 37	− 81	− 1·82			
	3·18	0·94	1·78	5·90	2·37	0	
			59		− 2·37	$y = -0{\cdot}745$	
	− 0·39	4·21	− 2·92	0·91			
	0·39	12	22	72			
		4·33	− 2·70	1·63	0		
			2·70		$z = 0{\cdot}623$		

Durch Einsetzen der gefundenen Werte ergeben sich die Summen

1. Gl.	2. Gl.	3. Gl.
− 4·87	1·20	− 1·54
1·59	− 2·76	0·79
0·73	0·41	2·86
− 2·55	− 1·15	2·11

die mit den negativen l-Werten innerhalb der Genauigkeitsgrenzen übereinstimmen.

§ 12. Anwendungen.

Wie zu Beginn dieses Kapitels erwähnt wurde, geschieht die numerische *Berechnung von Determinanten* am zweckmäßigsten nach dem gleichen Verfahren, das wir soeben für die Auflösung von linearen Gleichungen kennengelernt haben. Man braucht dabei nur von dem Satze Gebrauch zu machen, daß sich der Wert einer Determinante nicht ändert, wenn zu den Elementen einer Reihe ein und dasselbe Vielfache der entsprechenden Elemente einer Parallelreihe hinzugefügt wird. Auf Grund dieses Satzes gestattet unser Verfahren die Umwandlung der gegebenen Determinante schrittweise in eine Determinante, bei der die Elemente auf einer Seite der Diagonalen gleich Null sind. Ihr Wert ist dann gleich dem Produkt der Diagonalglieder.

Berechnen wir beispielsweise den numerischen Wert einer Determinante dritten Grades

$$D = \begin{vmatrix} a_1 & b_1 & c_1 \\ a_2 & b_2 & c_2 \\ a_3 & b_3 & c_3 \end{vmatrix} .$$

Die Elemente einer Zeile behandeln wir genau so, als wären sie die Koeffizienten einer linearen Gleichung

a_1	b_1	c_1
a_2	b_2	c_2
$m a_1$	$m b_1$	$m c_1$
a_3	b_3	c_3
$n a_1$	$n b_1$	$n c_1$
	b_2'	c_2'
	b_3'	c_3'
	$n' b_2'$	$n' c_2'$
		c_3''

Dann ist

$$D = a_1 b_2' c_3''.$$

Haben wir gemäß unserer Vorschrift bei der Berechnung der Determinante einzelne Zeilen oder Kolonnen miteinander vertauscht, so ist zu beachten, daß jedesmal bei einer Vertauschung die Determinante ihr Vorzeichen wechselt.

Auch bei der Berechnung von Determinanten kann zur Kontrolle der einzelnen Schritte die Summe der Elemente einer Zeile mitgeführt werden.

Eine weitere Anwendung findet unser Verfahren bei der *Umkehrung eines Systems linearer homogener Funktionen.* Sind beispielsweise die drei Funktionen u, v und w in x, y und z gegeben,

$$\text{(4)} \qquad \begin{cases} u = a_1 x + b_1 y + c_1 z, \\ v = a_2 x + b_2 y + c_2 z, \\ w = a_3 x + b_3 y + c_3 z, \end{cases}$$

so kann man umgekehrt x, y und z als Funktionen von u, v und w auszudrücken suchen.

Wir verfahren zunächst genau so wie früher, nur daß wir jetzt rechts nicht eine, sondern drei Kolonnen für u, v und w anschreiben. Es ergibt sich das Schema (4a). Wieder soll a_1 der absolut größte der Koeffizienten a sein, und ebenso b_2' absolut größer als b_3'. Wenn von den vier Größen b_2', c_2', b_3', c_3' wenigstens eine von Null verschieden ist, können wir sie immer durch Vertauschung von Zeilen und Kolonnen auf den Platz von b_2' bringen. Ist

	x	y	z	u	v	w
	a_1	b_1	c_1	1	0	0
			$\mu c_3''$ $\}\,0$	$\mu\alpha_3$	$\mu n'$	μ
		$\nu' b_2'$ $\}\,0$		$\nu'\alpha_2$ $\}\,\alpha_1$	$\nu'\beta_2$ $\}\,\beta_1$	$\nu'\nu$ $\}\,\gamma_1$
	a_2	b_2	c_2	0	1	0
	$m a_1$ $\}\,0$	$m b_1$	$m c_1$	m	0	0
(4a)	a_3	b_3	c_3	0	0	1
	$n a_1$ $\}\,0$	$n b_1$	$n c_1$	n	0	0
		b_2'	c_2'	m	1	0
			$\nu c_3''$ $\}\,0$	$\nu\alpha_3$ $\}\,\alpha_2$	$\nu n'$ $\}\,\beta_2$	ν $\}\,\nu$
		b_3'	c_3'	n	0	1
		$n' b_2'$ $\}\,0$	$n' c_2'$	$n' m$	n'	0
			c_3''	α_3	n'	1

in der letzten Gleichung $c_3'' \neq 0$, so ist damit z als lineare homogene Funktion von u, v und w ausgedrückt:

$$c_3'' z = \alpha_3 u + n' v + w . \tag{5}$$

Um auch x und y auszudrücken, werden im Gegensatz zu früher in (4a) besser die Zeilen benutzt. Wir bestimmen eine Zahl μ so, daß $\mu c_3'' = -c_1$ ist und addieren die mit μ multiplizierte letzte Zeile zur ersten. Ferner multiplizieren wir die letzte Gleichung mit einer Zahl ν so, daß $\nu c_3'' = -c_2'$ wird und addieren sie zur Zeile $b_2' y + c_3' z = \ldots$ Da der Koeffizient von z jetzt verschwindet, ergibt sich

$$b_2' y = \alpha_2 u + \beta_2 v + \nu w . \tag{6}$$

Schließlich multiplizieren wir diese Gleichung noch mit einer Zahl ν' so, daß $\nu' b_2' = -b_1$ wird und addieren sie zur ersten Zeile. Hier verschwindet jetzt auch der Koeffizient von y und es wird

$$a_1 x = \alpha_1 u + \beta_1 v + \gamma_1 w . \tag{7}$$

Damit ist die Aufgabe gelöst unter der Voraussetzung, daß

$$a_1 b_2' c_3'' \neq 0$$

ist. Wäre $c_3'' = 0$, was sich allerdings nur feststellen läßt, wenn die Koeffizienten genau gegeben sind, so würde zwischen u, v und w die lineare Beziehung bestehen

$$\alpha_3 u + n' v + w = 0 .$$

D. h. man kann die drei Gleichungen nur für solche Werte von u, v und w nach x, y und z auflösen, die diese Relation erfüllen. z kann man dann noch willkürlich annehmen, y und x sind durch die Gleichungen (6) und (7) bestimmt. Es gibt demnach unendlich viele Wertsysteme x, y, z, die den Gleichungen genügen.

In der Regel sind die neun Koeffizienten nur mit einer gewissen Genauigkeit gegeben. Man kann dann nur sagen, daß c_3'' sehr klein ist und das Intervall abschätzen, in dem es liegen muß. Da dann

$$z = \frac{\alpha_3}{c_3''} u + \frac{n'}{c_3''} v + \frac{1}{c_3''} w$$

ist, würde eine kleine Änderung von w schon eine sehr große Änderung von z nach sich ziehen.

Würden die vier Koeffizienten b_2', c_2', b_3' und c_3' gleichzeitig verschwinden, so müßten zwischen u, v und w die Gleichungen bestehen:

$$m u + v = 0 ,$$
$$n u + w = 0 .$$

Von den drei Werten u, v und w kann nur einer willkürlich angenommen werden, die beiden anderen sind dann bestimmt, wenn das Gleichungssystem (4) überhaupt auflösbar sein soll. Wählt man ein Wertetripel

u, v, w, das die Relationen erfüllt, so kann man y und z beliebig annehmen, x ist durch Gleichung (7) bestimmt.

Daß a_1 von Null verschieden vorausgesetzt wird, ist keine Beschränkung der Allgemeinheit, da man jeden der neun Koeffizienten von (4) durch Vertauschung von Zeilen oder Kolonnen an die Stelle von a_1 bringen kann.

§ 13. Aufgaben zum 2. Kapitel.

1. Die beiden linearen Gleichungen

$$3{\cdot}21\,x - 1{\cdot}743\,y = 4{\cdot}68\,,$$
$$2{\cdot}58\,x + 6{\cdot}14\,\;y = 10{\cdot}31$$

sind mit dem Rechenschieber aufzulösen.

2. Die beiden linearen Gleichungen

$$5{\cdot}1837\,x + 1{\cdot}2685\,y = 0{\cdot}3486\,,$$
$$1{\cdot}7931\,x - 2{\cdot}5148\,y = 1{\cdot}8692$$

sind mit dem Rechenschieber aufzulösen. Die Rechnung ist auf vier Dezimalen durchzuführen.

3. Die drei linearen Gleichungen

$$2{\cdot}86\,x - 4{\cdot}78\,y + 3{\cdot}19\,\;z = 1{\cdot}375$$
$$6{\cdot}32\,x + 2{\cdot}47\,y - 5{\cdot}64\,\;z = 4{\cdot}12\,,$$
$$3{\cdot}03\,x - 5{\cdot}91\,y + 1{\cdot}553\,z = 1{\cdot}362$$

sind mit dem Rechenschieber aufzulösen.

4. Die Determinante vierten Grades

$$\begin{vmatrix} 5{\cdot}1 & 7{\cdot}3 & -2{\cdot}9 & -1{\cdot}6 \\ 2{\cdot}6 & -3{\cdot}1 & 5{\cdot}7 & -6{\cdot}9 \\ -4{\cdot}8 & 8{\cdot}5 & -9{\cdot}4 & 7{\cdot}2 \\ 3{\cdot}8 & -1{\cdot}7 & -4{\cdot}0 & 8{\cdot}3 \end{vmatrix}$$

ist mit dem Rechenschieber angenähert zu berechnen.

5. Die drei linearen Funktionen

$$u = 8{\cdot}25\,x - 3{\cdot}96\,y - 4{\cdot}18\,z\,,$$
$$v = -5{\cdot}18\,x + 5{\cdot}75\,y - 2{\cdot}18\,z\,,$$
$$w = 2{\cdot}97\,x - 8{\cdot}39\,y - 7{\cdot}15\,z$$

sind nach x, y und z aufzulösen.

Drittes Kapitel.

Ausgleichungsrechnung.

§ 14. Die Aufgabe der Ausgleichungsrechnung.

Die linearen Gleichungen und ihre numerische Behandlung haben ein wichtiges Anwendungsgebiet in der Ausgleichungsrechnung.

Jede physikalische Messung ist infolge der Unvollkommenheit unserer Sinne und der Mangelhaftigkeit der angewandten Hilfsmethoden Fehlern unterworfen. Die wiederholte Messung ein und derselben Größe, von deren Unveränderlichkeit wir überzeugt sind, liefert uns stets mehr oder weniger voneinander abweichende Werte, ein Zeichen für das Auftreten unkontrollierbarer Fehler.

Die Ursachen für die Entstehung von Beobachtungsfehlern sind mancherlei Art und bestimmen häufig deren Größe und Eigenschaft. Man wird daher versuchen, aus letzteren auf die Fehlerquellen zu schließen.

Zu erwähnen sind zunächst die „*groben*" Fehler, die ihren Grund in unübersehbaren äußeren Einflüssen, in besonderer Nachlässigkeit des Beobachters oder in unrichtiger Handhabung der Instrumente haben, oder als Ablesungs- oder Rechenfehler auftreten. Wegen ihrer besonderen Größe machen sich die groben Fehler meistens bemerkbar an dem gänzlichen Herausfallen einer Beobachtung aus einer Reihe ähnlicher und sind daher leicht auszumerzen. Sie unterliegen nicht der Ausgleichung.

Daneben treten „*regelmäßige*" Fehler auf, wenn die Möglichkeit besteht, daß bei einer bestimmten Anordnung die Messung immer ein in derselben Richtung abweichendes, also entweder ein stets zu großes oder stets zu kleines Resultat liefert. Beispielsweise liegt bei der Ausmessung einer Strecke durch Meßlatten die Gefahr vor, statt der geraden Strecke einen Polygonzug zu messen. Für die gemessene Strecke ergibt sich stets ein zu großer Wert, und dieser Fehler wächst regelmäßig mit der Beobachtungsgröße. Die regelmäßigen Fehler machen sich erst bemerkbar bei Verwendung verschiedener Messungsmethoden und können daher erst aus auf verschiedenen Wegen gewonnenen Resultaten ausgeschaltet werden.

Schließlich treten noch „*zufällige*“ Fehler auf, d. h. Fehler, von denen man annehmen kann, daß sie mit gleicher Wahrscheinlichkeit das Resultat in dem einen oder anderen Sinne beeinflussen. In unserem Beispiel kann es ebensogut vorkommen, daß die Latten beim Aneinanderlegen etwas zu viel oder etwas zu wenig übereinander geschoben werden.

§ 15. Ausgleichung direkter Beobachtungen von gleicher Genauigkeit.

Die zufälligen Fehler sind der Ausgleichung ohne weiteres zugänglich. Das Verfahren soll zunächst an dem einfachsten Beispiel, nämlich der Ermittelung des Wertes *einer* Unbekannten durch eine Reihe von Messungen auseinandergesetzt werden. Wir nennen X die wahre, aber unzugängliche Größe der Unbekannten. Aus n Messungen seien die Werte $l_1, l_2 \ldots l_n$ gefunden worden, die wegen der Beobachtungsfehler nicht untereinander übereinstimmen. Die Messungen seien so ausgeführt, daß wir zu der Genauigkeit einer jeden dasselbe Vertrauen haben können. Die wahren Fehler der einzelnen Messung sind dann

$$\begin{aligned} X - l_1 &= \varepsilon_1, \\ X - l_2 &= \varepsilon_2, \\ &\vdots \\ X - l_n &= \varepsilon_n. \end{aligned}$$

Die Größen ε sind teils positiv, teils negativ. Um uns vom Vorzeichen frei zu machen, führen wir mit *Gauß* ihre Quadrate ein und bilden das arithmetische Mittel m^2

$$m^2 = \frac{\varepsilon_1^2 + \varepsilon_2^2 + \cdots + \varepsilon_n^2}{n} = \frac{[\varepsilon\varepsilon]}{n}.$$

(Das von *Gauß* eingeführte Summenzeichen soll im folgenden stets beibehalten werden.) Die Größe m, die offenbar ein Maß für die Genauigkeit der einzelnen Beobachtungen darstellt, heißt *mittlerer Fehler.*

Da wir den wahren Wert der Unbekannten nicht kennen, suchen wir aus den Beobachtungen $l_1 l_2 \ldots l_n$ eine Größe L abzuleiten, die ihm wenigstens möglichst nahe kommt. Von diesem „*wahrscheinlichsten*“ Wert der Unbekannten unterscheiden sich die Beobachtungen um die „wahrscheinlichen“ Fehler

$$\begin{aligned} L - l_1 &= v_1, \\ L - l_2 &= v_2, \\ &\vdots \\ L - l_n &= v_n. \end{aligned}$$

Gauß nimmt an, daß L dem Werte X dann möglichst nahekommt, wenn die *Summe der Quadrate der wahrscheinlichen Fehler ein Minimum wird.* Die Bedingung

$$[v\,v] = \text{Min.}$$

läßt sich an die Spitze der ganzen Ausgleichungsrechnung stellen und hat dazu geführt, daß man diese Art der Fehlerausgleichung als die Methode der kleinsten Quadrate bezeichnet. In unserem einfachen Fall ist $[vv]$ eine Funktion Ω von L allein, und die Minimumsbedingung führt sofort zur Bestimmung von L aus der Gleichung

$$\frac{d\Omega}{dL} = 0 .$$

Die Differentiation der Summe ergibt

$$\frac{d\Omega}{dL} = \frac{d}{dL}\{(L-l_1)^2 + (L-l_2)^2 + \ldots (L-l_n)^2\}$$
$$= 2\{(L-l_1) + (L-l_2) + \ldots (L-l_n)\} = 2[v],$$

und aus $[v] = 0$ folgt

$$[v] = nL - [l] = 0$$

oder

(1) $$L = \frac{[l]}{n} .$$

Im Falle *gleich genauer Beobachtungen* einer Größe gibt also das *arithmetische Mittel* ihren wahrscheinlichen Wert.

Um den mittleren Fehler einer Messung zu finden, kann man an Stelle der unbekannten wahren Fehler ε die bekannten Abweichungen der Beobachtungen vom arithmetischen Mittel

$$v_i = L - l_i$$

benutzen, hat dann aber, wie bei *Gauß* gezeigt wird, die Summe der Quadrate nicht durch n, sondern durch $n-1$ zu teilen;

(2) $$m = \sqrt{\frac{[vv]}{n-1}} .$$

Praktisch ist es von großer Wichtigkeit, neben der Kenntnis des mittleren Fehlers einer Messung l auch einen Einblick in die Genauigkeit des Mittelwertes L zu gewinnen. Dazu bestimmt man den mittleren Fehler M des Mittelwertes nach dem Satze über die Fortpflanzung der mittleren Fehler. Ist

$$S = a + b + c + \ldots$$

und sind die mittleren Fehler von $a, b, c \ldots$ entsprechend $m_a, m_b, m_c \ldots$, so ist der mittlere Fehler m_S von S gegeben durch

$$m_S^2 = m_a^2 + m_b^2 + m_c^2 + \ldots$$

In unserem Falle ist

$$L = \frac{[l]}{n} = \frac{l_1}{n} + \frac{l_2}{n} + \ldots \frac{l_n}{n},$$

und die mittleren Fehler von $\frac{l_1}{n}, \frac{l_2}{n} \ldots \frac{l_n}{n}$ sind alle untereinander gleich, und zwar gleich $\frac{m}{n}$. Der mittlere Fehler von L berechnet sich demnach aus

$$m^2 = n \cdot \left(\frac{m}{n}\right)^2 = \frac{m^2}{n}$$

zu

(3) $$m = \frac{m}{\sqrt{n}} = \sqrt{\frac{[vv]}{n(n-1)}} .$$

Bisweilen ist es mühsam, die Summe $[v\,v]$ nach der Ermittelung von L direkt auszurechnen. Wir führen dann einen von L wenig verschiedenen runden *Näherungswert* N ein und setzen

$$l_i - N = \lambda_i, \qquad L - N = \Lambda.$$

Wir rechnen gewissermaßen die gemessenen Werte von einem neuen Nullpunkte aus, den wir so legen, daß die Unterschiede λ klein werden.

Für die Abweichungen vom Mittelwerte erhalten wir

$$v_i = L - l_i = \Lambda - \lambda_i,$$

und durch Summierung ergibt sich, da $[v] = 0$ ist,

$$n\Lambda = [\lambda]. \tag{4}$$

Andererseits erhalten wir für

$$v_i^2 = \Lambda^2 - 2\Lambda\lambda_i + \lambda_i^2$$

und durch Summierung

$$[v\,v] = n\Lambda^2 - 2\Lambda[\lambda] + [\lambda\lambda].$$

In Verbindung mit Gleichung (4) folgt daraus

$$[v\,v] = -\Lambda[\lambda] + [\lambda\lambda]. \tag{5}$$

Die Gleichungen (4) und (5) heißen in der in Kapitel II benutzten abgekürzten Schreibweise

$$(6) \qquad \begin{array}{ccc} \Lambda & [v\,v] & \\ \left\{ \begin{array}{c} n \\ [\lambda] \end{array} \right. & \begin{array}{c} 0 \\ 1 \end{array} & \begin{array}{c} [\lambda] \\ [\lambda\lambda] \end{array} \end{array}$$

und gestatten aus den leicht zu bildenden Summen $[\lambda]$ und $[\lambda\lambda]$ die Berechnung von Λ und $[v\,v]$. Λ ergibt sofort den gesuchten Mittelwert

$$L = N + \Lambda.$$

Aus $[v\,v]$ sind nach (2) und (3) die mittleren Fehler der Einzelmessung und des Mittelwertes zu berechnen.

Als *Beispiel* soll der wahrscheinlichste Wert eines 6mal gemessenen Winkels berechnet werden, sowie der mittlere Fehler der einzelnen Messung und des Mittelwertes

l			λ	$\lambda\lambda$
34°	45′	52″	+ 7″	49
34°	45′	47″	+ 2″	4
34°	45′	23″	− 22″	484
34°	45′	39″	− 6″	36
34°	45′	41″	− 4″	16
34°	45′	53″	+ 8″	64
		[ ]	− 15″	653

Als Näherungswert nehmen wir

$$N = 34°\,45'\,45''$$

und erhalten die angeschriebenen Spalten für λ und $\lambda\lambda$. Das Gleichungssystem (6) lautet also

Λ	$[vv]$	
6	0	−15
−15	1	653
15	0	−37·5
	1	615·5

und liefert die Lösungen

$$\Lambda = -2{\cdot}5'', \qquad [vv] = 615{\cdot}5\,.$$

Somit ergibt sich als Mittelwert

$$L = N + \Lambda = 34^\circ\,45'\,42{\cdot}5'',$$

als mittlerer Fehler einer Messung

$$m = \sqrt{\frac{615{\cdot}5}{5}} = \sqrt{123{\cdot}1} = 11{\cdot}1''$$

und als mittlerer Fehler des arithmetischen Mittels

$$m = \sqrt{\frac{615{\cdot}5}{30}} = \sqrt{20{\cdot}52} = 4{\cdot}5''.$$

§ 16. Ausgleichung direkter Beobachtungen von verschiedener Genauigkeit.

Sind die einzelnen Werte l nicht mit gleicher Genauigkeit gemessen worden, etwa weil sie durch verschieden genaue Methoden erhalten worden sind, so wird man sie auch nicht gleichmäßig zur Mittelbildung heranziehen, sondern ihnen ein nach ihrer Genauigkeit verschiedenes „*Gewicht*“ erteilen.

Nehmen wir einmal an, die Größen l_ν seien selbst wieder als Mittelwerte aus p_ν *Elementarbeobachtungen* von durchweg gleicher Genauigkeit erhalten worden

$$l_1 = \frac{[l']}{p_1}, \qquad l_2 = \frac{[l'']}{p_2} \ldots l_n = \frac{[l^{(n)}]}{p_n}\,.$$

Den gesuchten Mittelwert L erhalten wir dann durch Zurückgehen auf die Beobachtungen gleicher Genauigkeit als arithmetisches Mittel

$$L = \frac{l_1' + l_2' + \ldots l_{p_1}' + l_1'' + l_2'' + \ldots l_{p_2}'' + \ldots l_1^{(n)} + l_2^{(n)} + \ldots l_{p_n}^{(n)}}{p_1 + p_2 + \ldots p_n}\,.$$

Fassen wir die Elementarbeobachtungen wieder zu den Zwischenmitteln zusammen, so wird

$$(1') \qquad L = \frac{p_1 l_1 + p_2 l_2 + \ldots p_n l_n}{p_1 + p_2 + \ldots p_n} = \frac{[p\,l]}{[p]}\,.$$

Die Zahlen p, auf deren Verhältnis es allein ankommt, sind die den verschieden genauen Beobachtungen zukommenden *Gewichte*. Dem

Mittel L müssen wir das Gewicht $P = [p]$ erteilen, da sich L aus $[p]$ Elementarbeobachtungen zusammensetzt. Nennen wir den mittleren Fehler einer Elementarbeobachtung μ, so werden nach (3) die mittleren Fehler der Größen l_ν und des Mittels L:

$$(2') \qquad m_\nu = \frac{\mu}{\sqrt{p_\nu}}, \qquad M = \frac{\mu}{\sqrt{P}}.$$

In der Regel werden nun die Gründe für die verschiedene Genauigkeit der Größen l_ν anderer Natur sein. Wir können dann die vorstehenden Formeln dazu benutzen, die Gewichte p aus den irgendwie festgestellten mittleren Fehlern herzuleiten. Da es bei den Gewichten auf einen gemeinsamen Faktor nicht ankommt, können wir die Größe μ (den mittleren Fehler der Gewichtseinheit) willkürlich wählen und erhalten

$$p_\nu = \frac{\mu^2}{m_\nu^2}.$$

Die Abweichungen der einzelnen Beobachtungen gegen den Mittelwert werden wie früher gebildet

$$L - l_\nu = v_\nu.$$

Bei der Summe der Fehlerquadrate ist jetzt aber zu beachten, daß die Fehler von Beobachtungen verschiedener Genauigkeit herrühren, daß also bei der Summenbildung den einzelnen Fehlerquadraten verschiedene Gewichte zu erteilen sind. Die Minimumsbedingung lautet daher jetzt

$$[p\,v\,v] = \text{Min}.$$

Die Summe ist wieder eine Funktion Ω von L allein, und wir erhalten durch Nullsetzen der Ableitung

$$\frac{1}{2}\frac{d\Omega}{dL} = \frac{1}{2}\frac{d}{dL}\sum_\nu p_\nu (L - l_\nu)^2 = [p\,v] = 0 = [p]L - [p\,l],$$

also in Übereinstimmung mit (1')

$$L = \frac{[p\,l]}{[p]}.$$

Die Summe $[p\,v\,v]$ kann dazu benutzt werden, die mittleren Fehler nach der Ausgleichung zu berechnen. Der mittlere Fehler der Gewichtseinheit ist, wie man zeigen kann

$$\bar{\mu} = \sqrt{\frac{[p\,v\,v]}{n-1}}.$$

Daraus ergeben sich die mittleren Fehler der Beobachtungsgrößen und des Mittelwertes nach der Ausgleichung

$$(3') \qquad \bar{m}_\nu = \frac{\bar{\mu}}{\sqrt{p_\nu}} = \sqrt{\frac{[p\,v\,v]}{(n-1)\,p_\nu}}, \qquad \bar{m} = \frac{\bar{\mu}}{\sqrt{P}} = \sqrt{\frac{[p\,v\,v]}{(n-1)[p]}}.$$

Die mittleren Fehler vor der Ausgleichung (2') und nach der Ausgleichung (3') müssen bei genügender Anzahl von Beobachtungen übereinstimmen, wenn die Ungenauigkeit der Messungen nur von zufälligen Fehlern herrührt. Jede Verschiedenheit ist ein Zeichen für das Auftreten von groben oder regelmäßigen Fehlern.

Für die numerische Berechnung ist es wieder bequem, einen runden Näherungswert N einzuführen. Bezeichnen wir die Abweichungen vom Näherungswert wie früher

$$l_\nu - N = \lambda_\nu, \qquad L - N = \Lambda,$$

so wird wieder

$$v_\nu = \Lambda - \lambda_\nu,$$

und da jetzt $[p\,v] = 0$ ist,

$$(4') \qquad 0 = [p\,v] = [p]\,\Lambda - [p\,\lambda].$$

Bilden wir andererseits

$$[p\,v\,v] = \sum_\nu p\,(\Lambda - \lambda_\nu)^2 = [p]\,\Lambda^2 - 2[p\,\lambda]\,\Lambda + [p\,\lambda\,\lambda],$$

so folgt wegen (4')

$$(5') \qquad [p\,v\,v] = -[p\,\lambda]\,\Lambda + [p\,\lambda\,\lambda].$$

Die Gleichungen (4') und (5') gestatten jetzt die Berechnung von Λ und $[p\,v\,v]$

$$(6') \qquad \begin{array}{ccc} \Lambda & [p\,v\,v] & \\ \left\{ \begin{array}{c} [p] \\ [p\,\lambda] \end{array} \right. & \begin{array}{c} 0 \\ 1 \end{array} & \begin{array}{c} [p\,\lambda] \\ [p\,\lambda\,\lambda] \end{array} \end{array}.$$

Aus Λ ergibt sich der gesuchte Mittelwert

$$L = N + \Lambda.$$

Als Beispiel mögen sieben von verschiedenen Beobachtern nach verschiedenen Methoden gefundenen Werte für die Sonnenparallaxe untereinander ausgeglichen werden. Die erste Spalte enthält die gefundenen Werte, die zweite ihre mittleren Fehler. Nimmt man als mittleren Fehler der Gewichtseinheit $\mu = 0{\cdot}020''$, so ergeben sich die in der dritten Spalte angeführten Gewichte. Mit dem Näherungswert $N = 8{\cdot}900''$ ergeben sich die übrigen Spalten in Einheiten der letzten Dezimale.

l	m	p[1])	λ	$p\lambda$	$p\lambda\lambda$	m
8·780″	0·020″	1·0	−20	−20·0	400	0·022″
8·794″	0·022″	0·8	− 6	− 4·8	29	0·025″
8·857″	0·023″	0·8	57	45·6	2599	0·025″
8·802″	0·007″	8·2	2	16·4	33	0·008″
8·806″	0·044″	0·2	6	1·2	7	0·050″
8·806″	0·006″	11·1	6	66·6	400	0·007″
8·807″	0·004″	25·0	7	175·0	1225	0·004″
	[] =	47·1	—	280·0	4693	

[1]) Die Gewichte p werden aus den mittleren Fehlern m sehr bequem mit dem Rechenschieber gewonnen, indem man mit umgekehrter Zunge m auf der X-Skala und p auf der t-Skala abliest.

Das Schema der linearen Gleichungen

Λ	$[pvv]$	
47·1	0	280
280	1	4693
−280	0	−1665
	1	3028

liefert die Lösungen

$$\Lambda = 5{\cdot}9\,, \qquad [pvv] = 3028\,.$$

Damit erhalten wir den Mittelwert

$$L = N + \Lambda = 8{\cdot}8059''$$

und den mittleren Fehler der Gewichtseinheit nach der Ausgleichung.

$$\bar{\mu} = \sqrt{\frac{[pvv]}{n-1}} = \sqrt{\frac{3028}{6}} \cdot 10^{-3} = \sqrt{504{\cdot}7} \cdot 10^{-3} = 22{\cdot}5 \cdot 10^{-3}\,.$$

Vor der Ausgleichung ergab sich der mittlere Fehler des Mittels

$$m = \frac{\mu}{\sqrt{[p]}} = \frac{0{\cdot}020}{\sqrt{47{\cdot}1}} = 0{\cdot}0029'',$$

nach der Ausgleichung finden wir dafür

$$\bar{m} = \frac{\bar{\mu}}{\sqrt{[p]}} = \frac{0{\cdot}0225}{\sqrt{47{\cdot}1}} = 0{\cdot}0033''.$$

Die mittleren Fehler der einzelnen Messungen, aus

$$\bar{m}_\nu = \frac{\bar{\mu}}{\sqrt{p_\nu}}$$

berechnet, finden sich in der letzten Spalte angegeben.

Die mittleren Fehler vor und nach der Ausgleichung zeigen eine geringe, aber doch bemerkbare Differenz, ein Zeichen dafür, daß bei den einzelnen Beobachtungen regelmäßige Fehler nicht ganz ausgeschaltet waren.

§ 17. Ausgleichung vermittelnder Beobachtungen.

Die Methode der kleinsten Quadrate läßt sich auf die Bestimmung *mehrerer Unbekannten* ausdehnen. Damit überhaupt eine Aufgabe der Ausgleichungsrechnung vorliegt, muß Überbestimmung vorhanden sein, d. h. die Messungen müssen mehr Gleichungen liefern als Unbekannte zu berechnen sind. Ihre Werte werden dann so bestimmt, daß sie allen Messungen am besten gerecht werden. Man spricht in diesem Falle von *vermittelnden Beobachtungen*.

Wir behandeln zunächst den speziellen Fall zweier Unbekannten, die mit den gemessenen Größen durch eine *lineare Beziehung* verknüpft sind. Gesucht sind die beiden Größen α und β, während n Wertepaare

x_ν, y_ν beobachtet worden sind. Dabei soll zwischen beobachteten und gesuchten Größen die Gleichung bestehen:

$$\alpha + \beta x - y = 0 . \tag{7}$$

Wegen der Fehlerhaftigkeit der Beobachtungen wird es nicht möglich sein, α und β so zu bestimmen, daß Gleichung (7) von allen Wertepaaren x_ν, y_ν erfüllt wird. Für irgend zwei Werte α und β ergeben sich die Abweichungen

$$v_\nu = \alpha + \beta x_\nu - y_\nu , \tag{7'}$$

und wir können nun genau wie früher diejenigen Werte α und β als die wahrscheinlichsten hinstellen, für die $[vv]$ ein Minimum wird. Da $[vv]$ eine Funktion Ω von α und β ist, ergeben sich aus der Minimumsforderung durch Nullsetzen der partiellen Ableitungen nach α und β zwei lineare Gleichungen zur Bestimmung der beiden Unbekannten.

An Stelle des direkten Weges empfiehlt es sich jedoch auch hier wieder, zunächst zwei Näherungswerte α_0 und β_0 einzuführen, die man aus irgend zweien der beobachteten Gleichungen ableitet. Nach Gleichung (7) ist jetzt zu jedem x_ν ein Wert k_ν zugeordnet:

$$\alpha_0 + \beta_0 x_\nu - k_\nu = 0 ,$$

der von dem beobachteten y_ν nicht sehr verschieden ist. Setzen wir die Differenzen

$$\begin{aligned} \alpha - \alpha_0 &= \xi , \\ \beta - \beta_0 &= \eta , \\ y_\nu - k_\nu &= l_\nu , \end{aligned}$$

so erhalten wir für die Abweichungen v_ν aus den beiden Gleichungen

$$\begin{aligned} \alpha + \beta x_\nu - y_\nu &= v_\nu , \\ \alpha_0 + \beta_0 x_\nu - k_\nu &= 0 \end{aligned}$$

durch Subtraktion

$$\xi + \eta x_\nu - l_\nu = v_\nu . \tag{8}$$

Die Funktion Ω erhält somit die Form

$$\Omega = [vv] = \sum_\nu (\xi + \eta x_\nu - l_\nu)^2 ,$$

und aus den partiellen Ableitungen, die jetzt entsprechend nach ξ und η zu nehmen sind, folgen zur Bestimmung von ξ und η die beiden Gleichungen

$$\frac{1}{2}\frac{\partial \Omega}{\partial \xi} = [v] = 0 , \qquad \frac{1}{2}\frac{\partial \Omega}{\partial \eta} = [xv] = 0 . \tag{9}$$

Zur Bestimmung der mittleren Fehler wird wieder der Wert von Ω selbst gebraucht. Anstatt aber die Summe $[vv]$ nachträglich zu bestimmen, wird man ihre Berechnung wie oben zweckmäßig mit der Berechnung von ξ und η verbinden. Ω kann aus Gleichung (8) direkt gebildet werden, bequemer ist es jedoch, die Funktion durch Einführung einer dritten Veränderlichen t zunächst homogen zu machen:

$$\Omega = \sum (\xi + \eta x_\nu - t l_\nu)^2 ,$$

und dann nach dem Werte dieser Funktion für $t = 1$ zu fragen. Nach dem *Euler*schen Satz über homogene Funktionen folgt nämlich jetzt

$$2\,\Omega = \frac{\partial\,\Omega}{\partial\,\xi}\cdot\xi + \frac{\partial\,\Omega}{\partial\,\eta}\,\eta + \frac{\partial\,\Omega}{\partial\,t}\,t$$

und mit Benutzung der Gleichungen (9)

$$\Omega = [v]\,\xi + [x\,v]\,\eta + \frac{1}{2}\frac{\partial\,\Omega}{\partial\,t}\,t = -[l\,v]\,t\,,$$

also für $t = 1$

(10) $$\Omega = -[l\,v] = -\xi\,[l] - \eta\,[x\,l] + [l\,l]\,.$$

Die Gleichungen (9) stellen mit Verbindung mit (10) drei Gleichungen, die sog. *Normalgleichungen*, zur Bestimmung von ξ, η und $[v\,v]$ dar, ein System, das in unserer abgekürzten Schreibweise unter Benutzung von (8) die Form erhält

(11)

ξ	η	$[v\,v]$	
n	$[x]$	0	$[l]$
$[x]$	$[x\,x]$	0	$[x\,l]$
$[l]$	$[x\,l]$	1	$[l\,l]$

ξ und η liefern in Verbindung mit den Näherungswerten sofort die Unbekannten

$$\alpha = \alpha_0 + \xi\,, \qquad \beta = \beta_0 + \eta\,.$$

Werden die Größen x_ν als genau und nur y_ν als fehlerhaft vorausgesetzt, so ergibt sich für den mittleren Fehler m_y, wie in der Ausgleichungsrechnung gezeigt wird, analog zu (2), (wo es sich um die Bestimmung einer Unbekannten handelt), die Formel

(12) $$m = \sqrt{\frac{[v\,v]}{n-2}}\,.$$

In der Regel werden nun aber die gemessenen Größen x_ν und y_ν gleichzeitig mit Fehlern behaftet sein. Hat ein Wert x_ν den Fehler $\Delta\,x_\nu$, so ist er in der Gleichung (7′) durch $x_\nu + \Delta\,x_\nu$ zu ersetzen.

$$\alpha + \beta\,(x_\nu + \Delta\,x_\nu) - y_\nu = v_\nu$$

oder

$$\alpha + \beta\,x_\nu - (y_\nu - \beta\,\Delta\,x_\nu) = v_\nu\,.$$

Der Fehler von x_ν kann also zu dem von y_ν gezogen werden, und es macht für den Ansatz der Minimumsbedingung nichts aus, wenn wir x als genau und nur y als fehlerhaft betrachten. Der Fehler m setzt sich jetzt zusammen aus dem mittleren Fehler m_y von y und dem mit β multiplizierten mittleren Fehler m_x von x. Nach dem Satz über die Fortpflanzung der mittleren Fehler ist daher

(13) $$m^2 = m_y^2 + \beta^2\,m_x^2 = \frac{[v\,v]}{n-2}\,.$$

Kennt man das Verhältnis, in dem die mittleren Fehler der Größen x und y zueinander stehen, so läßt sich aus (13) jeder einzeln berechnen. Ist etwa

$$m_x = \lambda\cdot m_y\,,$$

so wird

$$(14)\quad \begin{cases} m_x = \sqrt{\dfrac{[v\,v]}{n-2}}\,\dfrac{1}{\sqrt{1+\beta^2\lambda^2}}, \\ m_y = \sqrt{\dfrac{[v\,v]}{n-2}}\,\dfrac{\lambda}{\sqrt{1+\beta^2\lambda^2}}. \end{cases}$$

Die mittleren Fehler der Größen α und β spielen in der Praxis eine geringere Rolle. Es sei daher nur erwähnt, daß sie als Nebenprodukt bei der Auflösung des Systems (11) gewonnen werden können. Die Koeffizienten der beiden ersten Gleichungen bilden ein symmetrisches System, d. h. ein System, das bei der Vertauschung von Zeilen und Kolonnen ungeändert bleibt. Eliminiert man einmal aus der zweiten Gleichung mit Hilfe der ersten ξ, so entsteht eine Gleichung von der Form

$$A_2\eta = B_2.$$

Vertauscht man nun gleichzeitig die Zeilen und Kolonnen unter sich, so entsteht wieder ein symmetrisches System, in dem ξ und η ihre Plätze gewechselt haben. Die Elimination von η liefert jetzt eine Gleichung

$$A_1\xi = B_1.$$

Die Koeffizienten A_1 und A_2 liefern die gewünschten mittleren Fehler

$$m_\alpha = \frac{m}{\sqrt{A_1}},$$

$$m_\beta = \frac{m}{\sqrt{A_2}}.$$

Die ganze Fragestellung läßt sich auch geometrisch auffassen. Gemessen sind die Koordinaten x und y einer Reihe von Punkten, die auf einer Geraden liegen sollen. Wegen der Messungsfehler ist es jedoch nicht möglich, durch alle Punkte eine Gerade zu legen. Es fragt sich, wie die Gerade zu legen ist, so daß sie allen Punkten „möglichst" gerecht wird. Die Methode der kleinsten Quadrate gibt darauf die Antwort: Die Gerade ist so zu legen, daß

$$[v\,v] = \sum_\nu (\alpha + \beta x_\nu - y_\nu)^2$$

ein Minimum wird.

Durch zwei Punkte, am besten durch die mit der kleinsten und größten Abszisse, wird zunächst eine „Näherungsgerade" gelegt. Die mit l_ν bezeichneten Größen sind jetzt die in der Ordinatenrichtung gemessenen Strecken zwischen Punkt und Näherungsgeraden. Tragen wir diese Strecken zu den Abszissen x_ν auf, so handelt es sich darum, eine Gerade, die „Verbesserungsgerade", so durch die neuen Punkte zu legen, daß

$$[v\,v] = \sum_\nu (\xi + \eta x_\nu - l_\nu)^2$$

ein Minimum wird. Die endgültig gesuchte Gerade ergibt sich durch Superposition der Ordinaten der Verbesserungs- und der Näherungsgeraden.

Häufig werden die Werte α und β gar nicht selbst gesucht sein, sondern sollen nur dazu dienen, zu neuen Werten x die zugehörigen Werte y zu berechnen. Es handelt sich dann also um eine Interpolation zwischen den gemessenen und ausgeglichenen Werten x_ν, y_ν. Man rechnet auch zu den neuen Abszissen x_μ zweckmäßig zuerst die Näherungen

$$\alpha_0 + \beta_0 x_\mu = k_\mu$$

aus. Nach der Ermittelung der Zuschläge ξ und η ergeben sich die Verbesserungen

$$l_\mu = \xi + \eta x_\mu ,$$

die zusammen mit den Näherungen die gesuchten Werte y liefern:

$$y_\mu = k_\mu + l_\mu .$$

§ 18. Beispiel.

Das folgende Beispiel bezieht sich auf die Ausmessung eines photographisch aufgenommenen Linienspektrums. Die mit x bezeichnete Spalte gibt die Abstände dieser Linien an, von irgendeinem Nullpunkte aus in $\mu = 10^{-3}$ mm gemessen. Zwischen den Wellenlängen y (in Angström $= 10^{-7}$ mm gemessen) und den Abständen x besteht, da es sich um ein hinreichend kleines Stück eines Gitterspektrums handelt, eine lineare Beziehung

$$y = \alpha + \beta x .$$

Für eine Reihe von Linien sind die Wellenlängen bekannt und in der Spalte y angegeben. Wir stellen uns die Aufgabe, nach der Methode der kleinsten Quadrate unter Benutzung dieser „Normalen" die Konstanten der linearen Gleichung zu berechnen und mit ihnen die noch unbekannten Wellenlängen zu bestimmen.

Zuerst führen wir Näherungen α_0 und β_0 ein, mit denen wir für die Werte y_ν Näherungen k_ν ableiten. Aus dem ersten und letzten Wertepaar ergibt sich

$$\beta_0 = \frac{y_n - y_1}{x_n - x_1} = \frac{3407{\cdot}468 - 3427{\cdot}127}{2169{\cdot}8 - 63{\cdot}2} = -0{\cdot}0093321 .$$

Die Berechnung der Zwischenwerte erfolgt am bequemsten durch Interpolation mit der Rechenmaschine in der früher beschriebenen Weise (vgl. S. 29). Die Berechnung von α_0 ist nicht erforderlich, da der Wert ja nur von dem willkürlich gewählten Anfangspunkt der x-Skala abhängt. Um mit kleineren Zahlen rechnen zu können, verlegen wir diesen Anfangspunkt nach der Mitte der Skala, etwa nach 1200·0. Die von diesem Nullpunkt aus gezählten Werte x' sind in der 5. Spalte angegeben, und zwar genügt die Angabe von 0·1 mm. Die 4. Spalte gibt die Werte $l = y - k$ in Einheiten der dritten Dezimale. Die übrigen Spalten liefern die Koeffizienten für das System (11).

x	y	k	l	x'	lx'	$x'x'$	ll
63·2	3427·127	3427·127	0	−11	0	121	0
367·5	3424·290	3424·287	3	− 8	−24	64	9
575·8	—	3422·343	—	(− 6)	—	—	—
989·4	3418·514	3418·484	30	− 2	−60	4	900
1059·0	3417·847	3417·834	13	− 1	−13	1	169
1236·4	—	3416·179	—	(0)	—	—	—
1563·0	3413·140	3413·131	9	+ 4	36	16	81
1852·8	—	3410·426	—	(+ 7)	—	—	—
2169·8	3407·468	3407·468	0	+10	0	100	0
2426·9	—	3405·069	—	(+12)	—	—	—
		[ ]	+55	− 8	−61	306	1159

Das Schema zur Auflösung der linearen Gleichungen nimmt somit die Form an

ξ	η	$[vv]$		
6	− 8	0	55	55·3
			0·33	
− 8	306	0	− 61	
8	− 10·7	0	73·3	
55	− 61	1	1159	
− 55	73·3	0	− 504	
	295·3	0	12·3	0
			− 12·3	
	12·3	1	655	
	− 12·3	0	− 0·5	
		1	654	

Wir erhalten die Lösungen

$$\xi = 9{\cdot}22, \qquad \eta = 0{\cdot}0417, \qquad [vv] = 654 \cdot 10^{-6}.$$

Aus ξ und η berechnen wir zunächst die Zuschläge

$$l_\nu = \xi + \eta x'_\nu$$

an den Stellen $x' = -6;\ 0;\ +7;\ +12$ und finden durch Addition zu den Näherungen k die gesuchten Wellenlängen y.

x'	l	k	y
− 6	8·97	3422·343	3422·352
0	9·22	16·179	16·188
+ 7	9·51	10·426	10·436
+12	9·72	3405·069	3405·079

Dabei sind die Werte l wieder in Einheiten der letzten Dezimale gemessen.

Die Summe $[vv]$ liefert den Fehler

$$m = \sqrt{\frac{654}{4}} \cdot 10^{-3} = \sqrt{163{\cdot}5} \cdot 10^{-3} = 12{\cdot}8 \cdot 10^{-3}.$$

Nimmt man die zur Messung herangezogenen Wellenlängennormalen als fehlerfrei an, dann wird der mittlere Fehler einer Messung auf der Platte

$$m_x = \frac{m}{\beta} = \frac{12{\cdot}8 \cdot 10^{-3}}{0{\cdot}00933} = 1{\cdot}37 \ (10^{-3}\ \text{mm}).$$

Da wir bei der Berechnung von ξ und η die Größen l in der Einheit 10^{-3} und andererseits x' in der Einheit 10^2 gemessen haben, ergibt sich für η die Einheit 10^{-5}. Damit erhalten wir den Koeffizienten

$$\beta = \beta_0 + \eta = -0{\cdot}0093321 + 0{\cdot}04 \cdot 10^{-5} = -0{\cdot}0093317.$$

Der mittlere Fehler von β ergibt sich aus m und dem bei der Auflösung der Gleichungen gefundenen Werte $A_2 = 295{\cdot}3 \cdot 10^4$:

$$m_\beta = \frac{m}{\sqrt{A_2}} = \frac{12{\cdot}8 \cdot 10^{-3}}{\sqrt{295{\cdot}3 \cdot 10^2}} = 7{\cdot}4 \cdot 10^{-6}.$$

Von Interesse ist es noch, den mittleren Fehler der durch die Interpolation neu gefundenen Wellenlängen zu kennen. Berechnen wir mit Hilfe der linearen Beziehung an einer Stelle x_ϱ die Wellenlänge, so müssen wir nach dem Fehler des Ausdrucks

$$y_\varrho = \alpha + \beta x_\varrho$$

fragen. Wir verschieben den Anfangspunkt auf der x-Achse in den Punkt x_ϱ, führen also neue Abscissen x' ein durch die Beziehung

$$x = x_\varrho + x'.$$

Die lineare Gleichung heißt im neuen System

$$y = \alpha + \beta x_\varrho + \beta x'$$

oder, wenn man zur Abkürzung $\alpha + \beta x_\varrho = \alpha'$ setzt:

$$y = \alpha' + \beta x'.$$

Der gesuchte Fehler ist jetzt der mittlere Fehler von α', wenn wir vorläufig x_ϱ als genau voraussetzen. Wie früher erwähnt, finden wir ihn ebenso wie den von β aus dem Fehler

$$m = \sqrt{\frac{[vv]}{n-2}}$$

und den Koeffizienten, die bei der Reduktion der Normalgleichungen (11)

$$\begin{aligned} n\alpha + [x]\beta &= [l], \\ [x]\alpha + [xx]\beta &= [xl] \end{aligned}$$

auftreten. Die Elimination von α ergibt

$$\left([xx] - \frac{1}{n}[x]^2\right)\beta = \ldots .$$

und die Elimination von β nach Vertauschung der Zeilen und Kolonnen unter sich

$$\left(n - \frac{[x]^2}{[xx]}\right)\alpha = \ldots .$$

Demnach erhalten wir für die Quadrate der mittleren Fehler von α und β

$$m_\alpha^2 = \frac{m^2}{n - \frac{[x]^2}{[xx]}},$$

$$m_\beta^2 = \frac{m^2}{[xx] - \frac{1}{n}[x]^2}.$$

In dem neuen System $x' = x - x_\varrho$ wird daher

$$m_{\alpha'}^2 = \frac{m^2}{n - \frac{[x']^2}{[x'x']}} = \frac{m^2[x'x']}{n[x'x'] - [x']^2}.$$

Kehren wir wieder zum alten Koordinatensystem zurück, so ist einerseits, wie man sich leicht überzeugt,

$$n[x'x'] - [x']^2 = n\sum_\nu (x_\nu - x_\varrho)^2 - \{\sum_\nu (x_\nu - x_\varrho)\}^2 = n[xx] - [x]^2$$

und andererseits

$$[x'x'] = \sum_\nu (x_\nu - x_\varrho)^2 = [xx] - 2x_\varrho[x] + n x_\varrho^2$$
$$= [xx] - \frac{1}{n}[x]^2 + n\left(x_\varrho - \frac{[x]}{n}\right)^2.$$

Nun ist $\frac{[x]}{n}$ die Abszisse des Schwerpunktes der beobachteten Punkte x_ν, y_ν, und $x_\varrho - \frac{[x]}{n}$ der Abstand des Punktes x_ϱ von der Ordinate des Schwerpunktes. Bezeichnen wir ihn mit r, so wird

$$m_{\alpha'}^2 = \frac{m^2}{n}\,\frac{[xx] - \frac{1}{n}[x]^2 + n r^2}{[xx] - \frac{1}{n}[x]^2} = \frac{m^2}{n} + r^2\frac{m^2}{[xx] - \frac{1}{n}[x]^2}$$

oder, wenn wir noch m_β einführen:

$$m_{\alpha'}^2 = \frac{m^2}{n} + r^2 m_\beta^2.$$

Berücksichtigen wir schließlich, daß auch x_ϱ ebenso wie die anderen Abszissen den mittleren Fehler m_x hat, so wird das Quadrat des mittleren Fehlers der neuen Wellenlängen

$$\mu^2 = m_{\alpha'}^2 + \beta^2 m_x^2 = \frac{m^2}{n} + r^2 m_\beta^2 + \beta^2 m_x^2.$$

Der mittlere Fehler ist also am kleinsten in der Ordinate des Schwerpunkts ($r = 0$) und wächst nach beiden Seiten mit der Entfernung von dieser Ordinate. Trägt man ihn als Ordinate auf, so beschreibt er eine Hyperbel, deren Mittelpunkt im Fußpunkt der Schwerpunktsordinate liegt und deren Hauptachse durch den Schwerpunkt geht.

In unserem Beispiel ist die Abszisse des Schwerpunktes $\frac{[x]}{n} = 1035{\cdot}3$. Nehmen wir wieder die Wellenlängennormalen als fehlerfrei an, so wird $m^2 = \beta^2 m_x^2$, also

$$\mu^2 = m^2\left(1 + \frac{1}{n}\right) + r^2 m_\beta^2 .$$

Mit den früher für m und m_β gefundenen Werten wird

$$10^6 \mu^2 = 190{\cdot}8 + 55{\cdot}4 \cdot 10^{-6} r^2 .$$

Am weitesten vom Schwerpunkt entfernt ist die letzte Linie bei $x = 2426{\cdot}9$. Für sie wird $r = 1391{\cdot}6$ und damit also im ungünstigsten Falle

$$\mu = \sqrt{297{\cdot}9} \cdot 10^{-3} = 17{\cdot}3 \cdot 10^{-3} .$$

§ 19. Nichtlineare Beziehungen zwischen den Unbekannten und den beobachteten Größen.

Im allgemeinen sind die Gleichungen zur Bestimmung der Unbekannten aus den beobachteten Größen nicht linear. Wir wollen den Fall betrachten, daß m Unbekannte $x\,y\,z\,\ldots$ aus n Gleichungen von der Form:

$$(15)\qquad \left\{\begin{array}{l} f_1(x\,y\,z\ldots) - L_1 = 0, \\ f_2(x\,y\,z\ldots) - L_2 = 0, \\ \quad\vdots \\ f_n(x\,y\,z\ldots) - L_n = 0 \end{array}\right.$$

berechnet werden sollen. Die Größen L sind gemessen worden, während der Bau der Funktionen bekannt ist.

Eine Aufgabe der Ausgleichungsrechnung liegt erst vor, wenn $n > m$ ist, d. h. wenn mehr Gleichungen als Unbekannte vorhanden sind. Es ist dann wegen der Messungsfehler unmöglich, alle Gleichungen durch ein Wertsystem $x\,y\,z\ldots$ zu befriedigen. Wir suchen daher ein Wertsystem, das die Gleichungen „möglichst gut" erfüllt, also ein System, für das $[v\,v]$ ein Minimum wird, wenn wir wie früher mit v die Abweichungen der linken Seiten von 0 bezeichnen:

$$f_\nu(x\,y\,z\ldots) - L_\nu = v_\nu .$$

Wir suchen zunächst ein Wertsystem $x_0 y_0 z_0 \ldots$, das die Gleichungen angenähert erfüllt, indem wir m Gleichungen beliebig auswählen und nach den in Kapitel VI beschriebenen Methoden auflösen. Durch Einsetzen dieser Werte ergeben sich auf den rechten Seiten die Abweichungen

$$(16)\qquad L_\nu - f_\nu(x_0 y_0 z_0 \ldots) = l_\nu .$$

Führen wir als Verbesserungen der Näherungswerte die Zuschläge $\xi\,\eta\,\zeta\ldots$ ein, so lauten die Gleichungen für v

$$(17)\qquad f_\nu(x_0 + \xi,\ \ y_0 + \eta,\ \ z_0 + \zeta\ldots) - L_\nu = v_\nu .$$

Sind die Zuschläge klein, so können wir die Funktionen f an der Stelle $x_0 y_0 z_0 \ldots$ entwickeln und die Reihe nach den linearen Gliedern abbrechen:

$$f_\nu(x y z \ldots) = f_\nu(x_0 y_0 z_0 \ldots) + \left(\frac{\partial f_\nu}{\partial x}\right)_0 \cdot \xi + \left(\frac{\partial f_\nu}{\partial y}\right)_0 \eta + \left(\frac{\partial f_\nu}{\partial z}\right)_0 \zeta + \ldots$$

Der Index 0 bedeutet, daß die partiellen Ableitungen an der Stelle $x_0 y_0 z_0 \ldots$ zu nehmen sind, also bekannte Zahlenwerte darstellen, die wir zur Abkürzung entsprechend mit $a_\nu b_\nu c_\nu \ldots$ bezeichnen wollen. Drücken wir die Funktionswerte an den Stellen $x_0 y_0 z_0 \ldots$ und $x y z \ldots$ durch die Gleichungen (16) und (17) aus, so entstehen die *Fehlergleichungen*

$$a_\nu \xi + b_\nu \eta + c_\nu \zeta + \ldots - l_\nu = v_\nu . \tag{18}$$

Damit ist die Aufgabe wiederum auf die Lösung eines überbestimmten Systems linearer Gleichungen zurückgeführt worden, vorausgesetzt, daß die vernachlässigten Glieder zweiter Ordnung verglichen mit den Fehlern der Beobachtungsgrößen L keine Rolle spielen. Sollten sich die Zuschläge $\xi \eta \zeta \ldots$ nachträglich so erheblich herausstellen, daß sich diese Voraussetzung nicht aufrecht erhalten läßt, so darf das erhaltene Wertsystem $x = x_0 + \xi$; $y = y_0 + \eta$; $z = z_0 + \zeta \ldots$ nicht als endgültig angesehen werden, sondern nur als Näherungslösung, mit der das Verfahren zu wiederholen ist.

Die Fehlergleichungen gestatten es, die Summe $[v v]$ als Funktion Ω der Zuschläge zu bilden:

$$\Omega = \sum_\nu (a_\nu \xi + b_\nu \eta + c_\nu \zeta + \ldots - l_\nu)^2 .$$

Die Bedingungen für das Eintreten eines Minimums lauten daher

$$\left\{\begin{aligned} \frac{1}{2}\frac{\partial \Omega}{\partial \xi} &= [a v] = 0, \\ \frac{1}{2}\frac{\partial \Omega}{\partial \eta} &= [b v] = 0, \\ \frac{1}{2}\frac{\partial \Omega}{\partial \zeta} &= [c v] = 0. \end{aligned}\right. \tag{19}$$

Um den Wert der Summe $[v v]$ selbst zu finden, schreiben wir wieder Ω als homogene Funktion

$$\Omega = \sum_\nu (a_\nu \xi + b_\nu \eta + c_\nu \zeta + \ldots - l_\nu t)^2$$

und suchen deren Wert für $t = 1$. Nach dem *Euler*schen Satz ist jetzt

$$2\Omega = \frac{\partial \Omega}{\partial \xi} \xi + \frac{\partial \Omega}{\partial \eta} \cdot \eta + \frac{\partial \Omega}{\partial \zeta} \zeta + \ldots \frac{\partial \Omega}{\partial t} t .$$

Da

$$\frac{1}{2}\frac{\partial \Omega}{\partial t} = -[l v]$$

für $t = 1$ ist, folgt aus den Gleichungen (19) für $t = 1$.

$$\left\{\begin{aligned} \Omega &= -[l v] \\ &= -[l a]\xi - [l b]\eta - [l c]\zeta - \ldots + [l l] . \end{aligned}\right. \tag{20}$$

Die Gleichungen (19) geben ausführlich geschrieben m lineare Gleichungen zur Bestimmung der m unbekannten Zuschläge

$$(21)\qquad \begin{cases} [aa]\xi + [ab]\eta + [ac]\zeta + \ldots = [al], \\ [ba]\xi + [bb]\eta + [bc]\zeta + \ldots = [bl], \\ [ca]\xi + [cb]\eta + [cc]\zeta + \ldots = [cl]. \\ \qquad\qquad\vdots \end{cases}$$

Fügen wir diesem symmetrischen System noch die Gleichung (20) in der Form

$$[la]\xi + [lb]\eta + [lc]\zeta + \ldots + \Omega = [ll]$$

hinzu, so erhalten wir in abgekürzter Schreibweise die Normalgleichungen

$$(22)\qquad \begin{array}{cccc} \xi & \eta & \zeta & \\ [aa] & [ab] & [ac] \ldots & [al] \\ [ba] & [bb] & [bc] \ldots & [bl] \\ [ca] & [cb] & [cc] \ldots & [cl] \\ \vdots & \vdots & \vdots & \vdots \\ [la] & [lb] & [lc] \ldots & [ll]. \end{array}$$

Nach vollständig durchgeführter Reduktion bleibt schließlich die Fehlerquadratsumme auf der rechten Seite allein übrig.

Der mittlere Fehler der beobachteten Größen L ergibt sich aus der Summe $[vv]$ wie früher, im Falle von n Gleichungen mit m Unbekannten ist die Summe durch $n - m$ zu dividieren:

$$m = \sqrt{\frac{[vv]}{n-m}}.$$

Noch allgemeiner ist die Aufgabe der Ausgleichungsrechnung, wenn die beobachteten Größen nicht wie in den Gleichungen (15) explizite auftreten, sondern durch Funktionen mit den Unbekannten verknüpft sind. Für die Lösung dieser Aufgabe sowie auch für den Fall, daß die beobachteten Größen nicht mit gleicher Genauigkeit gemessen wurden, sei auf die Lehrbücher der Ausgleichungsrechnung verwiesen.

§ 20. Ausgleichung bedingter Beobachtungen.

Eine andere Verallgemeinerung der bisher betrachteten Aufgaben besteht darin, daß neben den Gleichungen, die den Zusammenhang zwischen gemessenen und gesuchten Größen angeben, noch andere existieren, die von den Unbekannten ihrer Natur nach unabhängig von jeder Messung streng erfüllt sein müssen. Man spricht dann von der Ausgleichung „*bedingter*“ Beobachtungen. Beispielsweise ist bei einer Messung und Ausgleichung der Winkel eines ebenen Dreiecks stets zu fordern, daß die Summe der drei Winkel 180° beträgt.

Das gesuchte Wertsystem können wir wieder dadurch auszeichnen, daß es die Summe $[vv]$ zu einem Minimum macht. Unter allen möglichen

Systemen werden aber nur diejenigen zur Konkurrenz zugelassen, die die vorgeschriebenen Nebenbedingungen streng erfüllen.

Wir gehen wieder von den Gleichungen (15) aus und führen ein genähertes Lösungssystem $x_0 y_0 z_0 \ldots$ ein. Die Nebenbedingung habe die Form

$$g(xyz\ldots) = 0\,.$$

Auch hier führen wir die Näherungen ein und entwickeln unter Vernachlässigung der Glieder zweiter und höherer Ordnung

$$g(xyz\ldots) = g(x_0 y_0 z_0 \ldots) + \left(\frac{\partial g}{\partial x}\right)_0 \xi + \left(\frac{\partial g}{\partial y}\right)_0 \eta + \left(\frac{\partial g}{\partial z}\right)_0 \zeta + \cdots$$

Damit wird die Nebenbedingung ebenfalls eine lineare Funktion der Zuschläge $\xi \eta \zeta \ldots$

Wie in der Theorie der Maxima und Minima mit Nebenbedingungen gelehrt wird, bestehen die notwendigen Bedingungen für das Eintreten eines Minimums der Funktion $\Omega = [vv]$ unter der Nebenbedingung $g = 0$ in dem Ansatz:

$$d(\Omega - 2\lambda g) = 0\,.$$

Durch partielle Differentiation nach den m Veränderlichen $\xi \eta \zeta \ldots$ folgen m lineare Gleichungen. Jede der früheren Normalgleichungen (21) wird erweitert durch Hinzutreten der betreffenden mit $-\lambda$ multiplizierten Ableitung von g. Benutzen wir die Nebenbedingung in der entwickelten Form und bezeichnen zur Abkürzung die partiellen Ableitungen von g an der Stelle $x_0 y_0 z_0 \ldots$ der Reihe nach mit $g_1 g_2 g_3 \ldots$, den Funktionswert selbst mit g_0, so erhalten wir zunächst an Stelle der Gleichungen (19) unter Benutzung der Fehlergleichungen (18)

$$(23)\qquad \begin{cases} \dfrac{1}{2}\dfrac{\partial}{\partial \xi}(\Omega - 2\lambda g) = [av] - \lambda g_1 = 0\,, \\ \dfrac{1}{2}\dfrac{\partial}{\partial \eta}(\Omega - 2\lambda g) = [bv] - \lambda g_2 = 0\,, \\ \dfrac{1}{2}\dfrac{\partial}{\partial \zeta}(\Omega - 2\lambda g) = [cv] - \lambda g_3 = 0\,. \end{cases}$$

Der Multiplikator λ tritt als neue Unbekannte zu den m unbekannten Zuschlägen hinzu. Zu seiner Bestimmung haben wir daher zu den m Gleichungen (23) noch die Nebenbedingung hinzuzufügen in der Form

$$(24)\qquad g_1 \xi + g_2 \eta + g_3 \zeta + \cdots = -g_0\,.$$

Für die Summe der Fehlerquadrate finden wir aus den Fehlergleichungen wie früher

$$[vv] = [av]\xi + [bv]\eta + [cv]\zeta + \cdots - [lv]\,.$$

Die Gleichungen (23) liefern aber jetzt

$$[vv] = \lambda(g_1 \xi + g_2 \eta + g_3 \zeta + \cdots) - [lv]$$

und unter Benutzung der Nebenbedingung

$$(25)\qquad \begin{cases} [vv] = -\lambda g_0 - [lv] \\ \quad\;\; = -\lambda g_0 - [la]\xi - [lb]\eta - [lc]\zeta - \cdots + [ll]\,. \end{cases}$$

Die Gleichungen (23) lauten ausführlich geschrieben

$$[aa]\xi + [ab]\eta + [ac]\zeta + \ldots - \lambda g_1 = [al],$$
$$[ba]\xi + [bb]\eta + [bc]\zeta + \ldots - \lambda g_2 = [bl],$$
$$[ca]\xi + [cb]\eta + [cc]\zeta + \ldots - \lambda g_3 = [cl].$$

Fügen wir ihnen die Nebenbedingung (24) und Gleichung (25) in der Form

$$[la]\xi + [lb]\eta + [lc]\zeta + \ldots \lambda g_0 + [vv] = [ll]$$

hinzu, so erhalten wir wieder ein symmetrisches System. In abgekürzter Schreibweise

$$(26)\qquad \begin{cases} \quad\xi \qquad\quad \eta \qquad\quad \zeta \qquad\qquad\quad \lambda \\ [aa] \quad [ab] \quad [ac] \ldots - g_1 \quad [al] \\ [ba] \quad [bb] \quad [bc] \ldots - g_2 \quad [bl] \\ [ca] \quad [cb] \quad [cc] \ldots - g_3 \quad [cl] \\ \;\vdots \qquad\; \vdots \qquad\; \vdots \qquad\quad\; \vdots \qquad \vdots \\ -g_1 \quad -g_2 \quad -g_3 \ldots \quad 0 \qquad g_0 \\ [la] \quad [lb] \quad [lc] \ldots \quad g_0 \quad [ll]. \end{cases}$$

Nach vollständig durchgeführter Reduktion bleibt schließlich die Summe $[vv]$ auf der rechten Seite allein übrig.

Der mittlere Fehler der Beobachtungen ergibt sich wie immer aus $[vv]$ durch Division mit der Zahl der überschüssigen Beobachtungen, die bei n Gleichungen mit m Unbekannten und einer Nebenbedingung $n - (m - 1)$ beträgt

$$(27)\qquad m_L = \sqrt{\frac{[vv]}{n - (m - 1)}}.$$

Wir haben uns auf die Betrachtung einer Nebenbedingung beschränkt, die Erweiterung auf beliebig viele Nebenbedingungen ist ohne weiteres ersichtlich. (Die Zahl der Nebenbedingungen muß natürlich kleiner sein als die der Unbekannten und die Differenz beider kleiner als die der Beobachtungen.)

Beispiel: Die drei Winkel eines Dreiecks sind zu L_1, L_2 und L_3 gemessen worden und die Summe $L_1 + L_2 + L_3$ ergibt statt $180°$ den Wert $180° + \varepsilon$. Gesucht sind die ausgeglichenen Winkel x, y und z.

Die Gleichungen (15) erhalten die Form

$$x - L_1 = 0,$$
$$y - L_2 = 0,$$
$$z - L_3 = 0.$$

Die Bedingungsgleichung ist

$$x + y + z - 180° = 0.$$

Nehmen wir als Näherungswerte die Beobachtungen selbst, so wird $g_0 = \varepsilon$ und die Koeffizienten a, b, c, l und g

a	b	c	l	g
1	0	0	0	1
0	1	0	0	1
0	0	1	0	1

Die Normalgleichungen werden damit

ξ	η	ζ	λ	
1	0	0	−1	0
	1	0	−1	0
		1	−1	0
			0	ε
				0

und ihre Reduktion liefert

$$\xi = \eta = \zeta = \lambda = -\frac{\varepsilon}{3}, \quad [vv] = \frac{\varepsilon^2}{3}.$$

Die Beobachtungen erhalten somit alle den gleichen Zuschlag $-\frac{\varepsilon}{3}$. Der mittlere Fehler einer Beobachtung wird

$$m_L = \sqrt{\frac{[vv]}{3-2}} = \sqrt{\frac{\varepsilon^2}{3}} = \frac{\varepsilon}{\sqrt{3}}.$$

§ 21. Auflösung der Normalgleichungen durch Gauß.

Für die Auflösung der symmetrischen Normalgleichungen ist von *Gauß* eine eigene Bezeichnungsweise eingeführt worden. Im Falle dreier Unbekannten heißen die Fehlergleichungen

$$a_\nu x + b_\nu y + c_\nu z - l_\nu = v_\nu \qquad (\nu = 1 \cdot 2 \ldots n).$$

Daraus ergibt sich die Summe der Fehlerquadrate

$$\Omega = [vv] = [av]x + [bv]y + [cv]z - [lv]. \tag{28}$$

Soll Ω ein Minimum werden, so verlangen die Gleichungen (19), daß

$$[av] = 0, \quad [bv] = 0, \quad [cv] = 0$$

ist. Der Wert des Minimums wird damit

$$\Omega_{\min} = -[lv],$$

und wir erhalten die symmetrischen Normalgleichungen zur Bestimmung von x, y, z und $\Omega_{\min}$ in abgekürzter Schreibweise:

x	y	z	
$[aa]$	$[ab]$	$[ac]$	$[al]$
$[ba]$	$[bb]$	$[bc]$	$[bl]$
$[ca]$	$[cb]$	$[cc]$	$[cl]$
$[la]$	$[lb]$	$[lc]$	$[ll]$.

Die doppelt auftretenden Koeffizienten brauchen nur einmal hingeschrieben zu werden:

$$\text{(29a)}\qquad \begin{cases} \begin{matrix} x & y & z & \\ [aa] & [ab] & [ac] & [al] \\ & [bb] & [bc] & [bl] \\ & & [cc] & [cl] \\ & & & [ll]. \end{matrix} \end{cases}$$

Um die Unbekannte x herauszuschaffen, addieren wir die erste Gleichung zu der zweiten, dritten und vierten, nachdem wir sie der Reihe nach mit

$$-\frac{[ab]}{[aa]},\quad -\frac{[ac]}{[aa]}\quad \text{und}\quad -\frac{[al]}{[aa]}$$

multipliziert haben. Es entsteht ein neues Gleichungssystem, dessen Koeffizienten *Gauß* mit

$$\text{(29b)}\qquad \begin{cases} \begin{matrix} y & z & \\ [bb, 1] & [bc, 1] & [bl, 1] \\ & [cc, 1] & [cl, 1] \\ & & [ll, 1] \end{matrix} \end{cases}$$

bezeichnet hat. Das System ist wieder symmetrisch, denn es ist z. B.

$$[bc, 1] = [bc] - \frac{[ab]}{[aa]}[ac],$$

$$[cb, 1] = [cb] - \frac{[ac]}{[aa]}[ab].$$

Bei der nächsten Reduktion wird die erste Gleichung des neuen Systems, mit $-\frac{[bc, 1]}{[bb, 1]}$ multipliziert, zur zweiten und, mit $-\frac{[bl, 1]}{[bb, 1]}$ multipliziert, zur dritten addiert, es entsteht das symmetrische System

$$\text{(29c)}\qquad \begin{cases} \begin{matrix} z. & \\ [cc, 2] & [cl, 2] \\ & [ll, 2]. \end{matrix} \end{cases}$$

Die letzte Reduktion schließlich liefert

$$\text{(29d)}\qquad [ll, 3]$$

und damit den Wert von $\Omega_{\min}$.

Allgemein bei m Unbekannten ergibt sich nach der m^{ten} Reduktion

$$\Omega_{\min} = [ll, m].$$

Die erste Gleichung der vorhergehenden Reduktionsstufe liefert sofort die letzte Unbekannte. Durch Einsetzen in die ersten Gleichungen der früheren Stufen kann man schrittweise die einzelnen Unbekannten bestimmen.

§ 22. Transformation einer quadratischen Form auf eine Summe von Quadraten.

Die Rechnung ist die gleiche wie bei der Transformation einer quadratischen Form auf die Summe von Quadraten. Lassen wir nämlich die Voraussetzung fallen, daß Ω ein Minimum werden soll, dann können wir die Funktion allgemein berechnen aus (28)

$$\Omega = [av]x + [bv]y + [cv]z - [lv]\,. \tag{28}$$

Jetzt gelten aber nicht die Gleichungen (19), sondern es ist einzusetzen

$$\left\{\begin{aligned} [aa]x + [ab]y + [ac]z - [al] &= [av] \\ [ba]x + [bb]y + [bc]z - [bl] &= [bv] \\ [ca]x + [cb]y + [cc]z - [cl] &= [cv] \\ [la]x + [lb]y + [lc]z - [ll] &= [lv]\,. \end{aligned}\right. \tag{30}$$

Damit wird Ω eine quadratische Funktion der drei Variabeln x, y und z:

$$\left\{\begin{aligned} \Omega = [aa]\,x^2 &+ [ab]xy + [ac]xz - [al]x \\ &+ [ba]yx + [bb]y^2 + [bc]yz - [bl]y \\ &+ [ca]zx + [cb]zy + [cc]\,z^2 - [vl]z \\ &- [la]\,x - [lb]\,y - [lc]\,z + [ll]\,. \end{aligned}\right. \tag{31}$$

An die Stelle der Normalgleichungen (29a) treten jetzt die Gleichungen (30), bei denen die Koeffizienten auf den linken Seiten mit denen der Normalgleichungen übereinstimmen. Wir denken uns in den Normalgleichungen alle Glieder auf die linke Seite gebracht und bezeichnen die Gleichungen mit I, II, III, IV, die Gleichungen der ersten Reduktionsstufe mit II', III', IV', die der zweiten mit III'' und IV'' und die Gleichung der letzten Stufe mit IV''', dann können wir das Bildungsgesetz der Koeffizienten symbolisch ausdrücken durch

$$\left\{\begin{aligned} & II' = II - \frac{[ab]}{[aa]}I, \quad III'' = III' - \frac{[bc,1]}{[bb,1]}II', \quad IV''' = IV'' - \frac{[cl,2]}{[cc,2]}III'', \\ & III' = III - \frac{[ac]}{[aa]}I, \quad IV'' = IV' - \frac{[bl,1]}{[bb,1]}II', \\ & IV' = IV - \frac{[al]}{[aa]}I. \end{aligned}\right. \tag{32}$$

Dabei ist

$$IV''' = -[ll,\,3]\,.$$

und ferner nach (30)

$$I = [av], \quad II = [bv], \quad III = [cv], \quad IV = [lv]\,.$$

Wir führen nun neue Veränderliche ein durch die Substitutionen

$$\begin{aligned} x' &= x + \frac{[ab]}{[aa]}y + \frac{[ac]}{[aa]}z - \frac{[al]}{[aa]} \\ y' &= \phantom{x + \frac{[ab]}{[aa]}} y + \frac{[bc,1]}{[bb,1]}z - \frac{[bl,1]}{[bb,1]} \\ z' &= \phantom{x + \frac{[ab]}{[aa]}y + \frac{[ac]}{[aa]}} z - \frac{[cl,2]}{[cc,2]}\,. \end{aligned} \tag{33}$$

Es wird damit

$$I=[aa]x', \quad II'=[bb,1]y', \quad III''=[cc,2]z',$$

und mit Benutzung der symbolischen Gleichungen (32) erhalten wir

$$\begin{aligned}
I &= & [aa]x' & = [av] \\
II &= \frac{[ab]}{[aa]}I + II' = & [ba]x' + [bb,1]y' & = [ba] \\
III &= \frac{[ac]}{[aa]}I + III' = & [ca]x' + [cb,1]y' + [cc,2]z' & = [cv] \\
IV &= \frac{[al]}{[aa]}I + IV' = & [aa]x' + [lb,1]y' + [lc,2]z' - [ll,3] & = [lv].
\end{aligned}$$

Addiert man die drei ersten Gleichungen nach Multiplikation mit x, y, und z und subtrahiert von der Summe die letzte, so wird, wenn man die Glieder nach x', y' und z' ordnet:

$$\begin{aligned}
x'([aa]x + [ba]y + [ca]z - [la]) + y'([bb,1]y + [cb,1]z - [lb,1]) \\
+ z'([cc,2]z - [lc,2]) + [ll,3] \\
= [av]x + [bv]y + [cv]z - [lv].
\end{aligned}$$

Auf der linken Seite stehen in den Klammern gerade die Ausdrücke I, II' und III'', während die rechte Seite nach (28) die Funktion Ω ergibt:

$$\Omega = [aa]x'^2 + [bb,1]y'^2 + [cc,2]z'^2 + [ll,3].$$

Durch Einführung der neuen Veränderlichen ist es gelungen, die quadratische Form Ω auf eine Summe von Quadraten zu reduzieren. Die Koeffizienten der neuen Form werden bei der Reduktion der Normalgleichungen gewonnen, der Minimumwert $[ll,3]$ ergibt sich für $x'=y'=z'=0$. Die Erweiterung der Resultate auf eine beliebige Anzahl von Veränderlichen ist ohne weiteres ersichtlich.

Ist also eine beliebige quadratische Form etwa von drei Veränderlichen gegeben

$$(34)\quad \begin{cases} a_{11}x^2 + a_{22}y^2 + a_{33}z^2 + 2a_{12}xy + 2a_{13}xz + 2a_{23}yz \\ \qquad + 2a_{14}x + 2a_{24}y + 2a_{34}z + a_{44}, \end{cases}$$

so kann man, wie der Vergleich mit (31) zeigt, die Normalgleichungen abgekürzt schreiben:

$$\begin{matrix} a_{11} & a_{12} & a_{13} & a_{14} \\ & a_{22} & a_{23} & a_{24} \\ & & a_{33} & a_{34} \\ & & & a_{44}. \end{matrix}$$

(Das negative Vorzeichen der drei ersten Glieder der letzten Kolonne geht in das positive über, wenn man gleichzeitig x, y und z durch $-x$, $-y$ und $-z$ ersetzt.) Die Reduktion der Normalgleichungen liefert nacheinander die Systeme

$$\begin{array}{ccc}
a'_{22} & a'_{23} & a'_{24} \\
 & a'_{33} & a'_{34} \\
 & & a'_{44} \\
\hline
 & a''_{33} & a''_{34} \\
 & & a''_{44} \\
\hline
 & & a'''_{44}\,.
\end{array}$$

Die transformierte quadratische Form lautet

$$a_{11} x'^2 + a'_{22} y'^2 + a''_{33} z'^2 + a'''_{44},$$

und dabei sind die Substitutionen gemacht

$$\begin{aligned}
x' &= x + \frac{a_{12}}{a_{11}} y + \frac{a_{13}}{a_{11}} z + \frac{a_{14}}{a_{11}} \\
y' &= \qquad\quad y + \frac{a'_{23}}{a'_{22}} z + \frac{a'_{24}}{a'_{22}} \\
z' &= \qquad\qquad\qquad z + \frac{a''_{34}}{a''_{33}}.
\end{aligned}$$

Auf diese Weise läßt sich bequem die Untersuchung führen, zu welchem Typus eine Fläche zweiten Grades gehört, die durch ihre Gleichung gegeben ist. Da es schließlich nur auf die Vorzeichen der Koeffizienten ankommt, braucht die Rechnung im allgemeinen nur mit geringer Genauigkeit durchgeführt zu werden.

Beispiel: Die Gleichung der Fläche sei:

$$5x^2 + y^2 + 2z^2 - 6xy + xz + 4yz - 8x + 5y - 2z + 7 = 0.$$

Die Reduktion des symmetrischen Koeffizientensystems geschieht in folgender Weise:

5	− 3	0·5	− 4
	1	2	2·5
	− 1·8	0·3	− 2·4
		2	− 1
		− 0·0	0·4
			7
			− 3·2
	− 0·8	2·3	0·1
		2·0	− 0·6
		+ 6·6	0·3
			3·8
			+ 0·0
		8·6	− 0·3
			3·8
			− 0·0
			3·8

Somit ist die transformierte Gleichung

$$5x'^2 - 0{\cdot}8\, y'^2 + 8{\cdot}6\, z'^2 + 3{\cdot}8 = 0\,.$$

Die Fläche ist ein zweischaliges Hyperboloid.

Die Reduktion der Normalgleichungen wird unmöglich, wenn a_{11}, a_{22} und a_{33} gleichzeitig verschwinden, ein Fall, der zwar nicht in der Ausgleichungsrechnung, wohl aber bei der Reduktion einer quadratischen Form eintreten kann. Verschwinden nur einzelne dieser drei Koeffizienten, so kann man immer durch Umbenennung der Variabeln den nicht verschwindenden Koeffizienten an die erste Stelle bringen. Verschwinden alle drei Koeffizienten, so führt man zunächst eine Substitution aus, bei der x und z beibehalten, y aber durch $x + y$ ersetzt wird. Aus dem symmetrischen Koeffizientenschema entsteht dann ein neues, bei dem die erste Zeile gleich der Summe der ersten beiden Zeilen, die erste Kolonne gleich der Summe der beiden ersten Kolonnen des alten Schemas wird:

$$\begin{array}{cccc} 2a_{12} & a_{12} & a_{13}+a_{23} & a_{14}+a_{24} \\ a_{21} & 0 & a_{23} & a_{24} \\ a_{31}+a_{32} & a_{32} & 0 & a_{34} \\ a_{41}+a_{42} & a_{42} & a_{43} & a_{44} \end{array}$$

Verschwindet auch a_{12}, so hätte man x und y beibehalten und z durch $x + z$ ersetzen können. Es entsteht dann durch Addition der ersten und dritten Zeile bzw. der ersten und dritten Kolonne das Schema

$$\begin{array}{cccc} 2a_{13} & a_{32} & a_{13} & a_{14}+a_{34} \\ a_{23} & 0 & a_{23} & a_{24} \\ a_{31} & a_{32} & 0 & a_{34} \\ a_{41}+a_{43} & a_{42} & a_{43} & a_{44} \end{array}$$

Falls auch a_{13} verschwindet, kann man durch Vertauschung von x mit z wieder zu dem ersten Fall gelangen, es sei denn, daß auch a_{23} verschwindet. Dann kommen aber alle quadratischen Glieder in Fortfall, und die Gleichung der Fläche reduziert sich auf die Gleichung einer Ebene.

Dieselben Überlegungen gelten auch für die Gleichungen der ersten Reduktionsstufe.

Beispiel: Die Gleichung der Fläche sei:

$$6xy - xz - 4yz + 8x - 5y + 2z - 7 = 0 .$$

Für die Reduktion ergibt sich folgendes Schema:

0	3	− 0·5	4
6	3	− 2·5	1·5
	0	− 2	− 2·5
	− 1·5	1·25	− 0·75
		0	1
		− 1·04	0·62
			− 7
			− 0·38
	− 1·5	− 0·75	− 3·25
		− 1·04	1·62
		0·38	1·62
			− 7·38
			7·04
		− 0.66	3·24
			− 0·34
			15·91
			15·6

Die transformierte Gleichung wird daher

$$6x'^2 - 1{\cdot}5\,y'^2 - 0{\cdot}66\,z'^2 + 15{\cdot}6 = 0.$$

Die Fläche ist ein einschaliges Hyperboloid.

§ 23. Transformation durch orthogonale Substitutionen.

Die Reduktion einer quadratischen Form durch Einführung neuer Veränderlicher als linearer Funktionen der alten ist ohne weitere Annahmen über die Natur der Funktionen keineswegs eindeutig. Wohl aber trifft das zu bei der *orthogonalen* Substitution, die den linearen Funktionen die Bedingung auferlegt, die Summe $x^2 + y^2 + z^2 + \ldots$ unverändert zu lassen. Hier haben wir es nur noch mit der Mehrdeutigkeit zu tun, die durch die willkürliche Reihenfolge der Veränderlichen bedingt ist.

Das Hauptachsenproblem bei den Mittelpunktsflächen zweiter Ordnung verlangt, eine quadratische Form durch orthogonale Substitutionen auf eine Summe von Quadraten zu bringen.

Wir gehen von der allgemeinen quadratischen Form (34) aus und verlegen zunächst den Anfangspunkt in den Mittelpunkt der Fläche durch eine lineare Substitution

$$\begin{aligned} x &= x' + \xi, \\ y &= y' + \eta, \\ z &= z' + \zeta. \end{aligned}$$

Die Koordinaten ξ, η, ζ des Mittelpunktes ergeben sich durch Auflösung der linearen Gleichungen

$$\begin{aligned} a_{11}\xi + a_{12}\eta + a_{13}\zeta + a_{14} &= 0, \\ a_{21}\xi + a_{22}\eta + a_{23}\zeta + a_{24} &= 0, \\ a_{31}\xi + a_{32}\eta + a_{33}\zeta + a_{34} &= 0, \end{aligned}$$

deren Auflösbarkeit also eine notwendige Bedingung dafür darstellt, daß die Fläche eine Mittelpunktsfläche ist.

Durch Einführung der neuen Veränderlichen verschwinden in der quadratischen Form die linearen Glieder. Das absolute Glied gibt den Wert der neuen Form an der Stelle $x' = 0$, $y' = 0$, $z' = 0$, wird also aus der ursprünglichen dadurch erhalten, daß für x, y, z die aus den linearen Gleichungen gewonnenen Werte ξ, η, ζ eingesetzt werden. Diese Größe entspricht genau dem früher betrachteten Werte $\Omega_{\min}$ und kann ebenso wie dort bei der Auflösung der linearen Gleichungen mitberechnet werden, wenn man ihnen noch die Gleichung

$$a_{41}\xi + a_{42}\eta + a_{43}\zeta + a_{44} = a''_{44}$$

hinzugefügt. Bei der letzten Reduktion des symmetrischen Schemas bleibt das absolute Glied a'''_{44} allein übrig.

Sollten die Koeffizienten gleichzeitig verschwinden, so ist das *Gauß*sche Reduktionsverfahren nicht mehr anwendbar. Die Gleichungen können aber noch immer nach den in Kapitel II beschriebenen Methoden gelöst werden. Sind die drei Veränderlichen aus der letzten Gleichung eliminiert, so bleibt auch dann noch a_4''' allein übrig. Nur die Symmetrie geht bei dieser Auflösung verloren.

Da die Koeffizienten der quadratischen Glieder ungeändert bleiben, lautet die quadratische Form nach Einführung der neuen Veränderlichen:

$$a_{11}x'^2 + a_{22}y'^2 + a_{33}z'^2 + 2a_{12}x'y' + 2a_{23}y'z' + 2a_{31}z'x' + a_{44}'''.$$

Wir betrachten jetzt weiter den Ausdruck

$$ax^2 + by^2 + cz^2 + dyz + ezx + fxy,$$

der durch orthogonale Substitutionen, d. h. durch Drehung des Koordinatensystems auf eine Summe von Quadraten, zurückgeführt werden soll.

Wir erledigen die Aufgabe schrittweise, indem wir jedesmal eine Drehung um eine der drei Achsen ausführen. Durch die Reihenfolge und Größe der Drehungen läßt sich erreichen, daß die Koeffizienten der Produkte yz, zx, xy beliebig klein werden. Die Aufgabe kann auf diesem Wege also mit beliebiger Genauigkeit gelöst werden.

Die Bezeichnungen seien so gewählt, daß $a > b$ und f unter den drei Koeffizienten d, e, f absolut am größten ist. Wir führen dann eine Drehung um die z-Achse aus und bestimmen den Drehungswinkel α (im üblichen Sinne positiv gemessen) so, daß nach Einführung der neuen Koordinaten x' und y' der Koeffizient von $x'y'$ verschwindet. Die Koeffizienten $a', b' \ldots f'$ der neuen Form suchen wir durch die der alten auszudrücken.

Da bei einer Drehung um die z-Achse die Koordinate z ungeändert bleibt, hängen die alten Koordinaten mit den neuen zusammen durch

$$x = x'\cos\alpha - y'\sin\alpha,$$
$$y = x'\sin\alpha + y'\cos\alpha,$$
$$z = z'.$$

Daraus ergibt sich sofort

$$c' = c$$

und durch Einsetzen in die quadratische Form

$$d' = d\cos\alpha - e\sin\alpha,$$
$$e' = d\sin\alpha + e\cos\alpha.$$

Um noch den Ausdruck

$$ax^2 + by^2 + fxy$$

zu transformieren, bedienen wir uns zur Abkürzung der komplexen Schreibweise. Es ist dann

$$x + iy = e^{i\alpha}(x' + iy')$$

oder, wenn wir quadrieren:

$$x^2 - y^2 + 2ixy = e^{2i\alpha}(x'^2 - y'^2 + 2ix'y'). \tag{35}$$

Bestimmen wir den Winkel α, so daß

$$\operatorname{tg} 2\alpha = \frac{f}{a-b}$$

wird, dann können wir eine reelle Größe ϱ einführen durch

$$\varrho e^{-2i\alpha} = \frac{a-b}{2} - i\frac{f}{2}. \tag{36}$$

Multiplizieren wir (35) mit (36), so ist

$$(x^2 - y^2 + 2ixy)\left(\frac{a-b}{2} - i\frac{f}{2}\right) = \varrho(x'^2 - y'^2 + 2ix'y'),$$

und wenn wir die reellen Bestandteile auf beiden Seiten einander gleichsetzen:

$$\frac{a-b}{2}(x^2 - y^2) + fxy = \varrho(x'^2 - y'^2).$$

Andererseits ist nun aber, da es sich ja um eine orthogonale Substitution handelt:

$$x^2 + y^2 = x'^2 + y'^2.$$

Multiplizieren wir diese Gleichung mit $\frac{a+b}{2}$ und addieren sie zur vorhergehenden, so wird schließlich

$$ax^2 + by^2 + fxy = \left(\varrho + \frac{a+b}{2}\right)x'^2 - \left(\varrho - \frac{a+b}{2}\right)y'^2.$$

Damit ergeben sich auch die übrigen Koeffizienten der neuen Form

$$a' = \frac{a+b}{2} + \varrho,$$

$$b' = \frac{a+b}{2} - \varrho,$$

$$f' = 0.$$

Die Größe ϱ ist nach (36) zu berechnen aus

$$\varrho^2 = \left(\frac{a-b}{2}\right)^2 + \left(\frac{f}{2}\right)^2,$$

während α aus

$$\operatorname{tg} 2\alpha = \frac{f}{a-b}$$

zu bestimmen ist. Nehmen wir 2α zwischen $-\frac{\pi}{2}$ und $+\frac{\pi}{2}$ an, so geschieht die Berechnung von ϱ am bequemsten nach einer bereits im 1. Kapitel benutzten Beziehung (S. 14)

$$\varrho = \frac{a-b}{2} + \frac{f}{2}\operatorname{tg}\alpha.$$

Damit erhalten wir für die Koeffizienten der neuen quadratischen Form

$$a'x'^2 + b'y'^2 + c'z'^2 + d'y'z' + e'z'x'$$

die Ausdrücke

$$(37)\quad \begin{cases} a' = a + \frac{f}{2}\operatorname{tg}\alpha\,, \\ b' = b - \frac{f}{2}\operatorname{tg}\alpha\,, \\ c' = c\,, \\ d' = d\cos\alpha - e\sin\alpha\,, \\ e' = d\sin\alpha + e\cos\alpha\,. \end{cases}$$

Jetzt bringen wir den absolut größeren der beiden Koeffizienten d' und e' durch eine neue Drehung zum Verschwinden; und zwar verschwindet d' bei einer Drehung um die x'-Achse, e' bei einer Drehung um die y'-Achse. Allerdings wird dann für f' wieder ein von Null verschiedenes Glied erscheinen.

Um die Formeln (37) verwenden zu können, bezeichnen wir die Koeffizienten der neuen Form wieder mit $a, b\ldots f$. Und zwar nennen wir f den absolut größeren der beiden Koeffizienten d' und e'. Damit ist c festgelegt. Dann bestimmen wir $a \geqq b$ und damit d und e, von denen einer den Wert 0 hat.

Das Verfahren wird nun fortgesetzt wiederholt. Jedesmal wird einer der drei Koeffizienten d, e, f zum Verschwinden gebracht, dadurch ändern sich die beiden andern. Aus den Gleichungen zwischen d', e' und d, e folgt

$$d'^2 + e'^2 = d^2 + e^2\,.$$

Andrerseits ist f so gewählt, daß

$$f^2 \geqq \frac{d^2 + e^2}{2}$$

ist. Führt man diesen Wert in

$$\frac{3}{2}(d'^2 + e'^2) = d^2 + e^2 + \frac{d^2 + e^2}{2}$$

ein, so wird

$$\frac{3}{2}(d'^2 + e'^2) \leqq d^2 + e^2 + f^2$$

oder, da $f' = 0$ ist:

$$d'^2 + e'^2 + f'^2 \leqq \frac{2}{3}(d^2 + e^2 + f^2)\,.$$

Nach genügend vielen Schritten können demnach die Koeffizienten der Produkte beliebig klein gemacht werden.

Das Verfahren soll in seinen Einzelheiten an einem *Zahlenbeispiel* erläutert werden. Gegeben ist die quadratische Form

$$5x^2 + y^2 + 2z^2 + 4yz + zx - 6xy + 3{\cdot}801\,,$$

die aus der Flächengleichung in dem Beispiel auf S. 69 durch Verlegung des Anfangspunktes in den Mittelpunkt hervorgeht. (An Stelle des dort gefundenen Wertes 3·8 ergibt sich bei genauerer Rechnung $a_{44}''' = 3{\cdot}801$.)

Bei der Umformung soll die Genauigkeit bis auf eine Einheit der dritten Dezimale gebracht werden. Hierbei ist der Rechenschieber ausreichend. Wird höhere Genauigkeit verlangt, so müssen die ersten Schritte mit andern Rechenhilfsmitteln erledigt werden; bald wird der Winkel α so klein, daß der Rechenschieber wieder ausreicht. Schließlich kann man sogar $\sin\alpha$ und $\operatorname{tg}\alpha$ durch α selbst ersetzen.

Die Genauigkeit der Ablesung von $\cos\alpha$ kann man durch die Beziehung

$$\cos\alpha = 1 - 2\sin^2\frac{\alpha}{2}$$

erhöhen, denn $\sin^2\frac{\alpha}{2}$ ist auf dem Schieber leicht zu bilden. Damit werden die Formeln für d und e

$$d' = d - e\sin\alpha - 2d\sin^2\frac{\alpha}{2},$$

$$e' = e + d\sin\alpha - 2e\sin^2\frac{\alpha}{2}.$$

Aus $\operatorname{tg} 2\alpha = \frac{f}{a-b}$ folgt 2α, α und $\frac{\alpha}{2}$. Damit berechnen wir die Zuschläge $\pm\frac{f}{2}\operatorname{tg}\alpha - e\sin\alpha$ und $+d\sin^2\alpha$, sowie $-2d\sin^2\frac{\alpha}{2}$ und $-2e\sin^2\frac{\alpha}{2}$.

x^2	y^2	z^2	yz	zx	xy	2α	α	$\frac{\alpha}{2}$
a	b	c	d	e	f			
5	1	2	4	1	−6	−56°18′	−28°9′	−14°4′
1·605	−1·605		0·472	−1·888				
			−0·472	−0·118				
c	b	a	f	e	d			
6·605	−0·605	2	4·000	−1·006	0	56°56′	28°28′	14°14′
	−1·084	1·084		0·122	0·480			
a	c	b	d	f	e			
6·605	−1·689	3·084	0	−0·884	0·480	−14°4′	− 7°2′	− 3°31′
0·055		−0·055	0·059		−0·004			
a	b	c	d	e	f			
6·660	−1·689	3·029	0·059	0	0·476	0·057	0·028	
+7	−7							
6·667	−1·696	3·029						

Durch Addition ergeben sich die Koeffizienten der quadratischen Form nach der ersten Umformung. Über die Koeffizienten schreiben wir die neu zu wählenden Bezeichnungen $a \ldots f$. Da $d = 0$ ist, vereinfacht sich jetzt die Rechnung. Nach dem dritten Schritt ist α bereits so klein, daß man 2α durch $\operatorname{tg} 2\alpha$ ersetzen kann. Nach dem vierten Schritt kann man aufhören, da die an den Koeffizienten a, b, c anzubringenden Verbesserungen bei der verlangten Genauigkeit nicht mehr in Betracht kommen.

Damit ist die quadratische Form auf eine Summe von Quadraten gebracht, und die Gleichung der Fläche lautet in den transformierten Koordinaten

$$6{\cdot}667\, x'^2 - 1{\cdot}696\, y'^2 + 3{\cdot}029\, z'^2 + 3{\cdot}801 = 0$$

und läßt sich auf die Normalform

$$-\frac{x'^2}{a^2} + \frac{y'^2}{b^2} - \frac{z'^2}{c^2} = 1$$

bringen. Die drei Halbachsen dieses zweischaligen Hyperbolids werden

$$a = \sqrt{\frac{3{\cdot}801}{6{\cdot}667}} = \sqrt{0{\cdot}570} = 0{\cdot}755\,,$$

$$b = \sqrt{\frac{3{\cdot}801}{1{\cdot}696}} = \sqrt{2{\cdot}241} = 1{\cdot}497\,,$$

$$c = \sqrt{\frac{3{\cdot}801}{3{\cdot}029}} = \sqrt{1{\cdot}255} = 1{\cdot}120\,.$$

Um die Lage der Hauptachsen im ursprünglichen System (vor der Umformung) zu bestimmen, könnte man die einzelnen Drehungen am bequemsten unter Benutzung komplexer Ausdrücke zusammensetzen. Einfacher ist es jedoch, von den Methoden der analytischen Geometrie Gebrauch zu machen.

Stellt $F(xyz) = 0$ die auf den Mittelpunkt bezogene Gleichung der Fläche dar, so kann man die Endpunkte der Achsen dadurch finden, daß man die Punkte der Fläche aufsucht, in denen die Verbindungslinie mit dem Mittelpunkt mit der Flächennormale zusammenfällt. Es müssen dann die Koordinaten $x y z$ dieser Punkte proportional zu den Richtungskosinussen der Normalen sein, also

$$x : y : z = \frac{\partial F}{\partial x} : \frac{\partial F}{\partial y} : \frac{\partial F}{\partial z}\,.$$

Führen wir den Proportionalitätsfaktor λ ein und schreiben die Gleichung der Fläche wieder in der Form

$$F(xyz) \equiv a_{11} x^2 + a_{22} y^2 + a_{33} z^2 + 2 a_{23} yz + 2 a_{31} zx + 2 a_{12} xy + a_{44}''' = 0\,,$$

so müssen die Gleichungen bestehen:

$$\lambda x = \frac{1}{2}\frac{\partial F}{\partial x} = a_{11} x + a_{12} y + a_{13} z = 0\,,$$

$$\lambda y = \frac{1}{2}\frac{\partial F}{\partial y} = a_{21} x + a_{22} y + a_{23} z = 0\,,$$

$$\lambda z = \frac{1}{2}\frac{\partial F}{\partial z} = a_{31} x + a_{32} y + a_{33} z = 0$$

oder

$$(38)\qquad \begin{cases} (a_{11} - \lambda) x + a_{12} y + a_{13} z = 0\,, \\ a_{21} x + (a_{22} - \lambda) y + a_{23} z = 0\,, \\ a_{31} x + a_{32} y + (a_{33} - \lambda) z = 0\,. \end{cases}$$

Die gleichzeitige Erfüllbarkeit der drei Gleichungen bedingt das Verschwinden der Determinante

$$(39)\qquad A = \begin{vmatrix} a_{11} - \lambda & a_{12} & a_{13} \\ a_{21} & a_{22} - \lambda & a_{23} \\ a_{31} & a_{32} & a_{33} - \lambda \end{vmatrix} = 0 .$$

Somit ergibt sich eine kubische Gleichung für λ, deren Wurzeln, wie man zeigen kann, identisch sind mit den bereits bestimmten Koeffizienten von $x'^2 y'^2 z'^2$ nach der Zurückführung der quadratischen Form auf eine Summe von Quadraten. Durch Einsetzen in die Determinante können die gefundenen Werte geprüft werden.

Wenn die Determinante der Koeffizienten verschwindet, werden die homogenen Gleichungen (38) von drei Werten $x y z$ erfüllt, die sich wie die Unterdeterminanten einer Zeile verhalten. Da das System symmetrisch ist, können die Unterdeterminanten einer Zeile auch durch die einer Kolonne, etwa der letzten, ersetzt werden:

$$x : y : z = A_{13} : A_{23} : A_{33} .$$

Zu ihrer Berechnung setzen wir

$$(40)\qquad \left\{ \begin{aligned} &(a_{11} - \lambda)x + a_{12}y + a_{13}z = u , \\ &a_{21}x + (a_{22} - \lambda)y + a_{23}z = v , \\ &a_{31}x + a_{32}y + (a_{33} - \lambda)z = w \end{aligned} \right.$$

und kehren das Funktionssystem um. Dann wird nach Formeln der Determinantentheorie z. B.

$$A z = A_{13} u + A_{23} v + A_{33} w .$$

Bei der Umkehrung unserer Gleichungen muß sich daher einmal nach (39) ergeben, daß der Koeffizient von z verschwindet, andrerseits verhalten sich die Koeffizienten von $u v w$ wie die Lösungen $x y z$ des Systems (38). Die Richtungskosinusse der Achsen bekommen wir aus ihnen durch Division mit der Wurzel aus der Summe ihrer Quadrate, die man zweckmäßig nach der im 1. Kapitel geschilderten Methode (S. 28) bestimmt.

Für den Wert $\lambda = 6{\cdot}667$ ergibt die Umkehrung der Gleichungen (40) das folgende Bild. Die letzte Spalte enthält die Wurzel aus der Quadratsumme der Koeffizienten von $u v w$, während die letzte Zeile die Richtung Kosinusse der x'-Achse gegen die x-, y- und z-Achse angibt.

x	y	z	u	v	w	
− 1·667	− 3	0·5	1			
	− 5·667	2		1		
	5·399	0·9	− 1·8			
		− 4·667			1	
		0·15	0·3			
	− 0·268	1·1	− 1·8	1		
		− 4·517	0·3		1	
		4·517	− 7·388	4·104		
		0	− 7·088	4·104	1	8·251
			− 0·859	0·497	0·121	

Für den Wert $\lambda = -1{\cdot}696$ ergeben sich die Richtungskosinusse der y'-Achse gegen die x-, y- und z-Achse

x	y	z	u	v	w	
6·696	− 3	0·5	1			
	2·696	2		1		
	− 1·344	0·224	0·448			
		3·696			1	
		− 0·037	− 0·075			
	1·352	2·224	0·448	1		
		3·659	− 0·075		1	
		− 3·659	− 0·737	− 1·645		
		0	− 0·812	− 1·645	1	2·089
			− 0·389	− 0·787	0·478	

Schließlich ergeben sich für $\lambda = 3{\cdot}029$ die Richtungscosinusse der z'-Achse

x	y	z	u	v	w	
1·971	− 3	0·5	1			
	− 2·029	2		1		
	− 4·566	0·761	1·522			
		− 1·029			1	
		− 0·127	− 0.254			
	− 6·595	2·761	1·522	1		
		− 1·156	− 0·254		1	
		1·156	0·638	0·419		
		0	0·384	0·419	1	1·150
			0·334	0·364	0·869	

§ 24. Das Fehlergesetz.

Die Methode der kleinsten Quadrate, die bisher nur als plausible Annahme erschien, kann unter gewissen Annahmen aus der Wahrscheinlichkeitsrechnung hergeleitet werden. Dabei wird sich gleichzeitig ein tieferer Einblick ergeben, welche Rolle die quadratische Form Ω in der Ausgleichungsrechnung spielt.

Wir gehen zunächst von der Annahme aus, daß bei wiederholter Messung jedesmal ein derselben Quelle entstammender Fehler v auftritt. Wir können dann von einer Wahrscheinlichkeit sprechen, daß ein Fehler vorkommt, dessen Größe zwischen einem bestimmten Werte v und $v + \varepsilon$ liegt.

Zu einer graphischen Darstellung gelangen wir, wenn wir v als Abszisse auf eine in gleiche Teile ε gestellte horizontale Achse auftragen. In einem bestimmten Intervall $\frac{2n-\varepsilon}{2}$ bis $\frac{2n+\varepsilon}{2}$ liegt dann eine gewisse Anzahl von Fehlern, und diese Zahl wollen wir in ihrem Verhältnis zur Gesamtzahl der Fehler durch die Fläche eines Rechtecks mit der Grundlinie ε ausdrücken (Abb. 8).

Die Fläche eines jeden Rechtecks gibt ein Maß der Wahrscheinlichkeit dafür ab, daß der Fehler gerade in dem betreffenden Intervall liegt.

Der Ordinatenmaßstab muß so gewählt sein, daß die Summe der Rechtecksflächen gleich 1 wird, denn die Wahrscheinlichkeit, daß ein Fehler innerhalb der Grenzen aller überhaupt vorkommenden Fehler liegt, ist die Gewißheit.

Lassen wir nun ε immer kleiner werden und gleichzeitig die Anzahl der Messungen beliebig groß, so geht der obere Rand der Rechtecke in eine Kurve über, deren Ordinaten wir mit $\varphi(v)$ bezeichnen wollen (Abb. 9).

Die Wahrscheinlichkeit dafür, daß ein Fehler zwischen den Grenzen a und b vorkommt, wird jetzt durch das Integral

$$\int_a^b \varphi(v)\, dv$$

angegeben. Der Maßstab der Ordinaten ist so zu wählen, daß

$$\int_r^s \varphi(v)\, dv = 1$$

wird, wenn r und s die Grenzen sind, innerhalb derer die Fehler liegen.

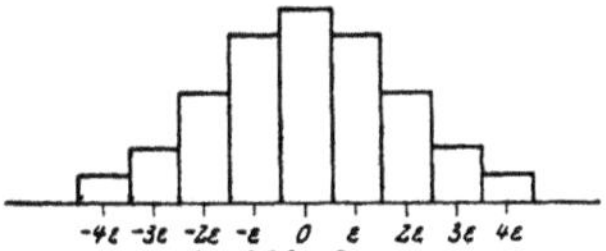

Abb. 8.

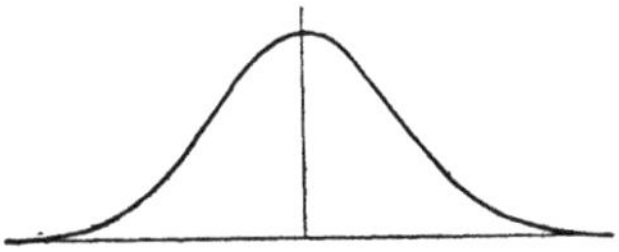
Abb. 9.

Gauß hat für $\varphi(v)$ die Funktion

$$\varphi(v) = C e^{-\frac{v^2}{h^2}}$$

eingeführt, die eine merkwürdig gute Übereinstimmung mit den Beobachtungen zeigt. Allerdings läßt sie den Umstand unberücksichtigt, daß es bei vielen Messungen eine endliche obere Grenze für den Fehler gibt. Ist nämlich ω diese obere Fehlergrenze, so liefert

$$\int_\omega^\infty C e^{-\frac{v^2}{h^2}} dv$$

immer noch einen, wenn auch wenig von Null verschiedenen Wert, d. h. eine Wahrscheinlichkeit für das Vorkommen von Fehlern oberhalb der Grenze ω.

§ 25. Herleitung des Fehlergesetzes aus der Wahrscheinlichkeitsrechnung.

Man kann die *Gauß*sche *Fehlerfunktion* auf folgende Weise aus der Wahrscheinlichkeitsrechnung herleiten. Wir nehmen zu diesem Zweck an, daß sich der Beobachtungsfehler jedesmal aus einer großen

Zahl von *Elementarfehlern* aufbaut, die unter sich gleich groß sind und von denen jeder mit gleicher Wahrscheinlichkeit positiv oder negativ auftreten kann. Der Beobachtungsfehler entsteht als algebraische Summe der einzelnen Elementarfehler.

Wir nehmen zunächst einmal 20 Elementarfehler von der Größe ε an. Treffen alle Einzelfehler bei einer Messung mit positivem Vorzeichen zusammen, so entsteht ein Beobachtungsfehler $v = +20\,\varepsilon$. Die Wahrscheinlichkeit für das Auftreten dieses extremen Wertes ist nach den Gesetzen der Wahrscheinlichkeitsrechnung

$$\frac{1}{2^{20}},$$

denn es gibt nur einen Fall unter 2^{20} möglichen.

Ist ein Fehler negativ, alle anderen aber positiv, so entsteht ein Beobachtungsfehler $v = +18\,\varepsilon$. Die Wahrscheinlichkeit dafür ist

$$\frac{20}{1} \cdot \frac{1}{2^{20}}.$$

Bei zwei negativen und 18 positiven Elementarfehlern entsteht der Beobachtungsfehler $v = +16\,\varepsilon$, und die Wahrscheinlichkeit für sein Auftreten ist

$$\frac{20 \cdot 19}{1 \cdot 2}\,\frac{1}{2^{20}}.$$

Treten allgemein p negative Elementarfehler auf, so beträgt der Beobachtungsfehler $v = (n - 2p)\,\varepsilon$. Die Wahrscheinlichkeit wird unter Benutzung des Symbols für die Binomialkoeffizienten

$$\frac{1}{2^{20}}\binom{20}{p}.$$

In Dezimalbrüchen ausgedrückt haben die Wahrscheinlichkeiten folgende Werte:

Gesamtfehler	Wahrscheinlichkeit
0	0·17 620
$+2\,\varepsilon$ oder $-2\,\varepsilon$	16 018
$+4\,\varepsilon$ „ $-4\,\varepsilon$	12 013
$+6\,\varepsilon$ „ $-6\,\varepsilon$	7 393
$+8\,\varepsilon$ „ $-8\,\varepsilon$	3 696
$+10\,\varepsilon$ „ $-10\,\varepsilon$	1 479
$+12\,\varepsilon$ „ $-12\,\varepsilon$	462
$+14\,\varepsilon$ „ $-14\,\varepsilon$	109
$+16\,\varepsilon$ „ $-16\,\varepsilon$	18
$+18\,\varepsilon$ „ $-18\,\varepsilon$	2
$+20\,\varepsilon$ „ $-20\,\varepsilon$	0

Sind allgemein unter n Elementarfehlern p negative vorhanden, so beträgt der Gesamtfehler $v = (n - 2p)\,\varepsilon$ und seine Wahrscheinlichkeit

$$\frac{1}{2^n}\binom{n}{p}.$$

Läßt man nun n und p gleichzeitig unendlich groß werden, während v konstant gehalten wird, so daß ε der Grenze Null zustrebt, so erhält man durch diesen Grenzübergang die *Gauß*sche Fehlerfunktion

$$\varphi(v) = \frac{1}{h\sqrt{\pi}} e^{-\frac{v^2}{h^2}}.$$

Die Konstante h hängt ab von der Art des Grenzüberganges und gibt den Grenzwert von $\varepsilon\sqrt{2n}$ an.

Die Summe aller Wahrscheinlichkeiten ist bei unendlich vielen Elementarfehlern durch das Integral

$$\frac{1}{h\sqrt{\pi}} \int_{-\infty}^{\infty} e^{-\frac{v^2}{h^2}} dv$$

zu ersetzen und gibt wie früher den Wert 1.

Die Konstante h liefert ein Maß für die Genauigkeit einer Beobachtungsreihe. Denken wir uns nämlich die Kurve $\varphi(v, h)$ einmal für einen Wert h_1 und ein zweites Mal für einen Wert h_2 gezeichnet, wobei $h_1 = 2h_2$ sein soll, so geht die Kurve φ_1 aus der Kurve φ_2 dadurch hervor, daß man ihre Ordinaten verdoppelt und ihre Abszissen halbiert. Die Kurve φ_2 wird also vom Anfangspunkt bis zu einem Punkte v_0 denselben Flächeninhalt mit der v-Achse einschließen, wie ihn die Kurve φ_1 bis zu dem Punkte $2v_0$ einschließt. Die Wahrscheinlichkeit, daß ein Fehler bei φ_2 zwischen 0 und v_0 liegt, ist demnach ebenso groß wie die, daß bei φ_1 ein Fehler zwischen 0 und $2v_0$ liegt. Mit anderen Worten, die Beobachtungsreihe ist für h_2 doppelt so genau wie für h_1.

Der durchschnittliche Fehler wird dargestellt durch das Integral über die Größe v des Fehlers, multipliziert mit der Wahrscheinlichkeit seines Eintretens. Das Integral

$$\int_{-\infty}^{+\infty} v\varphi(v)\, dv$$

verschwindet jedoch, da $\varphi(v)$ eine gerade Funktion ist.

Gauß benutzt den durchschnittlichen Wert der Fehlerquadrate

$$m^2 = \frac{1}{h\sqrt{\pi}} \int_{-\infty}^{+\infty} v^2 e^{-\frac{v^2}{h^2}} dv = \frac{h^2}{2}$$

und bezeichnet m als den mittleren Fehler. Führt man m an Stelle von h ein, so wird die Fehlerfunktion

$$\varphi(v) = \frac{1}{m\sqrt{2\pi}} e^{-\frac{v^2}{2m^2}}$$

§ 26. Ableitung des mittleren Fehlers der Unbekannten aus den Normalgleichungen.

Kehren wir nun wieder zu dem System n linearer Gleichungen mit m Unbekannten zurück ($n > m$)

$$a_\nu x + b_\nu y + \ldots k_\nu w - l_\nu = v_\nu \qquad (\nu = 1 \cdot 2 \ldots n),$$

so erhalten wir bei irgendeiner Annahme über die Werte der Unbekannten für jeden Fehler v_ν eine Wahrscheinlichkeit $\varphi(v_\nu)\,dv_\nu$ dafür, daß er zwischen v_ν und $v_\nu + dv_\nu$ liegt. Die Wahrscheinlichkeit für das Eintreten der Kombination, daß gleichzeitig der erste Fehler zwischen v_1 und $v_1 + dv_1, \ldots$ der ν^{te} Fehler zwischen v_ν und $v_\nu + dv_\nu$ liegt, ist gleich dem Produkt der einzelnen Wahrscheinlichkeiten, also gleich

$$\varphi(v_1)\,dv_1 \cdot \varphi(v_2)\,dv_2 \ldots \varphi(v_n)\,dv_n.$$

Da nun

$$\varphi(v_\nu) = \frac{1}{m\sqrt{2\pi}}\,e^{-\frac{v_\nu^2}{2m^2}}$$

ist, so wird das Produkt der Wahrscheinlichkeiten

$$\left(\frac{1}{m\sqrt{2\pi}}\right)^n e^{-\frac{\Omega}{2m^2}}\,dv_1\,dv_2 \ldots dv_n,$$

wenn wie früher $\Omega = [vv]$ gesetzt wird.

Liegt nun eine Reihe von Beobachtungswerten $l_1 l_2 \ldots l_n$ vor, so wählen wir dasjenige Wertesystem $x\,y \ldots w$ aus, das jene Wahrscheinlichkeit zu einem Maximum macht, verlangen also, daß $\Omega = [vv]$ ein Minimum wird. Denn bei einem tatsächlich eingetretenen Ereignis ist die Wahrscheinlichkeit einer Hypothese darüber, wie das Ereignis zustande gekommen ist, der Wahrscheinlichkeit proportional, mit der das Ereignis zu erwarten wäre, wenn die Hypothese als richtig angenommen wird.

Die Funktion Ω wird, wie wir früher gesehen haben, eine quadratische Form der Veränderlichen $xy \ldots w$ und läßt sich durch passende Substitution neuer Veränderlicher $x'y' \ldots w'$ auf eine Summe von Quadraten transformieren (S. 67). Unter Benutzung der *Gauß*schen Schreibweise für die Koeffizienten der transformierten Form wird

$$\Omega = [aa]x'^2 + [bb,\,1]y'^2 + \ldots\ [kk,\,n-1]w'^2 + [ll,\,n].$$

Soll Ω ein Minimum werden, müssen die neuen Veränderlichen $x'y' \ldots w'$ einzeln verschwinden. Die Wahrscheinlichkeit für die Kombination irgendwelcher Werte $x'y' \ldots w'$ ist jetzt proportional zu

$$e^{-\frac{[aa]x'^2}{2m^2}} \cdot e^{-\frac{[bb,\,1]y'^2}{2m^2}} \ldots e^{-\frac{[kk,\,n-1]w'^2}{2m^2}}$$

Die Wahrscheinlichkeit dafür, daß die letzte Veränderliche einen bestimmten Wert w' annimmt, erhalten wir durch Integration dieses Produktes über alle möglichen Werte von $x'y'\ldots$ Sie wird demnach proportional zu

$$e^{-\frac{[kk,\,n-1]}{2m^2}w'^2}.$$

Nun unterscheidet sich bei der Transformation w' von w nur durch eine additive Konstante. Beiden kommt daher der gleiche mittlere Fehler m_w zu. Damit wird die Wahrscheinlichkeit, daß w' zwischen w' und $w' + dw'$ liegt, durch den Ausdruck

$$\frac{1}{m_w\sqrt{2\pi}}\,e^{-\frac{w'^2}{2m_w^2}}\,dw'$$

angegeben. Durch Vergleichung der beiden Ausdrücke finden wir den mittleren Fehler

$$m_w = \frac{m}{\sqrt{[kk,\,n-1]}}.$$

Im Nenner steht der bei der Reduktion der Normalgleichungen als Koeffizient von w allein übrigbleibende Faktor. Um den mittleren Fehler der anderen Veränderlichen $xy\ldots$ zu finden, kann man die Reihenfolge der Rechnung so abändern, daß jedesmal die Veränderliche an die Stelle von w tritt, deren mittleren Fehler wir suchen.

Sind jedoch mehr als zwei Veränderliche zu bestimmen, so wird die Wiederholung des Eliminationsverfahrens unbequem. Daher hat bereits *Gauß* einen andern Weg zur Bestimmung der mittleren Fehler der Unbekannten eingeschlagen.

Wir gehen wieder von dem symmetrischen System der Normalgleichungen aus. Die 1 enthaltenden Glieder lassen wir fort, da sie für das Folgende nicht in Betracht kommen:

$$\begin{array}{ccc} x & y & w \\ [aa] & [ab]\ldots & [ak] \\ [ba] & [bb]\ldots & [bk] \\ \vdots & \vdots & \vdots \\ [ka] & [kb]\ldots & [kk] \end{array}$$

Durch Einführung der neuen Veränderlichen $x'\,y'\ldots w'$ entsteht das System:

$$\begin{array}{ccccc} x' & y' & z' & v' & w' \\ [aa] & 0 & 0\,\ldots\ldots & \ldots 0 & 0 \\ 0 & [bb,1] & 0\,\ldots\ldots & \ldots 0 & 0 \\ 0 & 0 & [cc,2] & \ldots\ldots 0 & 0 \\ \vdots & \vdots & & \ddots\quad \vdots & \vdots \\ 0 & 0 & 0\,\ldots\ldots & [ii,n-2] & 0 \\ 0 & 0 & 0\,\ldots\ldots & \ldots 0 & [kk,n-1] \end{array}$$

Die Rechnung, die zu diesem System führt, besteht in der wiederholten Addition einer mit einer Konstanten multiplizierten Reihe zu einer anderen. Nach einem bekannten Satze wird dadurch weder der Wert der Hauptdeterminante, noch der irgendeiner Unterdeterminante geändert. Dann lassen sich aber die Diagonalglieder des zweiten Schemas darstellen als Quotienten der Hauptminoren der Determinante des ersten Schemas. Es ist

$$[kk, n-1]\,[ii, n-2]\,\ldots\,[bb, 1]\,[aa] = \begin{vmatrix} [aa] & [ab] & \ldots & [ak] \\ [ba] & [bb] & \ldots & [bk] \\ \vdots & \vdots & & \vdots \\ [ka] & [kb] & \ldots & [kk] \end{vmatrix}$$

und

$$[ii, n-2]\,\ldots\,[bb, 1]\,[aa] = \begin{vmatrix} [aa] & [ab] & \ldots & [ai] \\ [ba] & [bb] & \ldots & [bi] \\ \vdots & \vdots & & \vdots \\ [ia] & [ib] & \ldots & [ii] \end{vmatrix}.$$

Mithin wird

$$[kk, n-1] = \frac{\begin{vmatrix} [aa] & \ldots & [ak] \\ \vdots & & \vdots \\ [ka] & \ldots & [kk] \end{vmatrix}}{\begin{vmatrix} [aa] & \ldots & [ai] \\ \vdots & & \vdots \\ [ia] & \ldots & [ii] \end{vmatrix}}.$$

Das Quadrat des mittleren Fehlers von w wird also gleich

$$m_w^2 = \frac{m^2}{[kk, n-1]} = \frac{\begin{vmatrix} [aa] & & \\ & \ddots & \\ & & [kk] \end{vmatrix}}{\begin{vmatrix} [aa] & & \\ & \ddots & \\ & & [ii] \end{vmatrix}}\, m^2.$$

Um auch die mittleren Fehler der anderen Unbekannten auf die gleiche Form zu bringen, setzen wir

$$\begin{aligned} [aa]x + [ab]y + \ldots [ak]w &= X, \\ [ba]x + [bb]y + \ldots [bk]w &= Y, \\ \vdots \qquad \vdots \qquad\quad & \quad \vdots \\ [ka]x + [kb]y + \ldots [kk]w &= W. \end{aligned}$$

Da wir in der Ausgleichungsrechnung stets voraussetzen dürfen, daß die Determinante des Gleichungssystems nicht verschwindet, lassen sich

$xy \ldots w$ durch $XY \ldots W$ ausdrücken. Nach den Regeln der Determinantentheorie wird beispielsweise

$$w \cdot \begin{vmatrix} [aa] & & \\ & \ddots & \\ & & [kk] \end{vmatrix} = D_x X + D_y Y + \ldots D_w W,$$

wobei $D_x D_y \ldots D_w$ die Unterdeterminanten der letzten Kolonne sind, also

$$D_w = \begin{vmatrix} [aa] & & \\ & \ddots & \\ & & [ii] \end{vmatrix}.$$

Dividiert man noch durch die Determinante

$$\begin{vmatrix} [aa] & & \\ & \ddots & \\ & & [kk] \end{vmatrix},$$

so stellt der Koeffizient von W mit m^2 multipliziert das Quadrat des mittleren Fehlers von w dar.

Haben wir für $xy \ldots w$ als Funktionen von $XY \ldots W$ das System gefunden

$$\begin{aligned} x &= A_{11} X + A_{12} Y + \ldots A_{1m} W, \\ y &= A_{21} X + A_{22} Y + \ldots A_{2m} W, \\ &\vdots \\ w &= A_{m1} X + A_{m2} Y + \ldots A_{mm} W, \end{aligned}$$

so hätten wir durch andere Reihenfolge auch z. B. y in die letzte Zeile bringen können und dann in A_{22} mit m^2 multipliziert das Quadrat des mittleren Fehlers von y gefunden. Daraus schließen wir, daß in dem obigen System die Diagonalglieder $A_{11} A_{22} \ldots A_{mm}$ nach Multiplikation mit m^2 die Quadrate der mittleren Fehler von $xy \ldots w$ ergeben.

Die mittleren Fehler der Unbekannten können daher bei einer einmaligen Reduktion durch Umkehrung des Systems der Normalgleichungen gefunden werden, eine bereits im 2. Kapitel (S. 41) behandelte Aufgabe.

§ 27. Aufgaben zum 3. Kapitel.

1. Die mit der unteren Teilung eines 25 cm langen Rechenschiebers bei der Multiplikation erreichbare Genauigkeit soll ermittelt werden. Zu diesem Zweck ist eine Reihe von Produkten gleichzeitig mit dem Rechenschieber und der Maschine berechnet worden. Wegen der Veränderlichkeit des absoluten Fehlers (vgl. § 4) sind die Produkte in Gruppen zu je fünf zusammengefaßt worden. Der mittlere Fehler ist für jede Gruppe zu berechnen und als Ordinate zu dem durchschnittlichen Produktwert einer Gruppe aufzutragen. Die Approximation der

erhaltenen Punkte durch eine durch den Nullpunkt gehende Gerade liefert den mittleren Fehler relativ zur Größe des Produkts.

Faktoren	Produkt auf vier Ziffern		Faktoren	Produkt auf vier Ziffern	
	Rechen-schieber	genau		Rechen-schieber	genau
1271 · 892	1134	1134	1276 · 492	6020	6023
2016 · 673	1358	1357	1823 · 3437	6260	6266
3265 · 474	1550	1548	2176 · 2975	6470	6474
3231 · 538	1740	1738	1051 · 634	6670	6663
1037 · 1889	1959	1959	788 · 869	6850	6848
1189 · 1746	2075	2076	1437 · 492	7070	7070
2312 · 983	2273	2273	2115 · 3489	7380	7379
3188 · 781	2492	2490	2534 · 2973	7530	7534
504 · 532	2682	2681	1516 · 507	7690	7686
1087 · 2625	2854	2853	839 · 941	7900	7895
1452 · 2143	3114	3112	1185 · 683	8100	8094
1384 · 2387	3303	3304	2057 · 406	8350	8351
3675 · 971	3567	3568	2641 · 3248	8580	8578
3966 · 953	3783	3780	1838 · 479	8800	8804
618 · 639	3950	3949	1034 · 862	8920	8913
1482 · 2724	4040	4037	1228 · 736	9030	9038
1996 · 2149	4290	4289	1753 · 529	9280	9273
1325 · 3371	4470	4467	2965 · 3189	9460	9455
504 · 917	4620	4622	2077 · 464	9640	9637
603 · 808	4870	4872	1132 · 881	9980	9973
1416 · 3641	5160	5156			
2015 · 2649	5340	5338			
1552 · 3565	5540	5533			
574 · 997	5720	5723			
713 · 838	5980	5975			

2. Die folgenden, an verschiedenen Orten und nach verschiedenen Methoden gewonnenen Werte für die Aberrationskonstante sind untereinander auszugleichen, und zwar einmal unter Benutzung aller Werte und zweitens unter Ausschließung der vier letzten Beobachtungen wegen des Verdachts regelmäßiger, nicht mehr zu ermittelnder Fehler.

Aberr.-Konst.	Gewicht
20″ 53	6
20″ 514	22
20″ 525	24
20″ 523	151
20″ 48	5
20″ 45	5
20″ 46	5
20″ 43	2
20″ 44	1

3. Zu den nachfolgenden Abszissen x sind die Ordinaten y der Punkte einer geraden Linie aus der ersten und letzten Ordinate berechnet worden. Außer der ersten und letzten Ordinate sind aber noch die 4., 6., 7., 10., 11. und 14. Ordinate bekannt und in der dritten Spalte verzeichnet. Danach sind die zwischenliegenden Ordinaten zu verbessern und ihre mittleren Fehler anzugeben. Die Abszissen können als fehlerfrei angesehen werden.

x	y	Bekannte Ordinaten
9563·4	4236·118	4236·118
11107·8	38·977	
14570·8	45·387	
15769·0	47·605	47·604
17222·2	50·296	
17579·6	50·957	50·948
22815·4	60·649	60·656
28582·2	71·324	
28909·5	71·930	
34645·6	82·549	82·567
36293·4	85·599	85·614
39548·2	91·624	
40987·2	94·288	
43764·2	99·428	99·424
49228·0	4309·543	
52313·8	15·255	4315·255

4. Von einem Punkte A aus sind nach bekannten Zielpunkten $P_1, P_2 \ldots P_5$ an dem Horizontalkreis des Theodolithen folgende Ablesungen gemacht worden:

Zielpunkt	Ablesung	Genäherte Entfernung des Zielpunktes
P_1	10° 10′ 19″4	3·95 km
P_2	65° 9′ 15″1	4·91 „
P_3	120° 57′ 30″0	2·04 „
P_4	186° 31′ 48″8	2·35 „
P_5	314° 59′ 15″2	2·20 „

Damit sind aus den bekannten Koordinaten der Zielpunkte Näherungswerte für die Koordinaten von A berechnet worden (wozu bekanntlich schon drei Zielpunkte ausreichen). Mit diesen Näherungskoordinaten sind nach der Formel

$$\operatorname{tg} \varphi = \frac{y_P - y_A}{x_P - x_A}$$

die Winkel φ angenähert berechnet worden, die die Richtungen AP mit der x-Achse des Koordinatensystems bilden.

	φ
(P_1)	$24^\circ\ 15'\ 20''0$,
(P_2)	$79^\circ\ 14'\ 14''7$,
(P_3)	$135^\circ\ 2'\ 31''0$,
(P_4)	$200^\circ\ 36'\ 46''7$,
(P_5)	$329^\circ\ 4'\ 14''2$.

Wenn die Beobachtungen fehlerfrei und die benutzten Koordinaten von A genau wären, dürften sich diese Werte von den beobachteten Winkeln nur um eine Konstante u unterscheiden, die der Nullpunktsrichtung des Horizontalkreises des Theodolithen entspricht (siehe Abb. 10); die Koordinatenachsen sind so angenommen, wie es bei geodätischen Messungen in Deutschland üblich ist.

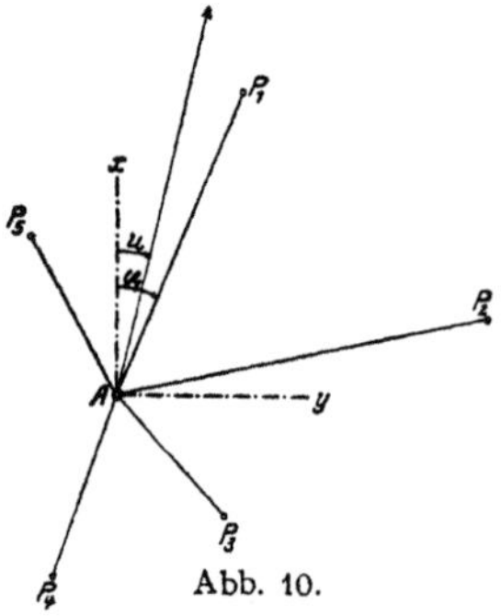

Abb. 10.

Der unbekannte Winkel u und die kleinen Verbesserungen ξ und η der Koordinaten des Punktes A sind nach der Methode der kleinsten Quadrate zu berechnen. Ferner sind die mittleren Fehler von ξ und η zu bestimmen.

5. Von welcher Art ist die durch die Gleichung

$$x^2 + 3y^2 + 5z^2 - 1{\cdot}5\,yz - 0{\cdot}7\,zx - 1{\cdot}1\,xy = 0$$

dargestellte Fläche zweiter Ordnung?

6. Die quadratische Form

$$3x^2 - 1{\cdot}5\,y^2 + z^2 + 3{\cdot}5\,yz - 2{\cdot}5\,xy$$

ist durch *orthogonale* Substitutionen auf eine Summe von Quadraten zu transformieren.

Viertes Kapitel.

Ganze rationale Funktionen.

§ 28. Addition, Subtraktion, Multiplikation und Division ganzer rationaler Funktionen.

Unter einer ganzen rationalen Funktion $n$ten Grades einer Veränderlichen versteht man eine Funktion

$$y = a_0 + a_1 x + a_2 x^2 + \ldots a_n x^n.$$

Dabei können die Koeffizienten $a_0 a_1 a_2 \ldots a_n$ irgendwelche positiven oder negativen, rationalen oder irrationalen Werte haben, die in einem speziellen Falle als ganze Zahlen oder Dezimalbrüche gegeben sind. Unendliche Dezimalbrüche müssen zur Rechnung auf eine bestimmte Anzahl von Stellen abgekürzt werden.

Bei einer beliebigen rationalen Funktion lassen sich bekanntlich alle Summen auf einen Generalnenner bringen, d. h. eine rationale Funktion ist darstellbar als Quotient zweier ganzer rationaler Funktionen. Bei numerischen Rechnungen können wir uns daher auf die Berechnung von ganzen rationalen Funktionen beschränken.

Eine ganze rationale Funktion pflegt man nach Potenzen der unabhängigen Veränderlichen zu ordnen. In der oben angeführten Form ist die Funktion nach wachsenden Potenzen von x geordnet, ebensogut hätte man sie nach fallenden Potenzen ordnen können:

$$y = a_n x^n + a_{n-1} x^{n-1} + \ldots a_0.$$

Beim Hinschreiben der ganzen rationalen Funktion lassen wir der Kürze halber die Potenzen von x fort. Durch die Stellung der Koeffizienten allein ist ja auch schon zur Genüge bestimmt, mit welcher Potenz der Veränderlichen sie zu multiplizieren sind, sobald man noch beim ersten Koeffizienten durch Angabe des Potenzexponenten festlegt, ob die Funktion nach *steigenden* oder *fallenden* Potenzen geordnet ist. Wir erhalten nach steigenden Potenzen geordnet

$$\overset{0}{a_0}\, a_1\, a_2 \ldots a_n$$

und nach fallenden

$$\overset{n}{a_n\, a_{n-1} \ldots a_0}.$$

Diese Abkürzung ist analog der dekadischen Schreibweise einer Zahl gebildet. Hier sind die Glieder nach fallenden Potenzen von 10 oder auch nach steigenden Potenzen von 0·1 geordnet, und auch hier werden die Potenzen fortgelassen und nur durch die Stellung der Ziffern angedeutet.

Die vier Grundrechnungsarten lassen sich mit ganzen rationalen Funktionen ganz ähnlich ausführen wie mit dekadisch geschriebenen Zahlen. Die Addition und Subtraktion wird ohne weiteres ausgeführt durch Addition oder Subtraktion der Koeffizienten gleicher Potenzen.

Bei der Multiplikation zweier ganzer rationaler Funktionen

$$\overset{0}{a_0\, a_1\, a_2 \ldots a_m}$$

und

$$\overset{0}{b_0\, b_1\, b_2 \ldots b_n}$$

rechnet man von links nach rechts, etwa nach folgendem Schema:

$$\begin{array}{llllll}
(a_0 & a_1 & a_2 \ldots\ldots a_{m-1} & a_m) \cdot (b_0 b_1 b_2 \ldots b_{n-1} b_n) & & \\
\hline
a_0 b_0 & a_1 b_0 & a_2 b_0 \ldots a_{m-1} b_0 & a_m b_0 & & \\
 & a_0 b_1 & a_1 b_1 \ldots\ldots\ldots\ldots & a_{m-1} b_1 & a_m b_1 & \\
 & & a_0 b_2 \ldots\ldots\ldots\ldots\ldots\ldots & \ldots\ldots & a_{m-1} b_2 & a_m b_2 \\
\ldots & \ldots & \ldots & \ldots & \ldots & \ldots \\
\hline
\end{array}$$

$$\overset{0}{a_0 b_0}\, (a_1 b_0 + a_0 b_1)\, (a_2 b_0 + a_1 b_1 + a_0 b_2) \ldots$$

Das gleiche Verfahren läßt sich auch auf die Multiplikation von Dezimalbrüchen anwenden. Man kann die Addition im Kopf ausführen und dabei das Ergebnis von links nach rechts hinschreiben; bei genügender Genauigkeit bricht man die Rechnung ab.

Für die Division läßt sich das bei Dezimalbrüchen übliche Verfahren sofort übertragen. Wir erhalten für den Quotienten der beiden Funktionen

$$f(x) = \overset{0}{a_0\, a_1\, a_2 \ldots a_m}$$

und

$$g(x) = \overset{0}{b_0\, b_1\, b_2 \ldots b_n}$$

das folgende Schema:

$$(a_0 \;\; a_1 \;\; a_2 \ldots \; a_m) : (b_0 b_1 b_2 \ldots b_n) = \frac{a_0}{b_0} + \frac{a_1'}{b_0} x + \ldots$$

$$\begin{array}{lll}
a_0 & b_1 \frac{a_0}{b_0} & b_2 \frac{a_0}{b_0} \ldots \\
\hline
 & a_1' & a_2' \ldots \\
 & a_1' & b_1 \frac{a_1'}{b_0} \ldots \\
\hline
 & & a_2'' \ldots
\end{array}$$

Vorausgesetzt daß b_0 nicht verschwindet, ziehen wir den mit $\frac{a_0}{b_0}$ multiplizierten Divisor vom Dividenden ab. Als Rest bleibt eine ganze rationale Funktion

$$g'(x) = \overset{1}{a'_1}\, a'_2 \ldots,$$

die die nullte Potenz nicht mehr enthält. Von g' ziehen wir den mit $\frac{a'_1}{b_0}$ multiplizierten Divisor ab usw. Wir können beliebig weit fortfahren, ohne daß im allgemeinen der Quotient abzubrechen braucht.

Wenn $b_0 = 0$ ist, der Divisor also mit einer von Null verschiedenen Potenz beginnt, so sei b_p der erste nicht verschwindende Koeffizient. Man kann dann x^p herausziehen und zunächst durch die mit der nullten Potenz beginnende Funktion

$$\overset{0}{b_p}\, b_{p+1} \ldots b_n$$

dividieren. Nachträglich muß der Quotient noch durch x^p geteilt werden.

Ähnlich gestaltet sich die Division, wenn die beiden Funktionen nach fallenden Potenzen geordnet sind. Die Division der ganzen rationalen Funktion

(1) $$g(x) = \overset{n}{a_n}\, a_{n-1}\, a_{n-2} \ldots a_1\, a_0$$

durch die Funktion $x - p$ geschieht in folgender Gestalt:

$$\begin{array}{llllll}
(a_n & a_{n-1} & a_{n-2} \ldots & a_1 & a_0) : (x - p) = \overset{n-1}{a_n}\, a'_{n-1}\, a'_{n-2} \ldots a_1 \\
\underline{a_n} & \underline{-a_n p} & & & \\
 & a'_{n-1} & a_{n-2} & & \\
 & \underline{a'_{n-1}} & \underline{-a'_{n-1} p} & & \\
 & & a'_{n-2} & & \\
 & & \quad \ddots & & \\
 & & & a_1 & \\
 & & & \underline{-a'_2 p} & \\
 & & & a'_1 & a_0 \\
 & & & \underline{a'_1} & \underline{-a'_1 p} \\
 & & & & a'_0 .
\end{array}$$

Bei der praktischen Rechnung kann die Wiederholung der Koeffizienten vermieden werden. Die Rechnung läßt sich sehr bequem in drei Zeilen anordnen:

$$\begin{array}{lllll|l}
a_n & a_{n-1} & a_{n-2} \ldots & a_1 & & a_0 \\
 & p\,a_n & p\,a'_{n-1} \ldots & p\,a'_2 & & p\,a'_1 \\
\hline
a_n & a'_{n-1} & a'_{n-2} \ldots & a'_1 & & a'_0 .
\end{array}$$

a_n wird mit p multipliziert und zu a_{n-1} addiert, es entsteht a'_{n-1}. a'_{n-1} wird wieder mit p multipliziert und zu a_{n-2} addiert, das Ergebnis ist a'_{n-2} usw. Schließlich bleibt der Rest a'_0 allein übrig. Die wiederholten Multiplikationen mit dem gleichen Faktor p lassen sich sehr bequem mit dem Rechenschieber oder, wenn seine Genauigkeit nicht ausreicht, mit der Rechenmaschine durch eine einmalige Einstellung finden.

§ 29. Das Hornersche Schema.

Man kann diese Rechnung dazu benutzen, den Wert der ganzen rationalen Funktion (1) an einer Stelle $x = p$ zu berechnen. Denn setzen wir den Quotienten

$$\overset{n-1}{a_n a'_{n-1} a'_{n-2} \dots a'_1} = g_1(x),$$

so wird bei der Division von (1) durch $x - p$

$$\frac{g(x)}{x-p} = g_1(x) + \frac{a'_0}{x-p}$$

oder

(2) $$g(x) = g_1(x)\,(x-p) + a'_0,$$

und wenn wir $x = p$ setzen:

$$g(p) = a'_0.$$

Dieses Verfahren führt sehr viel schneller zum Ziel, als die Berechnung durch Bildung der Potenzen von p, Multiplikation mit den Koeffizienten und Addition der einzelnen Glieder.

Das Verfahren liefert aber noch mehr. Dividieren wir nämlich den Quotienten, die ganze rationale Funktion $(n-1)^{\text{ten}}$ Grades

$$g_1(x) = \overset{n-1}{a_n a'_{n-1} \dots a'_2 a'_1}$$

erneut durch $x - p$, so entsteht als Quotient eine ganze rationale Funktion $(n-2)^{\text{ten}}$ Grades, die wir in entsprechender Bezeichnung schreiben

$$g_2(x) = \overset{n-2}{a_n a''_{n-1} \dots a''_2},$$

und es bleibt als Rest a''_1. Somit wird

$$g_1(x) = g_2(x)\,(x-p) + a''_1.$$

Entsprechend können wir fortfahren und erhalten

$$\begin{aligned} g_2(x) &= g_3(x)\,(x-p) + a'''_2 \\ &\vdots \\ g_{n-1}(x) &= g_n(x)\,(x-p) + a^{(n)}_{n-1}, \\ g_n(x) &= \qquad\qquad\qquad a_n. \end{aligned}$$

Jedesmal verringert sich der Grad des Quotienten um eine Einheit, und $g_n(x)$ ist schließlich konstant.

Multiplizieren wir die Funktionen $g_1(x), g_2(x) \ldots g_{n-1}(x), g_n(x)$ der Reihe nach mit $(x-p), (x-p)^2 \ldots (x-p)^{n-1}, (x-p)^n$ und addieren die Produkte zu $g(x)$, so erhalten wir für $g(x)$ die Darstellung

$$(3) \qquad g(x) = a_0' + a_1''(x-p) + a_2'''(x-p)^2 + \ldots a_n(x-p)^n.$$

Damit haben wir die Funktion $g(x)$ nach Potenzen von $x - p$ entwickelt, d. h. die Taylorentwicklung der Funktion an der Stelle $x = p$ gewonnen:

$$g(x) = g(p) + \frac{g'(p)}{1!}(x-p) + \frac{g''(p)}{2!}(x-p)^2 + \ldots \frac{g^n(p)}{n!}(x-p)^n.$$

Die aufeinanderfolgenden Divisionen durch $x - p$ lassen sich sehr bequem in das von *Horner* angegebene Schema einordnen:

a_n	a_{n-1}	a_{n-2}	$\ldots$	a_2	a_1	a_0
	$p\,a_n$	$p\,a'_{n-1}$	$\ldots$	$p\,a'_3$	$p\,a'_2$	$p\,a'_1$
a_n	a'_{n-1}	a'_{n-2}	$\ldots$	a'_2	a'_1	a'_0
	$p\,a_n$	$p\,a''_{n-1}$	$\ldots$	$p\,a''_3$	$p\,a''_2$	
a_n	a''_{n-1}	a''_{n-2}	$\ldots$	a''_2	a''_1	
	$p\,a_n$	$p\,a'''_{n-1}$	$\ldots$	$p\,a'''_3$		
a_n	a'''_{n-1}	a'''_{n-2}	$\ldots$	a'''_2		
a_n	$a^{(n-1)}_{n-1}$	$a^{(n-1)}_{n-2}$				
	$p\,a_n$					
a_n	$a^{(n)}_{n-1}$					

Die Taylorentwicklung findet mancherlei Anwendung. Namentlich wenn x in der Nähe von p liegt, erweist sich eine Entwicklung nach Potenzen von $x - p$ als zweckmäßig. Man kann dann von einer bestimmten Stelle an die Potenzen von $x - p$ vernachlässigen, also die Funktion durch eine ganze rationale Funktion von niedrigerem Grade approximieren.

§ 30. Anwendung auf die Auflösung einer algebraischen Gleichung.

Von dieser Entwicklung kann man vorteilhaft Gebrauch machen zur Berechnung der Wurzeln einer Gleichung n ten Grades, die ja durch Nullsetzen einer ganzen rationalen Funktion entsteht. Kennt man nämlich für eine Wurzel einen Näherungswert $x_1 = p$, so kann man die Funktion an der Stelle $x = p$ entwickeln und sich dabei auf die Glieder erster Ordnung beschränken. Aus den beiden ersten Gliedern ergibt sich eine Verbesserung des Näherungswertes. Durch mehrmalige Wiederholung der Entwicklung kann man die Wurzeln mit beliebiger Genauigkeit annähern.

Beispiel: Die Gleichung

$$x^4 - 6x^3 + 13x^2 - 14x + 5 = 0$$

hat eine reelle Wurzel in der Nähe von $x = 3$. Wir setzen $x - 3 = h_1$ und entwickeln nach Potenzen von h_1:

	4				
$p = 3$	1	− 6	13	− 14	5
		3	− 9	12	− 6
	1	− 3	4	− 2	− 1
		3	0	12	
	1	0	4	10	
		3	9		
	1	3	13		
		3			
	1	6			

$$h_1^4 + 6h_1^3 + 13h_1^2 + 10h_1 - 1 = 0 .$$

Da für die gesuchte Wurzel h_1 klein ist, finden wir einen Näherungswert für die Wurzel dieser Gleichung durch Vernachlässigung der höheren Potenzen von h_1. Es ist nahezu

$$10h_1 - 1 = 0 \quad \text{oder} \quad h_1 = 0{\cdot}1 .$$

Wir setzen $h_1 - 0{\cdot}1 = h_2$ und entwickeln nach Potenzen von h_2:

	4				
$p = 0{\cdot}1$	1	6	13	10	− 1
		0·1	0·61	1·361	1·1361
	1	6·1	13·61	11·361	0·1361
		0·1	0·62	1·423	
	1	6·2	14·23	12·784	
		0·1	0·63		
	1	6·3	14·86		
		0·1			
	1	6·4			

$$h_2^4 + 6{\cdot}4\,h_2^3 + 14{\cdot}86\,h_2^2 + 12{\cdot}784\,h_2 + 0{\cdot}1361 .$$

Wiederum ist h_2 klein, und wir finden aus

$$12{\cdot}784\,h_2 + 0{\cdot}1361 = 0$$

den Näherungswert $h_2 = -0{\cdot}01$.

Die Entwicklung nach Potenzen von $h_3 = h_2 + 0{\cdot}01$ ergibt

	4				
$p = -0{\cdot}01$	1	6·4	14·86	12·784	0·1361
		− 0·01	− 0·0639	− 0·147961	− 0·12636039
	1	6·39	14·7961	12·636039	0·00973961
		− 0·01	− 0·0638	− 0·147323	
	1	6·38	14·7323	12·488716	
		− 0·01	− 0·0637		
	1	6·37	14·6686		
		− 0·01			
	1	6·36			

$$h_3^4 + 6{\cdot}36\,h_3^3 + 14{\cdot}6686\,h_3^2 + 12{\cdot}488716\,h_3 + 0{\cdot}00973961 .$$

Für h_3 ergibt sich der Näherungswert

$$h_3 = -0{\cdot}0008\,.$$

Auf diesem Wege könnte man fortfahren und die Wurzel der Gleichung immer weiter approximieren. Bald würde aber die immer wachsende Zahl der Ziffern in den Dezimalbrüchen lästig werden. Darum empfiehlt es sich, sobald die Annäherung weit genug fortgeschritten ist, ein anderes Verfahren einzuschlagen. Schreiben wir die Gleichung für h_3 in der Form

$$-12{\cdot}488\,716\,h_3 = 0{\cdot}0097\,3961 + 14{\cdot}6686\,h_3^2 + 6{\cdot}36\,h_3^3 + h_4^3\,,$$

so können zur Berechnung des Näherungswertes auch die höheren Potenzen von h_3 herangezogen werden. Für den Näherungswert $h_3 = -0{\cdot}0008$ wird

$$14{\cdot}6686\,h_3^2 = 0{\cdot}0000\,0939\,,$$

während $6{\cdot}36\,h_3^3 + h_4^3$ für die ersten acht Dezimalen nicht in Betracht kommt. Damit erhalten wir einen besseren Näherungswert aus

$$-12{\cdot}488\,716\,h_3 = 0{\cdot}0097\,3961 + 0{\cdot}0000\,0939 = 0{\cdot}0097\,4900\,,$$

$$h_3 = -0{\cdot}000\,780\,625\,.$$

Mit diesem Werte läßt sich die rechte Seite der Gleichung noch genauer ermitteln. Wir finden

$$14{\cdot}6686\,h_3^2 = 0{\cdot}0000\,0894$$

und aus

$$-12{\cdot}488\,716\,h_3 = 0{\cdot}0097\,3961 + 0{\cdot}0000\,0894 = 0{\cdot}0097\,4855$$

den genaueren Näherungswert

$$h_3 = -0{\cdot}000\,780\,588\,,$$

der bereits mit allen hingeschriebenen Ziffern richtig ist, denn eine erneute Berechnung würde keine Änderung in den berücksichtigten Ziffern des quadratischen Gliedes ergeben.

Für die gesuchte Wurzel finden wir durch Addition sämtlicher Näherungswerte

$$x = 3 + h_1 + h_2 + h_3 = 3{\cdot}089\,219\,412\,.$$

Die Genauigkeit von h_3 würde sich auf dem eingeschlagenen Wege leicht steigern lassen, nur müßten dann auch die höheren Glieder in der Gleichung für h_3 berücksichtigt werden.

Das allgemeine Prinzip, das diesem Verfahren zugrunde liegt, werden wir im 6. Kapitel kennenlernen.

§ 31. Die Produktentwicklung.

Wir gehen wieder von der Gleichung (2) aus, dividieren aber jetzt die ganze rationale Funktion

$$g_1(x) = a_n^{\;n-1}\, a'_{n-1} \dots a'_2\, a'_1$$

durch eine andere lineare Funktion $x - q$. Es entsteht nach dem *Horner*schen Schema

$$g_1(x) = g_2(x)(x - q) + a_1''.$$

$g_2(x)$ dividieren wir durch $x - r$ und erhalten

$$g_2(x) = g_3(x)(x - r) + a_2'''.$$

So fahren wir fort unter Benutzung immer neuer linearer Divisoren und erhalten schließlich

$$\begin{aligned} g_{n-1}(x) &= g_n(x)(x - w) + a_{n-1}^{(n)} \\ g_n(x) &= \qquad\qquad\qquad a_n. \end{aligned}$$

Setzen wir alle ganzen rationalen Funktionen $g_\nu(x)$ in $g(x)$ ein, so erhalten wir für $g(x)$ eine ähnliche Entwicklung wie (3), nur schreitet sie jetzt nicht nach wachsenden Potenzen, sondern nach *Produkten von wachsender Faktorenzahl* fort

$$(4) \quad \left\{ \begin{aligned} g(x) = a_0' + a_1''(x - p) + a_2'''(x - p)(x - q) + \ldots \\ + a_n(x - p)(x - q)(x - r)\ldots(x - w). \end{aligned} \right.$$

Diese von *Newton* eingeführte Entwicklung kann in vielen Fallen ähnlich wie die Taylorentwicklung gebraucht werden. Sie läßt sich zwar nicht so bequem differenzieren und integrieren wie diese, bietet dafür aber bei der Approximation große Vorteile. Ähnlich, wie man die Taylorentwicklung abbrechen kann, wenn man kleine Werte von $x - p$ betrachtet, kann man hier die hoheren Glieder vernachlässigen, wenn es sich um Werte x in der Nahe von $p, q, r \ldots w$ handelt.

Bricht man die Entwicklung nach dem zweiten Gliede ab, so entsteht eine ganze rationale Funktion ersten Grades

$$\bar{g}(x) = a_0' + a_1''(x - p),$$

die für $x = p$ und $x = q$ mit der durch (4) dargestellten Funktion $g(x)$ übereinstimmt. Geometrisch gesprochen wird die Parabel $n$ten Grades näherungsweise durch eine Gerade wiedergegeben, die die Parabel in zwei Punkten mit den Abszissen p und q schneidet. Während die Taylorentwicklung in zweiter Naherung die Parabel durch die Tangente approximiert, erfolgt bei der Produktentwicklung die Annaherung durch die Sehne. In unmittelbarer Nachbarschaft eines Punktes liefert daher die Taylorentwicklung bessere Naherungswerte, sobald man es aber mit einem Intervall zu tun hat, ist die Produktentwicklung vorzuziehen.

Noch deutlicher wird der Unterschied bei Approximationen höherer Ordnung. Bricht man die Produktentwicklung nach dem $l$ten Gliede ab, so wird die Parabel $n$ten Grades (4) durch eine Parabel $(l - 1)$ten Grades angenähert, die mit der Parabel $n$ten Grades l Punkte mit den Abszissen $p q r \ldots$ gemeinsam hat.

§ 32. Berechnung aus gegebenen Funktionswerten.

Es sei jetzt eine ganze rationale Funktion $n$ten Grades durch $n+1$ Punkte (x_1, y_1), $(x_2, y_2)\ldots(x_{n+1}, y_{n+1})$ gegeben. Wir suchen ihre Produktentwicklung in der Form

$$(5)\quad \begin{cases} g(x) = a_0 + a_1(x-x_1) + a_2(x-x_1)(x-x_2) + \ldots \\ \qquad + a_n(x-x_1)(x-x_2)\ldots(x-x_n). \end{cases}$$

Um die Koeffizienten der Entwicklung zu berechnen, führen wir neue ganze rationale Funktionen $g_1(x)$, $g_2(x)\ldots g_n(x)$ ein, die folgendermaßen bestimmt sind:

$$g_1(x) = \frac{g(x) - g(x_1)}{x - x_1},$$

$$g_2(x) = \frac{g_1(x) - g_1(x_2)}{x - x_2},$$

$$\cdots\cdots\cdots\cdots\cdots$$

$$g_n(x) = \frac{g_{n-1}(x) - g_{n-1}(x_n)}{x - x_n}.$$

Durch Vergleich mit $g(x)$ findet man, daß $g_1(x)$ die Entwicklung

$$g_1(x) = a_1 + a_2(x-x_2) + a_3(x-x_2)(x-x_3) + \ldots$$
$$+ a_n(x-x_2)(x-x_3)\ldots(x-x_n)$$

hat, also von $(n-1)$tem Grade ist. Aus $g_1(x)$ leiten wir

$$g_2(x) = a_2 + a_3(x-x_3) + a_4(x-x_3)(x-x_4)\ldots a_n(x-x_3)(x-x_4)\ldots(x-x_n)$$

ab. Wieder ist der Grad um eine Einheit gesunken. Schließlich wird

$$g_n(x) = a_n$$

eine Konstante.

Die Berechnung der Koeffizienten a_ι ergibt sich aus den Funktionen $g_\iota(x)$ sehr einfach, denn es ist, wie man sofort sieht

$$g(x_1) = a_0$$
$$g_1(x_2) = a_1$$
$$g_2(x_3) = a_2$$
$$\vdots$$
$$g_{n-1}(x_n) = a_{n-1}$$
$$g_n(x) = a_n.$$

Um aus den gegebenen Funktionswerten $y_\iota = g(x_\iota)$ die Funktionen $g_1(x)$, $g_2(x)\ldots$ usw. zu ermitteln, bilden wir die folgende Tafel. Jedesmal steht in einer mit $g_\iota(x)$ bezeichneten Spalte an erster Stelle der gesuchte Koeffizient a_ι.

x	$y = g(x)$			$g_1(x)$			$g_2(x)$			$g_3(x)$
x_1	y_1									
x_2	y_2	$x_2 - x_1$	$y_2 - y_1$	$\frac{y_2 - y_1}{x_2 - x_1}$						
x_3	y_3	$x_3 - x_1$	$y_3 - y_1$	$\frac{y_3 - y_1}{x_3 - x_1}$	$x_3 - x_2$	$g_1(x_3) - g_1(x_2)$	$\frac{g_1(x_3) - g_1(x_2)}{x_3 - x_2}$			
x_4	y_4	$x_4 - x_1$	$y_4 - y_1$	$\frac{y_4 - y_1}{x_4 - x_1}$	$x_4 - x_2$	$g_1(x_4) - g_1(x_2)$	$\frac{g_1(x_4) - g_1(x_2)}{x_4 - x_2}$	$x_4 - x_3$	$g_2(x_4) - g_2(x_3)$	
x_5	y_5	$x_5 - x_1$	$y_5 - y_1$	$\frac{y_5 - y_1}{x_5 - x_1}$	$x_5 - x_2$	$g_1(x_5) - g_1(x_2)$	$\frac{g_1(x_5) - g_1(x_2)}{x_5 - x_2}$	$x_5 - x_3$	$g_2(x_5) - g_2(x_3)$	
....	....	....	....	....	....	....	....	....	....	
x_n	y_n	$x_n - x_1$	$y_n - y_1$	$\frac{y_n - y_1}{x_n - x_1}$	$x_n - x_2$	$g_1(x_n) - g_1(x_2)$	$\frac{g_1(x_n) - g_1(x_2)}{x_n - x_2}$	$x_n - x_3$	$g_2(x_n) - g_2(x_3)$	
x_{n+1}	y_{n+1}	$x_{n+1} - x_1$	$y_{n+1} - y_1$	$\frac{y_{n+1} - y_1}{x_{n+1} - x_1}$	$x_{n+1} - x_2$	$g_1(x_{n+1}) - g_1(x_2)$	$\frac{g_1(y_{n+1}) - g_1(x_2)}{x_{n+1} - x_2}$	$x_{n+1} - x_3$	$g_2(x_{n+1}) - g_2(x_3)$	

Beispiel: Aus den als bekannt vorausgesetzten Logarithmen: $\log 2 = 0{\cdot}30103$ und $\log 3 = 0{\cdot}47712$ findet man

$$\begin{aligned}
\log 40 &= \log 2\cdot 2\cdot 10 = 1{\cdot}60206\,,\\
\log 50 &= \log \frac{100}{2} \quad = 1.69897\,,\\
\log 45 &= \log \frac{3\cdot 3\cdot 10}{2} = 1{\cdot}65321\,,\\
\log 48 &= \log 3\cdot 2^4 \quad = 1{\cdot}68124\,.
\end{aligned}$$

Gesucht ist eine ganze rationale Funktion dritten Grades, die an diesen 4 Stellen mit der Funktion $y = \log x$ übereinstimmt.

Zur Abkürzung sollen an Stelle der Logarithmen nur die mit 10^5 multiplizierten Mantissen hingeschrieben werden.

x	y			$g_1(x)$			$g_2(x)$			$g_3(x)$
40	60206									
50	69897	10	9691	969·10						
45	65321	5	5115	1023·00	−5	53·90	−10·780			
48	68124	8	7918	989·75	−2	20·65	−10·325	3	0·455	0·152

Man findet aus dem angeschriebenen Schema

$$\begin{aligned}
g(x) = 60206 + 969{\cdot}1\,(x-40) - 10{\cdot}78\,(x-40)(x-50)\\
+ 0{\cdot}152\,(x-40)(x-50)(x-45)\,.
\end{aligned}$$

Damit ist eine Approximation der Logarithmen zwischen 40 und 50 durch eine ganze rationale Funktion dritten Grades gewonnen worden, die man dazu benutzen kann, den Logarithmus an einer beliebigen Stelle des Intervalls näherungsweise zu berechnen.

Um den Wert einer ganzen rationalen Funktion in der Form (5) an einer Stelle $x = p$ zu berechnen, ordnen wir die Funktion nach fallender Anzahl von Faktoren und schreiben wie früher nur die Koeffizienten hin

$$g(x) = a_n\, a_{n-1}\, a_{n-2} \ldots a_2\, a_1\, a_0$$

Dann bilden wir analog dem Hornerschen Schema

$$\begin{array}{llllll}
 & x_n & x_{n-1} & x_{n-2} \qquad\qquad x_2 & x_1 & \\
x = p & a_n & a_{n-1} & a_{n-2} \ldots\ldots\ldots a_2 & a_1 & a_0\\
 & & a_n(p-x_n) & a'_{n-1}(p-x_{n-1}) \ldots a'_3(p-x_3) & a'_2(p-x_2) & a'_1(p-x_1)\\
\hline
 & & a'_{n-1} & a'_{n-2} \ldots\ldots\ldots\ldots a'_2 & a'_1 & a'_0
\end{array}$$

Es ist dabei
$$a'_{n-1} = a_n(p - x_n) + a_{n-1}$$
und ferner

$$\begin{aligned}
a'_{n-2} &= a'_{n-1}(p - x_{n-1}) + a_{n-2}\\
&= a_n(p-x_n)\,(p-x_{n-1}) + a_{n-1}(p-x_{n-1}) + a_{n-2}\,,\\
&\ldots\ldots\ldots\ldots\ldots\ldots\ldots\ldots\ldots\ldots\ldots\ldots\\
a'_0 &= a_n(p-x_n)\,(p-x_{n-1}) \ldots (p-x_1) + a_{n-1}(p-x_{n-1}) \ldots (p-x_1)\\
&\quad + \ldots + a_2(p-x_2)\,(p-x_1) + a_1(p-x_1) + a_0\,,\\
a'_0 &= g(p)\,.
\end{aligned}$$

Der neugebildete Koeffizient a'_0 stellt also genau wie früher den gesuchten Funktionswert dar. Die Berechnung ist jetzt allerdings nicht ganz so bequem, da sich der Faktor der Koeffizienten a'_i jedesmal ändert.

Berechnen wir in unserm Beispiel etwa einen angenäherten Wert für log 42, so entsteht das Schema:

	45	50	40	
$x = 42$	0·152	−10·78	969·1	60 206
		− 0·46	89·9	2 118
		−11·24	1059·0	62 324

$$g(42) = 62\,324 .$$

Daraus ergibt sich mit Hilfe der bekannten Logarithmen von 2 und 3:

$$\log 7 = 1{\cdot}62\,324 - 0{\cdot}77\,815 = 0{\cdot}84\,509 .$$

Derselbe Wert muß sich auch aus dem log 49 ermitteln lassen. g (49) ergibt sich aus dem Schema:

	45	50	40	
$x = 49$	0·152	−10·78	969·1	60 206
		0·61	10·2	8 814
		−10·17	979·3	69 020

$$g(49) = 69\,020 .$$

$$\log 7 = \tfrac{1}{2} \cdot 1{\cdot}69\,020 = 0{\cdot}84\,510 .$$

Aus der Übereinstimmung beider Werte läßt sich ein Schluß auf die Güte der Approximation ziehen.

Ist eine größere Anzahl von Zwischenwerten zu berechnen, so ist es unter Umständen bequemer, die Approximation schrittweise vorzunehmen. Sollen etwa in unserem Beispiel die Werte der ganzen rationalen Funktion an allen ganzzahligen Stellen zwischen 40 und 50 berechnet werden, so approximieren wir mit Hilfe der beiden ersten Glieder der Entwicklung zunächst linear. Die Berechnung des dritten Gliedes liefert die Abweichung der quadratischen Approximation von der linearen. Das vierte Glied der Entwicklung ergibt die Abweichung der Parabel dritten Grades von der quadratischen.

x		$g(x)$
40	60 206 0 0	60 206
41	61 175 1 + 97 0 + 5 5	61 278
42	62 144 2 + 172·5 + 7.3	62 324
43	63 113·3 + 226 4 + 6 4	63 346
44	64 082 4 + 258 7 + 3 6	64 345
45	65 051 5 + 269 5 0	65 321
46	66 020 6 + 258 7 − 3 6	66 276
47	66 989 7 + 226 4 − 6 4	67 210
48	67 958 8 + 172 5 − 7 3	68 124
49	68 927 9 + 97 0 − 5 5	69 019
50	69 897 0 0	69 897

In der Tafel enthält die zweite Spalte die Werte der linearen Approximation. In der dritten und vierten Spalte stehen die durch das dritte und vierte Glied hervorgerufenen Korrekturen.

§ 33. Übergang von der Produkt- zur Potenzentwicklung.

Ebenso wie früher haben auch die in dem allgemeineren *Horner*schen Schema auftretenden Größen eine einfache Bedeutung. Setzen wir zur Abkürzung

$$\begin{aligned}
X_0 &= 1\,,\\
X_1 &= (x - x_1)\,,\\
X_2 &= (x - x_1)(x - x_2)\,,\\
&\dots\dots\dots\dots\\
X_{n-1} &= (x - x_1)(x - x_2)\dots(x - x_{n-1})\,,\\
X_n &= (x - x_1)(x - x_2)\dots(x - x_{n-1})(x - x_n)\,,
\end{aligned}$$

so nimmt die ganze rationale Funktion (5), wenn man sie nach steigender Faktorenzahl ordnet, die Form an:

$$g(x) = a_n X_n + a_{n-1} X_{n-1} + \dots + a_2 X_2 + a_1 X_1 + a_0 = \sum_0^n a_\nu X_\nu\,.$$

Berechnen wir nun mittels des *Horner*schen Schemas den Funktionswert an einer Stelle $x = p$, so treten dabei die Größen auf:

$$a'_\nu = a_\nu + (p - x_{\nu+1})\, a'_{\nu+1}\,, \quad \nu = 0, 1 \dots n-1\,, \quad a'_n = a_n\,.$$

Wir wollen die aus ihnen gebildete Funktion

$$g_1(x) = a'_n X_{n-1} + a'_{n-1} X_{n-2} + \dots + a'_2 X_2 + a'_1 = \sum_1^n a'_\nu X_{\nu-1}$$

untersuchen.

Da
$$x - p = (x - x_\nu) - (p - x_\nu)$$
und andrerseits
$$X_{\nu-1}(x - x_\nu) = X_\nu\,, \qquad \nu = 1\ 2 \dots n$$
ist, so wird

$$\begin{aligned}
g_1(x)(x - p) &= \sum_1^n a'_\nu X_\nu - \sum_1^n a'_\nu X_{\nu-1}(p - x_\nu)\\
&= \sum_1^n a_\nu X_\nu + \sum_1^{n-1} a'_{\nu+1} X_\nu (p - x_{\nu+1}) - \sum_1^n a'_\nu X_{\nu-1}(p - x_\nu)\\
&= \sum_0^n a_\nu X_\nu - a_0 - a'_1(p - x_1) = g(x) - a'_0\,.
\end{aligned}$$

Nun ist $a'_0 = g(p)$ und demnach

$$g_1(x) = \frac{g(x) - g(p)}{x - p}\,.$$

Wendet man auf $g_1(x)$ erneut das Hornersche Schema für $x = p$ an, so entsteht

x_{n-1}	x_{n-2}	x_{n-3}	x_1	
a_n	a'_{n-1}	a'_{n-2}	a'_2	a'_1
	$a_n(p - x_{n-1})$	$a''_{n-1}(p - x_{n-2})$ . . .	$a''_3(p - x_2)$	$a''_2(p - x_1)$
	a''_{n-1}	a''_{n-2}	a''_2	a''_1

Jetzt ist $a''_1 = g_1(p)$, und aus den übrigen Größen läßt sich eine ganze rationale Funktion $(n-2)$ten Grades bilden:

$$g_2(x) = a_n X_{n-2} + a''_{n-1} X_{n-3} + \ldots a''_3 X_1 + a''_2,$$

die zu $g_1(x)$ in derselben Beziehung steht, wie g_1 zu g. Es ist

$$g_1(x) = a''_1 + (x - p)\, g_2(x)\,.$$

$g_2(x)$ kann auf die gleiche Weise behandelt werden, es entsteht eine Funktion $g_3(x)$, deren Grad wieder um eine Einheit erniedrigt ist:

$$g_2(x) = a'''_2 + (x - p)\, g_3(x)\,.$$

Schließlich gelangt man zu einer Funktion 0ten Grades $g_n(x) = a_n$.

Setzen wir die Funktionen $g_1(x)$, $g_2(x) \ldots g_n(x)$ nacheinander in $g(x)$ ein, so erhalten wir für $g(x)$ die nach Potenzen von $(x - p)$ fortschreitende Entwicklung

$$g(x) = a'_0 + a''_1(x - p) + a'''_2(x - p)^2 + \ldots a_n(x - p)^n\,.$$

Eine nach Produkten entwickelte Funktion läßt sich also durch das *Horner*sche Schema nach Potenzen entwickeln. Allerdings besteht gegen früher der Nachteil, daß der Faktor innerhalb einér Horizontalreihe von Glied zu Glied wechselt.

Man kann auch statt zu der Potenzentwicklung wieder zu einer Produktentwicklung übergehen. Man wendet dann auf $g_1(x)$ das *Horner*sche Schema für $x = q$ an usw. und erhält

$$g(x) = a'_0 + a''_1(x - p) + a'''_2(x - p)(x - q) + \ldots$$

Wollen wir von einer ganzen rationalen Funktion eine Reihe von Funktionswerten bestimmen, so gestaltet sich die Rechnung dann besonders einfach, wenn die zugehörigen Argumentwerte gleich weit voneinander entfernt (*äquidistant*) sind. Dabei ist vorausgesetzt, daß die ganze rationale Funktion $n$ten Grades durch $n + 1$ äquidistante Ordinaten gegeben ist. Die Berechnung von Funktionswerten geschieht nach den Methoden der Differenzenrechnung.

Die äquidistanten Abszissen seien x_ι, ihr Zuwachs mit h bezeichnet, so daß $x_{\iota+1} = x_\iota + h$ ist. Die zugehörigen Ordinaten seien $y_\iota = g(x_\iota)$. Dann bilden wir die (*ersten*) *Differenzen*

$$g(x_\iota + h) - g(x_\iota) = g_1(x_\iota)$$

und bezeichnen sie zur Abkürzung mit Δy_i. Da die Differenz zweier ganzer rationaler Funktionen wieder eine ganze rationale Funktion ist, so ist Δy eine ganze rationale Funktion von x, aber von $(n-1)$tem Grade. Denn entwickelt man jedes Glied der Differenz $g(x+h) - g(x)$ nach Potenzen von x, so beginnen beide mit $a_n x^n$.

Ebenso bilden wir von $g_1(x)$ die Differenz

$$g_1(x_i + h) - g_1(x_i) = g_2(x_i) = \Delta\Delta y_i = \Delta^2 y_i\,.$$

Diese *zweite Differenz* von $g(x)$ ist eine ganze rationale Funktion $(n-2)$ten Grades.

Fährt man fort, so gelangt man nach n Schritten zur $n$ten Differenz, einer Konstanten.

Ist nun beispielsweise eine ganze rationale Funktion vierten Grades durch 5 Wertepaare $x_0 y_0$, $x_1 y_1$, ... $x_4 y_4$ für äquidistante Abszissen x_i gegeben, so bilden wir für die aufeinanderfolgenden Differenzen das Schema:

x	y	Δ	Δ^2	Δ^3	Δ^4
x_0	y_0				
		Δy_0			
x_1	y_1		$\Delta^2 y_0$		
		Δy_1		$\Delta^3 y_0$	
x_2	y_2		$\Delta^2 y_1$		$\Delta^4 y_0 = \text{Const}$
		Δy_2		$\Delta^3 y_1$	
x_3	y_3		$\Delta^2 y_2$		
		Δy_3			
x_4	y_4				

Die vierte Differenz ist eine Konstante, zu deren Bestimmung die fünf gegebenen Funktionswerte notwendig waren. Durch Addition und Subtraktion der vierten Differenz kann man die Spalte der dritten Differenzen vervollständigen. Aus den dritten Differenzen ergeben sich die zweiten; fortfahrend gelangt man schließlich zu neuen Werten der ganzen rationalen Funktion für weitere äquidistante Abszissen.

Das Verfahren ist gut zu gebrauchen, wenn man sich über den Verlauf einer ganzen rationalen Funktion ein Bild machen will. Man berechnet $n+1$ äquidistante Ordinaten und kann aus ihnen beliebig viele weitere äquidistante Werte finden.

§ 34. Die Newtonsche Interpolationsformel.

Handelt es sich um die Berechnung eines Funktionswertes an einer beliebigen Stelle x, so läßt sich das oben beschriebene allgemeine Verfahren wesentlich vereinfachen, wenn die ganze rationale Funktion durch $n+1$ äquidistante Wertepaare gegeben ist.

Wir machen dabei von einem Satz der *Differenzenrechnung* Gebrauch. Wir dividieren die Differenz $g(x+h) - g(x)$ durch $\Delta x = h$ und bezeichnen den Ausdruck

$$\frac{\Delta y}{\Delta x} = \frac{g(x+h) - g(x)}{h}$$

als *Differenzenquotienten* der Funktion $g(x)$. Ihn verbinden manche Beziehungen mit dem aus ihm abgeleiteten Differentialquotienten.

Wie man in der Differentialrechnung von einem vorderen und einem hinteren Differentialquotienten spricht, so unterscheiden wir auch in der Differenzenrechnung einen *vorderen* und einen *hinteren* Differenzenquotienten. Neben den soeben definierten vorderen Differenzenquotienten stellen wir als hinteren Differenzenquotienten den Ausdruck

$$\frac{\overline{\Delta} y}{\Delta x} = \frac{g(x) - g(x-h)}{h}.$$

Die geometrische Bedeutung der beiden Differenzenquotienten ist aus nebenstehender Abbildung ersichtlich (Abb. 11). Gehört zu x der Kurvenpunkt A, zu $x+h$ der Punkt B und zu $x-h$ der Punkt C, so ist $\frac{\Delta y}{\Delta x}$ die Tangente des Winkels, den die Sekante AB mit der x-Achse einschließt, während $\frac{\overline{\Delta} y}{\Delta x}$ die Tangente des Winkels ist, den die Sekante CA gegen die x-Achse bildet. (Vorausgesetzt, daß x und y im gleichen Maßstab aufgetragen sind.)

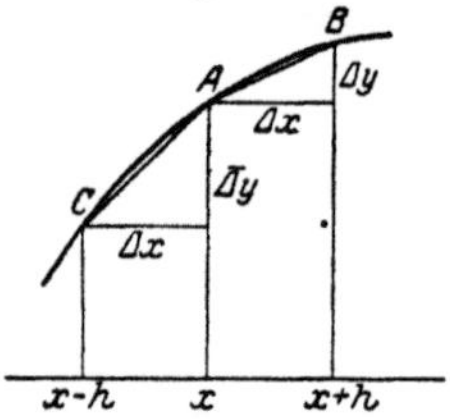

Abb. 11.

Aus der Definition der beiden Differenzquotienten ergibt sich:

Der hintere Differenzenquotient bei x ist identisch mit dem vorderen bei $x-h$.

Wir bilden die Differenzenquotienten eines Produktes aus Linearfaktoren

$$p(x) = c(x-x_1)(x-x_2)\ldots(x-x_\nu).$$

Dabei sei c eine Konstante, $x_1, x_2 \ldots x_\nu$ seien äquidistant:

$$x_2 = x_1 + h,$$
$$\cdots\cdots\cdots$$
$$x_\nu = x_{\nu-1} + h.$$

Der vordere Differenzenquotient ist

$$\frac{\Delta p(x)}{\Delta x} = \frac{c(x+h-x_1)(x+h-x_2)\ldots(x+h-x_\nu) - c(x-x_1)(x-x_2)\ldots(x-x_\nu)}{h}.$$

Nun ist

$$x_2 - h = x_1,$$
$$\cdots\cdots$$
$$x_\nu - h = x_{\nu-1}.$$

Außerdem setzen wir $x_1 - h = x_0$. Somit wird

$$\frac{\Delta p(x)}{\Delta x} = \frac{c}{h}(x-x_1)(x-x_2)\ldots(x-x_{\nu-1})[(x-x_0)-(x-x_\nu)]$$

oder, da $x_\nu - x_0 = \nu \cdot h$ ist:

$$(6) \qquad \frac{\Delta p(x)}{\Delta x} = c \cdot \nu \cdot (x-x_1)(x-x_2)\ldots(x-x_{\nu-1})$$

Der Differenzenquotient enthält nur noch $\nu - 1$ Linearfaktoren, der Faktor mit der größten Nullstelle ist fortgefallen. Aus dieser Formel geht eine bekannte Formel der Differentialrechnung hervor, wenn man h zur Grenze 0 streben läßt. Es ist dann $p(x) = c(x - x_1)^\nu$ und aus dem Differenzenquotienten wird der Differentialquotient

$$\frac{dp(x)}{dx} = c \cdot \nu \cdot (x - x_1)^{\nu-1}.$$

Ein ähnlicher Ausdruck ergibt sich für den hinteren Differenzenquotienten

$$\frac{\bar{\Delta} p(x)}{\Delta x} = \frac{c(x-x_1)(x-x_2)\ldots(x-x_\nu) - c(x-h-x_1)(x-h-x_2)\ldots(x-h-x_\nu)}{h}$$

$$= \frac{c}{h}(x - x_2)\ldots(x - x_\nu)[(x - x_1) - (x - x_{\nu+1})].$$

Dabei ist $x_\nu + h = x_{\nu+1}$ gesetzt. Jetzt ist $x_{\nu+1} - x_1 = \nu \cdot h$ und daher

$$\text{(6a)} \qquad \frac{\bar{\Delta} p(x)}{\Delta x} = c \cdot \nu \cdot (x - x_2)\ldots(x - x_{\nu-1})(x - x_\nu).$$

Bei dem hinteren Differenzquotienten ist der Linearfaktor mit der kleinsten Nullstelle fortgefallen. Läßt man hier h gegen 0 streben, so fallen die beiden Differenzenquotienten zusammen.

Aus dem ersten Differenzenquotienten kann man auf die gleiche Weise einen zweiten $\frac{\Delta^2 y}{\Delta x^2}$ herleiten. Aus ihm wieder einen dritten Differenzenquotienten $\frac{\Delta^3 y}{\Delta x^3}$ usf.

Es sei jetzt eine ganze rationale Funktion $n$ten Grades $y = g(x)$ durch $n + 1$ Wertepaare $x_1 y_1, x_2 y_2, \ldots x_n y_n, x_{n+1} y_{n+1}$ gegeben. Wir suchen wie früher ihre Produktentwicklung in der Form

$$g(x) = a_0 + a_1(x - x_1) + a_2(x - x_1)(x - x_2) + \ldots$$
$$+ a_n(x - x_1)(x - x_2)\ldots(x - x_n).$$

Für $x = x_1$ folgt sofort $a_0 = g(x_1) = y_1$. Sind die Abszissen x_i äquidistant, so lassen sich die übrigen Koeffizienten leicht durch die Differenzenquotienten der Funktion ausdrücken.

Es ist nämlich der Differenzenquotient einer Summe gleich der Summe der Differenzenquotienten. Denn aus

$$F(x) = f_1(x) + f_2(x) + \ldots f_n(x)$$

folgt sofort

$$\frac{\Delta F(x)}{\Delta x} = \frac{f_1(x+h) + f_2(x+h) + \ldots f_n(x+h) - [f_1(x) + f_2(x) + \ldots f_n(x)]}{h}$$

$$= \frac{\Delta f_1(x)}{\Delta x} + \frac{\Delta f_2(x)}{\Delta x} + \ldots \frac{\Delta f_n(x)}{\Delta x}.$$

Ferner ist der Differenzenquotient einer Konstanten gleich Null. Bilden wir daher den Differenzenquotienten von $y = g(x)$, so wird

$$\frac{\Delta y}{\Delta x} = a_1 + 2a_2(x - x_1) + \ldots n a_n(x - x_1)(x - x_2)\ldots(x - x_{n-1}).$$

Ebenso werden die weiteren Differenzenquotienten

$$\frac{\Delta^2 y}{\Delta x^2} = 2a_2 + 3\cdot 2a_3(x-x_1) + \ldots + n(n-1)a_n(x-x_1)(x-x_2)\ldots(x-x_{n-2})$$

. . . .

$$\frac{\Delta^\nu y}{\Delta x^\nu} = \nu(\nu-1)\ldots 3\cdot 2\cdot 1 a_\nu + (\nu+1)\nu(\nu-1)\ldots 3\cdot 2 a_{\nu+1}(x-x_1) + \ldots$$
$$+ n(n-1)\ldots(n-\nu+1)a_n(x-x_1)\ldots(x-x_{n-\nu})$$

. . . .

$$\frac{\Delta^n y}{\Delta x^n} = n(n-1)\ldots 3\cdot 2\cdot 1 a_n = n!\, a_n .$$

Betrachten wir nun sämtliche Differenzenquotienten an der Stelle $x = x_1$, so wird

$$\left(\frac{\Delta y}{\Delta x}\right)_{x=x_1} = a_1 ,$$

$$\left(\frac{\Delta^2 y}{\Delta x^2}\right)_{x=x_1} = 2a_2 ,$$

. . . .

$$\left(\frac{\Delta^\lambda y}{\Delta x^\lambda}\right)_{x=x_1} = \lambda!\, a_\lambda ,$$

. . . .

$$\left(\frac{\Delta^n y}{\Delta x^n}\right)_{x=x_1} = n!\, a_n .$$

Unter Benutzung der vorderen Differenzenquotienten an der Stelle $x = x_1$ können wir daher die ganze rationale Funktion $y = g(x)$ in der Form schreiben:

$$(7)\qquad \begin{cases} y = y_1 + \dfrac{\Delta y_1}{\Delta x}(x-x_1) + \dfrac{\Delta^2 y_1}{\Delta x^2}\dfrac{(x-x_1)(x-x_2)}{2!} + \ldots \\ \qquad + \dfrac{\Delta^n y_1}{\Delta x^n}\dfrac{(x-x_1)(x-x_2)\ldots(x-x_n)}{n!} . \end{cases}$$

Diese schon von *Newton* angegebene Formel ist ganz analog der *Taylor*schen Formel in der Differentialrechnung gebaut. Die *Taylor*sche Formel geht aus der *Newton*schen hervor, wenn man alle x_i zusammenrücken, d. h. h gegen 0 streben läßt.

Unsere Formel ist deshalb so bequem, weil die aufeinanderfolgenden Differenzen ungemein leicht zu bilden sind (vgl. das Schema auf S. 103). Die einzelnen Differenzenquotienten erhält man dann sofort durch Division mit den aufeinanderfolgenden Potenzen von $h = \Delta x$.

Fur den praktischen Gebrauch empfiehlt es sich, eine Schreibweise einzufuhren, bei der man von dem speziellen Werte von Δx unabhängig wird. Wir setzen

$$\frac{x-x_1}{\Delta x} = u ,$$

$$\frac{x-x_2}{\Delta x} = \frac{x-x_1-(x_2-x_1)}{\Delta x} = \frac{x-x_1}{\Delta x} - \frac{x_2-x_1}{\Delta x} = u-1 ,$$

. . . .

$$\frac{x-x_\nu}{\Delta x} = \frac{x-x_1-(x_\nu-x_1)}{\Delta x} = \frac{x-x_1}{\Delta x} - \frac{x_\nu-x_1}{\Delta x} = u-(\nu-1)$$

und erhalten für die ganze rationale Funktion die Darstellung

$$(8)\quad \begin{cases} y = y_1 + u \cdot \Delta y_1 + \dfrac{u(u-1)}{2!}\Delta^2 y_1 + \dots \\ \qquad + \dfrac{u(u-1)(u-2)\dots(u-[n-1])}{n!}\Delta^n y_1 . \end{cases}$$

Eine ähnliche Formel läßt sich unter alleiniger Benutzung des hinteren Differenzenquotienten ableiten. Wir schreiben $g(x)$ in der Form

$$y = a_0 + a_1(x-x_1) + a_2(x-x_1)(x-x_0) + a_3(x-x_1)(x-x_0)(x-x_{-1}) \\ + \dots + a_n(x-x_1)(x-x_0)(x-x_{-1})\dots(x-x_{-(n-2)}),$$

wobei $x_0, x_{-1}, x_{-2}\dots$ die vor $x = x_1$ gelegenen äquidistanten x-Werte sind. Für $x = x_1$ ist wie oben $a_0 = y_1$. Die hinteren Differenzenquotienten werden

$$\frac{\bar{\Delta} y}{\Delta x} = a_1 + 2a_2(x-x_1) + 3a_3(x-x_1)(x-x_0) \\ + \dots n a_n(x-x_1)(x-x_0)\dots(x-x_{-(n-3)}),$$

$$\frac{\bar{\Delta}^2 y}{\Delta x^2} = 2a_2 + 3\cdot 2a_3(x-x_1) \\ + \dots n(n-1)a_n(x-x_1)(x-x_0)\dots(x-x_{-(n-4)}).$$

. . . .

$$\frac{\bar{\Delta}^n y}{\Delta x^u} = n(n-1)\dots 3\cdot 2\cdot 1 a_n .$$

Für $x = x_1$ ergibt sich

$$\frac{\bar{\Delta} y_1}{\Delta x} = a_1,$$

$$\frac{\bar{\Delta}^2 y_1}{\Delta x^2} = 2!\,a_2,$$

. . . .

$$\frac{\bar{\Delta}^n y_1}{\Delta x^u} = n!\,a_n .$$

Setzen wir nun wieder

$$\frac{x-x_1}{\Delta x} = u,$$

so ist

$$\frac{x-x_0}{\Delta x} = u+1,$$

$$\frac{x-x_{-1}}{\Delta x} = u+2,$$

. . . .

$$\frac{x-x_{-(u-2)}}{\Delta x} = u+n-1 .$$

Damit erhalten wir für $g(x)$ die Darstellung:

$$(8a)\quad \begin{cases} y = y_1 + u\bar{\Delta} y_1 + \dfrac{u(u+1)}{2!}\bar{\Delta}^2 y_1 + \dots \\ \qquad + \dfrac{u(u+1)(u+2)\dots(u+n-1)}{n!}\bar{\Delta}^n y_1 . \end{cases}$$

Die Bildung der hinteren Differenzen an der Stelle $x = x_1$ ergibt sich aus dem Schema

$$\begin{array}{ccccc}
\vdots & & & & \\
 & \vdots & & & \overline{\Delta}^4 y_1 \\
y_{-1} & & \overline{\Delta}^2 y_0 & & \\
 & \overline{\Delta}\, y_0 & & \underline{\overline{\Delta}^3 y_1} & \underline{} \\
y_0 & & \underline{\overline{\Delta}^2 y_1} & & \overline{\Delta}^4 y_2 \\
 & \underline{\overline{\Delta}\, y_1} & & \overline{\Delta}^3 y_2 & \\
\underline{y_1} & & \overline{\Delta}^2 y_2 & & \\
 & \overline{\Delta}\, y_2 & & & \\
y_2 & \vdots & & & \\
\vdots & & & &
\end{array}$$

Während die aufeinanderfolgenden vorderen Differenzen auf einer absteigenden Geraden angeordnet sind, liegen die hinteren Differenzen in dem Differenzenschema auf einer ansteigenden Geraden.

§ 35. Allgemeine Interpolationsformel I.

Man kann noch allgemeinere und für das numerische Rechnen bequemere Darstellungsformen gewinnen, wenn man die vorderen und hinteren Differenzen gleichzeitig benutzt. Für die Formel lassen sich Differenzen verwenden, die auf einem beliebigen gebrochenen Linienzug im Schema liegen, der von einer Differenz immer zur nächst höheren oder nächst tieferen Differenz der folgenden Spalte führt. Jedes Ansteigen bedeutet die Zunahme einer hinteren, jedes Absteigen des Linienzuges die einer vorderen Differenz. Dabei kommt es auf die Reihenfolge der vorderen und hinteren Differenzen nicht an, denn die Formeln (6) und (6a) zeigen, daß der hintere Differenzquotient eines vorderen gleich ist dem vorderen Differenzenquotient eines hinteren.

In den Darstellungsformen (8) und (8a) sind die Differenzen mit Polynomen von gleichem Grade wie die Differenz multipliziert, die bei Benutzung vorderer Differenzen die aufeinanderfolgenden Nullstellen 0, 1, 2... und bei Benutzung hinterer Differenzen die Nullstellen 0, -1, -2... besitzen. Es fragt sich, wie die Polynome aufgebaut sein müssen, wenn zur Darstellung beliebige Differenzen des Schemas herangezogen werden.

Soll ein Koeffizient a_λ der Produktentwicklung von $g(x)$ durch p vordere und q hintere Differenzen gebildet sein, soll er also die Form haben

$$a_\lambda = \frac{1}{\lambda!}\,\frac{\Delta^p \overline{\Delta}^q y_1}{\Delta x^\lambda}, \qquad \lambda = p + q,$$

so muß durch p malige vordere und q malige hintere Differenzenbildung aus $g(x)$ ein Ausdruck entstehen:

$$\frac{\Delta^p \overline{\Delta}^q y}{\Delta x^\lambda} = \lambda!\, a_\lambda + \frac{(\lambda+1)!}{1!}\, a_{\lambda+1}(x - x_1) + \ldots$$

Der Koeffizient $a_{\lambda+1}$ und alle weiteren müssen den Faktor $x - x_1$ besitzen, damit diese Glieder für $x = x_1$ verschwinden.

Nun verschwindet aber bei der Bildung des vorderen Differenzenquotienten jedesmal der Faktor mit der größten Nullstelle, bei der hinteren Differenzenbildung der Faktor mit der kleinsten Nullstelle. In der ursprünglichen Entwicklung für $g(x)$ muß demnach $a_{\lambda+1}$ außer mit $(x - x_1)$ noch mit p Linearfaktoren multipliziert sein, deren Nullstellen größer als x_1 sind und mit q Linearfaktoren, deren Nullstellen kleiner als x_1 sind. Führen wir wieder $\frac{x - x_1}{\Delta x} = u$ ein, so erhält $a_{\lambda+1}$ als Faktor ein Polynom mit den Nullstellen

$$p,\ p-1, \ldots 2,\ 1,\ 0,\ -1,\ -2, \ldots -(q-1),\ -q.$$

Wählt man daher die Differenzen eines beliebigen gebrochenen Linienzuges von der oben beschriebenen Art im Differenzenschema, so erhält die erste Differenz den Faktor u, und die übrigen Differenzen erhalten als Faktoren Polynome, die neben der Wurzel 0 soviel positive und negative ganzzahlig aufeinanderfolgende Nullstellen besitzen, wie der jedesmal vorhergehende Koeffizient vordere und hintere Differenzen enthält. Außerdem besitzt ein Polynom νten Grades den Divisor $\nu!$

Wählen wir beispielsweise die in dem nebenstehenden Schema auf der ausgezogenen Linie liegenden Differenzen.

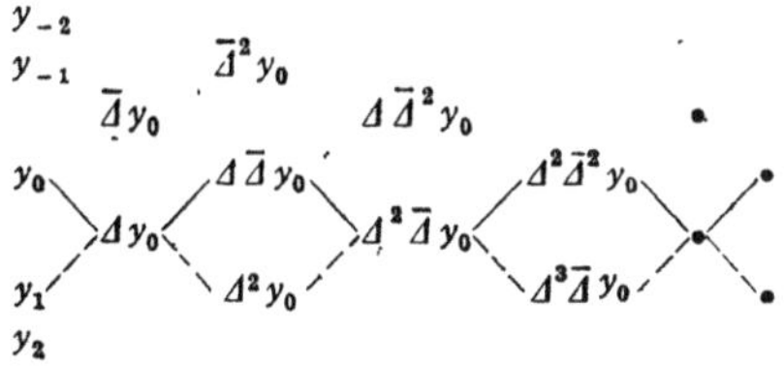

Da es sich hier um die Entwicklung einer ganzen rationalen Funktion an der Stelle $x = x_0$ handelt, setzen wir

$$\frac{x - x_0}{\Delta x} = u$$

und erhalten die Entwicklung

$$(9)\qquad y = y_0 + u\Delta y_0 + \frac{u(u-1)}{2!}\Delta\bar{\Delta} y_0 + \frac{(u+1)u(u-1)}{3!}\Delta^2\bar{\Delta} y_0 + \ldots$$

Eine ähnliche Entwicklung ergibt sich, wenn man die Differenzen des punktierten Linienzuges benutzt:

$$(9a)\qquad y = y_0 + u\bar{\Delta} y_0 + \frac{(u+1)u}{2!}\Delta\bar{\Delta} y_0 + \frac{(u+1)u(u-1)}{3!}\Delta\bar{\Delta}^2 y_0 + \ldots$$

Brechen wir die Entwicklungen hinter dem ersten Gliede ab, so erhalten wir eine Approximation der Funktion durch eine Parallele zur x-Achse. Nehmen wir das zweite Glied hinzu, so ergibt sich eine Gerade, die in der Form (9) die Punkte y_0 und y_1 verbindet, in der Form (9a) geht sie durch die Punkte y_{-1} und y_0. Brechen wir hinter dem dritten Gliede ab, so ergeben beide Entwicklungen als Naherung eine

Parabel durch die drei Punkte y_{-1}, y_0 und y_1. Nimmt man die vierten Glieder hinzu, so trennen sich beide Entwicklungen wieder usw.

Um eine symmetrische Entwicklung zu erhalten, bilden wir aus (9) und (9a) das arithmetische Mittel

$$\text{(I)}\quad \begin{cases} y = y_0 + u\,\dfrac{\Delta y_0 + \overline{\Delta} y_0}{2} + \dfrac{u^2}{2!}\Delta\overline{\Delta} y_0 + \dfrac{u(u^2-1)}{3!}\,\dfrac{\Delta^2\overline{\Delta} y_0 + \Delta\overline{\Delta}^2 y_0}{2} \\ \qquad + \dfrac{u^2(u^2-1)}{4!}\Delta^2\overline{\Delta}^2 y_0 + \dots \end{cases}$$

Diese Formel ist besonders geeignet zur Berechnung von Funktionswerten in der Umgebung einer Stelle $x = x_0$. Die **„Interpolationsformel (I)"** benutzt aus dem Differenzenschema die nebenstehend durch Kreise hervorgehobenen Differenzen. Aus den durch einen Strich verbundenen Differenzen ist

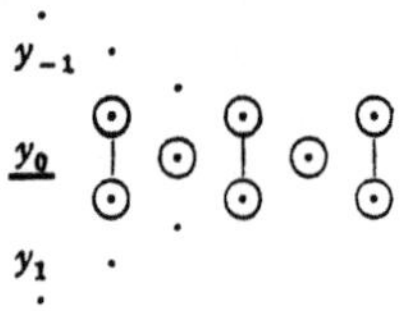

das arithmetische Mittel zu bilden.

Bricht man die Entwicklung an einer Stelle ab, so ergibt sich eine Näherung für die entwickelte Funktion, und zwar bei einer ungeraden Anzahl von Gliedern dieselbe Näherung wie (9) und (9a). Bei gerader Anzahl von Gliedern dagegen liefert (I) das arithmetische Mittel der beiden aus (9) und (9a) folgenden Näherungsparabeln.

Von der Interpolationsformel (I) machen wir Gebrauch zur Behandlung des folgenden

Beispiels: Gegeben sind die 5stelligen Logarithmen der ganzen Zahlen von 4 bis 10. Gesucht werden die Logarithmen für 6·5, 6·6 bis 7·5.

Wir approximieren die Funktion $\log x$ durch eine ganze rationale Funktion sechsten Grades, die durch die sieben gegebenen äquidistanten Logarithmen bestimmt ist. Für ihre Differenzen ergibt sich das folgende Schema:

x	$\log x$	Differenzen					
		1.	2.	3.	4	5	6.
4	0·60 206						
		9691					
5	0·69 897		−1773				
		7918		550			
6	0·77 815		−1223		−223		
		6695		327		108	
7	0·84 510		− 896		−115		−60
		5799		212		48	
8	0·90 309		− 684		− 67		
		5115		145			
9	0·95 424		− 539				
		4576					
10	1·00 000						

Die Differenzen sind in Einheiten der fünften Dezimale hingeschrieben. Eine nützliche Probe bei der Aufstellung des Differenzenschemas ist: die Summe der 1. Differenzen ist gleich der Differenz der ersten und letzten Ordinate. Die Summe der 2. Differenzen ist gleich der Differenz der ersten und letzten 1. Differenz usw.

Da die Funktion in der Umgebung von $x = 7$ berechnet werden soll, führen wir $u = x - 7$ ein und erhalten die Interpolationsformel

$$y = 0{\cdot}84510 + 0{\cdot}06247\,u - 0{\cdot}00896\,\frac{u^2}{2} + 0{\cdot}002695\,\frac{u(u^2-1)}{6}$$
$$- 0{\cdot}00115\,\frac{u^2(u^2-1)}{24} + 0{\cdot}00078\,\frac{u(u^2-1)(u^2-4)}{120}$$
$$- 0{\cdot}00060\,\frac{u^2(u^2-1)(u^2-4)}{720}.$$

Die zur Interpolation gebrauchten Werte der Polynome kann man ein für allemal berechnen:

u	u^2	$u(u^2-1)$	$u^2(u^2-1)$	$u(u^2-1)(u^2-4)$
0·1	0·01	−0·099	−0·0099	0·39501
0·2	0·04	−0·192	−0·0384	0·76032
0·3	0·09	−0·273	−0·0819	1·06743
0·4	0·16	−0·336	−0·1344	1·29024
0·5	0·25	−0·375	−0·1875	1·40625

Zunächst führen wir die lineare Interpolation aus, indem wir zu log 7 jeweils ein Zehntel von 0·06247 addieren und subtrahieren. Daran sind die folgenden, in Einheiten der fünften Dezimale geschriebenen Korrekturen anzubringen.

u	$-448\,u^2$	$269{\cdot}5\,\frac{u(u^2-1)}{6}$	$-115\,\frac{u^2(u^2-1)}{24}$	$78\,\frac{u(u^2-1)(u^2-4)}{120}$	Summe	
					u positiv	u negativ
±0·1	− 4·5	∓ 4·4	0·0	±0·3	− 8·6	− 0·4
±0·2	− 17·9	∓ 8·6	0·2	±0·5	− 25·8	− 9·6
±0·3	− 40·3	∓12·3	0·4	±0·7	− 51·5	−28·3
±0·4	− 71·7	∓15·1	0·6	±0·8	− 85·4	−56·8
±0·5	−112·0	∓16·8	0·9	±0·9	−127·0	−95·2

Das letzte Glied der Entwicklung kommt für die sechste Dezimale nicht mehr in Betracht. Die lineare Interpolation liefert nun zusammen mit den Korrekturen:

x	Lineare Interpolation	Korrekturen	$\log x$	Die Tafel gibt an letzter Stelle
6·5	0·81 386 5	− 95·2	0·81 291	1
6·6	0·82 011 2	− 56·8	0·81 954	4
6·7	0·82 635 9	− 28·3	0·82 608	8
6·8	0·83 260 6	− 9·6	0·83 251	1
6·9	0·83 885 3	− 0·4	0·83 885	5
7·0	0·84 510	0·0	0·84 510	0
7·1	0·85 134 7	− 8·6	0·85 126	6
7·2	0·85 759 4	− 25·8	0·85 734	3
7·3	0·86 384 1	− 51·5	0·86 333	2
7·4	0·87 008 8	− 85·4	0·86 923	3
7·5	0·87 633 5	−127·0	0 87 506	6

§ 36. Allgemeine Interpolationsformel II.

Neben die Interpolationsformel I wollen wir eine zweite stellen, die am besten für die Interpolation zwischen zwei gegebenen Funktionswerten zu benutzen ist. Wir stellen zunächst eine Formel auf, die die Differenzen längs des in dem Schema auf S. 109 gestrichelten Linienzuges benutzt. Sie geht aus (9a) für den punktierten Linienzug hervor, wenn man y_0 durch y_1 und u durch $u-1$ ersetzt:

$$(9\text{b})\quad y = y_1 + (u-1)\bar{\Delta} y_1 + \frac{u(u-1)}{2!}\Delta\bar{\Delta} y_1 + \frac{u(u-1)(u-2)}{3!}\Delta\bar{\Delta}^2 y_1 + \dots$$

Nun ist, wie aus dem Differenzenschema hervorgeht:

$$\bar{\Delta} y_1 = \Delta y_0, \qquad \Delta\bar{\Delta}^2 y_1 = \Delta^2\bar{\Delta} y_0 \quad \text{usw.}$$

Nehmen wir aus (9) und (9b) das arithmetische Mittel, so ergibt sich daher

$$(10)\quad \begin{cases} y = \dfrac{y_0+y_1}{2} + \left(u-\dfrac{1}{2}\right)\Delta y_0 + \dfrac{u(u-1)}{2!}\,\dfrac{\Delta\bar{\Delta} y_0 + \Delta\bar{\Delta} y_1}{2} \\ \qquad + \dfrac{u(u-1)\left(u-\frac{1}{2}\right)}{3!}\Delta^2\bar{\Delta} y_0 + \dots, \end{cases}$$

eine Formel, deren Symmetrie noch mehr hervortritt, wenn wir v für $u-\frac{1}{2}$ einführen:

$$(\text{II})\quad \begin{cases} y = \dfrac{y_0+y_1}{2} + v\,\Delta y_0 + \dfrac{v^2-\frac{1}{4}}{2!}\,\dfrac{\Delta\bar{\Delta} y_0 + \Delta\bar{\Delta} y_1}{2} + \dfrac{v\left(v^2-\frac{1}{4}\right)}{3!}\Delta^2\bar{\Delta} y_0 \\ \qquad + \dfrac{\left(v^2-\frac{1}{4}\right)\left(v^2-\frac{9}{4}\right)}{4!}\,\dfrac{\Delta^2\bar{\Delta}^2 y_0 + \Delta^2\bar{\Delta}^2 y_1}{2} + \dots \end{cases}$$

Die „Interpolationsformel (II)" benutzt die in nebenstehendem Schema durch Kreise hervorgehobenen Differenzen

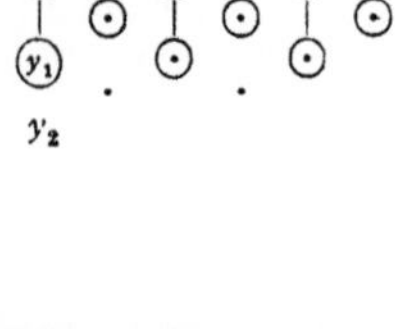

Für die Mitte des Intervalls wird $v = 0$. Man erhält aus (II) für diesen Wert die sehr bequeme Formel

$$(11)\quad \begin{cases} y_{\frac{1}{2}} = \dfrac{y_0 + y_1}{2} - \dfrac{1}{8}\,\dfrac{\Delta\bar{\Delta} y_0 + \Delta\bar{\Delta} y_1}{2} + \dfrac{3}{128}\,\dfrac{\Delta^2\bar{\Delta}^2 y_0 + \Delta^2\bar{\Delta}^2 y_1}{2} - \cdots \\ \qquad - \dfrac{5}{1024}\,\dfrac{\Delta^3\bar{\Delta}^3 y_0 + \Delta^3\bar{\Delta}^3 y_1}{2} + \cdots \end{cases}$$

Die Polynome $v^2 - \frac{1}{4}$, $v(v^2 - \frac{1}{4})$ usw. kann man wieder ein für allemal berechnen. Es ergibt sich etwa für $v = \pm 0{\cdot}1$ und $\pm 0{\cdot}3$:

v	$v^2 - \frac{1}{4}$	$v(v^2 - \frac{1}{4})$	$(v^2 - \frac{1}{4})(v^2 - \frac{9}{4})$	$v(v^2 - \frac{1}{4})(v^2 - \frac{9}{4})$
$\pm 0{\cdot}1$	$-0{\cdot}24$	$\mp 0{\cdot}024$	$0{\cdot}5376$	$\pm 0{\cdot}05376$
$\pm 0{\cdot}3$	$-0{\cdot}16$	$\mp 0{\cdot}048$	$0{\cdot}3456$	$\pm 0{\cdot}10368$.

Damit kann man zwischen zwei gegebene Abszissen vier weitere Werte einschalten. Wir berechnen beispielsweise die Logarithmen von 7·2, 7·4, 7·6 und 7·8 unter Benutzung des Differenzenschemas auf S. 110. Führen wir $v = x - 7{\cdot}5$ ein, so lautet Formel (II):

$$y = 0{\cdot}874095 + 0{\cdot}05799\,v - 0{\cdot}00790\,\frac{v^2 - \frac{1}{4}}{2!}$$
$$+ 0{\cdot}00212\,\frac{v(v^2 - \frac{1}{4})}{3!} - 0{\cdot}00091\,\frac{(v^2 - \frac{1}{4})(v^2 - \frac{9}{4})}{4!} + \cdots$$

Für die vier zu berechnenden Funktionswerte wird $v = \pm 0{\cdot}1$ und $\pm 0{\cdot}3$. Wir führen zunächst die lineare Interpolation aus, indem wir zu 0·874095 die Werte $0{\cdot}1 \cdot 0{\cdot}05799$ und $0{\cdot}3 \cdot 0{\cdot}05799$ addieren und subtrahieren. Daran sind dann wieder die folgenden, in Einheiten der fünften Dezimale gemessenen Korrekturen anzubringen:

v	$-790\,\frac{v^2 - \frac{1}{4}}{2}$	$212\,\frac{v(v^2 - \frac{1}{4})}{6}$	$-91\,\frac{(v^2 - \frac{1}{4})(v^2 - \frac{9}{4})}{24}$	Summe v positiv	Summe v negativ
$\pm 0{\cdot}1$	94·8	$\mp 0{\cdot}8$	$-2{\cdot}0$	$+92{\cdot}0$	$+93{\cdot}6$
$\pm 0{\cdot}3$	63·2	$\mp 1{\cdot}7$	$-1{\cdot}3$	$+60{\cdot}2$	$+63{\cdot}6$

Die lineare Interpolation liefert zusammen mit den Korrekturen:

x	Lineare Interpolation	Korrekturen	$\log x$	Die Tafel gibt an letzter Stelle
7·2	0·856698	+63·6	0·85733	3
7·4	0·868296	+93·6	0·86923	3
7·6	0·879894	+92·0	0·88081	1
7·8	0·891492	+60·2	0·89209	9

Die Approximation der Funktion $\log x$ geschieht in diesem Beispiel durch eine ganze rationale Funktion vierten Grades. Auf die Berechnung des bei der Approximation entstehenden Fehlers gehen wir später ein.

Man erkennt ohne weiteres, daß sich die Genauigkeit nicht beliebig weit treiben läßt. Man müßte immer mehr Glieder der Interpolationsformel benutzen, deren Werte aber von einer bestimmten Stelle an wieder wachsen, denn in die höheren Differenzen spielt $\log 0 = -\infty$ hinein. Man nennt solche Annäherungen, die bis zu einer bestimmten Stelle immer besser, nachher aber immer schlechter werden, *semikonvergente* Annäherungen, die zugehörigen Reihen *semikonvergente* Reihen.

§ 37. Über die Genauigkeit der Interpolationsformeln.

Stimmt eine ganze rationale Funktion $g(u)$ vom $n$ten Grade mit einer Funktion $f(u)$ an $n+1$ beliebigen Stellen $u_0, u_1 \ldots u_n$ überein, und ist die $n+1$te Ableitung von $f(u)$ für alle in Betracht kommenden Werte dieser Veränderlichen stetig, so gilt für die Abweichung $f(u) - g(u)$ die Formel

$$f(u) - g(u) = \frac{f^{(n+1)}(\omega)}{(n+1)!}(u-u_0)(u-u_1)\ldots(u-u_n),$$

wo ω eine Zahl bedeutet, die zwischen dem algebraisch größten und kleinsten Werte der Größen $u, u_0, u_1 \ldots u_n$ liegt.

Der Beweis dieses Satzes ergibt sich aus der Betrachtung des Ausdrucks $\varphi(z)$, definiert durch

$$\varphi(z) = f(z) - g(z) - R(z-u_0)(z-u_1)\ldots(z-u_n),$$

wo die Größe R durch die Gleichung

$$f(u) - g(u) = R(u-u_0)(u-u_1)\ldots(u-u_n)$$

definiert sein soll.

Wir betrachten $u, u_0, u_1 \ldots u_n$ voneinander verschieden und fest gegeben, während z veränderlich sein soll. Die $n+1$te Ableitung von $\varphi(z)$ ist gleich $f^{(n+1)}(z) - R(n+1)!$ und ist nach Voraussetzung eine stetige Funktion von z, und damit sind alle niedrigeren Ableitungen ebenfalls stetige Funktionen von z. $\varphi(z)$ verschwindet an den $n+2$ Stellen $z = u, u_0, u_1 \ldots u_n$. Mithin verschwindet $\varphi'(z)$ an $n+1$ Stellen, die zwischen der algebraisch größten und kleinsten dieser Größen liegen, und folglich $\varphi''(z)$ an n Stellen, $\varphi'''(z)$ an $n-1$ Stellen, $\varphi^{(n+1)}(z)$ an einer Stelle, die zwischen der algebraisch größten und kleinsten liegt. Bezeichnen wir diese Stelle mit ω, so ist also

$$f^{(n+1)}(\omega) - R(n+1)! = 0$$

und damit

$$f(u) - g(u) = \frac{f^{(n+1)}(\omega)}{(n+1)!}(u-u_0(u-u_1)\ldots(u-u_n).$$

Die ersten n Glieder der *Newton*schen Interpolationsformel liefern eine ganze rationale Funktion $n$ten Grades $g(u)$, die mit der Funktion

$y = f(u)$ an den Stellen $u = 0, 1, 2 \ldots n$ übereinstimmt. Mithin ist der Fehler, mit dem $g(u)$ sich der Funktion $f(u)$ annähert, gleich:

$$f(u) - g(u) = \frac{f^{(n+1)}(\omega)}{(n+1)!} u(u-1)\ldots(u-n).$$

Nimmt man u zwischen 0 und n an, so liegt auch ω zwischen 0 und n. Die ersten $2n+1$ Glieder der Interpolationsformel (I) liefern eine ganze Funktion $2n$ten Grades

$$g(u) = y_0 + u\frac{\Delta y_0 + \bar{\Delta} y_0}{2} + \frac{u^2}{2!}\Delta\bar{\Delta} y_0 + \ldots$$
$$+ \frac{u^2(u^2-1)\ldots(u^2-(n-1)^2)}{2n!}\Delta^n\bar{\Delta}^n y_0,$$

die an den $2n+1$ Stellen $0, \pm 1 \ldots \pm n$ mit $y = f(u)$ übereinstimmt. Der Fehler, mit dem sie $f(u)$ darstellt, ist also

$$f(u) - g(u) = \frac{f^{(2n+1)}(\omega)}{(2n+1)!} u(u^2-1)\ldots(u^2-n^2),$$

wo ω zwischen $-n$ und $+n$ liegt, wenn auch u in diesem Intervall angenommen wird.

Die ersten $2n+2$ Glieder der Interpolationsformel (II) liefern eine ganze Funktion $2n+1$ten Grades $g(v)$

$$g(v) = \frac{y_0+y_1}{2} + v\Delta y_0 + \frac{(v^2-\frac{1}{4})}{2!}\frac{\Delta\bar{\Delta} y_0 + \Delta\bar{\Delta} y_1}{2} + \ldots$$
$$+ \frac{v(v^2-\frac{1}{4})\ldots(v^2-\frac{1}{4}(2n-1)^2)}{(2n+1)!}\Delta^{n+1}\bar{\Delta}^n y_0,$$

die an den $2n+2$ Stellen $v = \pm\frac{1}{2}, \ldots \pm\frac{2n+1}{2}$ oder, was dasselbe ist, $u = -n, \ldots, n+1$ mit $y = f(\frac{1}{2}+v)$ übereinstimmt. Mithin ist der Fehler, mit dem sie die Funktion darstellt:

$$\frac{f^{(2n+2)}(\omega)}{(2n+2)!}(v^2-\tfrac{1}{4})\ldots\left(v^2-\frac{(2n+1)^2}{4}\right),$$

wobei ω zwischen $-n$ und $n+1$ liegt, wenn v zwischen $-\frac{2n+1}{2}$ und $+\frac{2n+1}{2}$ angenommen wird.

Ist das Intervall h klein genug angenommen, so kann bei der Abschätzung des Fehlers die Ableitung von f mit ausreichender Genauigkeit durch eine Differenz von derselben Ordnung ersetzt werden, so daß man die Größenordnung des Fehlers aus dem Differenzenschema gewinnt, ohne daß es nötig ist, die Differentiation durchzuführen.

§ 38. Partialbruchzerlegung.

Eine wichtige Anwendung der Division zweier ganzer rationaler Funktionen wird bei der Partialbruchzerlegung gemacht, die in der Integralrechnung eine große Rolle spielt, da sie es gestattet, den

Quotienten zweier ganzer rationaler Funktionen (auf den sich bekanntlich jede rationale Funktion zurückführen läßt) in eine Reihe einfacher Ausdrücke zu zerlegen.

Hat in dem Quotienten $\frac{f(x)}{g(x)}$ der Nenner λ mal die Nullstelle x_1, μ mal die Nullstelle x_2 usw., so wird in der Algebra gezeigt, daß sich stets und nur auf eine Weise die Zerlegung herbeiführen läßt:

$$\begin{aligned}\frac{f(x)}{g(x)} &= \frac{\alpha_1}{(x-x_1)^{\lambda}} + \frac{\alpha_2}{(x-x_1)^{\lambda-1}} + \dots \frac{\alpha_{\lambda}}{x-x_1}\\ &+ \frac{\beta_1}{(x-x_2)^{\mu}} + \frac{\beta_2}{(x-x_2)^{\mu-1}} + \dots \frac{\beta_{\mu}}{x-x_2}\\ &+ \dots\dots\dots\dots\dots\dots + \gamma(x)\,.\end{aligned}$$

Die Koeffizienten α_i, β_i usw. ergeben sich aus den Koeffizienten der beiden ganzen rationalen Funktionen $f(x)$ und $g(x)$, die ganze rationale Funktion $\gamma(x)$ tritt nur auf, wenn $f(x)$ von gleichem oder größerem Grade ist als $g(x)$. Um $\gamma(x)$ zu bestimmen, dividiert man zunächst f durch g, und setzt die Division solange fort, als im Quotienten keine negativen Potenzen auftreten. Der Rest sei an dieser Stelle $h(x)$, dann hat man die Zerlegung gewonnen

$$\frac{f(x)}{g(x)} = \gamma(x) + \frac{h(x)}{g(x)}\,,$$

in der h von geringerem Grade ist als g.

Um die Koeffizienten α_i zu berechnen, geht man am bequemsten so vor, daß man $g(x)$ und $h(x)$ mittels des *Horner*schen Schemas nach Potenzen von $x - x_1 = p$ entwickelt. Man erhält

$$\begin{aligned}h(x) &= a_0 + a_1 p + a_2 p^2 + \dots,\\ g(x) &= p^{\lambda}(b_0 + b_1 p + b_2 p^2 + \dots)\\ &= b_0 p^{\lambda} + b_1 p^{\lambda+1} + b_2 p^{\lambda+2} + \dots\end{aligned}$$

Wir führen nun die Division aus, bis der Rest mit der λten Potenz von p beginnt:

$$\begin{array}{ccc|cccc|cccc}
\lambda & \lambda+1 & \lambda+2 & & 1 & 2 & & -\lambda & -\lambda+1 & & -1\\
b_0 & b_1 & b_2\dots & a_0 & a_1 & a_2 & \dots & \frac{a_0}{b_0} & \frac{a_1'}{b_0} & \dots & \frac{a_{\lambda-1}^{(\lambda-1)}}{b_0}
\end{array}$$

$$\begin{array}{rcccc}
 & a_0 & \frac{a_0}{b_0}b_1 & \frac{a_0}{b_0}b_2 & \dots\\ \hline
r_1(x) = & & a_1' & a_2' & \dots\\
 & & a_1' & \frac{a_1'}{b_0}b_1 & \dots\\ \cline{3-5}
r_2(x) = & & & a_2'' & \dots\\
\vdots & & & \vdots & \vdots\\ \cline{4-5}
r_{\lambda}(x) = & & & & a_{\lambda}^{(\lambda)}
\end{array}$$

Im Quotienten sind dabei die negativen Potenzen von p bis zur -1 ten einschließlich aufgetreten. Bezeichnen wir ihre Koeffizienten $\frac{a_0}{b_0}, \frac{a'_1}{b_0} \ldots$ mit $\alpha_1, \alpha_2 \ldots$, so ergibt sich

$$\frac{h(x)}{g(x)} = \frac{\alpha_1}{p^\lambda} + \frac{\alpha_2}{p^{\lambda-1}} + \ldots \frac{\alpha_\lambda}{p} + \frac{r_\lambda(p)}{g(p)}.$$

Da $r_\lambda(p)$ und $g(p)$ mit der λ ten Potenz von p beginnen, schreiben wir

$$r_\lambda(p) = p^\lambda h_1(x), \qquad g(p) = p^\lambda g_1(x)$$

und erhalten

$$\frac{h(x)}{g(x)} = \frac{\alpha_1}{(x-x_1)^\lambda} + \frac{\alpha_2}{(x-x_1)^{\lambda-1}} + \ldots \frac{\alpha_\lambda}{x-x_1} + \frac{h_1(x)}{g_1(x)}.$$

Auf $\frac{h_1}{g_1}$ könnte man dasselbe Verfahren anwenden. $g_1(x)$ enthält die Wurzel x_1 nicht mehr. Man müßte jetzt nach $x - x_2 = q$ entwickeln. Bequemer ist es jedoch, und wegen der eindeutigen Zerlegbarkeit muß es zum gleichen Resultat führen, wenn man bei der Entwicklung nach Potenzen von q wieder von dem Quotienten $\frac{f}{g}$ ausgeht. Man braucht dann die Funktion $h_1(x)$ nicht zu kennen, und das hat den Vorteil, daß man die Entwicklungen von $g(x)$ und $h(x)$, aus denen die Koeffizienten $\alpha_1 \alpha_2 \ldots$ berechnet werden, nur bis zu den ersten λ Koeffizienten durchzuführen braucht.

Entsprechend braucht man zur Berechnung von $\beta_1, \beta_2 \ldots$ nur die ersten μ Koeffizienten der Entwicklungen von $g(x)$ und $h(x)$ nach Potenzen von q usw.

Sind etwa alle Wurzeln des Nenners einfache Wurzeln, so braucht man in den Entwicklungen

$$h(x) = a_0 + a_1(x - x_1) + \ldots,$$
$$g(x) = (x - x_1)[b_0 + b_1(x - x_1) + \ldots]$$

jedesmal nur den ersten Koeffizienten zu kennen, denn

$$\frac{a_0}{b_0} \frac{1}{x - x_1}$$

ist der betreffende Partialbruch, der zur Wurzel x_1 gehört.

Nun ist $a_0 = h(x_1)$ und $b_0 = \left(\frac{dg}{dx}\right)$ für $x = x_1$. Es ergibt sich somit die einfache Partialbruchzerlegung

$$\frac{h(x)}{g(x)} = \frac{h(x_1)}{g'(x_1)} \frac{1}{x - x_1} + \frac{h(x_2)}{g'(x_2)} \frac{1}{x - x_2} + \ldots$$

Beispiel: Es ist die Funktion

$$\frac{1}{x(x-1)(x-2)(x-3)}$$

in Partialbrüche zu zerlegen.

Die Wurzeln des Nenners sind 0, 1, 2, 3. Der Zähler hat ständig den Wert 1. Da der Zähler von geringerem Grade als der Nenner ist, tritt bei der Zerlegung keine ganze rationale Funktion auf. Der Differentialquotient des Nenners

$$g'(x) = (x-1)(x-2)(x-3) + x(x-2)(x-3) \\ + x(x-1)(x-3) + x(x-1)(x-2)$$

ergibt für die vier Wurzeln

$$g'(0) = -6, \qquad g'(2) = -2,$$
$$g'(1) = 2, \qquad g'(3) = 6.$$

Somit erhalten wir die Zerlegung

$$\frac{1}{x(x-1)(x-2)(x-3)} = -\frac{1}{6}\frac{1}{x} + \frac{1}{2}\frac{1}{x-1} - \frac{1}{2}\frac{1}{x-2} + \frac{1}{6}\frac{1}{x-3}.$$

Zur Probe wählen wir für x einen Spezialwert, z. B. $x = -1$. Dann wird einerseits

$$\frac{1}{-1\cdot -2 \cdot -3 \cdot -4} = \frac{1}{24}$$

und andererseits ebenso

$$\tfrac{1}{6} - \tfrac{1}{4} + \tfrac{1}{6} - \tfrac{1}{24} = \tfrac{1}{24}.$$

Die Betrachtungen können genau so durchgeführt werden, wenn der Nenner komplexe Nullstellen hat. Wir betrachten als

Beispiel: Die Zerlegung der Funktion

$$\frac{1}{(1+x^2)^2}.$$

Eine ganze rationale Funktion tritt auch hier nicht auf. Der Nenner hat die beiden Doppelwurzeln $+i$ und $-i$.

$$g(x) \equiv (1+x^2)^2 = (x-i)^2(x+i)^2.$$

Da die beiden Wurzeln konjugiert komplex sind, braucht die Rechnung nur für die eine durchgeführt zu werden, für die andere gelten die konjugierten Werte.

Für die Wurzel $x = i$ muß $g(x)$ nach Potenzen von $x - i$ entwickelt werden. Von dieser Entwicklung brauchen wir nur die beiden ersten Koeffizienten, da i eine zweifache Wurzel von g ist.

$$(x+i)^2 = [(x-i) + 2i]^2 = -4 + 4i(x-i) + \dots$$

Wir dividieren nun

$$\begin{array}{cc|cc|cc}
2 & 3 & & 1 & -2 & -1 \\
-4 & 4i & 1 & 0\dots & -\frac{1}{4} & -\frac{i}{4} \\
 & & 1 & -i & & \\
\hline
 & & & i\dots & &
\end{array}$$

Damit erhalten wir

$$\frac{1}{(1+x^2)^2} = -\frac{1}{4}\frac{1}{(x-i)^2} - \frac{i}{4}\frac{1}{x-i} - \frac{1}{4}\frac{1}{(x+i)^2} + \frac{i}{4}\frac{1}{x+i}.$$

Die beiden letzten Partialbrüche bilden einfach die konjugiert komplexen Werte zu den beiden ersten.

Anmerkung: Die soeben für die Partialbruchzerlegung bei lauter einfachen Nullstellen aufgestellte Formel

$$\frac{f(x)}{g(x)} = \sum_{\nu} \frac{f(x_\nu)}{g'(x_\nu)} \cdot \frac{1}{x - x_\nu},$$

wenn f von geringerem Grade als g ist, tritt häufig in etwas anderer Gestalt auf. Wir multiplizieren mit $g(x)$ und bezeichnen die ganzen rationalen Funktionen $\frac{g(x)}{x - x_\nu}$ mit $g_\nu(x)$:

$$(12) \qquad f(x) = \sum f(x_\nu) \cdot \frac{g_\nu(x)}{g'(x_\nu)}.$$

Diese sog. „*Lagrange*sche Interpolationsformel" gestattet es, eine ganze rationale Funktion $n$ten Grades $f(x)$ aus an den $n+1$ Stellen x_ν gegebenen Funktionswerten $f(x_\nu)$ zu bilden. Dabei ist $g(x)$ eine ganze rationale Funktion $(n+1)$ten Grades, nämlich das Produkt sämtlicher Linearfaktoren $(x - x_\nu)$.

Die Formel wird vielfach zur Ableitung von Theoremen verwandt, ist aber zur numerischen Interpolation ungeeignet.

§ 39. Kettenbruchentwicklung rationaler Zahlen.

Eine andere Anwendung der Division zweier ganzer rationaler Funktionen ergibt sich bei der Kettenbruchentwicklung.

Bekannt ist das schon von *Euklid* angegebene Verfahren zur Auffindung des größten gemeinsamen Teilers zweier Zahlen. g_0 und g_1 seien zwei ganze Zahlen, und zwar $g_0 > g_1$. Man dividiert zunächst g_0 durch g_1, bis sich ein Rest $g_2 < g_1$ ergibt,

$$g_0 = q_1 g_1 + g_2.$$

Jeder Teiler von g_0 und g_1 muß auch ein Teiler von g_2 sein. Es bleibt also nur übrig, den größten gemeinschaftlichen Teiler von g_1 und g_2 zu suchen. Wir dividieren jetzt g_1 durch g_2 und erhalten den Rest $g_3 < g_2$

$$g_1 = q_2 g_2 + g_3.$$

So fahren wir fort

$$g_2 = q_3 g_3 + g_4$$

$$\cdots\cdots\cdots\cdots$$

$$(13) \qquad g_{n-1} = q_n g_n + g_{n+1}.$$

Jede der Zahlen g_ν ist kleiner als die vorhergehenden. Ergibt sich schließlich $g_{n+1} = 0$, so ist g_n der gesuchte größte gemeinschaftliche Teiler. Ist $g_n = 1$, so nennt man bekanntlich die beiden Zahlen g_0 und g_1 teilerfremd.

Die aufeinanderfolgenden Quotienten q_ν sind alle positiv und ≥ 1. Sie gestatten die Darstellung der Quotienten $\frac{g_0}{g_1}$ und $\frac{g_1}{g_0}$ durch einen Kettenbruch. Es ist

$$\frac{g_0}{g_1} = q_1 + \frac{g_2}{g_1}$$

und weiter

$$\frac{g_1}{g_2} = q_2 + \frac{g_3}{g_2},$$

$$\frac{g_2}{g_3} = q_3 + \frac{g_4}{g_3},$$

$$\cdots\cdots$$

$$\frac{g_{n-1}}{g_n} = q_n + \frac{0}{g_n}.$$

Zusammenfassend ergibt sich

$$\frac{g_0}{g_1} = q_1 + \cfrac{1}{q_2 + \cfrac{1}{q_3 + \cdots + \cfrac{1}{q_n}}} \tag{14}$$

Entsprechend findet man

$$\frac{g_1}{g_0} = \cfrac{1}{q_1 + \cfrac{1}{q_2 + \cfrac{1}{q_3 + \cdots + \cfrac{1}{q_n}}}} \tag{15}$$

Die Zahlenreihe $q_1 q_2 \ldots q_n$ können wir dazu benutzen, um mittels der „Rekursionsformel"

$$P_\nu = q_\nu P_{\nu-1} + P_{\nu-2} \tag{16}$$

eine neue Zahlenreihe $P_1 P_2 \ldots P_n$ abzuleiten. Die Zahlen P_ν sind bestimmt, sobald über die Werte zweier von ihnen verfügt worden ist. Wir wählen als Ausgangswerte $P_{-1} = 0$ und $P_0 = 1$ und bemerken zunächst, daß die Zahlen P_ν mit wachsendem Index ständig zunehmen. Ist $q_1 = 1$, so beginnt diese Zunahme allerdings erst mit der Zahl P_2.

Entsprechend wollen wir eine zweite Zahlenreihe Q_ν ableiten mit Hilfe der gleichen Rekursionsformel

$$Q_\nu = q_\nu Q_{\nu-1} + Q_{\nu-2}. \tag{17}$$

Als Ausgangswerte wählen wir $Q_0 = 0$ und $Q_1 = 1$. Auch hier nehmen die Zahlen Q_ν ständig zu, und zwar beginnt die Zunahme spätestens mit Q_2.

Die beiden neuen Zahlenreihen P_ν und Q_ν können nun dazu benutzt werden, um die beiden Zahlen g_0 und g_1 durch beliebige Reste g_ν und

$g_{\nu+1}$ auszudrücken. Es läßt sich nämlich leicht durch vollständige Induktion zeigen, daß

(18) $$g_0 = P_\nu g_\nu + P_{\nu-1} g_{\nu+1}$$

und

(19) $$g_1 = Q_\nu g_\nu + Q_{\nu-1} g_{\nu+1}$$

ist.

Die Formeln sind zunächst richtig für $\nu = 1$, denn es ergibt sich, da nach (16) $P_1 = q_1$ ist:

$$g_0 = P_1 g_1 + P_0 g_2 = q_1 g_1 + g_2 \quad \text{und} \quad g_1 = Q_1 g_1 + Q_0 g_2 = g_1 .$$

Angenommen ferner, sie wären erwiesen für $\nu = p - 1$:

$$g_0 = P_{p-1} g_{p-1} + P_{p-2} g_p$$

und

$$g_1 = Q_{p-1} g_{p-1} + Q_{p-2} g_p ,$$

so braucht man nur aus (13) $g_{p-1} = q_p g_p + g_{p+1}$ einzusetzen, um die entsprechenden Formeln für den Index p mit Hilfe von (16) und (17) zu erhalten:

$$g_0 = (q_p P_{p-1} + P_{p-2}) g_p + P_{p-1} g_{p+1} = P_p g_p + P_{p-1} g_{p+1}$$

und

$$g_1 = (q_p Q_{p-1} + Q_{p-2}) g_p + Q_{p-1} g_{p+1} = Q_p g_p + Q_{p-1} g_{p+1} .$$

Die Zahlen P_ν und Q_ν stehen in einer bemerkenswerten Beziehung zueinander. Eliminiert man nämlich aus (16) und (17) q_ν, so ergibt sich

$$P_\nu Q_{\nu-1} - P_{\nu-1} Q_\nu = -(P_{\nu-1} Q_{\nu-2} - P_{\nu-2} Q_{\nu-1}) .$$

Rechts steht bis aufs Vorzeichen dieselbe Determinante wie links, nur für einen um eine Einheit verminderten Index. Daraus folgt, daß diese Determinante für wachsenden Index stets denselben absoluten Wert hat, während das Vorzeichen standig zwischen $+$ und $-$ schwankt. Nun ist aber

$$P_1 Q_0 - P_0 Q_1 = -1 .$$

Daher ergibt sich

(20) $$P_\nu Q_{\nu-1} - P_{\nu-1} Q_\nu = (-1)^\nu .$$

Aus (20) erkennt man sogleich, daß die Zahlen P_ν und Q_ν stets teilerfremd sein müssen, denn jeder gemeinsame Teiler müßte auch in ± 1 enthalten sein. Ferner ergibt sich nach Division durch $Q_\nu Q_{\nu-1}$:

(21) $$\frac{P_\nu}{Q_\nu} - \frac{P_{\nu-1}}{Q_{\nu-1}} = \frac{(-1)^\nu}{Q_\nu Q_{\nu-1}} .$$

Daraus folgt, daß die Brüche $\frac{P_\nu}{Q_\nu}$ abwechselnd größer und kleiner sind als die jedesmal vorhergehenden, und daß ihre Unterschiede mit wachsendem ν ständig abnehmen. Sie nähern sich einem bestimmten

Werte, nämlich dem Quotienten $\frac{g_0}{g_1}$. Denn es folgt aus (18) und (19)

$$\frac{g_0}{g_1} - \frac{P_\nu}{Q_\nu} = \frac{P_\nu g_\nu + P_{\nu-1} g_{\nu+1}}{Q_\nu g_\nu + Q_{\nu-1} g_{\nu+1}} - \frac{P_\nu}{Q_\nu} = -\frac{(P_\nu Q_{\nu-1} - P_{\nu-1} Q_\nu) \cdot g_{\nu+1}}{(Q_\nu g_\nu + Q_{\nu-1} g_{\nu+1}) Q_\nu}$$

und aus (19) und (20)

$$(22) \qquad \frac{g_0}{g_1} - \frac{P_\nu}{Q_\nu} = -\frac{(-1)^\nu}{g_1} \cdot \frac{g_{\nu+1}}{Q_\nu}.$$

Da mit wachsendem ν die Zahlen g abnehmen, während Q wächst, so verkleinert sich diese Differenz absolut genommen ständig. Für $\nu = n$ verschwindet g_{n+1}, und der Quotient $\frac{g_0}{g_1}$ fällt mit dem Näherungswert $\frac{P_n}{Q_n}$ zusammen. Für geraden Index ist der Näherungswert größer, für ungeraden kleiner als $\frac{g_0}{g_1}$.

Analoge Resultate ergeben sich für den reziproken Wert. Aus (20) folgt zunächst

$$(23) \qquad \frac{Q_{\nu-1}}{P_{\nu-1}} - \frac{Q_\nu}{P_\nu} = \frac{(-1)^\nu}{P_\nu P_{\nu-1}}$$

und weiter aus (18), (19) und (20)

$$(24) \qquad \begin{cases} \frac{g_1}{g_0} - \frac{Q_\nu}{P_\nu} = \frac{Q_\nu g_\nu + Q_{\nu-1} g_{\nu+1}}{P_\nu g_\nu + P_{\nu-1} g_{\nu+1}} - \frac{Q_\nu}{P_\nu} = \frac{(P_\nu Q_{\nu-1} - P_{\nu-1} Q_\nu) g_{\nu+1}}{(P_\nu g_\nu + P_{\nu-1} g_{\nu+1}) P_\nu} \\ \qquad = \frac{(-1)^\nu}{g_0} \cdot \frac{g_{\nu+1}}{P_\nu}. \end{cases}$$

Das Merkwürdige ist nun, daß *die Näherungswerte die besten sind,* die sich aus Zahlen von höchstens ihrer Größe für den Bruch $\frac{g_0}{g_1}$ finden lassen.

Für geraden Index ν ist nämlich

$$\frac{P_\nu}{Q_\nu} > \frac{g_0}{g_1} > \frac{P_{\nu-1}}{Q_{\nu-1}},$$

für ungeraden dagegen

$$\frac{P_\nu}{Q_\nu} < \frac{g_0}{g_1} < \frac{P_{\nu-1}}{Q_{\nu-1}}.$$

Angenommen nun, es gäbe einen Bruch $\frac{a}{b}$, der naher an $\frac{g_0}{g_1}$ liegt als $\frac{P_\nu}{Q_\nu}$, obgleich $b < Q_\nu$ ist, so wäre im ersten Falle

$$\frac{P_\nu}{Q_\nu} > \frac{a}{b} > \frac{P_{\nu-1}}{Q_{\nu-1}}$$

und im zweiten

$$\frac{P_\nu}{Q_\nu} < \frac{a}{b} < \frac{P_{\nu-1}}{Q_{\nu-1}}.$$

Im ersten Falle folgt daraus nach (21)

$$0 < \frac{a}{b} - \frac{P_{\nu-1}}{Q_{\nu-1}} < \frac{P_\nu}{Q_\nu} - \frac{P_{\nu-1}}{Q_{\nu-1}} = \frac{1}{Q_\nu Q_{\nu-1}},$$

im zweiten

$$0 < \frac{P_{\nu-1}}{Q_{\nu-1}} - \frac{a}{b} < \frac{P_{\nu-1}}{Q_{\nu-1}} - \frac{P_\nu}{Q_\nu} = \frac{1}{Q_\nu Q_{\nu-1}}$$

Multipliziert man nun die Ungleichungen mit $bQ_{\nu-1}$ und berücksichtigt (20), so ergibt sich

$$0 < aQ_{\nu-1} - bP_{\nu-1} < \frac{b}{Q_\nu} < 1$$

und

$$0 < bP_{\nu-1} - aQ_{\nu-1} < \frac{b}{Q_\nu} < 1,$$

da $b < Q_\nu$ vorausgesetzt wurde. Darin steckt aber, da a, b, $P_{\nu-1}$ und $Q_{\nu-1}$ ganze Zahlen sein sollen, ein Widerspruch.

Entsprechend läßt sich schließen, daß der Bruch $\frac{Q_\nu}{P_\nu}$ den besten Näherungswert für $\frac{g_1}{g_0}$ darstellt, der sich aus Zahlen von höchstens dieser Größe bilden läßt.

Die Kettenbruchentwicklung läßt sich dazu benutzen, um den Quotienten zweier Zahlen näherungsweise durch Quotienten kleinerer Zahlen darzustellen.

Beispiel: Den Bruch $\frac{823}{250}$ durch Näherungsbrüche darzustellen.

Wir bilden zunachst durch Division schrittweise

$$\begin{array}{l}
823 : 250 = 3 \\
250 : 73 = 3 \\
73 : 31 = 2 \\
31 : 11 = 2 \\
11 : 9 = 1 \\
9 : 2 = 4 \\
2 : 1 = 2
\end{array}$$

Die beiden Zahlen sind teilerfremd. Es ergibt sich fur g_ν und q_ν und die aus ihnen gebildeten Zahlen P_ν und Q_ν:

ν	g_ν	q_ν	P_ν	Q_ν
0	823	—	1	0
1	250	3	3	1
2	73	3	10	3
3	31	2	23	7
4	11	2	56	17
5	9	1	79	24
6	2	4	372	113
7	1	2	823	250

Der *Fehler* der genäherten Darstellung durch den Bruch $\frac{P_\nu}{Q_\nu}$ ist nach (22) absolut genommen gleich $\frac{1}{g_1}\frac{g_{\nu+1}}{Q_\nu}$, also beispielsweise fur $\nu = 4$:

$$\frac{1}{g_1} \cdot \frac{g_5}{Q_4} = \frac{1}{250} \cdot \frac{9}{17} < \frac{823}{250} \cdot \frac{9}{17\,800} < \frac{823}{250}\,\frac{1}{1000}.$$

Der Bruch $\frac{823}{250}$ kann demnach durch den Bruch $\frac{56}{17}$ dargestellt werden, wenn es auf Fehler unter $1^0/_{00}$ nicht ankommt.

Handelt es sich nur um eine obere Grenze für den Fehler, so kann man bequemer nach (21) rechnen. Die Differenz zweier Näherungswerte $\frac{P_\nu}{Q_\nu}$ und $\frac{P_{\nu+1}}{Q_{\nu+1}}$ ist gleich $\frac{1}{Q_{\nu+1}Q_\nu}$. Da $\frac{P_{\nu+1}}{Q_{\nu+1}}$ näher an dem wahren Werte liegt als $\frac{P_\nu}{Q_\nu}$, so ist der Fehler von $\frac{P_\nu}{Q_\nu}$ sicher kleiner als

$$\frac{1}{Q_\nu Q_{\nu+1}} < \frac{1}{Q_\nu^2}.$$

§ 40. Approximation einer beliebigen Zahl durch eine Kettenbruchentwicklung.

Es bleibt noch zu bemerken, daß g_0 und g_1 nicht notwendig ganze Zahlen zu sein brauchen. Sind es zwei beliebige Zahlenwerte, die kein rationales Verhältnis besitzen, so würde zwar die Kettenbruchentwicklung niemals abbrechen, der Schluß über die Näherungen bliebe jedoch bestehen. Haben jedoch zwei unendliche Dezimalbrüche ein rationales Verhältnis, so bricht die Kette einmal ab, und man erhält das Verhältnis $\frac{g_0}{g_1}$ durch zwei ganze Zahlen dargestellt.

Man kann auf diesem Wege untersuchen, ob zwei physikalisch gegebene Größen in *rationalem Verhältnis* stehen; eine Frage, die in der Physik häufig eine Rolle spielt. Eine sichere Entscheidung läßt sich natürlich niemals treffen, da für den Wert solcher Größen stets nur ein gewisses (größeres oder kleineres) Intervall angegeben werden kann. Es hat jedoch einen Sinn, nach dem Verhältnis zweier ganzer Zahlen zu suchen, die innerhalb der Grenzen der Beobachtungsfehler das Verhältnis zweier physikalisch bestimmter Größen wiedergeben.

Stehen die Größen g_0 und g_1 in rationalem Verhältnis, so bricht die Kettenbruchentwicklung an einer Stelle ab, der Rest g_{n+1} verschwindet. Da aber g_0 und g_1 mit Beobachtungsfehlern behaftet sind, so wird g_{n+1} nicht genau gleich Null sein. Es fragt sich, wie stark g_{n+1} durch die Fehler von g_0 und g_1 beeinflußt werden kann.

Aus (18) und (19) ergibt die Elimination von g_ν unter Berücksichtigung von (20)

$$(-1)^n g_{n+1} = g_1 P_n - g_0 Q_n. \tag{25}$$

Bezeichnet das Vorsetzen eines δ den absoluten Betrag des Fehlers der betreffenden Größe, so wird

$$\delta g_{n+1} \leqq P_n \delta g_1 + Q_n \delta g_0.$$

Wir können daher die Kettenbruchentwicklung abbrechen, sobald sich ein Rest ergibt, der kleiner als dieser Fehler ist. $\frac{P_n}{Q_n}$ gibt das gesuchte Verhältnis.

Die Vermutung, daß die beiden physikalischen Größen tatsächlich in rationalem Verhältnis stehen, wird um so mehr Wahrscheinlichkeit besitzen, je kleiner der Beobachtungsfehler von g_0/g_1 im Verhältnis zu Q_n^{-2} ist.

Beispiel: Von vier Linien des Wasserstoffs, je einer im Rot, Grün, Blau und Violett des Spektrums, sind die Wellenlängen mit einer Genauigkeit von rund $0{\cdot}03 \cdot 10^{-8}$ cm gemessen worden:

$$\begin{aligned}\lambda_1 &= 6563{\cdot}04 \cdot 10^{-8}\ \text{cm}\\ \lambda_2 &= 4861{\cdot}49\\ \lambda_3 &= 4340{\cdot}66\\ \lambda_4 &= 4101{\cdot}90\,.\end{aligned}$$

Entwickelt man die Verhältnisse $\lambda_1:\lambda_2$, $\lambda_2:\lambda_3$ und $\lambda_3:\lambda_4$ nach dem Kettenbruchverfahren, so ergibt sich:

			q	P	Q
$\lambda_1:\lambda_2 =$	6563·04 :	4861·49	1	1	1
	1701·55	1458·39	2	3	2
	243·16	242·59	1	4	3
	0·57		5	23	17
			1	27	20
$\lambda_2:\lambda_3 =$	4861·49 :	4340·66	1	1	1
	520·83	174·02	8	9	8
	172·79	1·23	2	19	17
			1	28	25
$\lambda_3\cdot\lambda_4 =$	4340·66 :	4101·90	1	1	1
	238 76	1714·30	17	18	17
	23·86	42 98	5	91	86
	4·74	19·12	1	109	103
			1	200	189

Die Rechnung ist jedesmal abgebrochen worden, wenn $(P + Q) \cdot 0{\cdot}03$ größer wurde als der entstehende Rest. Innerhalb der Genauigkeit der Wellenlängen werden demnach die Verhältnisse dargestellt durch die Brüche

$$\frac{\lambda_1}{\lambda_2} = \frac{27}{20}, \quad \frac{\lambda_2}{\lambda_3} = \frac{28}{25}, \quad \frac{\lambda_3}{\lambda_4} = \frac{200}{189}\,.$$

Im ersten Falle beträgt der folgende Quotient 428, daher wird $\frac{\lambda_1}{\lambda_2}$ durch $\frac{27}{20}$ viel genauer dargestellt als man es der Größe des Nenners nach erwarten sollte. Ähnlich verhält es sich im zweiten Falle. Diese ungewöhnliche Genauigkeit berechtigt zu der Vermutung, daß $\frac{\lambda_1}{\lambda_2}$ und $\frac{\lambda_2}{\lambda_3}$ rational sind, während sich $\frac{\lambda_3}{\lambda_4}$ nicht schlagend als rational erweist.

Für die Verhältnisse der Wellenlängen hat *Balmer* eine gemeinschaftliche Formel aufgestellt. Betrachten wir die reziproken Werte der Wellenlängen, so wird

$$\begin{aligned}\frac{1}{\lambda_1}:\frac{1}{\lambda_2}:\frac{1}{\lambda_3}:\frac{1}{\lambda_4} &= 1:\frac{27}{20}:\frac{189}{125}:\frac{8}{5}\\ &= \frac{5}{36}:\frac{12}{64}:\frac{21}{100}:\frac{32}{144}\\ &= \left(\frac{1}{4}-\frac{1}{9}\right):\left(\frac{1}{4}-\frac{1}{16}\right):\left(\frac{1}{4}-\frac{1}{25}\right):\left(\frac{1}{4}-\frac{1}{36}\right).\end{aligned}$$

Die reziproken Wellenlängen lassen sich also aus der Formel

$$\frac{1}{\lambda} = R\left(\frac{1}{2^2} - \frac{1}{n^2}\right), \qquad (n = 3, 4, 5, 6)$$

herleiten, die auch für höhere Werte von n bestätigt worden ist. R ist die sog. *Rydberg*sche Konstante.

Schließlich kann man auch unendliche Dezimalbrüche auf diesem Wege durch rationale Zahlen annähern.

Beispiel: Die Zahl π durch das Verhältnis zweier ganzer Zahlen möglichst gut darzustellen.

Wir beginnen mit $g_0 = \pi$, $g_1 = 1$. Für die Rechnung muß der unendliche Dezimalbruch an einer Stelle abgebrochen werden. Die Annäherung kann natürlich nur so weit getrieben werden, wie die Reste größer bleiben, als der durch das Abbrechen des Dezimalbruchs entstehende Fehler:

		q	P	Q
$\pi : 1 = 3{\cdot}14159265$:	$1{\cdot}00000000$	3	3	1
14159265	885145	7	22	7
5309815	3055	15	333	106
882090		1	355	113
271090		288		
26650				
2210				

Wir erhalten für π die aufeinanderfolgenden Näherungen

$$\frac{3}{1}\quad\frac{22}{7}\quad\frac{333}{106}\quad\frac{355}{113}.$$

Die Fehler der drei letzten Näherungsbrüche sind nach (22) rund

$$\frac{1}{790}\quad\frac{1}{1200000}\quad\frac{1}{37000000}.$$

Die Genauigkeit des Bruches $\frac{355}{113}$ ist merkwürdig groß, es ergibt sich erst in der siebenten Dezimale eine Abweichung. Wäre π eine physikalisch bestimmte Größe, so könnte man hier leicht zu der irrtümlichen Vermutung geführt werden, daß π tatsächlich gleich dem Quotienten der beiden verhältnismäßig kleinen Zahlen 355 und 113 ist.

§ 41. Kettenbruchentwicklung rationaler Funktionen.

Die Kettenbruchentwicklung läßt sich nun so, wie wir sie an festen Zahlen kennen gelernt haben, auf ganze rationale Funktionen ausdehnen. Wir gehen von zwei ganzen rationalen Funktionen $g_0(x)$ und $g_1(x)$ aus. Der Grad von g_0 sei größer oder mindestens gleich dem von g_1. Durch aufeinanderfolgende Divisionen bilden wir

$$\begin{aligned} g_0 &= q_1 g_1 + g_2, \\ g_1 &= q_2 g_2 + g_3, \\ &\cdots\cdots\cdots \\ g_{n-1} &= q_n g_n + g_{n+1}. \end{aligned}$$

Die Reste $g_2, g_3 \ldots$ sind ebenfalls ganze rationale Funktionen, deren Grad sich ständig vermindert. Schließlich wird $g_{n+1} = 0$. g_n ist der größte gemeinschaftliche Teiler der beiden Funktionen; ist g_n eine Konstante, so heißen die Funktionen teilerfremd.

Die Quotienten $q_1, q_2 \ldots$ sind auch ganze rationale Funktionen. Aus ihnen bilden wir nach (16) und (17) ganze rationale Funktionen P_ν und Q_ν, für die die gleichen Beziehungen wie früher gelten:

(18) $$g_0 = P_\nu g_\nu + P_{\nu-1} g_{\nu+1},$$

(19) $$g_1 = Q_\nu g_\nu + Q_{\nu-1} g_{\nu+1},$$

(20) $$P_\nu Q_{\nu-1} - P_{\nu-1} Q_\nu = (-1)^\nu.$$

Wie wir früher die Kettenbruchentwicklung nicht auf ganze Zahlen zu beschränken brauchten, so ist es auch jetzt nicht notwendig, bei ganzen rationalen Funktionen stehenzubleiben. Den unendlichen Dezimalbrüchen entsprechen jetzt nach negativen Exponenten fortschreitende Potenzreihen

$$g_0 = a_n x^n + a_{n-1} x^{n-1} + \ldots a_1 x + a_0 + a_{-1} x^{-1} + a_{-2} x^{-2} + \ldots m \leqq n$$

und

$$g_1 = b_m x^m + b_{m-1} x^{m-1} + \ldots b_1 x + b_0 + b_{-1} x^{-1} + b_{-2} x^{-2} + \ldots$$

Die drei Gleichungen (18), (19) und (20) bleiben auch jetzt erhalten. Insbesondere gilt auch jetzt noch

(22) $$\frac{g_0}{g_1} - \frac{P_\nu}{Q_\nu} = -\frac{(-1)^\nu}{g_1} \cdot \frac{g_{\nu+1}}{Q_\nu}.$$

Die Divisionen sind natürlich auch jetzt nur so weit auszuführen, als in den Quotienten $q_1, q_2 \ldots$ keine negativen Potenzen von x auftreten. $\frac{P_\nu}{Q_\nu}$ kann man wieder in gewissem Sinne als Naherung des Quotienten $\frac{g_0}{g_1}$ auffassen. Auf der rechten Seite steht der „*Fehler*“, der jetzt eine Funktion von x ist. Wir wollen die Größe dieses Fehlers naher untersuchen.

Der größte positive Exponent in g_0 sei n. Die Quotienten $q_1, q_2 \ldots$ seien vom Grade $\alpha_1, \alpha_2 \ldots$ Dann ist der größte Exponent von g_1 gleich $n - \alpha_1$, der von g_2 gleich $n - \alpha_1 - \alpha_2$ usw., der von $g_{\nu+1}$ gleich $n - \alpha_1 - \alpha_2 - \ldots - \alpha_\nu - \alpha_{\nu+1}$. Wir bilden nun nach (17) die ganzen Funktionen Q_ν mit den Ausgangswerten $Q_0 = 0$ und $Q_1 = 1$. Es wird

der Grad von Q_1 gleich 0,
„ „ „ Q_2 „ α_2,
„ „ „ Q_3 „ $\alpha_2 + \alpha_3$,
. . . .
„ „ „ Q_ν „ $\alpha_2 + \alpha_3 + \ldots \alpha_\nu$.

Alle α_i mit Ausnahme von α_1 sind mindestens gleich 1

Entwickeln wir die rechte Seite von (22) nach fallenden Potenzen von x, so beginnt die Entwicklung mit

$$x^{n-(\alpha_1+\alpha_2+\dots+\alpha_\nu+\alpha_{\nu+1})-(n-\alpha_1+\alpha_2+\alpha_3+\dots\alpha_\nu)} = x^{-2(\alpha_2+\alpha_3+\dots\alpha_\nu)-\alpha_{\nu+1}},$$

also mit einer Potenz von x, deren negativer Exponent mehr als doppelt so groß ist wie der Grad von Q_ν. Es müssen sich also alle algebraisch höheren Potenzen in $\frac{g_0}{g_1}$ und dem „*Näherungsbruch*" $\frac{P_\nu}{Q_\nu}$ fortheben.

Dieser Näherungswert ist in dem Sinne der beste, der sich für $\frac{g_0}{g_1}$ angeben läßt, als es keinen anderen Quotienten $\frac{a(x)}{b(x)}$ zweier ganzer rationaler Funktionen gibt, bei dem sich mehr Potenzen von x gegen Glieder im $\frac{g_0}{g_1}$ wegheben, wenn $b(x)$ von gleichem Grade wie $Q_\nu(x)$ ist.

Denn es müßten ja sonst $\frac{P_\nu}{Q_\nu}$ und $\frac{a}{b}$ in der Potenz mit dem Exponenten $-2(\alpha_2+\alpha_3+\dots\alpha_\nu)-\alpha_{\nu+1}$ voneinander abweichen. Es müßte die Entwicklung ihrer Differenz mit dieser Potenz beginnen:

$$\frac{P_\nu}{Q_\nu}-\frac{a(x)}{b(x)} = C\,x^{-2(\alpha_2+\alpha_3+\dots\alpha_\nu)-\alpha_{\nu+1}}.$$

Darin steckt ein Widerspruch, denn multiplizieren wir mit $Q_\nu \cdot b(x)$, so beginnt die rechte Seite, da beide Funktionen vom Grade $\alpha_2+\alpha_3+\dots\alpha_\nu$ sind, mit $x^{-\alpha_{\nu+1}}$:

$$P_\nu \cdot b(x) - Q_\nu \cdot a(x) = C_1 x^{-\alpha_{\nu+1}}.$$

Links steht aber eine ganze rationale Funktion, die keine negative Potenz enthalten kann.

Ein *Beispiel* bildet die *Gauß*sche Entwicklung des Logarithmus. Die beiden Potenzreihen

$$\log(1+x) = x-\frac{x^2}{2}+\frac{x^3}{3}-\frac{x^4}{4}+\dots,$$

$$\log(1-x) = -x-\frac{x^2}{2}-\frac{x^3}{3}-\frac{x^4}{4}-\dots$$

konvergieren für $|x|<1$. Durch Subtraktion finden wir

$$\frac{1}{2}\log\frac{1+x}{1-x} = x+\frac{x^3}{3}+\frac{x^5}{5}+\dots$$

oder, wenn wir x durch $\frac{1}{x}$ ersetzen,

$$\frac{1}{2}\log\frac{x+1}{x-1} = x^{-1}+\frac{1}{3}x^{-3}+\frac{1}{5}x^{-5}+\dots,$$

eine Reihe, die für $|x|>1$ konvergiert.

Setzen wir

$$g_0 = 1,$$
$$g_1 = x^{-1}+\tfrac{1}{3}x^{-3}+\tfrac{1}{5}x^{-5}+\dots,$$

so können wir $\frac{1}{2}\log\frac{x+1}{x-1}$ in einen Kettenbruch entwickeln. Die aufeinanderfolgenden Divisionen ergeben:

$$\begin{array}{llll}
0 & -2 & -4 & -6 \\
1 & 0 & 0 & 0\ldots \\
\hline
 & -\frac{1}{3} & -\frac{1}{5} & -\frac{1}{7}\ldots \\
\hline
 & \left(\frac{1}{5\cdot 7}\right. & \left.\frac{2}{7\cdot 9}\ldots\right) & \frac{3}{1!} \\
\hline
 & & -\left(\frac{1\cdot 2}{7\cdot 9\cdot 11}\ldots\right) & \frac{3\cdot 5}{2!} \\
\hline
 & & & \ldots
\end{array}
\qquad
\begin{array}{lllll}
-1 & -3 & -5 & -7 & \\
1\,. & \frac{1}{3} & \frac{1}{5} & \frac{1}{7}\ldots & \\
\hline
-\left(\frac{1}{3\cdot 5}\right. & \frac{2}{5\cdot 7} & \left.\frac{3}{7\cdot 9}\ldots\right) & & \frac{2^2\cdot 1!}{1} \\
\hline
 & \left(\frac{1\cdot 2}{5\cdot 7\cdot 9}\right. & \left.\frac{2\cdot 3}{7\cdot 9\cdot 11}\ldots\right)\cdot & & \frac{2^4\cdot 2!}{1\cdot 3} \\
\hline
 & & -\left(\frac{1\cdot 2\cdot 3}{7\cdot 9\cdot 11\cdot 13}\ldots\right) & & \frac{2^6\, 3!}{1\cdot 3\cdot 5} \\
\hline
 & & & & \ldots
\end{array}$$

Als Nenner des Kettenbruchs ergeben sich die Quotienten

$$\begin{array}{ll}
q_1 = x, & q_2 = -3x, \\
q_3 = \frac{1^2}{2^2}5x, & q_4 = -\frac{2^2}{3^2}7x, \\
q_5 = \frac{1^2\cdot 3^2}{2^2\cdot 4^2}9x, & q_6 = -\frac{2^2\cdot 4^2}{3^2\cdot 5^2}11x, \\
\vdots & \vdots
\end{array}$$

Man erkennt das allgemeine Bildungsgesetz

$$q_{2n} = -\frac{2^2\cdot 4^2\ldots(2n-2)^2}{3^2\cdot 5^2\ldots(2n-1)^2}\cdot(4n-1)x,$$

$$q_{2n+1} = \frac{1^2\cdot 3^2\ldots(2n-1)^2}{2^2\cdot 4^2\ldots(2n)^2}\cdot(4n+1)x.$$

§ 42. Aufgaben zum 4. Kapitel.

1. Die reelle Wurzel der Gleichung

$$x^5 + 5x - 7 = 0$$

ist auf fünf Dezimalen zu berechnen.

2. Die ganze rationale Funktion $y = x^4$ ist nach Polynomen

$$x, \quad x(x-1), \quad x(x-1)(x+1), \quad x(x-1)(x+1)(x-2)$$

und nach Polynomen

$$x, \quad x(x+1), \quad x(x+1)(x-1), \quad x(x+1)(x-1)(x+2)$$

zu entwickeln.

3. Die Funktion $y = \sin x$ ist mittels der Funktionswerte

$$\begin{aligned}
\sin 0^\circ &= 0 \\
\sin 18^\circ &= \tfrac{1}{4}(\sqrt{5}-1) \\
\sin 30^\circ &= \tfrac{1}{2} \\
\sin 45^\circ &= \tfrac{1}{2}\sqrt{2} \\
\sin 54^\circ &= \tfrac{1}{4}(\sqrt{5}+1)
\end{aligned}$$

durch eine ganze rationale Funktion vierten Grades zu approximieren. Damit sind die Funktionswerte für 10°, 20°, 30°, 40°, 50° auf fünf Dezim .'en zu berechnen. ($\sqrt{5} = 2{\cdot}2360680$, $\sqrt{2} = 1{\cdot}4142136$).

4. Mit Hilfe der folgenden Logarithmen

$$\log 28 = 1{\cdot}4471\,5803$$
$$\log 29 = 1{\cdot}4623\,9800$$
$$\log 30 = 1{\cdot}4771\,2125$$
$$\log 31 = 1{\cdot}4913\,6169$$
$$\log 32 = 1{\cdot}5051\,4998$$
$$\log 33 = 1{\cdot}5185\,1394$$
$$\log 34 = 1{\cdot}5314\,7892$$

ist $\log \pi$ auf acht Dezimalen zu berechnen.

5. Aus den natürlichen Logarithmen

$$\log 192 = 5{\cdot}257\,4954$$
$$\log 196 = 5{\cdot}278\,1147$$
$$\log 200 = 5{\cdot}298\,3174$$
$$\log 204 = 5{\cdot}318\,1200$$
$$\log 208 = 5{\cdot}337\,5381$$

sind die naturlichen Logarithmen von 197, 198, 199, 201, 202, 203 durch Interpolation auf sieben Dezimalen zu berechnen.

6. Der Winkel $\frac{1}{100}$ in Bogenmaß hat die Größe

$$0^\circ \cdot 57296.$$

Diese Zahl ist durch den Quotienten zweier einstelliger Zahlen zu approximieren. Wie groß ist die Genauigkeit?

Fünftes Kapitel.

Das Rechnen mit unendlichen Reihen.

§ 43. Konvergenz und Divergenz.

Bei allen Größen, die nicht durch ganze Zahlen oder durch das Verhältnis ganzer Zahlen ausgedrückt werden können, begnügen wir uns mit der Angabe von *Näherungswerten*. Denken wir uns eine Reihe von Näherungswerten $a_1, a_2, a_3, \ldots$ hingeschrieben, deren Genauigkeit mit wachsendem Index zunimmt, und zwar so, daß ein Näherungswert, der in der Reihe hinreichend weit gewählt ist, beliebig wenig von allen folgenden abweicht, so kann die Reihe der Näherungswerte als Definition eines Zahlenwertes aufgefaßt werden, ohne daß eine algebraische Beziehung zu ganzen Zahlen bekannt zu sein braucht.

Die Verfahren zur Bildung aufeinanderfolgender Näherungswerte sind sehr mannigfaltig. Häufig berechnet man die Näherungswerte selbst zunächst nicht, sondern die Differenzen zweier aufeinander folgender oder, wie man sagt, die Korrekturen, die man an einen Näherungswert anbringen muß, um den nächsten zu erhalten. Der $n$te Näherungswert ist dann gleich dem $(n-1)$ten plus der Korrektur oder auch gleich dem ersten plus der Summe der Korrekturen bis zu der, die den $(n-1)$ten in den $n$ten verwandelt. Statt der Reihe der Näherungswerte kann man also auch die Reihe der Korrekturen $c_1, c_2, c_3, \ldots$ betrachten, wenn man noch den ersten Näherungswert hinzufügt. Der Zahlenwert stellt sich dann als eine Summe mit unendlich vielen Gliedern dar:

$$a_1 + c_1 + c_2 + c_3 + \ldots$$

Damit eine solche unendliche Summe einen endlichen Zahlenwert besitzt, ist es notwendig und hinreichend, wie wir schon bemerkt haben, daß sich ein Näherungswert von allen folgenden beliebig wenig unterscheidet, wenn wir nur in der Reihe der Näherungswerte hinreichend weit gegangen sind. Auf die Korrekturen bezogen lautet die Forderung, daß die Summe der Glieder, die auf das $n$te folgen, beliebig klein wird, wie weit man auch die Summe zusammenzählen mag, wenn man nur n hinreichend groß wählt. Ist diese Forderung erfüllt, so sprechen wir von einer *konvergenten*, andernfalls von einer *divergenten* unendlichen Reihe.

Wenn etwa die einzelnen Glieder einer unendlichen Reihe abwechselndes Vorzeichen besitzen, absolut genommen abnehmen und beliebig klein werden, wenn man in der Reihe hinreichend weit fortschreitet, so ist die Reihe konvergent. Denn die Naherungswerte einer solchen alternierenden Reihe nehmen abwechselnd zu und ab und unterscheiden sich von allen folgenden beliebig wenig, wenn man nur in der Reihe hinreichend weit geht. Die Naherungswerte sind abwechselnd größer und kleiner als der durch die Reihe definierte Zahlenwert, oder der Fehler eines Näherungswertes ist immer kleiner als die folgende Korrektur.

Ein *Beispiel* bildet die bekannte Reihenentwicklung für lg 2

$$1 - \frac{1}{2} + \frac{1}{3} - \frac{1}{4} + \dots \left(c_{n-1} = \frac{(-1)^{n-1}}{n}\right).$$

Der Fehler des n ten Naherungswertes ist absolut kleiner als $\frac{1}{n+1}$. Die Reihe konvergiert demnach recht langsam, man müßte etwa hundert Glieder berechnen, um den Fehler unter eine Einheit der zweiten Dezimale zu drücken.

In solchen Fallen kann man die Konvergenz dadurch beschleunigen, daß man an Stelle der Naherungswerte dieser Reihe das arithmetische Mittel zweier aufeinanderfolgender Näherungen nimmt. Bezeichnen wir mit a_n den n ten Näherungswert, so ist in unserer Reihe

$$a_{n+1} - a_n = c_n = \frac{(-1)^n}{n+1},$$

$$a_n - a_{n-1} = c_{n-1} = -\frac{(-1)^n}{n},$$

und wenn man addiert

$$\frac{a_{n+1} + a_n}{2} - \frac{a_n + a_{n-1}}{2} = \frac{(-1)^{n-1}}{2n(n+1)}, \qquad \frac{a_1 + a_2}{2} = \frac{3}{4}.$$

lg 2 wird daher auch durch die folgende Reihe dargestellt:

$$\frac{3}{4} - \frac{1}{2 \cdot 2 \cdot 3} + \frac{1}{2 \cdot 3 \cdot 4} - \frac{1}{2 \cdot 4 \cdot 5} + \dots \left(c_{n-1} = \frac{(-1)^{n-1}}{2n(n+1)}\right).$$

Die Konvergenz dieser Reihe ist erheblich besser, denn sechs Glieder der Reihe würden den Fehler schon unter eine Einheit der zweiten Dezimale bringen.

Man kann das Verfahren fortsetzen. Wenn A_n den n ten Näherungswert der neuen Reihe bezeichnet, so ist

$$A_{n+1} - A_n = \frac{(-1)^n}{2(n+1)(n+2)},$$

$$A_n - A_{n-1} = \frac{(-1)^{n-1}}{2n(n+1)},$$

und wenn man addiert

$$\frac{A_{n+1}+A_n}{2}-\frac{A_n+A_{n-1}}{2}=\frac{(-1)^{n-1}}{2n(n+1)(n+2)}, \quad \frac{A_1+A_2}{2}=\frac{17}{24}.$$

Daraus ergibt sich die neue Reihe

$$\frac{17}{24}-\frac{1}{2\cdot 2\cdot 3\cdot 4}+\frac{1}{2\cdot 3\cdot 4\cdot 5}-\frac{1}{2\cdot 4\cdot 5\cdot 6}+\ldots\left(c_{n-1}=\frac{(-1)^{n-1}}{2n(n+1)(n+2)}\right).$$

Sechs Glieder dieser Reihe würden schon eine Einheit der dritten Dezimale liefern:

$$\begin{array}{rr} \frac{17}{24}=0{\cdot}70833 & \frac{1}{2\cdot 2\cdot 3\cdot 4}=0{\cdot}02083 \\ \frac{1}{2\cdot 3\cdot 4\cdot 5}=0{\cdot}00833 & \frac{1}{2\cdot 4\cdot 5\cdot 6}=0{\cdot}00417 \\ \frac{1}{2\cdot 5\cdot 6\cdot 7}=0{\cdot}00238 & \frac{1}{2\cdot 6\cdot 7\cdot 8}=0{\cdot}00149 \\ \hline 0{\cdot}71904 & -0{\cdot}02649 \\ -0{\cdot}02649 & \\ \hline 0{\cdot}69255 & \end{array}$$

Der Wert der Reihe liegt demnach zwischen 0·69255 und $0{\cdot}69255+\frac{1}{2\cdot 7\cdot 8\cdot 9}$, also zwischen 0·69255 und 0·69354. Das arithmetische Mittel zwischen diesen beiden Grenzen liefert einen Näherungswert von doppelter Genauigkeit, denn sein Fehler muß kleiner sein als die halbe Differenz der beiden Grenzwerte. Es wird demnach der Reihenwert

$$0{\cdot}6930 \pm 5 \text{ Einheiten der letzten Dezimale.}$$

In der Tafel findet man den Wert lg 2 = 0·6931.

Wenn die aufeinanderfolgenden Näherungswerte nicht abwechselnd größer und kleiner sind, ist die Konvergenz der Reihe nicht so einfach zu entscheiden. Wir wollen zunächst den Fall betrachten, daß die Näherungswerte beständig zunehmen, daß also alle Korrekturen dasselbe Vorzeichen haben. Hat man von einer solchen Reihe die Konvergenz nachgewiesen, so ist sie damit gleichzeitig für jede Reihe bewiesen, deren Glieder ebenfalls gleiches Vorzeichen besitzen und dem absoluten Betrage nach kleiner als die der ersten Reihe sind, denn der Fehler dieser Reihe ist dann ständig kleiner als der der ersten Reihe.

Die Vergleichsreihe wird man so zu wählen suchen, daß sie sich möglichst nahe an die zu untersuchende Reihe anschließt. Außerdem ist es wünschenswert, daß man den Fehler der Näherungswerte der Vergleichsreihe einigermaßen genau und möglichst bequem angeben kann.

Diesen Anforderungen genügt in erster Linie die geometrische Reihe

$$a+aq+aq^2+\ldots aq^{n-1}=a\frac{1-q^n}{1-q}=\frac{a}{1-q}-a\frac{q^n}{1-q}.$$

Wenn q positiv kleiner als 1 ist, so ist die rechte Seite der Gleichung beliebig wenig von $\frac{a}{1-q}$ verschieden, wenn man nur n hinreichend groß wählt. Für solche Werte von q ist daher die linke Seite der Gleichung ein Näherungswert von $\frac{a}{1-q}$, dessen Fehler gleich $\frac{aq^n}{1-q}$ ist.

Die geometrische Reihe kann in allen den Fällen als Vergleichsreihe benutzt werden, in denen von einer bestimmten Stelle ab jedes Glied einen gewissen Bruchteil des vorhergehenden nicht überschreitet. Ist q dieser Bruchteil und m der Wert eines Gliedes, das mit allen folgenden diese Regel erfüllt, so ist der Fehler, den man begeht, wenn man gerade vor dem betreffenden Gliede abbricht, offenbar nicht größer als die geometrische Reihe

$$m + mq + mq^2 + \ldots,$$

also nicht größer als $\frac{m}{1-q}$. Kommt q dem Werte 1 nicht zu nahe, so ist der Fehler von derselben Ordnung wie m. Wir haben hier eine ganz ähnliche Regel wie bei der alternierenden Reihe, auch hier wird die Genauigkeit einer Näherung beurteilt nach dem Betrage der nächstfolgenden Korrektur. In vielen Fällen genügt die Kenntnis der Dezimale, die vom Fehler noch beeinflußt wird, dann kann man sich mit dieser rohen Abschätzung begnügen und die genaue Ermittlung der oberen Grenze $\frac{m}{1-q}$ ersparen. Immerhin ist bei Anwendung dieser Regel Vorsicht geboten, da sich leicht Beispiele bilden lassen, bei denen der Fehler die nächstfolgende Korrektur um beliebig viel überschreitet.

Die Reihe

$$\left(1 - \frac{1}{2^\varepsilon}\right) + \left(\frac{1}{2^\varepsilon} - \frac{1}{3^\varepsilon}\right) + \left(\frac{1}{3^\varepsilon} - \frac{1}{4^\varepsilon}\right) + \ldots \left(c_{n-1} = \frac{1}{n^\varepsilon} - \frac{1}{(n+1)^\varepsilon}\right)$$

konvergiert und hat den Wert 1, wenn ε eine beliebige positive Zahl ist. Der $n$te Näherungswert ist gleich $1 - \frac{1}{(n+1)^\varepsilon}$ und besitzt daher den Fehler $\frac{1}{(n+1)^\varepsilon}$.

Nun ist nach dem binomischen Lehrsatz

$$\left(1 - \frac{1}{n}\right)^{-\varepsilon} = 1 + \frac{\varepsilon}{n} + \frac{\varepsilon(\varepsilon+1)}{1 \cdot 2} \frac{1}{n^2} + \ldots,$$

folglich ist

$$\left(1 - \frac{1}{n}\right)^{-\varepsilon} > 1 + \frac{\varepsilon}{n}$$

und daher

$$\frac{1}{(n-1)^\varepsilon} > \frac{1}{n^\varepsilon} + \frac{\varepsilon}{n^{1+\varepsilon}},$$

$$\frac{1}{(n-1)^\varepsilon} - \frac{1}{n^\varepsilon} > \frac{\varepsilon}{n^{1+\varepsilon}}.$$

Das heißt, es ist

$$\frac{\varepsilon}{n^{1+\varepsilon}} < c_{n-2}$$

Mithin konvergiert auch die Reihe

$$1 + \frac{1}{2^{1+\varepsilon}} + \frac{1}{3^{1+\varepsilon}} + \frac{1}{4^{1+\varepsilon}} + \dots \left(c_n = \frac{1}{(n+1)^{1+\varepsilon}}\right)$$

und der Fehler des $n$ten Näherungswertes ist kleiner als $\frac{1}{\varepsilon}$ mal dem Fehler der Vergleichsreihe, also kleiner als $\frac{1}{\varepsilon \cdot n^{\varepsilon}}$.

Diese Reihe kann zweckmäßig als Vergleichsreihe herangezogen werden, wenn ein Vergleich mit der geometrischen Reihe wegen der schnellen Abnahme der Glieder nicht möglich ist. Für kleine Werte von ε wird die Konvergenz immer langsamer und hört für $\varepsilon = 0$ ganz auf. Die Reihe geht dann über in die harmonische Reihe

$$1 + \frac{1}{2} + \frac{1}{3} + \frac{1}{4} + \dots \left(c_{n-1} = \frac{1}{n}\right),$$

deren Divergenz sich aus der Bemerkung ergibt, daß

$$\frac{1}{n+1} + \frac{1}{n+2} + \dots \frac{1}{2n} > n \frac{1}{2n} = \frac{1}{2}$$

ist. Wieviel Glieder man auch von der Reihe am Anfang zusammenfaßt, die Summe der übrigbleibenden Glieder muß immer den Wert $\frac{1}{2}$ übersteigen.

Analog kann man übrigens auf die Divergenz einer jeden Reihe schließen, deren Glieder von einer bestimmten Stelle ab nicht kleiner sind als ein bestimmtes Vielfaches der entsprechenden Glieder der harmonischen Reihe.

Wenn eine Reihe aus positiven und negativen Gliedern besteht und man bildet aus ihr eine neue Reihe, indem man die Vorzeichen aller Glieder positiv wählt, so ist die Konvergenz der ersten Reihe bewiesen, sobald die Konvergenz der zweiten Reihe, der Reihe der absoluten Beträge, feststeht. Denn der Unterschied zwischen zwei Näherungswerten der ersten Reihe kann dem absoluten Betrage nach nicht größer sein als der Unterschied der entsprechenden beiden Näherungswerte der zweiten Reihe.

Dagegen folgt nicht umgekehrt aus der Konvergenz einer Reihe die Konvergenz der Reihe der absoluten Beträge, wie das Beispiel der harmonischen Reihe zeigt. Die Reihe

$$1 - \tfrac{1}{2} + \tfrac{1}{3} - \tfrac{1}{4} + \dots$$

konvergiert und liefert den Wert 0,693..., wie wir oben gesehen haben, während die Reihe

$$1 + \tfrac{1}{2} + \tfrac{1}{3} + \tfrac{1}{4} + \dots$$

divergiert.

Ist die Reihe der absoluten Beträge konvergent, so spricht man von unbedingter Konvergenz. Es laßt sich zeigen, daß der Wert einer solchen Reihe von der Reihenfolge der Glieder unabhängig ist[1]). Divergiert dagegen die Reihe der absoluten Beträge, so konvergiert eine Reihe nur bedingt. Die Konvergenz sowohl wie der Wert der Reihe

[1]) Vgl. z. B. *Runge, C.*: Theorie und Praxis der Reihen. S. 19.

ist abhängig von der Reihenfolge der Glieder. Ordnen wir etwa die Glieder der Reihe

$$1 - \tfrac{1}{2} + \tfrac{1}{3} - \tfrac{1}{4} + \cdots$$

so um, daß immer zwei positive und ein negatives Glied zusammengenommen werden, so entsteht die Reihe

$$1 + (\tfrac{1}{3} + \tfrac{1}{5} - \tfrac{1}{2}) + (\tfrac{1}{7} + \tfrac{1}{9} - \tfrac{1}{4}) + \cdots$$

oder, wenn wir immer die eingeklammerten Glieder zusammenfassen,

$$1 + \frac{1}{2\cdot 3\cdot 5} + \frac{1}{4\cdot 7\cdot 9} + \cdots \left(c_n = \frac{1}{2n(4n-1)(4n+1)}\right).$$

Diese Reihe konvergiert zwar noch, wie der Vergleich mit der Reihe

$$1 + \frac{1}{2^3} + \frac{1}{3^3} + \cdots$$

zeigt, aber ihr Wert ist größer als 1, also verschieden von 0·693...

§ 44. Addition, Subtraktion und Multiplikation unendlicher Reihen.

Werden zwei Werte addiert, subtrahiert oder multipliziert, so ändert sich das Resultat beliebig wenig, wenn man die Werte hinreichend wenig abändert. Setzt man also statt der Größen selbst Näherungswerte ein, so ergibt sich auch ein Näherungswert für das Resultat. Der Fehler dieses Näherungswertes ist beliebig klein, wenn die Fehler jener Näherungswerte hinreichend klein sind. Man kann also für das Resultat der Rechnung eine Reihe von Näherungswerten mit ständig abnehmendem Fehler bilden, mit anderen Worten, man kann das Resultat als eine unendliche Summe schreiben, deren erstes Glied der erste Näherungswert ist, und deren weitere Glieder die Korrekturen sind, die einen Näherungswert in den folgenden verwandeln.

Es seien N und N' die $n$ten Näherungswerte zweier Reihen, dann ist $N + N'$ der Naherungswert ihrer Summe. Sind c_n und c'_n die Korrekturen von N und N', so ist $c_n + c'_n$ die Korrektur von $N + N'$. Die Summe der beiden Reihen kann man daher in der Form

$$(c_0 + c'_0) + (c_1 + c'_1) + (c_2 + c'_2) + \cdots$$

schreiben oder, da c_n mit wachsendem n beliebig klein wird und daher auch $N + N' + c_n$ mit beliebiger Genauigkeit den Reihenwert darstellt, so kann man die Zusammenfassung je zweier Glieder auch weglassen und schreiben

$$c_0 + c'_0 + c_1 + c'_1 + c_2 + c'_2 + \cdots$$

Wie man leicht sieht, ändert die Reihe ihren Wert nicht, wenn man die Glieder der einen Reihe unter Beibehaltung ihrer Reihenfolge gegen die der anderen verstellt, auch wenn beide Reihen nur bedingt konvergieren. Ist eine der beiden Reihen unbedingt konvergent, so kann man die Reihenfolge ihrer Glieder beliebig ändern, sind beide Reihen unbedingt konvergent, so können alle Glieder der Summenreihe ihre Anordnung beliebig ändern, ohne daß sich der Wert der Summenreihe ändert.

Was für die Summe zweier Reihen richtig ist, gilt ebenso für die Differenz zweier Reihen.

Eine konvergente Reihe von Werten, deren jeder als unendliche Reihe von Gliedern definiert ist, kann man in eine konvergente Reihe dieser Glieder verwandeln. Bleibt die Reihe konvergent, wenn alle Glieder mit positivem Vorzeichen genommen werden, so kann man ihre Reihenfolge beliebig wählen. Ist

$$A = a + b + c + \dots$$

zu bilden, wobei

$$\begin{aligned} a &= \alpha_0 + \alpha_1 + \alpha_2 + \dots \\ b &= \beta_0 + \beta_1 + \beta_2 + \dots \\ c &= \gamma_0 + \gamma_1 + \gamma_2 + \dots \\ &\dots\dots\dots\dots \end{aligned}$$

ist, so besteht eine bequeme Summationsmethode darin, daß man die Reihen je eine Stelle einruckt

$$\begin{array}{cccc} \alpha_0, & \alpha_1, & \alpha_2, & \alpha_3 \dots \\ & \beta_0, & \beta_1, & \beta_2 \dots \\ & & \gamma_0, & \gamma_1 \dots \\ & & & \dots\dots \end{array}$$

und die Glieder kolonnenweise addiert.

Um das Produkt zweier konvergenter Reihen wieder als konvergente Reihe darzustellen, betrachten wir die n^{ten} Näherungswerte N_n und N'_n der beiden miteinander zu multiplizierenden Reihen. $N_n N'_n$ ist der Näherungswert des Produkts, dessen Fehler zugleich mit den Fehlern von N_n und N'_n beliebig klein wird. Denn aus den Korrekturen c_n und c'_n dieser Näherungswerte ergibt sich die Korrektur des Näherungswertes $N_n N'_n$ zu $c_n N'_n + c'_n N_n + c_n c'_n$. Wir erhalten daher für das Produkt der beiden Reihen die folgende Reihe

$$N_1 N'_1 + (c_1 N'_1 + c'_1 N_1 + c_1 c'_1) + (c_2 N'_2 + c'_2 N_2 + c_2 c'_2) + \dots$$

Wenn man fur N_n und N'_n ihre Ausdrucke als Summen der Großen c einsetzt, so erhält man für das Produkt die quadratische Anordnung

$$\begin{array}{lllllll} c'_0 c_0 & + c'_0 c_1 & + c'_0 c_2 & + \dots + c'_0 c_{n-1} & + c'_0 c_n & + \dots \\ c'_1 c_0 & + c'_1 c_1 & + c'_1 c_2 & + \dots + c'_1 c_{n-1} & + c'_1 c_n & + \dots \\ \dots\dots & \dots\dots & \dots\dots & \dots\dots & \dots\dots & \dots \\ \dots\dots & \dots\dots & \dots\dots & \dots\dots & \dots\dots & \dots \\ c'_{n-1} c_0 & + c'_{n-1} c_1 & + c'_{n-1} c_2 & + \dots + c'_{n-1} c_{n-1} & + c'_{n-1} c_n & + \dots \\ c'_n c_0 & + c'_n c_1 & + c'_n c_2 & + \dots + c'_n c_{n-1} & + c'_n c_n & + \dots \\ \dots\dots & \dots\dots & \dots\dots & \dots\dots & \dots\dots & \dots \\ \dots\dots & \dots\dots & \dots\dots & \dots\dots & \dots\dots & \dots \end{array}$$

Die Reihe für das Produkt konvergiert, wenn die beiden Faktoren konvergieren, gleichgültig, ob die Konvergenz bedingt oder unbedingt ist. Für die Berechnung bringt man die quadratische Anordnung des Produktes bequemer in folgendes Schema

$$\begin{array}{llllll}
c'_0\, c_0, & c'_0\, c_1, & c'_0\, c_2, & c'_0\, c_3, & c'_0\, c_4, & \ldots \\
 & c'_1\, c_0 & & & & \\
 & c'_1\, c_1, & c'_1\, c_2, & c'_1\, c_3, & c'_1\, c_4, & \ldots \\
 & & c'_2\, c_0 & & & \\
 & & c'_2\, c_1 & & & \\
 & & c'_2\, c_2, & c'_2\, c_3, & c'_2\, c_4, & \ldots \\
 & & & c'_3\, c_0 & & \\
 & & & c'_3\, c_1 & & \\
 & & & c'_3\, c_2 & & \\
 & & & c'_3\, c_3, & c'_3\, c_4, & \ldots \\
 & & & & c'_4\, c_0 & \\
 & & & & c'_4\, c_1 & \\
 & & & & c'_4\, c_2 & \\
 & & & & c'_4\, c_3 & \\
 & & & & c'_4\, c_4, & \ldots
\end{array}$$

und addiert die einzelnen Kolonnen.

Konvergieren beide Reihen unbedingt, so läßt sich das Produkt noch auf eine andere Form bringen

$$\begin{array}{lll}
c'_0\, c_0 + c'_0\, c_1 & & + c'_0\, c_2 + \ldots \\
 + c'_1\, c_0 & & + c'_1\, c_1 + \ldots \\
 & & + c'_2\, c_0 + \ldots \\
 & & \qquad \ldots \\
\hline
\multicolumn{3}{l}{c'_0\, c_0 + (c'_0\, c_1 + c'_1\, c_0) + (c'_0\, c_2 + c'_1\, c_1 + c'_2\, c_0) + \ldots}
\end{array}$$

Diese Ausführung des Produktes ist der Multiplikation von ganzen Zahlen oder von Dezimalbrüchen analog gebildet.

§ 45. Division unendlicher Reihen.

Auch die Division unendlicher Reihen laßt sich auf ähnliche Weise behandeln. Ist der Nenner nicht Null, so ist der Quotient zweier Näherungswerte ein Näherungswert des Quotienten, dessen Fehler zugleich mit den Fehlern der beiden Näherungswerte beliebig klein wird. Wieder hat man verschiedene Möglichkeiten, um aus der Reihe der Näherungswerte eine unendliche Reihe zu bilden.

Anschließend an die Multiplikation unbedingt konvergenter Reihen multiplizierten wir, um den Quotienten $\frac{A}{B}$ der beiden Reihen

$$A = a_0 + a_1 + a_2 + \ldots$$
$$B = b_0 + b_1 + b_2 + \ldots$$

zu bilden, den Nenner mit dem Quotienten $\frac{a_0}{b_0}$ der beiden ersten Glieder und ziehen das Produkt vom Zähler ab. Der Rest ist dann wieder eine konvergente Reihe A'.

$$\begin{array}{rl} A = & a_0 + a_1 \quad + a_2 \quad + \dots \\ \frac{a_0}{b_0} B = & a_0 + b_1 \frac{a_0}{b_0} + b_2 \frac{a_0}{b_0} + \dots \\ \hline A' = & \qquad a_0' \quad + a_1' \quad + \dots \end{array}$$

Die Gleichung

$$A - \frac{a_0}{b_0} B = A'$$

läßt sich auf die Form bringen

$$\frac{A}{B} = \frac{a_0}{b_0} + \frac{A'}{B}.$$

Somit ist die Division von $\frac{A}{B}$ auf die Division von $\frac{A'}{B}$ zurückgeführt. Durch Wiederholen derselben Operation findet man

$$\frac{A'}{B} = \frac{a_0'}{b_0} + \frac{A''}{B}.$$

Nach n Schritten ergibt sich

$$\frac{A^{(n-1)}}{B} = \frac{a_0^{(n-1)}}{b_0} + \frac{A^{(n)}}{B}.$$

Damit ist der Quotient in die unendliche Reihe

$$Q = \frac{a_0}{b_0} + \frac{a'}{b_0} + \frac{a''}{b_0} + \dots$$

entwickelt.

Als *Beispiel* möge die Division der beiden Reihen

$$\sin\alpha = \alpha - \frac{\alpha^3}{3!} + \frac{\alpha^5}{5!} - \dots,$$

$$\cos\alpha = 1 - \frac{\alpha^2}{2!} + \frac{\alpha^4}{4!} - \dots$$

in den ersten Schritten ausgeführt werden.

$$\begin{array}{rl|l} A = & \alpha - \frac{\alpha^3}{3!} + \frac{\alpha^5}{5!} - \dots & \alpha + \frac{2\alpha^3}{3!} \\ B = & \alpha - \frac{\alpha^3}{2!} + \frac{\alpha^5}{4!} - \dots & \\ \hline A' = & 2\frac{\alpha^3}{3!} - 4\frac{\alpha^5}{5!} + \dots & \\ & 2\frac{\alpha^3}{3!} - 2\frac{\alpha^5}{3!\,2!} + \dots & \\ \hline A'' = & \frac{2 \cdot 4 \cdot 6}{3} \frac{\alpha^5}{5!} + \dots & \end{array}$$

Man hat also

$$\operatorname{tg}\alpha = \alpha + \frac{2\alpha^3}{3!} + \frac{A''}{\cos\alpha}$$

§ 46. Reihen von Funktionen, insbesondere Potenzreihen.

Bisher ist nur von bestimmten Werten die Rede gewesen, die durch unendliche Reihen berechnet werden. Aber auch eine Funktion einer oder mehrerer Veränderlicher kann in derselben Weise dargestellt werden. Fur jeden besonderen Wert der Veranderlichen haben wir es mit einem bestimmten Werte der Reihe und ihrer Glieder zu tun. Laßt man jedoch die Veränderlichen keine bestimmten Werte annehmen, so sind die Glieder der Reihe, ihre Näherungswerte und Fehler Funktionen der Veränderlichen.

Bei einer angenäherten Darstellung einer Funktion müssen die Fehler der Näherungswerte gleichzeitig für alle betrachteten Werte der Veränderlichen beliebig klein werden, wenn man hinreichend weit in der Reihe fortschreitet, unabhängig von dem speziellen Werte der Veränderlichen. Sonst hat man es ja gar nicht mit einem Näherungswert für die Funktion zu tun, sondern mit einer Annäherung an einen speziellen Funktionswert.

Aus der Konvergenz der Reihe für alle betrachteten Werte der Veränderlichen geht nun aber noch keineswegs hervor, daß man den Fehler des $n$ten Näherungswertes durch die Wahl eines hinreichend großen Wertes von n für die Gesamtheit der betrachteten Werte beliebig klein machen kann. Es ist vielmehr möglich, daß bei der Annäherung an einen speziellen Wert der Veränderlichen die Konvergenz der Reihe beliebig schlecht wird, daß man also in der Reihe immer weiter und weiter fortschreiten muß, um den Fehler unter eine vorgegebene Schranke hinabzudrücken, je mehr man sich dem speziellen Werte der Veränderlichen nähert.

Wenn die Näherungswerte die Eigenschaft haben, sich für die Gesamtheit der betrachteten Werte der Veränderlichen beliebig genau an den Grenzwert anzuschmiegen, so spricht man von *gleichmäßiger* Konvergenz der Reihe.

Ungleichmäßig konvergierende Darstellungen gewinnen Bedeutung, wenn es sich um Annäherungen an unstetige Funktionen handelt. Denn es läßt sich zeigen, daß eine gleichmäßig konvergente Reihe stetiger Funktionen immer nur eine stetige Funktion darstellen kann[1]).

Eine sehr viel gebrauchte Form einer Reihe von Funktionen ist die Potenzreihe

$$a_0 + a_1 x + a_2 x^2 + a_3 x^3 + \dots + a_n x^n + \dots$$

Zur Beurteilung ihrer Konvergenz dient in der Regel die geometrische Reihe. Wenn sich nachweisen laßt, daß $a_n x^n$ absolut genommen nicht größer ist als $m r^n$, so ist der Fehler des $n$ten Naherungswertes absolut nicht größer als

$$m r^n + m r^{n+1} + m r^{n+2} + \dots$$

---

[1]) Vgl *Runge, C.*: Theorie und Praxis der Reihen. § 7

Oder unter der Voraussetzung, daß r ein echter Bruch ist, nicht größer als

$$\frac{m r^n}{1 - r}.$$

Wenn eine Potenzreihe für einen speziellen Wert von x konvergiert, so folgt daraus sofort, daß die Reihe für jeden absolut kleineren Wert von x unbedingt und gleichmäßig konvergiert.

Die Addition, Subtraktion, Multiplikation und Division von Potenzreihen führt wieder auf Potenzreihen. Die Ausführung dieser Operationen geschieht genau so, wie bei den ganzen rationalen Funktionen, die nach steigenden Potenzen von x geordnet sind. Auch die Schreibweise läßt sich dadurch abkürzen, daß man die Koeffizienten allein hinschreibt. Die zugehörigen Potenzen von x werden durch die Stellung des Koeffizienten angegeben, fehlende Potenzen erhalten den Koeffizienten 0.

Als Beispiel fur das Rechnen mit Potenzreihen diene die folgende *Aufgabe.*

Eine Blattlaus erzeugt an jedem Tage k Junge. Eine neugeborene Blattlaus vermehrt sich jedoch erst nach einem Tage. Wieviel Blattläuse sind am $n$ten Tage vorhanden, wenn am ersten Tage a_1 Blattlause lebten, darunter a_0, die alter als einen Tag sind.

Bezeichnet a_n die Anzahl der Blattlause, die am $n$ten Tage vorhanden sind, so ist unter der Voraussetzung, daß alle Blattläuse am Leben bleiben:

$$\begin{aligned} a_2 &= a_1 + k a_0 \\ a_3 &= a_2 + k a_1 \\ &\ldots\ldots\ldots\ldots \\ a_n &= a_{n-1} + k a_{n-2}. \end{aligned}$$

Wir betrachten $a_0, a_1, a_2 \ldots a_n$ als Koeffizienten einer Potenzreihe

$$f(x) = a_0, a_1, a_2 \ldots a_n \ldots$$

und fragen nach dem allgemeinen Ausdruck für a_n, wenn die Koeffizienten nach der Rekursionsformel

$$a_n = a_{n-1} + k a_{n-2}$$

gebildet werden.

Wir multiplizieren die Funktion

$$f(x) = a_0 + a_1 x + a_2 x^2 + a_3 x^3 + \ldots a_n x^n + \ldots$$

mit $x + k x^2$

0	a_0	a_1	a_2	a_3	a_4	...
		ka_0	ka_1	ka_2	ka_3	...
0	a_0	a_2	a_3	a_4	a_5	...

Mithin wird

$$(x + k x^2) f(x) = f(x) - a_0 - a_1 x + a_0 x$$

oder

$$(1 - x - k x^2) f(x) = a_0 + (a_1 - a_0) x,$$

d. h. $f(x)$ ist eine gebrochene rationale Funktion

$$f(x) = \frac{a_0 + (a_1 - a_0)\,x}{1 - x - k\,x^2}\,.$$

Die Zerlegung in Partialbruche ergibt

$$f(x) = \frac{a_0 + (a_1 - a_0)\,x_1}{k\,(x_1 - x_2)}\,\frac{1}{x_1 - x} + \frac{a_0 + (a_1 - a_0)\,x_2}{k\,(x_2 - x_1)}\,\frac{1}{x_2 - x}\,,$$

wobei x_1 und x_2 die Wurzeln der Gleichung

$$x^2 + \frac{1}{k}x - \frac{1}{k} = 0$$

sind, nämlich

$$x_1 = \frac{-1 + \sqrt{1 + 4k}}{2k}\,,$$

$$x_2 = \frac{-1 - \sqrt{1 + 4k}}{2k}\,.$$

Da nun $\frac{1}{x_1 - x}$ und $\frac{1}{x_2 - x}$ als Potenzreihen geschrieben

$$\frac{1}{x_1 - x} = x_1^{-1},\; x_1^{-2},\; x_1^{-3}, \ldots$$

$$\frac{1}{x_2 - x} = x_2^{-1},\; x_2^{-2},\; x_2^{-3}, \ldots$$

sind, so wird der Koeffizient von x^n in $f(x)$ gleich

$$\frac{a_0 + (a_1 - a_0)\,x_1}{k\,(x_1 - x_2)}\,x_1^{-n-1} - \frac{a_0 + (a_1 - a_0)\,x_2}{k\,(x_1 - x_2)}\,x_2^{-n-1}$$

oder

$$a_n = \frac{a_0}{\sqrt{1 + 4k}}\,(x_1^{-n-1} - x_2^{-n-1}) + \frac{a_1 - a_0}{\sqrt{1 + 4k}}\,(x_1^{-n} - x_2^{-n})\,.$$

Etwas allgemeiner laßt sich die nach der Rekursionsformel

$$a_n = p\,a_{n-1} + q\,a_{n-2}$$

zu bildende Zahl a_n ermitteln als Koeffizient von x^n der rationalen Funktion

$$f(x) = \frac{a_0 + (a_1 - p\,a_0)\,x}{1 - p\,x - q\,x^2}\,.$$

Die Zerlegung in Partialbrüche liefert

$$a_n = \frac{a_0 + (a_1 - p\,a_0)\,x_1}{q\,(x_1 - x_2)} \cdot x_1^{-n-1} - \frac{a_0 + (a_1 - p\,a_0)\,x_2}{q\,(x_2 - x_1)}\,x_2^{-n-1}\,,$$

wo

$$x_1 = \frac{-p + \sqrt{p^2 + 4q}}{2q}\,, \qquad x_2 = \frac{-p - \sqrt{p^2 + 4q}}{2q}$$

oder

$$a_n = \frac{a_0}{\sqrt{p^2 + 4q}}\,(x_1^{-n-1} - x_2^{-n-1}) + \frac{a_1 - p\,a_0}{\sqrt{p^2 + 4q}}\,(x_1^{-n} - x_2^{-n})\,.$$

Der Ausdruck läßt sich durch Einfuhrung von hyperbolischen Funktionen etwas übersichtlicher schreiben. Setzt man

$$x_1 = \sqrt{\frac{1}{q}}\,e^{-\alpha}, \qquad x_2 = -\sqrt{\frac{1}{q}}\,e^{\alpha},$$

so wird

$$\sqrt{p^2+4q} = q(x_1 - x_2) = 2\sqrt{q}\,\mathfrak{Cos}\,\alpha\,, \qquad \frac{p}{\sqrt{q}} = 2\,\mathfrak{Sin}\,\alpha\,.$$

Für ungerade Werte von n ist dann

$$a_n = q^{\frac{n}{2}} \cdot \frac{a_0}{\mathfrak{Cos}\,\alpha}\,\mathfrak{Sin}\,(n+1)\,\alpha + q^{\frac{n-1}{2}}\,\frac{a_1 - p\,a_0}{\mathfrak{Cos}\,\alpha}\,\mathfrak{Cos}\,n\,\alpha\,,$$

für gerade Werte von n

$$a_n = q^{\frac{n}{2}}\,\frac{a_0}{\mathfrak{Cos}\,\alpha}\,\mathfrak{Cos}\,(n+1)\,\alpha + q^{\frac{n-1}{2}}\,\frac{a_1 - p\,a_0}{\mathfrak{Cos}\,\alpha}\,\mathfrak{Sin}\,n\,\alpha\,.$$

Wählt man beispielsweise $q = 1$, $a_0 = \mathfrak{Cos}\,\alpha$, $a_1 = p\,a_0$, so ergibt sich die Reihe der Größen $a_0, a_1, a_2, \ldots$ gleich

$$\mathfrak{Cos}\,\alpha\,,\quad \mathfrak{Sin}\,2\alpha\,,\quad \mathfrak{Cos}\,3\alpha\,,\quad \mathfrak{Sin}\,4\alpha\,,\ldots$$

Man hat daher die Möglichkeit, diese Werte der Reihe nach aufzubauen nach der Formel

$$a_n = p\,a_{n-1} + a_{n-2}\,,$$

wobei

$$p = 2\,\mathfrak{Sin}\,\alpha$$

ist. Diese Methode zur Berechnung einer Tafel der hyperbolischen Funktionen wird besonders bequem, wenn man für p einen einfachen Wert wählt. Wir wählen z. B. $p = 0{\cdot}1$, dann wird $\mathfrak{Sin}\,\alpha = 0{,}05$ und $\mathfrak{Cos}\,\alpha = \sqrt{1 + 0{\cdot}05^2} = 1{\cdot}001\,249\,219\,725$. Wir rücken jede Zahl um eine Stelle ein, damit man leicht ihren zehnten Teil zu der vorhergehenden addieren kann, um die folgende zu erhalten:

$$
\begin{aligned}
a_0 &= 1{\cdot}001\ 249\ 219\ 725\\
a_1 &= 0{\cdot}10\ 012\ 492\ 197\ 2\\
a_2 &= 1{\cdot}0\ 112\ 617\ 119\ 22\\
a_3 &= 0{\cdot}\ 201\ 251\ 093\ 165\\
a_4 &= 1{\cdot}03\ 138\ 682\ 123\ 9\\
a_5 &= 0{\cdot}3\ 043\ 897\ 752\ 89\\
a_6 &= 1{\cdot}\ 061\ 825\ 798\ 758\\
a_7 &= 0{\cdot}41\ 057\ 235\ 516\ 5\\
a_8 &= 1{\cdot}1\ 028\ 830\ 342\ 74\\
a_9 &= 0{\cdot}\ 520\ 860\ 658\ 592\\
a_{10} &= 1{\cdot}\ 15\ 496\ 910\ 013\ 3\\
a_{11} &= 0{\cdot}6\ 363\ 575\ 686\ 05\\
a_{12} &= 1{\cdot}218\ 604\ 856\ 994\\
a_{13} &= 0{\cdot}75\ 821\ 805\ 430\ 4\\
a_{14} &= 1{\cdot}2\ 944\ 266\ 624\ 24\\
a_{15} &= 0{\cdot}\ 887\ 660\ 720\ 546\\
a_{16} &= 1{\cdot}38\ 319\ 273\ 447\ 9\\
a_{17} &= 1{\cdot}0\ 259\ 799\ 939\ 94\\
a_{18} &= 1{\cdot}\ 485\ 790\ 733\ 878 \text{ usw.}
\end{aligned}
$$

Dabei hat α den Wert

$$\alpha = \lg\,(0{\cdot}05 + \sqrt{1 + 0{\cdot}05^2}) = 0{\cdot}049\,979\,190\,069\,.$$

Die beiden letzten Ziffern können durch Abrundung fehlerhaft geworden sein, so daß man für das endgültige Resultat auf zehn Stellen abkürzen wird:

x	$\mathfrak{Sin}\,x$	$\mathfrak{Cos}\,x$
0·04997 91901		1·00124 92197
0·09995 83801	0·10012 49220	
0·14993 75702		1·01126 17119
0·19991 67603	0·20125 10932	
0·24989 59503		1·03138 68212
0·29987 51404	0·30438 97753	
0·34985 43305		1·06182 57988
0·39983 35206	0·41057 23552	
0·44981 27106		1·10288 30343
0·49979 19007	0·52086 06586	
0·54977 10908		1·15496 91001
0·59975 02808	0·63635 75686	
0·64972 94709		1·21860 48570
0·69970 86610	0·75821 80543	
0·74968 78510		1·29442 66624
0·79966 70411	0·88766 07205	
0·84964 62312		1·38319 27345
0·89962 54212	1·02597 99940	
0·94960 46113		1·48579 07339
		usw.

Analog lassen sich auch die trigonometrischen Funktionen sin und cos berechnen. Wir brauchen in den Gleichungen nur $i\alpha$ an Stelle von α zu setzen, dann wird für ungerades n

$$a_n = i \sin (n + 1)\,\alpha$$

und für gerades n

$$a_n = \cos (n + 1)\,\alpha$$

während

$$p = 2\,i \sin \alpha\,.$$

Schreiben wir $\bar{p} = 2 \sin \alpha$ und $\bar{a}_n = \sin (n + 1)\,\alpha$, wenn n ungerade ist, so erhält die Kette der Gleichungen die Form

$$\begin{aligned}
a_0 &= \cos \alpha \\
\bar{a}_1 &= \qquad \bar{p}\, a_0 \\
a_2 &= a_0 - \bar{p}\, \bar{a}_1 \\
\bar{a}_3 &= \bar{a}_1 + \bar{p}\, a_2 \\
a_4 &= a_2 - \bar{p}\, \bar{a}_3 \\
\bar{a}_5 &= \bar{a}_3 + \bar{p}\, a_4 \text{ usw.}
\end{aligned}$$

Auch wenn $\bar{p}$ keinen runden Wert besitzt, lassen sich die aufeinanderfolgenden Werte mit der Maschine bequem berechnen. Wir wählen z. B. $\alpha = 5^\circ$, dann wird

$$\sin 5^\circ = 0{\cdot}08715\,57427, \qquad \cos 5^\circ = 0.99619\,46981$$

und

$$\bar{p} = 2 \sin 5^\circ = 0{\cdot}17431\,14855 .$$

Damit erhalten wir die auf neun Stellen abgekürzte Tabelle:

x	$\sin x$	$\cos x$	
0°	0 0000 00000		90°
5		0·9961 94698	85
10	0·1736 48177		80
15		0·9659 25826	75
20	0 3420 20143		70
25		0·9063 07787	65
30	0·5000 00000		60
35		0·8191 52044	55
40	0·6427 87609		50
45		0·7071 06781	45
50	0·7660 44442		40
55		0·5735 76437	35
60	0·8660 25403		30
65		0·4226 18263	25
70	0·9396 92619		20
75		0·2588 19047	15
80	0·9848 07752		10
85		0·0871 55746	5
90	1·0000 00000		0
	$\cos x$	$\sin x$	x

Damit ist eine vollständige Tabelle der trigonometrischen Funktionen sin und cos von 5 zu 5° fortschreitend gewonnen.

§ 47. Umkehrung von Potenzreihen.

Wenn eine Größe y als Funktion von x durch eine Potenzreihe dargestellt wird

$$y = a_0 + a_1 x + a_2 x^2 + a_3 x^3 + \dots,$$

dann kann man auch umgekehrt x als Funktion von y durch eine Potenzreihe darstellen. Wir setzen zu dem Zweck $\frac{y - a_0}{a_1} = u$ und schreiben der Kürze halber $\frac{a_2}{a_1} = b_2$, $\frac{a_3}{a_1} = b_3$ usw. Dann ist

$$u = x + b_2 x^2 + b_3 x^3 + \dots$$

oder

$$x = u - b_2 x^2 - b_3 x^3 - \dots$$

Der Unterschied $x - u$ ist in x von zweiter Ordnung. In erster Annäherung ist also $x = u$ (bis auf einen Fehler, der mit u klein wird wie u^2).

Aus der ersten Annäherung läßt sich eine zweite berechnen, indem man für den Unterschied $x - u$ eine erste Annäherung berechnet. Bis auf Glieder dritter Ordnung ist $-b_2 x^2 - b_3 x^3$ gleich $-b_2 u^2$, folglich

$$x = u - b_2 u^2 + \text{Glieder dritter Ordnung.}$$

Aus der zweiten Annäherung findet man bis auf Glieder vierter Ordnung richtig eine dritte Annäherung, wenn man mit der zweiten Annäherung x^2 und x^3 bis auf Glieder vierter Ordnung richtig ausdrückt:

$$\begin{aligned} x^2 &= u^2 - 2\, b_2 u^3 + \text{Glieder vierter Ordnung,} \\ x^3 &= u^3 \qquad\qquad + \text{Glieder vierter Ordnung.} \end{aligned}$$

Mit diesen Ausdrücken findet man aus der Gleichung

$$x = u - b_2 x^2 - b_3 x^3 + \text{Glieder vierter Ordnung}$$

die dritte Annäherung

$$x = u - b_2 u^2 + (2\, b_2^2 - b_3)\, u^3 + \text{Glieder vierter Ordnung.}$$

So fortfahrend, kann man nacheinander die Glieder der umgekehrten Reihe finden. Da sich die vorhergehenden Glieder nicht mehr ändern, braucht man bei jedem Schritt nur auf die Glieder der folgenden Ordnung zu achten. Wollte man etwa noch eine vierte Annäherung berechnen, so ändern sich die Glieder erster, zweiter und dritter Ordnung nicht mehr, man findet

$$\begin{aligned} x^2 &= \ldots + [2\,(2\, b_2^2 - b_3) + b_2^2]\, u^4 + \text{Glieder fünfter Ordnung,} \\ x^3 &= \ldots - 3\, b_2 u^4 \qquad\qquad + \text{Glieder fünfter Ordnung,} \\ x^4 &= \qquad u^4 \qquad\qquad\quad + \text{Glieder fünfter Ordnung.} \end{aligned}$$

Mithin

$$x = u - b_2 u^2 + (2\, b_2^2 - b_3)\, u^3 + (-5\, b_2^3 + 5\, b_2 b_3 - b_4)\, u^4 + \text{Glieder fünfter Ordnung.}$$

Beispiel: Es sei

$$u = x - \frac{x^2}{2} + \frac{x^3}{3} - \frac{x^4}{4} + \ldots$$

oder

$$x = u + \frac{x^2}{2} - \frac{x^3}{3} + \frac{x^4}{4} - \ldots$$

Man findet

1. Annäherung $x = u$, $x^2 = u^2$;

2. Annäherung $x = u + \frac{u^2}{2}$, $\quad x^2 = \ldots + u^3$, $\quad x^3 = u^3$;

3. Annäherung $x = u + \frac{u^2}{2} + \left(\frac{1}{2} - \frac{1}{3}\right) u^3$;

$$x^2 = \ldots + \frac{7}{12} u^4, \quad x^3 = \ldots + \frac{3}{2} u^4, \quad x^4 = u^4;$$

4. Annäherung $x = u + \frac{u^2}{2} + \frac{u^3}{6} + \frac{u^4}{24}$ usw.

Wenn man für die gegebene Reihe die obere Grenze des Fehlers jeder Näherung kennt, so kann man auch für die Umkehrung die Fehler der Näherungen abschätzen. Die Rechnung ist jedoch häufig so mühsam, daß man zunächst darauf verzichten wird, zugleich mit der Umkehrung der Reihe auch die Fehler der Umkehrungsnäherungen zu betechnen. Man kann die Fehlergrenzen nachträglich dadurch ermitteln, daß man den gefundenen Wert für x in die gegebene Reihe einsetzt und zusieht, wie weit der Wert der Reihe von dem vorgeschriebenen Werte u abweicht. Durch Differentiation findet man dann die Änderung des Reihenwertes bei einer Änderung von x.

Enthält die gegebene Reihe nicht die erste Potenz von x, so kann die Umkehrung nicht in der beschriebenen Weise ausgeführt werden. Ist z. B. die zweite Potenz die niedrigste,

$$y = a_0 + a_2 x^2 + a_3 x^3 + a_4 x^4 + \dots,$$

so setzen wir

$$\frac{y - a_0}{a_2} = u^2 \quad \text{und} \quad \frac{a_3}{a_2} = b_3, \quad \frac{a_4}{a_2} = b_4 \dots$$

Die Gleichung erhält die Form

$$\begin{aligned} u^2 &= x^2 + b_3 x^3 + b_4 x^4 + \dots \\ &= x^2 (1 + b_3 x + b_4 x^2 + \dots). \end{aligned}$$

Ist x klein genug, so daß der Reihenwert

$$v = b_3 x + b_4 x^2 + \dots$$

absolut kleiner als 1 ist, selbst wenn alle Glieder mit positivem Vorzeichen genommen werden, dann kann man nach dem binomischen Satz $\sqrt{1 + v}$ in eine unbedingt konvergente Reihe entwickeln:

$$\sqrt{1 + v} = 1 + \frac{1}{2} v - \frac{1 \cdot 1}{2 \cdot 4} v^2 + \frac{1 \cdot 1 \cdot 3}{2 \cdot 4 \cdot 6} v^3 - \frac{1 \cdot 1 \cdot 3 \cdot 5}{2 \cdot 4 \cdot 6 \cdot 8} v^4 + \dots,$$

in der man die einzelnen Glieder nach steigenden Potenzen von x ordnen kann:

$$\sqrt{1 + v} = 1 + c_1 x + c_2 x^2 + c_3 x^3 + \dots$$

Damit folgen aus der gegebenen Reihe durch Wurzelziehen die beiden Reihen

$$u = x + c_1 x^2 + c_2 x^3 + c_3 x^4 + \dots$$

und

$$u = -x - c_1 x^2 - c_2 x^3 - c_3 x^2 - \dots,$$

die, wie oben beschrieben, umgekehrt werden können.

Wenn außer der ersten Potenz von x auch die zweite fehlt und erst die dritte Potenz einen von 0 verschiedenen Koeffizienten besitzt, so wird die Umkehrung in der gleichen Weise bewerkstelligt, mit dem einzigen Unterschiede, daß links u^3 statt u^2 geschrieben wird. Jetzt führt das Ausziehen der dritten Wurzel auf eine mit der ersten Potenz von x beginnende Reihe. Analoges gilt, wenn auch die dritte Potenz von x fehlt.

Beispiel: Eine Kette von der Länge s ist zwischen zwei gleichhohen Punkten im Abstande l aufgehängt. In der Gleichung der Kettenlinie

$$y = a \operatorname{Cos} \frac{x}{a}$$

ist die Konstante a zu bestimmen.

Die Bogenlänge der Kettenlinie vom tiefsten Punkte an gerechnet ist gleich $a \operatorname{Sin} \frac{x}{a}$. In unserem Fall soll für $x = \frac{l}{2}$ die vom tiefsten Punkt an gerechnete Länge gleich $\frac{s}{2}$ sein. Wir haben also

$$\frac{s}{2} = a \operatorname{Sin} \frac{l}{2a}.$$

Um a als Funktion von s und l zu gewinnen, entwickeln wir die rechte Seite nach Potenzen von $\frac{l}{2a}$:

$$\frac{s}{2} = \frac{l}{2}\left[1 + \frac{1}{3!}\left(\frac{l}{2a}\right)^2 + \frac{1}{5!}\left(\frac{l}{2a}\right)^4 + \dots\right]$$

und setzen

$$\frac{3!\,(s-l)}{l} = u \quad \text{und} \quad \left(\frac{l}{2a}\right)^2 = z.$$

Damit wird

$$u = z + \frac{3!}{5!} z^2 + \frac{3!}{7!} z^3 + \frac{3!}{9!} z^4 + \dots$$

oder

$$z = u - \frac{3!}{5!} z^2 - \frac{3!}{7!} z^3 - \frac{3!}{9!} z^4 - \dots$$

In erster Näherung ist $z = u$; in zweiter Annäherung

$$z = u - \frac{u^2}{20}, \qquad z^2 = \dots - \frac{u^3}{10}, \qquad z^3 = u^3;$$

in dritter Näherung

$$z = u - \frac{u^2}{20} + \frac{2u^3}{525}, \quad z^2 = \dots + \left(\frac{1}{400} + \frac{4}{525}\right) u^4, \quad z^3 = \dots - \frac{3}{20} u^4, \quad z^4 = u^4.$$

Schließlich bis auf Glieder fünfter Ordnung

$$z = u - \frac{u^2}{20} + \frac{2u^3}{525} - \frac{13u^4}{37\,800} + \dots$$

Aus l und s findet man zunächst u, mittels der umgekehrten Reihe z, und aus z kann die Konstante a berechnet werden.

§ 48. Aufgaben zum 5. Kapitel.

1. Durch mehrmaliges Bilden des arithmetischen Mittels zweier Näherungswerte ist die Reihe

$$1 - \frac{1}{3} + \frac{1}{5} - \frac{1}{7} + \dots \quad \left(c_n = \frac{(-1)^n}{2n+1}\right)$$

auf sechs Dezimalen zu summieren.

2. Nach dem gleichen Verfahren ist die Reihensumme

$$1 - \frac{1}{2^2} + \frac{1}{3^2} - \frac{1}{4^2} + \cdots \left(c_n = \frac{(-1)^n}{(n+1)^2}\right)$$

auf fünf Dezimalen zu berechnen.

3. Eine epidemische Krankheit ist von der Art, daß jeder Patient zwei Tage krank daniederliegt. An jedem der beiden Tage steckt der Patient k andere Personen an, wo k als Durchschnittswert nicht notwendig eine ganze Zahl zu sein braucht. Jede angesteckte Person wird am folgenden Tage krank und steckt dann an den beiden Krankheitstagen je k neue Personen an. Am ersten Tage sei die Gesamtzahl der Kranken a_1, von diesen sollen $k a_0$ noch am zweiten Tage krank sein. Wie groß ist die Gesamtzahl der Kranken am $n$ten Tage?

Welchem Wert strebt a_n für große Werte von n zu? Welchen Wert muß k haben, damit a_n einem konstanten Werte zustrebt?

4. Die Funktionen cos und sin sind abwechselnd für die Vielfachen des Winkels α zu berechnen: $\sin \alpha = 0{\cdot}05$.

5. Von einem flachen symmetrischen Parabelbogen ist die Spannweite l und die Länge s gegeben, der Parameter in der Gleichung $y = \frac{x^2}{2p}$ ist zu berechnen. [Entwicklung von $v = \left(\frac{l}{2p}\right)^2$ nach Potenzen von $u = \frac{6(s-l)}{l}$.] Welchen Wert erhält p für $s = \frac{61}{60} l$?

Sechstes Kapitel.

Gleichungen mit einer Unbekannten.

§ 49. Lösung durch tabellarische Berechnung.

Unter den Lösungen der beliebigen Gleichung

$$f(x) = 0$$

sind die Werte von x zu verstehen, durch die die Gleichung erfüllt wird. Wir können die Gleichung $f(x) = 0$ geometrisch deuten, wenn wir die Funktionswerte als Ordinaten zu den Abszissen x auftragen. Die Lösungen der Gleichung $f(x) = 0$ sind die Schnittpunkte der Kurve mit der x-Achse.

Liegen die Funktionswerte in einer Tabelle geordnet vor, so lassen sich Näherungswerte für die Lösungen durch Interpolation finden. Man sucht zwei benachbarte Stellen in der Tabelle auf, zwischen denen $f(x)$ sein Vorzeichen wechselt, und interpoliert zwischen beiden Werten unter der Annahme, daß die Änderungen von $f(x)$ denen von x proportional sind. Geometrisch gesprochen bedeutet diese Annahme, daß wir die Kurve zwischen den beiden Punkten durch ihre Sehne ersetzen und deren Schnittpunkt mit der x-Achse aufsuchen. Haben die beiden Punkte die Koordinaten x_1, y_1 und x_2, y_2, so beträgt der Anstieg der Sehne $\frac{y_2 - y_1}{x_2 - x_1}$. Von der Ordinate y_1 bis zu dem Schnittpunkt der Sehne mit der x-Achse liegt also auf der x-Achse das Stück

$$-y_1 : \frac{y_2 - y_1}{x_2 - x_1}.$$

Somit finden wir fur den gesuchten Näherungswert

$$x_3 = x_1 - y_1 \cdot \frac{x_2 - x_1}{y_2 - y_1} = \frac{x_1 y_2 - x_2 y_1}{y_2 - y_1}.$$

Ist die Kurve keine gerade Linie, so entsteht durch die Benutzung der Sehne ein Fehler, der aber bei einer Kurve mit stetiger Richtungsänderung für ein hinreichend kleines Intervall sogar im Verhaltnis zur Intervallänge beliebig klein wird. Berechnet man für den gefundenen Näherungswert x_3 den Funktionswert y_3, so kann man diesen Punkt in Verbindung mit einem der beiden fruheren oder einem neuberechneten Punkte wiederum zur Berechnung eines neuen Näherungswertes benutzen, dessen Fehler kleiner ist, da die Intervallänge abgenommen hat. So fährt man fort, bis die gewünschte Genauigkeit erreicht ist.

Beispiel:
$$x \log x - 1 = 0 .$$

Für $x < 1$ ist $x \log x$ negativ, es können also nur Werte größer als 1 in Betracht kommen.

x	$x \log x$	$y = x \log x - 1$
1	0·0000	− 1·0000
2	0·6021	− 0·3979
3	1·4314	+ 0·4314

Eine Lösung der Gleichung liegt demnach zwischen $x_1 = 2$ und $x_2 = 3$, denn die zugehörigen Funktionswerte $y_1 = -0{\cdot}3979$ und $y_2 = +0{\cdot}4314$ haben verschiedenes Vorzeichen. Wir finden

$$x_3 = \frac{2 \cdot 0{\cdot}4314 + 3 \cdot 0{\cdot}3979}{0{\cdot}4314 + 0{\cdot}3979} = 2{\cdot}48 .$$

Der zugehörige Funktionswert ist

$$y_3 = 0{\cdot}9784 - 1 = -0{\cdot}0216 .$$

Da $x \log x$ wächst mit zunehmendem x, so muß die gesuchte Lösung größer als 2·48 sein. Wir erhalten für

	x	$x \log x$	$y = x \log x - 1$
	2·50	0·9948	− 0·0052
	2·52	0·0115	+ 0·0115
Differenz	0·02		+ 0·0167

Damit wird

$$x_4 = 2{\cdot}50 + 0{\cdot}0052 \cdot \frac{0{\cdot}02}{0{\cdot}0167} = 2{\cdot}50 + 0{\cdot}0062 = 2{\cdot}5062 .$$

Eine genauere Berechnung der Wurzel ist nur unter Benutzung mehr als vierstelliger Logarithmen möglich. Der Funktionswert wird

$$y_4 = +0{\cdot}0000\,1322 .$$

Anschließend ergibt sich die Tabelle

x	$x \log x$	$y = x \log x - 1$	Diff.
2·5061	0·9999 2989	− 0·0000 7011	
			8333
2·5062	1·0000 1322	+ 0·0000 1322	
			8331
2·5063	1·0000 9653	+ 0·0000 9653	

Aus dem Verhalten der Differenzen kann man schließen, daß sich die Funktionswerte proportional zu x ändern bis auf weniger als $\frac{1}{4000}$ ihres Betrages. Wir finden

$$x_5 = 2{\cdot}5062 - 0{\cdot}0000\,1322 \frac{1}{0{\cdot}8333} = \underline{2{\cdot}5061\,8413} .$$

In der Tat wird
$$y_5 = 0{\cdot}0000\,0000\ldots$$

Daß diese Lösung die einzige Wurzel der gegebenen Gleichung ist, erkennt man aus der Betrachtung des Differentialquotienten. So lange der Differentialquotient endlich bleibt und nur Werte eines Zeichens annimmt, bewegt sich die stetige Funktion mit wachsendem x nur in einer Richtung. Sie nimmt dann jeden Wert nur einmal an. In unserem Beispiel ist der Differentialquotient
$$\log x + \log e\,,$$
also positiv für alle Werte $x > 1/e$.

§ 50. Das Newtonsche Verfahren.

Anstatt die Kurve durch eine Sehne zu ersetzen, kann man auch die Tangente benutzen. Ein Näherungswert einer Wurzel der Gleichung sei x_1, der entsprechende Funktionswert y_1. Die in diesem Punkte gezogene Tangente hat die Gleichung
$$y - y_1 = y_1'(x - x_1)\,,$$
wenn y_1' die Ableitung im Punkte x_1, y_1 bedeutet. Der Schnittpunkt der Tangente mit der x-Achse erhält den Wert
$$x = x_1 - \frac{y_1}{y_1'}\,.$$

Bezeichnen wir die Verbesserung $-\frac{y_1}{y_1'}$ mit δ_1, so ergibt sich ein neuer Näherungswert
$$x_2 = x_1 + \delta_1\,.$$
Für ihn wird
$$\begin{aligned} f(x_1+\delta_1) &= f(x_1) + \delta_1 f'(x_1) + \frac{\delta_1^2}{2!} f''(x_1 + \vartheta\delta_1) \\ &= \frac{\delta_1^2}{2!} f''(x_1+\vartheta\delta_1)\,, \quad \text{wo} \quad 0 < \vartheta < 1\,, \end{aligned}$$
also klein von 2. Ordnung in δ_1. Mit dem neuen Naherungswerte x_2 berechnen wir eine neue Verbesserung
$$\delta_2 = -\frac{y_2}{y_2'}$$
und fahren so lange fort, bis die gewunschte Genauigkeit erreicht ist.

Ist man dem Wurzelwert schon recht nahe, so wird die Genauigkeit bald sehr groß. Da die Verbesserung δ in der Regel nur auf wenige Stellen berechnet zu werden braucht, genügt es, y und y' jedesmal nur mit geringer relativer Genauigkeit zu berechnen.

1. Beispiel:
$$x \log x - 1 = 0\,.$$
Wir wählen als Näherungswert $x_1 = 2$:
$$\begin{aligned} y &= x\log x - 1\,,\\ y' &= \log x + \log e\,. \end{aligned}$$

Für die Berechnung der Wurzel ergibt sich folgende Tabelle:

x	y	y'	δ
2	−0·398	0·735	+0·54
2·54	+0·0282	0·839	−0·0336
2·5064	+0·0001 799	0·833	−0·0002 16
2·5061 84	−0·0000 0010	0·833	+0·0000 0012
2·5061 8412			

Die letzte Stelle ist um einige Einheiten unsicher, da nur achtstellige Logarithmen benutzt worden sind.

Wie weit man berechtigt ist, die Kurve durch ihre Tangente zu ersetzen, erkennt man aus den Änderungen von y'. Da sich y' mit den hingeschriebenen Ziffern zuletzt nicht mehr ändert, sind die Änderungen von $f(x)$ denen von x bis auf weniger als ein Promille ihres Betrages proportional.

Man erkennt, daß die Benutzung der Tangente statt der Sehne schneller zum Ziel führt, vorausgesetzt, daß y' nicht umständlicher als y zu berechnen ist.

2. Beispiel:

$$\operatorname{tg} x = x .$$

Wir schreiben, um den Differentialquotienten bequemer bilden zu können:

$$y = \sin x - x \cos x ,$$
$$y' = x \sin x .$$

Da $f(-x) = -f(x)$ ist, brauchen wir nur die positiven Wurzeln aufzusuchen, denn zu jeder positiven Wurzel gehört eine negative vom gleichen absoluten Betrage. Außerdem ist $x = 0$ eine Lösung der Gleichung. y' wechselt sein Vorzeichen in den Punkten π, 2π, 3π, ... Dementsprechend hat y Maxima in den ungeraden, Minima in den geraden Vielfachen von π. Im Maximum ist $y = x$, im Minimum $y = -x$. Zwischen Maximum und folgendem Minimum liegt ebenso wie zwischen Minimum und folgendem Maximum jedesmal eine und nur eine Wurzel der Gleichung, da y' jedesmal in dem betrachteten Intervall sein Zeichen nicht ändert.

Um z. B. die Wurzel zwischen π und 2π zu bestimmen, setzen wir $x_1 = 1{\cdot}5\,\pi = 4{\cdot}712$ als erste Näherung. Es ergibt sich folgende Tabelle

x	y	y'	δ
4·712 270°	−1	−4·712	−0·212
4·500 257° 50′	−0·0289	−4·399	−0·0065 7
4·4934 3 257° 27′ 16″	−0·0000 794	−4·386	−0·0000 181
4·4934 119 257° 27′ 12″74	−0·0000 1070	−4·386	−0·0000 0243
4·4934 0947 257° 27′ 12″233			

Zuweilen ist die Bildung der Differentialquotienten derart umständlich, daß eine genäherte Berechnung zweckmäßiger erscheint. Man berechnet mit $f(x)$ zugleich die Änderung $f(x+h) - f(x)$, wobei für h eine kleine Größe, etwa die Einheit irgendeiner Dezimale angenommen wird. Dann ist y' genähert gleich

$$\frac{f(x+h) - f(x)}{h}.$$

Besonders dann ist diese Rechnung bequem, wenn $f(x)$ aus einer Summe von Gliedern besteht. deren Werte aus fertigen Tabellen entnommen werden.

Sind dagegen auch die höheren Ableitungen leicht zu bilden, so kann es mitunter zweckmäßig sein, in der Reihenentwicklung weitere Glieder zu berücksichtigen:

$$0 = f(x_1) + \delta_1 f'(x_1) + \frac{\delta_1^2}{2!} f''(x_1) + \frac{\delta_1^3}{3!} f'''(x_1) + \ldots$$

Durch Umkehrung der Reihe

$$\delta_1 = -\frac{y_1}{y_1'} - \frac{\delta_1^2}{2!}\frac{y_1''}{y_1'} - \frac{\delta_1^3}{3!}\frac{y_1'''}{y_1'} - \ldots$$

findet man δ_1 viel genauer als es nach der einfachen Newtonschen Regel möglich ist, besonders dann, wenn die Verbesserung δ bereits klein geworden ist.

Beispiel: Die Wurzel der Gleichung

$$x^4 - 3x^3 + 8x^2 - 5 = 0$$

in der Nähe von $x = 1$ ist genauer zu berechnen.

Wir bilden aus

$$\begin{aligned} y &= x^4 - 3x^3 + 8x^2 - 5 \\ y' &= 4x^3 - 9x^2 + 16x \\ y'' &= 12x^2 - 18x + 16 \\ y''' &= 24x - 18 \\ y'''' &= 24 \end{aligned}$$

und setzen $x_1 = 1$, es wird

$$y_1 = 1, \quad y_1' = 11, \quad y_1'' = 10, \quad y_1''' = 6$$

und damit

$$\delta_1 = -\frac{1}{11} - \frac{5}{11}\delta_1^2 - \ldots$$

Wir setzen den Näherungswert für δ_1 wiederholt in die rechte Seite ein

$$\begin{aligned} & -0{\cdot}0909 \\ & -\phantom{0{\cdot}00}38 \\ \delta_1 = & -0{\cdot}0947 \\ & -0{\cdot}0909 \\ & -\phantom{0{\cdot}00}41 \\ \delta_1 = & -0{\cdot}0950 \end{aligned}$$

Für den zweiten Näherungswert

wird

$$x_2 = x_1 + \delta_1 = 0{\cdot}9050$$

$$y = -0{\cdot}0006\,5092\,4375$$

$$y' = 10{\cdot}0736\,455$$

$$y'' = 9{\cdot}5383$$

$$y''' = 3{\cdot}72$$

$$y'''' = 24$$

Damit erhalten wir, wenn wir die Reihe bis zu Gliedern dritter Ordnung ausdehnen:

$$\delta_2 = 0{\cdot}0000\,6461\,6565\,572 - 0{\cdot}4734\,2841\,\delta_2^2 - 0{\cdot}0615\,\delta_2^3 .$$

Durch Einsetzen des genäherten δ_2 in die rechte Seite finden wir

$$\begin{array}{rr} & 0{\cdot}0000\,6461\,6565\,572 \\ & -1976\,706 \\ & -17 \\ \hline \delta_2 = & 0{\cdot}0000\,6461\,4588\,849 \\ & 0{\cdot}0000\,6461\,6565\,572 \\ & -1976\,585 \\ & -17 \\ \hline \delta_2 = & 0{\cdot}0000\,6461\,4588\,970 \end{array}$$

Damit wird auf 14 Dezimalen

$$\underline{\underline{x = 0{\cdot}9050\,6461\,4588\,97.}}$$

§ 51. Lösung durch Iteration.

Läßt sich die Gleichung, deren Wurzel berechnet werden soll, auf die Form bringen

$$x = \varphi(x),$$

so kann man einen Näherungswert x_1 der Wurzel zur Berechnung eines zweiten Näherungswertes

$$x_2 = \varphi(x_1)$$

benutzen. Den zweiten wieder zur Berechnung eines dritten usw. Es fragt sich, ob die aufeinanderfolgenden Näherungswerte die Wurzel jedesmal genauer darstellen als die vorhergehenden.

Bezeichnet x die Wurzel selbst, so erhält man durch Subtraktion der beiden Gleichungen

$$x = \varphi(x),$$
$$x_2 = \varphi(x_1)$$

die Gleichung

$$x - x_2 = \varphi(x) - \varphi(x_1) = (x - x_1)\,\varphi'[x_1 + \vartheta(x - x_1)], \quad \text{wo} \quad 0 < \vartheta < 1 .$$

Ist die Ableitung der Funktion $\varphi(x)$ in dem Intervall vom Näherungswert bis zur Wurzel selbst absolut kleiner als ein echter Bruch m, so wird

$$|x - x_2| < |x - x_1|\,m .$$

Weiter ist dann

$$|x - x_3| < |x - x_2| m < |x - x_1| m^2.$$

Allgemein wird also der Fehler der $n+1$ ten Näherung kleiner als das m^n-fache des Fehlers des ersten Näherungswertes.

Ist dagegen die Ableitung der Funktion $\varphi(x)$ größer als ein unechter Bruch, so gelangt man durch Betrachtung der inversen Funktion

$$\psi(x) = x$$

zu einem konvergenten Iterationsprozeß, denn es ist $\psi'(x) = \frac{1}{\varphi'(x)}$.

1. Beispiel. $\quad x^7 - 2x^5 - 10x^2 + 1 = 0.$

Wir können die Gleichung schreiben:

$$x = \sqrt{\tfrac{1}{10} - \tfrac{2}{10}x^5 + \tfrac{1}{10}x^7}.$$

Die Gleichung hat, wie man durch Einsetzen findet, eine positive Wurzel kleiner als 1. Wird als erste Annaherung $x = 0$ genommen, so ergibt sich die folgende Annäherung

$$x = \sqrt{\tfrac{1}{10}} = 0{\cdot}316.$$

Benutzt man diesen Wert, so ergibt sich als nächste Annäherung

$$x = 0{\cdot}31528.$$

Damit wird die folgende Annäherung

$$x = 0\,3152903$$

und daraus schließlich

$$x = 0{\cdot}31529008.$$

Man bemerkt, daß die Näherungswerte abwechselnd zu groß und zu klein sind. Das muß offenbar immer der Fall sein, wenn $\varphi'(x)$ in der Nähe der Wurzel negativ ist. In unserm Beispiel ist

$$\varphi'(x) = \frac{-x^4 + 0\,7x^6}{2\sqrt{0\,1 - 0\,2x^5 + 0\,1x^7}}.$$

Für den Wurzelwert also

$$\varphi'(x) = -\frac{x^3}{2} + 0{\cdot}35x^5 = -0\,0146.$$

Daraus folgt, daß z. B. nach vier Schritten der Fehler des Naherungswertes auf weniger als $\frac{1}{20 \text{ Millionen}}$ seines anfänglichen Betrages herabgesunken ist.

Diese Rechnungsart laßt sich auch bei transzendenten Gleichungen häufig mit Vorteil benutzen. Manchen astronomischen und physikalischen Rechnungen liegt sie ebenfalls zugrunde. Haufig sind hier kleine Korrektionen anzubringen, die die unbekannte Große selbst aber nur schwach enthalten. Man ermittelt einen genaueren Wert der Unbekannten, indem man die Korrektionsglieder fur einen Naherungswert berechnet.

2. Beispiel: Die Wurzeln der Gleichung

$$\operatorname{tg} x = x$$

liegen, wie oben für die Gleichung

$$\sin x - x \cos x = 0$$

gezeigt wurde, zwischen den ganzzahligen Vielfachen von π. Wir wollen die Wurzel zwischen 2π und 3π genauer berechnen. Da der Differentialquotient von $\operatorname{tg} x$ niemals kleiner als 1 ist, muß man die Gleichung in der inversen Form schreiben

$$x = \operatorname{arc} \operatorname{tg} x .$$

Der Differentialquotient der rechten Seite ist jetzt

$$\frac{1}{1 + x^2},$$

wird also für große Werte von x sehr klein.

Für die Wurzel in der Nähe von $\frac{5\pi}{2}$ ist der Differentialquotient etwa $\frac{1}{60}$, bei jedem Schritt vermindert sich der Fehler auf $\frac{1}{60}$ seines Betrages. Wir beginnen mit dem Werte $x_1 = \frac{5\pi}{2} = 7{\cdot}854$.

x	arc tg x
7·854	442° 45′
7·727	442° 37′ 34″
7·7252 8	442° 37′ 27″61
7·7252 521	442° 37′ 27″574
7·7252 5184	442° 37′ 27″5732

§ 52. Anzahl und Lage der reellen Wurzeln einer rationalen Funktion.

Wenn von vornherein keine Näherungswerte für die reellen Wurzeln einer *algebraischen Gleichung* bekannt sind, so geht der eigentlichen Berechnung das Aufsuchen von rohen Näherungswerten voraus. Wir wollen zunächst die Frage nach der *Anzahl* der reellen Nullstellen einer ganzen rationalen Funktion untersuchen.

Es zeigt sich zunächst, daß wir schon aus den Vorzeichen der Koeffizienten einer ganzen rationalen Funktion gewisse Schlüsse auf das Vorkommen ihrer Wurzeln machen können.

Ist bei der Berechnung des Wertes einer ganzen rationalen Funktion

$$a_0 x^n + a_1 x^{n-1} + \ldots + a_{n-1} x + a_n,$$

nach dem *Horner*schen Verfahren

$$\begin{array}{cccccc} a_0 & a_1 & a_2 & \ldots & a_{n-1} & a_n \\ & p a_0 & p b_1 & & p b_{n-2} & p b_{n-1} \\ \hline b_0 & b_1 & b_2 & \ldots & b_{n-1} & b_n = g(p) \end{array} \quad (b_0 = a_0)$$

die Größe p positiv, so kann das Vorzeichen von $b_\nu = a_\nu + p\,b_{\nu-1}$ nur dann von dem Vorzeichen von a_ν verschieden sein, wenn a_ν und $b_{\nu-1}$ entgegengesetztes Vorzeichen haben. Haben also $b_{\nu-1}$ und a_ν das gleiche Vorzeichen, so haben auch $b_{\nu-1}$ und b_ν das gleiche Vorzeichen. Haben $b_{\nu-1}$ und a_ν entgegengesetztes Vorzeichen, so können $b_{\nu-1}$ und b_ν das gleiche Vorzeichen haben. Beim Übergang von $b_{\nu-1}\,a_\nu$ zu $b_{\nu-1}\,b_\nu$ muß also eine Zeichenfolge wieder eine Zeichenfolge ergeben, ein Zeichenwechsel kann erhalten bleiben, kann aber auch in eine Zeichenfolge übergehen. Zeigen die Vorzeichen von $b_{\nu-1}\,a_\nu\,a_{\nu+1}$ zwei Zeichenwechsel, so können die Vorzeichen von $b_{\nu-1}\,b_\nu\,a_{\nu+1}$ entweder auch zwei Zeichenwechsel aufweisen (wenn nämlich b_ν das gleiche Vorzeichen hat wie a_ν) oder beide Zeichenwechsel sind in Zeichenfolgen übergegangen. Zeigen die Vorzeichen von $b_{\nu-1}\,a_\nu\,a_{\nu+1}$ einen Zeichenwechsel, so weisen auch die Vorzeichen von $b_{\nu-1}\,b_\nu\,a_{\nu+1}$ einen Zeichenwechsel auf, gleichgültig, ob a_ν und b_ν gleiches oder entgegengesetztes Vorzeichen haben. Zeigen die Vorzeichen von $b_{\nu-1}\,a_\nu\,a_{\nu+1}$ keinen Zeichenwechsel weder von $b_{\nu-1}$ zu a_ν noch von a_ν zu $a_{\nu+1}$, so weisen auch $b_{\nu-1}\,b_\nu\,a_{\nu+1}$ keinen Zeichenwechsel weder von $b_{\nu-1}$ zu b_ν noch von b_ν zu $a_{\nu+1}$ auf. Mit anderen Worten: beim Übergang von $b_{\nu-1}\,a_\nu\,a_{\nu+1}$ zu $b_{\nu-1}\,b_\nu\,a_{\nu+1}$ kann die Zahl der Zeichenwechsel dieselbe bleiben oder sie kann sich um zwei vermindern.

Der Übergang von der Reihe $a_0\,a_1\,a_2 \ldots a_\lambda\,a_{\lambda+1} \ldots a_n$ zu $b_0\,b_1\,b_2 \ldots b_\lambda\,a_{\lambda+1} \ldots a_n$ wird nach dem *Horner*schen Schema nun in einzelnen Schritten $b_{\nu-1}\,a_\nu\,a_{\nu+1}$ zu $b_{\nu-1}\,b_\nu\,a_{\nu+1}$ $(\nu = 1, 2, \ldots \lambda)$ gemacht. Die Anzahl der bei je zwei aufeinanderfolgenden Gliedern der Reihe vorkommenden Zeichenwechsel kann sich dabei also niemals vermehren, sondern kann nur entweder die gleiche bleiben oder sich um eine grade Zahl vermindern. Das gilt auch noch, wenn einzelne Glieder der Reihe verschwinden, vorausgesetzt, daß man sie bei der Zahlung der Zeichenwechsel so behandelt, als ob sie nicht da wären. Wenn nämlich $b_{\nu-1}$ verschwindet, so ist $b_{\nu-1}\,a_\nu\,a_{\nu+1}$ identisch mit $b_{\nu-1}\,b_\nu\,a_{\nu+1}$; wenn a_ν verschwindet, so stellt $b_{\nu-1}\,b_\nu$ eine Zeichenfolge dar, und daher hat $b_{\nu-1}\,0\,a_{\nu+1}$ ebensoviel Zeichenwechsel wie $b_{\nu-1}\,b_\nu\,a_{\nu+1}$; wenn endlich b_ν verschwindet, so müssen $b_{\nu-1}$ und a_ν entgegengesetztes Vorzeichen haben, und dann hat $b_{\nu-1}\,0\,a_{\nu+1}$ entweder ebensoviel oder zwei Zeichenwechsel weniger als $b_{\nu-1}\,a_\nu\,a_{\nu+1}$.

Wir wollen annehmen, daß $x = 0$ keine Wurzel der Gleichung sei. Wäre es der Fall, so könnten wir den Faktor x aus der ganzen rationalen Funktion wegheben und den übrigbleibenden Quotienten betrachten. Es sei nun nach dem *Horner*schen Verfahren der Übergang von

$$a_0\,a_1\,a_2 \ldots a_{n-1}\,a_n$$

zu

$$b_0\,b_0\,b_2 \ldots b_{n-1}\,a_n$$

gemacht, wobei gar keine oder eine gerade Anzahl von Zeichenwechseln verloren sei, und nun werde der letzte Schritt von $b_{n-1}\, a_n$ zu $b_{n-1}\, b_n$ gemacht. Wir wollen voraussetzen, daß auch p keine Wurzel der Gleichung, also b_n von Null verschieden sei. Beim Übergang von $b_{n-1} a_n$ zu $b_{n-1} b_n$ tritt keine Änderung in den Vorzeichen ein, wenn b_{n-1} und a_n das gleiche Zeichen haben. Wenn sie dagegen entgegengesetztes Vorzeichen besitzen, so geht dieser Zeichenwechsel dann und nur dann beim Übergang zu $b_{n-1} b_n$ verloren, wenn b_n das entgegengesetzte Zeichen hat wie a_n. Zusammenfassend können wir also sagen: Beim Übergang von $a_0 a_1 \ldots a_n$ zu $b_0 b_1 \ldots b_n$ werden, wenn a_n und b_n entgegengesetztes Vorzeichen haben, eine ungerade Anzahl von Zeichenwechseln verloren. Wenn sie das gleiche Zeichen haben, so werden keine oder eine gerade Anzahl von Zeichenwechseln verloren.

Rechnet man nach dem *Horner*schen Verfahren weiter, um die Entwicklung der ganzen rationalen Funktion nach Potenzen von $x - p$ zu finden, so gelten ähnliche Betrachtungen

$$\begin{array}{llll} b_0 & b_1 & b_2 \ldots\ldots b_{n-1} & b_n = g(p) \\ & c_0 p & c_1 p \ldots c_{n-2} p & \\ \hline c_0 & c_1 & c_2 \ldots\ldots c_{n-1} = g_1(p) & \end{array} \qquad c_0 = b_0 = a_0\,.$$

Beim Übergang von $b_0 b_1 \ldots b_n$ zu $c_0 c_1 \ldots c_{n-1} b_n$ gehen entweder keine oder eine gerade Anzahl von Zeichenwechseln verloren. Schließlich ergibt sich daher das Resultat, daß beim Übergang von

$$a_0\, a_1 \,\ldots\, a_n$$

zu

$$g_n(p)\, g_{n-1}(p) \cdots g_1(p)\, g(p)\,,$$

d. h. zu den Koeffizienten der Entwicklung nach Potenzen von $x - p$, wenn a_n und $g(p)$ verschiedenes Vorzeichen haben, eine ungerade Anzahl von Vorzeichen verlorengeht, im andern Falle keins oder eine grade Anzahl.

Liegen nun zwischen $x = a$ und $x = b$ $(b > a)$ λ einfache Wurzeln, die nach der Größe geordnet mit $x_1 x_2 \ldots x_\lambda$ bezeichnet sein mögen, so wählen wir p_1 zwischen x_1 und x_2; p_2 zwischen x_2 und x_3 usw. $p_{\lambda-1}$ zwischen $x_{\lambda-1}$ und x_λ. Beim Übergang von

$$g_n(a)\, g_{n-1}(a) \cdots g_1(a)\, g(a) \quad \text{zu} \quad g_n(p_1)\, g_{n-1}(p_1) \cdots g_1(p_1)\, g(p_1)$$

geht dann eine ungerade Anzahl von Zeichenwechseln verloren; ebenso beim Übergang von

$$g_n(p_\alpha)\, g_{n-1}(p_\alpha) \cdots g(p_\alpha) \quad \text{zu} \quad g_n(p_{\alpha+1})\, g_{n-1}(p_{\alpha+1}) \cdots g(p_{\alpha+1})$$

und von

$$g_n(p_{\lambda-1})\, g_{n-1}(p_{\lambda-1}) \cdots g(p_{\lambda-1}) \quad \text{zu} \quad g_n(b)\, g_{n-1}(b) \ldots g(b)\,,$$

d. h. beim Übergang von

$$g_n(a)\, g_{n-1}(a) \ldots g(a) \quad \text{zu} \quad g_n(b)\, g_{n-1}(b) \ldots g(b)$$

gehen λ oder λ plus einer geraden Zahl von Zeichenwechseln verloren. Mit andern Worten: die Zahl der Wurzeln zwischen a und b ist gleich der Anzahl der verlorenen Zeichenwechsel oder um eine gerade Anzahl kleiner.

Beim Übergang von $a_0 a_1 \ldots a_n$ zu $b_0 b_1 \ldots b_n$ $(b_0 = a_0)$ erhalten für einen hinreichend großen positiven Wert von p offenbar alle b dasselbe Vorzeichen; denn $b_1 = a_1 + b_0 p$ erhält bei hinreichend großem p das Vorzeichen von b_0, $b_2 = a_2 + b_1 p$ das Vorzeichen von b_1 usf. Die Anzahl der Wurzeln zwischen 0 und p kann also nicht größer sein als die Anzahl der Zeichenwechsel in der Reihe der Koeffizienten $a_0\, a_1 \ldots a_n$ und es kann keine positiven Wurzeln geben, die größer als p sind. (*Cartesische* Zeichenregel.)

1. Beispiel: Die Gleichung

$$x^4 - 3x^3 + 8x^2 - 5 = 0$$

besitzt drei Zeichenwechsel, sie hat also eine oder drei positive Wurzeln. Das *Horner*sche Verfahren liefert für $p = 1$

1	−3	8	0	−5
	1	−2	6	6
1	−2	6	6	1
	1	−1	5	
1	−1	5	11	
	1			
1	0	5	11	1

Es liegen also zwischen 0 und 1 drei oder eine Wurzel, über 1 keine.

Um zu entscheiden, ob drei oder eine Wurzel zwischen 0 und 1 liegen, betrachten wir die Ableitung

$$4x^3 - 9x^2 + 16x\,.$$

Das Vorzeichen stimmt für positive Werte von x mit dem von

$$4x^2 - 9x + 16$$

überein. Das positive Glied 16 überwiegt in dem Intervall 0 bis 1 das negative Glied $-9x$. Die Ableitung hat daher nur positive Werte. Daher gibt es nur eine positive Wurzel.

Ersetzt man x durch $-x$, so entsteht die Gleichung

$$x^4 + 3x^3 + 8x^2 - 5 = 0\,.$$

Aus dem einen Zeichenwechsel schließt man, daß eine und nur eine negative Wurzel vorhanden ist.

2. Beispiel:
$$x^7 - 2x^5 - 10x^2 + 1 = 0\,.$$

Aus der Zahl der Zeichenwechsel schließt man, daß zwei oder keine positive Wurzel vorhanden ist. Da wir bereits eine positive Wurzel im vorhergehenden Paragraphen berechnet haben, muß noch eine weitere positive Wurzel vorhanden sein.

Ersetzen wir x durch $-x$, so entsteht die Gleichung

$$-x^7 + 2x^5 - 10x^2 + 1 = 0$$

mit drei Zeichenwechseln. Die Gleichung hat also eine oder drei negative Wurzeln.

Das *Horner*sche Verfahren ergibt für $p = 1$

−1	0	2	0	0	−10	0	1
	−1	−1	1	1	1	−9	−9
−1	−1	1	1	1	−9	−9	−8
	−1	−2	−1	0	1	−8	
−1	−2	−1	0	1	−8	−17	
	−1	−3	−4	−4	−3		
−1	−3	−4	−4	−3	−11	−17	−8

Hier sind schon alle Zeichenwechsel verloren. Es gibt also unter -1 keine negative Wurzel.

Um zu entscheiden, ob in dem Intervall -1 bis 0 drei oder nur eine Wurzel liegen, betrachten wir die Ableitung

$$(7x^5 - 10x^3 - 20)\,x\,.$$

Da das positive Glied $-10x^3$ in dem Intervall nicht größer als 10 ist, so kann es das Vorzeichen der Klammer nicht positiv machen. Mithin ist die Ableitung in dem Intervall nur positiv und daher gibt es nur eine negative Wurzel.

Gelingt es allgemein, ein Intervall so abzugrenzen, daß die Reihe der Funktion mit ihren Ableitungen gerade einen Zeichenwechsel verliert, so kann man mit Sicherheit folgern, daß in diesem Intervall gerade eine Wurzel der Gleichung liegt.

Diese Abgrenzung ist jedoch nicht immer möglich. Darum ist es wertvoll, ein Verfahren zu besitzen, das die Frage nach der Zahl der Wurzeln in einem Intervall vollkommen sicher zu entscheiden gestattet.

Wir betrachten wieder die ganze rationale Funktion

$$g(x) = a_n x^n + a_{n-1} x^{n-1} + \ldots + a_2 x^2 + a_1 x + a_0\,.$$

Ihre Ableitung wollen wir mit $g_1(x)$ bezeichnen. Hat $g(x)$ eine mehrfache Nullstelle, so muß an dieser Stelle auch $g_1(x)$ verschwinden. Es müssen $g(x)$ und $g_1(x)$ einen gemeinsamen Teiler besitzen. Die Frage nach einer mehrfachen Wurzel läßt sich also auf die Frage nach dem gemeinsamen Teiler zurückführen, denn die mehrfache Wurzel muß auch Wurzel des gemeinsamen Teilers sein.

Der gemeinsame Teiler zweier Funktionen läßt sich durch die Kettenbruchentwicklung (§ 41) ermitteln. Im Gegensatz zu der früheren Schreibweise bezeichnen wir jetzt den Rest bei der Division von $g(x)$

durch $g_1(x)$ mit $-g_2(x)$. Den Rest bei der Division von $g_1(x)$ durch $g_2(x)$ mit $-g_3(x)$ usw.

$$g(x) = q_1 g_1(x) - g_2(x)$$
$$g_1(x) = q_2 g_2(x) - g_3(x)$$
$$\cdots\cdots\cdots\cdots\cdots\cdots\cdots\cdots\cdots$$
$$g_{\nu-1}(x) = q_\nu g_\nu(x) - g_{\nu-1}(x)$$
$$\cdots\cdots\cdots\cdots\cdots\cdots\cdots\cdots\cdots$$
$$g_{m-2}(x) = q_{m-1} g_{m-1}(x) - g_m(x).$$

Die Grade der Funktionen $g(x)$, $g_1(x)$, $g_2(x)$, ... nehmen ständig ab. Schließlich wird $g_m(x)$ eine von Null verschiedene Konstante, wenn $g(x)$ und $g_1(x)$ als teilerfremd vorausgesetzt werden. Wir betrachten nun die Zeichenwechsel der Reihe

$$g(x),\ g_1(x),\ g_2(x) \ldots g_m(x).$$

Je drei von ihnen sind durch eine Gleichung

$$g_{\lambda-1}(x) = q_\lambda g_\lambda(x) - g_{\lambda+1}(x)$$

miteinander verbunden. Wir lassen x wieder ein Intervall von a bis b durchlaufen. Wenn an einer Stelle $g_\lambda(x)$ verschwindet, so ist hier $g_{\lambda-1}(x) = -g_{\lambda+1}(x)$. Beide benachbarten Funktionen haben hier also entgegengesetztes Vorzeichen. $g_{\lambda-1}(x)$ und $g_{\lambda+1}(x)$ können an dieser Stelle nicht auch verschwinden, sonst wäre dieser Wert von x eine gemeinsame Wurzel von $g_\lambda(x)$ und $g_{\lambda+1}(x)$, somit auch von $g(x)$ und $g_1(x)$. Beide Funktionen wären nicht teilerfremd.

Geht also eine innere Funktion der Reihe durch Null hindurch, so tritt dabei weder ein Gewinn noch ein Verlust an Vorzeichenwechseln ein.

Nur wenn $g(x)$ selbst sein Zeichen wechselt, verringert sich die Zahl der Zeichenwechsel um eins. Denn $g(x)$ geht von negativen zu positiven Werten uber, wenn die Ableitung $g_1(x)$ positiv ist und von positiven zu negativen Werten, wenn $g_1(x)$ negativ ist. Somit erhalten wir den

Sturmschen Satz: Die Anzahl der reellen Nullstellen der Funktion $g(x)$ im Intervall von a bis b ist gleich der Anzahl der Zeichenwechsel, die die Reihe

$$g(x),\quad g_1(x),\quad g_2(x), \ldots g_m(x)$$

in diesem Intervall verliert.

Beispiel: Die ganze rationale Funktion

$$g(x) = x^7 - 2x^5 - 10x^2 + 1$$

besitzt die Ableitung

$$g_1(x) = 7x^6 - 10x^4 - 20x.$$

Aus beiden ergibt sich die folgende Kettenbruchentwicklung. Die Potenzen von x sind durch die Stellung der Koeffizienten angezeigt. Die Rechnung kann mit dem Rechenschieber besonders bequem durchgeführt werden. Die letzte Stelle ist zwar nicht mehr sicher; sie ist aber für die Entscheidung uber das Vorzeichen auch nicht erforderlich.

1	0	−2	0	0	−10	0	1
1	0	−1·429	0	0	−2·857	0	
		$-g_2(x) =$ −0·571	0	0	−7·143	0	1
	7	0	−10	0	0	−20	0
	7	0	0	87·5	0	−12·25	
			$-g_3(x) =$ −10	−87·5	0	−7·75	0
		0·571	0	0	7·143	0	−1
		0·571	5	0	0·443	0	
			−5	0	6·7	0	−1
			−5	−43·75	0	−3·875	0
				$-g_4(x) =$ 43·75	6·7	3·875	−1
			10	87·5	0	7·75	0
			10	1·531	0·886	−0·229	
				85·969	−0·886	7·979	0
				85·969	13·166	7·614	−1·965
					$-g_5(x) =$ −14·052	0·365	1·965
				−43·75	−6·7	−3·875	1
				−43·75	1·136	6·108	
					−7·836	−9·993	1
					7·836	0·204	1·096
						$-g_6(x) =$ −10·197	−0·096
					14·052	−0·365	−1·965
					14·052	0·132	
						−0·497	−1·965
						−0·497	−0·005
							$-g_7(x) =$ −1·960

Somit ergeben sich für die *Sturm*sche Kette die folgenden Funktionen:

$$g\,(x) = x^7 - 2\,x^5 - 10\,x^2 + 1\,,$$
$$g_1(x) = 7\,x^6 - 10\,x^4 - 20\,x\,,$$
$$g_2(x) = 0{\cdot}571\,x^5 + 7{\cdot}143\,x^2 - 1\,,$$
$$g_3(x) = 10\,x^4 + 87{\cdot}5\,x^3 + 7{\cdot}75\,x\,,$$
$$g_4(x) = -43{\cdot}75\,x^3 - 6{\cdot}7\,x^2 - 3{\cdot}875\,x + 1\,,$$
$$g_5(x) = 14{\cdot}052\,x^2 - 0{\cdot}365\,x - 1{\cdot}965\,,$$
$$g_6(x) = 10{\cdot}197\,x + 0{\cdot}096\,,$$
$$g_7(x) = 1{\cdot}960\,.$$

Für verschiedene Werte x haben die einzelnen Glieder der Kette die folgenden Vorzeichen

x	g	g_1	g_2	g_3	g_4	g_5	g_6	g_7	Zeichenwechsel
$-\infty$	−	+	−	+	+	+	−	+	5
−1	−	+	+	−	+	+	−	+	5
0	+	0	−	0	+	−	+	+	4
1	−	−	+	+	−	+	+	+	3
2	+	+	+	+	−	+	+	+	2
∞	+	+	+	+	−	+	+	+	2

Die Kette verliert zwischen $-\infty$ und $+\infty$ drei Zeichenwechsel, die Gleichung besitzt also drei reelle Wurzeln, und zwar je eine zwischen -1 und 0, zwischen 0 und 1 und zwischen 1 und 2.

§ 53. Das Graeffesche Verfahren für Wurzeln mit verschiedenen absoluten Beträgen.

Wenn alle Wurzeln einer algebraischen Gleichung, sowohl die reellen als auch die komplexen berechnet werden sollen, so ist ein von *Graeffe* angegebenes Verfahren zweckmäßig, das sich von den bisherigen Methoden wesentlich unterscheidet. Das *Graeffe*sche Verfahren führt unmittelbar und mit beliebiger Genauigkeit gleichzeitig zu allen Wurzeln der Gleichung, ohne daß eine vorhergehende Untersuchung der Gleichung oder die Kenntnis von Näherungswerten erforderlich ist.

Der leitende Gedanke ist der, daß man durch einfache Rechnung aus den Koeffizienten der Gleichung die Koeffizienten einer anderen Gleichung ableiten kann, deren Wurzeln die Quadrate der Wurzeln der gegebenen Gleichung sind. Aus dieser Gleichung kann man auf dem gleichen Wege zu einer weiteren Gleichung gelangen, deren Wurzeln die vierten Potenzen der Wurzeln der ersten Gleichung sind. Fortfahrend findet man nacheinander Gleichungen, deren Wurzeln die 8., 16., 32.... Potenzen der Wurzeln der gegebenen Gleichung sind.

Wir nehmen nun an, daß die Wurzeln der gegebenen Gleichung alle dem absoluten Betrage nach voneinander verschieden und reell sind. Dann werden die Wurzeln der abgeleiteten Gleichungen immer mehr auseinandergezogen werden in dem Sinne, daß die absolut kleinste Wurzel ein immer kleinerer Bruchteil der nächstkleinsten wird, diese wieder ein immer kleinerer Bruchteil der folgenden usw.

Wenn die Wurzeln einer Gleichung

$$a_0 x^n + a_1 x^{n-1} + a_2 x^{n-2} + \dots + a_{n-2} x^2 + a_{n-1} x + a_n = 0$$

auf diese Weise auseinandergezogen sind, dann lassen sie sich höchst einfach aus den Koeffizienten berechnen. Denn die Summe aller Wurzeln ist gleich $-\frac{a_1}{a_0}$, die Summe aller Produkte zu je zweien gleich $\frac{a_2}{a_0}$, die Summe aller Produkte zu je dreien gleich $-\frac{a_3}{a_0}$ usw. Sind die Wurzeln der Größe des absoluten Betrages nach geordnet $x_1, x_2, x_3, x_4, \dots x_n$, dann wird, wenn x_1 groß gegen $x_2, x_3, \dots x_n$ ist, die Summe $x_2 + x_3 + \dots + x_n$ nur einen kleinen Bruchteil von x_1 betragen. Bis auf diesen Bruchteil ist also

$$x_1 = -\frac{a_1}{a_0}.$$

Wenn ferner x_1 und x_2 groß sind im Vergleich zu allen übrigen Wurzeln, dann wird unter allen Produkten zu je zweien das Produkt $x_1 x_2$ alle übrigen Produkte so stark überwiegen, daß bis auf einen relativ kleinen Fehler

$$x_1 x_2 = \frac{a_2}{a_0}$$

ist. In gleicher Weise ergibt sich bis auf einen relativ kleinen Fehler

$$x_1 x_2 x_3 = -\frac{a_3}{a_0} \quad \text{usw.}$$

Durch Division mit der jedesmal vorhergehenden Gleichung folgt daraus

$$x_1 = -\frac{a_1}{a_0},$$

$$x_2 = -\frac{a_2}{a_1},$$

$$x_3 = -\frac{a_3}{a_2}.$$

$$\cdots\cdots\cdots$$

Mit andern Worten: die Wurzeln der Gleichung

$$a_0 x^n + a_1 x^{n-1} + a_2 x^{n-2} + a_3 x^{n-3} + \ldots + a_{n-2} x^2 + a_{n-1} x + a_n = 0$$

sind bis auf relativ kleine Fehler gleich den Wurzeln der n-linearen Gleichungen

$$a_0 x + a_1 = 0, \qquad a_1 x + a_2 = 0, \qquad \ldots\ a_{n-1} x + a_n = 0.$$

Die Ableitung einer Gleichung, deren Wurzeln die Quadrate der Wurzeln der ursprünglichen Gleichung sind, geschieht nun auf folgende Weise. Ist

$$g(x) = a_0 x^n + a_1 x^{n-1} + a_2 x^{n-2} + \ldots + a_{n-1} x + a_n$$

die gegebene ganze rationale Funktion, so multiplizieren wir sie mit der Funktion

$$(-1)^n g(-x) = a_0 x^n - a_1 x^{n-1} + a_2 x^{n-2} - \ldots + (-1)^{n-1} a_{n-1} x + (-1)^n a_n,$$

die aus ihr hervorgeht durch Verwandlung von x in $-x$.

Das Produkt der beiden Funktionen bleibt ungeändert, wenn man x durch $-x$ ersetzt; nach Potenzen von x geordnet kann das Produkt daher nur gerade Potenzen enthalten. Setzen wir $x^2 = z$, so haben wir eine ganze rationale Funktion $n$ten Grades für z erhalten, deren Nullstellen die Quadrate der Nullstellen der Ausgangsfunktion sind. Bei der Multiplikation der beiden Funktionen brauchen die sich forthebenden Produkte, die zu Koeffizienten von ungeraden Potenzen in x führen würden, gar nicht gebildet zu werden:

a_0	a_1	a_2	a_3	$\ldots$
a_0	$-a_1$	a_2	$-a_3$	$\ldots$
a_0^2	$-a_1^2$	a_2^2	$-a_3^2$	$\ldots$
	$+2a_0a_2$	$-2a_1a_3$	$+2a_2a_4$	$\ldots$
		$+2a_0a_4$	$-2a_1a_5$	$\ldots$
			$+2a_0a_6$	$\ldots$
b_0	b_1	b_2	b_3	$\ldots$

Die Summen $b_0, b_1, b_2, b_3, \ldots$ der einzelnen Kolonnen sind die Koeffizienten der neuen Gleichung.

In den aufeinander folgenden Gleichungen nehmen die Koeffizienten bald außerordentlich große Werte an. Da es aber nur auf die relative Genauigkeit der Koeffizienten ankommt, braucht man nur die ersten Ziffern zu berechnen und ihren Stellenwert durch das Hinzufügen der entsprechenden Zehnerpotenz anzugeben. Zur weiteren Abkürzung schreiben wir z. B. $4^{4}3949$ statt $4{\cdot}3949 \cdot 10^{4}$.

Beispiel: Die Wurzeln der Gleichung

$$x^5 - 3x^4 - 23x^3 + 51x^2 + 94x - 110 = 0$$

zu berechnen.

Wir erhalten für die einzelnen Schritte die folgende Tabelle. Die Potenzen der Unbekannten sind überall fortgelassen. Da die Koeffizienten der Gleichung für $-x$ mit denen der Gleichung für x bis aufs Vorzeichen übereinstimmen, sind die Zahlenwerte in der zweiten Gleichung jedesmal fortgelassen und nur die Vorzeichen hingeschrieben worden.

1. Potenz	1	-3	$-2^{1}3$	$+5^{1}1$	$+9^{1}4$	$-1^{2}10$
	+	+	−	−	+	+
	1	$-0^{1}9$	$+5^{2}29$	$-2^{3}601$	$+8^{3}836$	$-1^{4}21$
		$-4\cdot6$	$+3\cdot06$	$-4\cdot324$	$+11\cdot22$	
			$+1\cdot88$	$-0\cdot66$		
2. Potenz	1	$-5^{1}5$	$+1^{3}023$	$-7^{3}585$	$+2^{4}0056$	$-1^{4}21$
	+	+	+	+	+	+
	1	$-3^{3}025$	$+10^{5}4653$	$-5^{7}7532$	$+4^{8}0224$	$-1^{8}4641$
		$+2\cdot046$	$-8\cdot3435$	$+4\cdot1035$	$-1\cdot8356$	
			$+0\cdot4011$	$-0\cdot1331$		
4. Potenz	1	$-0^{3}979$	$+2^{5}5229$	$-1^{7}7828$	$+2^{8}1868$	$-1^{8}4641$
	+	+	+	−	+	+
	1	$-9^{5}5844$	$+6^{10}3650$	$-3^{14}1784$	$+4^{16}7821$	$-2^{16}1436$
		$+5\cdot0458$	$-3\cdot4907$	$+1\cdot1034$	$-0\cdot5220$	
			$+0\cdot0437$	$-0\cdot0029$		
8. Potenz	1	$-4^{5}5386$	$+2^{10}9180$	$-2^{14}0779$	$+4^{16}2601$	$-2^{16}1436$
	+	+	+	+	+	+
	1	$-2^{11}0599$	$+8^{20}5147$	$-4^{28}3177$	$+1^{33}8148$	$-4^{32}5950$
		$+0\cdot5836$	$-1\cdot8862$	$+0\cdot2486$	$-0\cdot0089$	·
			$+0\cdot0009$	—		
16. Potenz	1	$-1^{11}4763$	$+6^{20}6294$	$-4^{28}0691$	$+1^{33}8059$	$-4^{32}5950$
	+	+	+	+	+	+
	1	$-2^{22}1795$	$+4^{41}3949$	$-1^{57}6558$	$+3^{66}2613$	$-2^{65}1114$
		$+0\cdot1326$	$-0\cdot1201$	$+0\cdot0024$	—	
			—	—		
32. Potenz	1	$-2^{22}0469$	$+4^{41}2748$	$-1^{57}6534$	$+3^{66}2613$	$-2^{65}1114$
	+	+	+	+	+	+
	1	$-4^{44}1898$	$+1^{83}8274$	$-2^{114}7337$	$+1^{133}0636$	$-4^{130}4580$
		$+0\cdot0085$	$-0\cdot0007$	—	—	
			—	—		
64. Potenz	1	$-4^{44}1813$	$+1^{83}8267$	$-2^{114}7337$	$+1^{133}0636$	$-4^{130}4580$
	+	+	+	+	+	+
	1	$-1^{89}7483$	$+3^{166}3368$	$-7^{228}4731$	$+1^{266}1312$	$-1^{261}9874$
			—	—	—	
			—	—		

Von der Gleichung für die achten Potenzen an beginnt der Einfluß der doppelten Produkte gegenüber dem der Quadrate zurückzutreten. Von der 64. Potenz an hört der Einfluß der doppelten Produkte ganz auf. Weiter zu rechnen würde jetzt zwecklos sein, wenn man sich auf fünf Ziffern beschränkt. Denn wenn man aus den Quotienten der berechneten Koeffizienten die 64. Wurzeln aus den Quotienten ihrer Quadrate die 128. Wurzeln zieht, kommt man zum gleichen Ergebnis. Die einzelnen Wurzeln sind jetzt so weit auseinander gezogen, daß die Gleichung in lauter lineare Gleichungen zerfällt bis auf einen Fehler, der die hingeschriebenen Ziffern der Koeffizienten nicht mehr beeinflußt.

Die Berechnung der Quotienten der Koeffizienten für die 64. Potenz und das Ausziehen der 64. Wurzeln geschieht am besten auf logarithmischem Wege:

Log d. Koeffiz	$\log x^{64}$	$\log \lvert x \rvert$	$\lvert x \rvert$
0			
	44 621 311	0 697 2080	4 97976
44·621 311			
	38 640 356	0 603 7556	4 01565
83 261 667			
	31 175 084	0 487 1107	3 06980
114 436 751			
	18·590 027	0·290 4692	1 95196
133 026 778			
	61·622 362 — 64	0 962 8494 — 1	0·91801
130 649 140			

Die Vorzeichen der Wurzeln können nach dem *Graeffe*schen Verfahren nicht bestimmt werden, denn sie sind ja bei der Potenzbildung verlorengegangen. Nach der *Cartesi*schen Zeichenregel besitzt die Gleichung höchstens drei positive und höchstens zwei negative Wurzeln. Da alle fünf Wurzeln reell sind, wird diese Höchstzahl auch gerade erreicht. Man findet leicht durch rohes Probieren, daß die zweite und vierte Wurzel negativ ist. Die Wurzeln sind somit

$$x_1 = +4{\cdot}97976\,,$$
$$x_2 = -4{\cdot}01565\,,$$
$$x_3 = +3{\cdot}06980\,,$$
$$x_1 = -1\ 95196\,,$$
$$x_5 = +0{\cdot}91801\,.$$

Zur Kontrolle berechnen wir die Summe der Wurzeln, sie muß gleich $-\frac{a_1}{a_0}$ sein. Wir finden 2·99 996 an Stelle von 3 und schließen daraus, daß die letzte Stelle um eine Einheit fehlerhaft sein wird.

Das Beispiel ist mit mehr Stellen durchgerechnet als in der Regel zweckmäßig ist. Da man die gefundenen Werte doch durch Einsetzen kontrolliert, so genügt es, Näherungswerte zu finden, die bei der Kontrolle verbessert werden.

§ 54. Wurzeln mit gleichen absoluten Beträgen.

Wenn die Gleichung reelle Wurzeln mit gleichen absoluten Beträgen besitzt oder wenn komplexe Wurzeln auftreten, die ja bei reellen Koeffizienten paarweise gleiche absolute Beträge haben, dann können die Wurzeln der abgeleiteten Gleichungen nicht auseinandergezogen werden. Wir wollen für diesen Fall die Betrachtungen etwas allgemeiner fassen.

Die Wurzeln $x_1, x_2, x_3 \ldots x_\nu$ der Gleichung

$$a_0 x^n + a_1 x^{n-1} + a_2 x^{n-2} + \ldots + a_{n-2} x^2 + a_{n-1} x + a_n = 0$$

seien absolut groß im Vergleich zu den übrigen Wurzeln $x_{\nu+1}, x_{\nu+2}, \ldots x_n$. Wir wollen zeigen, daß sich dann die Wurzeln $x_1, x_2, \ldots x_\nu$ nur um kleine Bruchteile ihrer Beträge von den Wurzeln der Gleichung

$$a_0 x^\nu + a_1 x^{\nu-1} + \ldots + a_{\nu-1} x + a_\nu = 0$$

unterscheiden, während die Wurzeln $x_{\nu+1}, x_{\nu+2}, \ldots x_n$ bis auf kleine Bruchteile ihrer Beträge mit den Wurzeln der Gleichung

$$a_\nu x^{n-\nu} + a_{\nu+1} x^{n-\nu-1} + \ldots + a_{n-1} x + a_n = 0$$

übereinstimmen.

Gehört nämlich x zu der Gruppe der großen Wurzeln, so stimmt der Ausdruck

$$\frac{a_0 x^n + a_1 x^{n-1} + \ldots + a_{n-1} x + a_n}{a_\nu x^{n-\nu}}$$

nahezu überein mit

$$\frac{a_0 x^\nu + a_1 x^{\nu-1} + \ldots + a_{\nu-1} x + a_\nu}{a_\nu},$$

denn beide Ausdrücke unterscheiden sich nur durch die Glieder

$$\frac{a_{\nu+1}}{a_\nu} x^{-1} + \frac{a_{\nu+2}}{a_\nu} x^{-2} + \ldots + \frac{a_n}{a_\nu} x^{-(n-\nu)}.$$

Von diesen Gliedern ist aber jedes für sich sehr klein. Denn $\frac{a_{\nu+\varrho}}{a_\nu}$ ist bis auf das Vorzeichen gleich der Summe der Produkte von je $\nu + \varrho$ Wurzeln dividiert durch die Summe der Produkte von je ν Wurzeln. Im Nenner überwiegt das Produkt der ν großen Wurzeln alle ubrigen Produkte derart, daß der Nenner von der Größenordnung dieses Produktes wird. Im Zähler sind diejenigen Produkte die größten, die die ν großen Wurzeln und nur ϱ Wurzeln aus der Gruppe der kleinen Wurzeln enthalten. Der Quotient ist daher der Größenordnung nach gleich dem Produkt von ϱ Faktoren aus der Gruppe der kleinen Wurzeln. Multiplizieren wir ihn mit $x^{-\varrho}$, wobei x innerhalb der Gruppe der großen Wurzeln liegt, so wird

$$\frac{a_{\nu+\varrho}}{a_\nu} x^{-\varrho}$$

sehr klein. Daher stimmt für alle Werte von x, die ihrem absoluten Betrage nach zur Gruppe der großen Wurzeln gehören, der Ausdruck

$$\frac{a_0 x^n + a_1 x^{n-1} + \ldots + a_{n-1} x + a_n}{a_\nu x^{n-\nu}}$$

nahezu überein mit

$$\frac{a_0 x^\nu + a_1 x^{\nu-1} + \ldots + a_{\nu-1} x + a_\nu}{a_\nu}.$$

Bezeichnen wir die Wurzeln der Gleichung

$$a_0 x^\nu + a_1 x^{\nu-1} + \ldots + a_{\nu-1} x + a_\nu = 0$$

mit x_1', x_2', ... x_ν', so ist

$$\frac{a_\nu}{a_0} = \pm x_1' x_2' \ldots x_\nu'.$$

Der zweite der beiden nahezu übereinstimmenden Ausdrücke ist damit gleich

$$\pm \frac{(x - x_1')(x - x_2') \ldots (x - x_\nu')}{x_1' x_2' \ldots x_\nu'} = \pm \left(\frac{x}{x_1'} - 1\right)\left(\frac{x}{x_2'} - 1\right)\left(\frac{x}{x_\nu'} - 1\right)$$

und stimmt für alle absolut großen Werte von x somit nahezu überein mit

$$\frac{a_0}{a_\nu}(x - x_1)(x - x_2) \ldots (x - x_\nu)\left(1 - \frac{x_{\nu+1}}{x}\right)\left(1 - \frac{x_{\nu+2}}{x}\right) \ldots \left(1 - \frac{x_n}{x}\right).$$

Wird nun x gleich einem der Werte x_1, x_2 ... x_ν gesetzt, so muß einer der Faktoren des Produkts

$$\left(\frac{x}{x_1'} - 1\right)\left(\frac{x}{x_2'} - 1\right) \ldots \left(\frac{x}{x_\nu'} - 1\right)$$

sehr klein werden, mit andern Worten, x muß bis auf einen relativ kleinen Betrag übereinstimmen mit einer der Wurzeln $x_1' x_2' \ldots x_\nu'$.

Umgekehrt stimmt für alle Werte von x, die innerhalb der Gruppe der kleinen Wurzeln liegen, der Ausdruck

$$\frac{a_0 x^n + a_1 x^{n-1} + \ldots + a_{n-1} x + a_n}{a_\nu x^{n-\nu}}$$

nahezu überein mit

$$\frac{a_\nu x^{n-\nu} + a_{\nu+1} x^{n-\nu-1} + \ldots + a_n}{a_\nu x^{n-\nu}}.$$

Diese Tatsache folgt sofort aus dem soeben bewiesenen Satze, wenn man $x = t^{-1}$ setzt. Die ν Wurzeln

$$t_1 = x_1^{-1}, \quad t_2 = x_2^{-1}, \ldots t_\nu = x_\nu^{-1}$$

sind jetzt klein im Vergleich zu den $n - \nu$ Wurzeln

$$t_{\nu+1} = x_{\nu+1}^{-1}, \quad t_{\nu+2} = x_{\nu+2}^{-1}, \ldots t_n = x_n^{-1}.$$

Die großen Wurzeln stimmen jetzt nahezu überein mit den Wurzeln der Gleichung

$$a_n t^{n-\nu} + a_{n-1} t^{n-\nu-1} + \ldots + a_{\nu+1} t + a_\nu = 0$$

oder die Wurzeln $x_{\nu+1}$, $x_{\nu+2}$, ... x_n weichen nur um relativ kleine Beträge ab von den Wurzeln der Gleichung

$$a_\nu x^{n-\nu} + a_{\nu+1} x^{n-\nu-1} + \ldots + a_{n-1} x + a_n = 0.$$

Wir erhalten also das Resultat: Sind die Wurzeln so in zwei Gruppen $x_1, x_2, \ldots x_\nu$ und $x_{\nu+1}, x_{\nu+2}, \ldots x_n$ zerlegbar, daß die Wurzeln der einen Gruppe absolut groß sind im Vergleich zu denen der andern Gruppe, so spaltet sich die Gleichung

$$a_0 x^n + a_1 x^{n-1} + \ldots + a_{n-1} x + a_n = 0$$

in zwei Gleichungen

$$a_0 x^\nu + a_1 x^{\nu-1} + \ldots + a_{\nu-1} x + a_\nu = 0$$

und

$$a_\nu x^{n-\nu} + a_{\nu+1} x^{n-\nu-1} + \ldots + a_{n-1} x + a_n = 0,$$

deren Wurzeln bis auf relativ kleine Beträge mit den Wurzeln der beiden Gruppen übereinstimmen.

Wenn nun die Wurzeln der einen Gruppe sich wiederum in zwei Untergruppen zerlegen lassen, daß die Wurzeln der einen Gruppe groß sind im Vergleich zu den Wurzeln der anderen, so wird sich auch ihre Gleichung wieder in zwei Gleichungen zerspalten usf.

Das *Graeffe*sche Verfahren besteht nun darin, aus der gegebenen Gleichung eine Gleichung für so hohe Potenzen der Wurzeln abzuleiten, daß sich die Gleichung zerspaltet in so viel Gleichungen, wie die ursprüngliche Gleichung Wurzeln mit verschiedenen absoluten Beträgen gehabt hat. Insbesondere wird sich für jedes Paar komplexer Wurzeln eine quadratische Gleichung abspalten.

Beispiel:

$$x^4 - 3x^3 + 8x^2 - 5 = 0.$$

Die Gleichungen fur die Potenzen der Wurzeln ergeben sich folgendermaßen:

1. Potenz	+1	− 3	+8	0	−5
	+	+	+	0	−
	+1	− 9	$+6^{1}4$	0	$+2^{1}5$
		+16	0	$-8^{1}0$	
			−1·0		
2. Potenz	+1	+ 7	$+5^{1}4$	$-8^{1}0$	$+2^{1}5$
	+	−	+	+	+
	+1	$-4^{1}9$	$+2^{3}916$	$-6^{3}4$	$+6^{2}25$
		+10·8	+1·12	+2·7	
			+0·05		
4. Potenz	+1	$+5^{1}9$	$+4^{3}086$	$-3^{3}7$	$+6^{2}25$
	+	−	+	+	+
	+1	$-3^{3}481$	$+1^{7}66954$	$-1^{7}369$	$+3^{5}90625$
		+ 8 172	+0·04366	+0·51075	
			+0·00012		
8 Potenz	+1	$+4^{3}691$	$+1^{7}71332$	$-0^{7}85825$	$+3^{5}90625$
	+	−	+	+	+
	+1	$-2^{7}20055$	$+2^{14}93547$	$-7^{13}36593$	$+1^{11}52588$
		+ 3·42664	+0·00081	+1·33853	
			—		
16. Potenz	+1	$+1^{7}22609$	$+2^{14}93628$	$-6^{13}02740$	$+1^{11}52588$

Hier spaltet sich die ursprüngliche Gleichung in zwei Gleichungen zweiten Grades, denn das Quadrat von $2^{14}93628$ wird durch die doppelten Produkte nicht mehr beeinflußt. Die Wurzeln der ersten quadratischen Gleichung

$$x^2 + 1^7 22609\,x + 2^{14}93628 = 0$$

sind offenbar komplex, während sich die Wurzeln der zweiten quadratischen Gleichung

$$2^{14}93628\,x^2 - 6^{13}02740\,x + 1^{11}52588 = 0$$

trennen lassen, wenn man noch zwei Schritte weiter geht:

16. Potenz	$+2^{14}93628$	$-6^{13}02740$	$+1^{11}52588$
	$+$	$+$	$+$
	$+8^{28}62174$	$-3^{27}63296$	$+2^{22}32831$
		$+0\cdot 08961$	
32. Potenz	$+8^{28}62174$	$-3^{27}54335$	$+2^{22}32831$
	$+$	$+$	$+$
	$+7^{57}43344$	$-1^{55}25553$	$+5^{44}42103$
		$+0\cdot 00040$	
64. Potenz	$+7^{57}43344$	$-1^{55}25513$	$+5^{44}42103$

Die beiden reellen Wurzeln ergeben sich hieraus ihrem absoluten Betrage nach wie früher durch Ausziehen der 64. Wurzeln aus den Quotienten der Koeffizienten:

Log d. Koeffiz.	Diff	log $\vert x \vert$	$\vert x \vert$
57·871 190			
	61·227 499 − 64	0·956 6797 − 1	0·905 065
55·098 689			
	53·635 393 − 64	0·838 0530 − 1	0·688 736
44·734 082			

Die erste Wurzel stimmt mit der schon früher berechneten überein und ist somit positiv. Da die Gleichung andererseits nach der *Cartesi*schen Zeichenregel eine negative Wurzel haben muß, so sind die beiden reellen Wurzeln

$$x_1 = +0{\cdot}905\,065$$
$$x_2 = -0{\cdot}688\,736\,.$$

Bei der ersten quadratischen Gleichung hat es keinen Zweck, weiter zu rechnen. Da ihre Wurzeln komplex sind, kann man niemals zu einer Zerlegung in lineare Gleichungen gelangen. Das Produkt der beiden Wurzeln ist gleich dem Quadrat ihres absoluten Betrages. Das Quadrat des absoluten Betrages der beiden komplexen Wurzeln der ursprünglichen Gleichung erhält man daher als 16. Wurzel aus dem Quotienten des dritten und ersten Koeffizienten:

$$\sqrt[16]{2\,93\,628 \cdot 10^{14}} = 8{\cdot}021\,163 = u^2 + v^2,$$

wenn die komplexen Wurzeln gleich $u \pm iv$ sind.

Um den reellen und imaginären Teil einzeln zu bestimmen, beachten wir, daß die Summe aller Wurzeln $x_1 + x_2 + 2u$ gleich $-\frac{a_1}{a_0} = 3$ sein muß. Da $x_1 + x_2$ gleich 0·216 329 ist, wird $u = 1·391\,836$. Damit errechnet sich aus $u^2 + v^2$ der Wert von v:

$$v = 2·466\,568\,.$$

Die beiden komplexen Wurzeln werden somit

$$x_3\,,\ x_4 = 1·391\,836 \pm 2·466\,568\,i\,.$$

Zur Kontrolle bilden wir das Produkt aller Wurzeln:

$$x_1 x_2 (u^2 + v^2) = -4·999\,999 \qquad \text{statt} \qquad -5\,.$$

Ferner muß die Summe der reziproken Wurzeln gleich $-\frac{a_{n-1}}{a_n}$ sein, in unserer Gleichung also gleich Null. Die Summe der beiden reziproken komplexen Wurzeln ist

$$\frac{1}{u + iv} + \frac{1}{u - iv} = \frac{2u}{u^2 + v^2} = 0·347\,041\,.$$

Wir erhalten also

$$1·104\,893 - 1·451\,935 + 0·347\,041 = -0·000\,001\,.$$

Wenn eine Gleichung zwei Paare komplexer Wurzeln

$$u_1 \pm i\,v_1 \qquad \text{und} \qquad u_2 \pm i\,v_2$$

besitzt, so liefert das *Graeffe*sche Verfahren wieder nur die absoluten Beträge r_1 und r_2. Um die Wurzeln selbst zu finden, beachten wir, daß die Summe aller Wurzeln gleich $-\frac{a_1}{a_0}$ und daß die Summe aller reziproken Wurzeln gleich $-\frac{a_{n-1}}{a_n}$ ist. Wir erhalten damit für die reellen Teile die beiden Gleichungen

$$2u_1 + 2u_2 = -\frac{a_1}{a_0} - (x_1 + x_2 + \ldots)\,,$$

$$\frac{2u_1}{r_1^2} + \frac{2u_2}{r_2^2} = -\frac{a_{n-1}}{a_n} - \left(\frac{1}{x_1} + \frac{1}{x_2} + \ldots\right),$$

wenn mit $x_1\,, x_2\,, \ldots$ die reellen Wurzeln bezeichnet werden. Schließlich findet man die imaginären Teile

$$v_1 = \sqrt{r_1^2 - u_1^2} \qquad \text{und} \qquad v_2 = \sqrt{r_2^2 - u_2^2}\,.$$

Hat eine Gleichung mehr als zwei komplexe Wurzelpaare, so kann man zwar nach wie vor die absoluten Betrage nach dem *Graeffe*schen Verfahren ermitteln, um aber die Wurzeln selbst zu finden, muß man einen besonderen Weg einschlagen.

Ein allgemeines Verfahren beruht auf der zweimaligen Anwendung des *Graeffe*schen Verfahrens. Zunächst bestimmt man die absoluten Beträge der Wurzeln auf die bekannte Weise. Dann entwickelt man die linke Seite der Gleichung nach Potenzen von $y = x - p$, wobei p eine beliebig gewählte Größe ist. Wendet man nun auf die neue Gleichung in y das *Graeffe*sche Verfahren an, so erhält man für die komplexen Wurzeln die absoluten Betrage von $x - p$. Damit sind geometrisch gesprochen die komplexen Wurzeln als Durchschnittspunkte von Kreisen um den Nullpunkt und den Punkt $x - p$ in der komplexen Zahlenebene bestimmt. Dieses Verfahren ist zwar nicht unbedingt eindeutig, da man aber die Summe der Wurzeln kennt, läßt sich leicht das richtige System auswählen.

Ist für ein komplexes Wurzelpaar

$$x = u \pm i v$$

der absolute Betrag gleich r und fur

$$y = u - p \pm i v$$

gleich ϱ und ist ferner

$$u = r \cos \varphi \,, \quad v = r \sin \varphi \,,$$

so findet man den reellen Teil aus

$$\varrho^2 = r^2 + p^2 - 2 r p \cos \varphi = r^2 + p^2 - 2 p u \,,$$

$$u = \frac{p^2 + r^2 - \varrho^2}{2p} \,,$$

und den imaginären Teil wie früher

$$v = \sqrt{r^2 - u^2} \,.$$

Die reelle Zahl p wählt man praktisch nicht zu klein, sonst wird die Bestimmung von u unsicher, andererseits nicht zu groß, sonst schneidet, geometrisch gesprochen, ein Kreis, der durch ein Paar tatsächlich vorhandene Wurzeln geht, noch andere Kreise. Man würde unnötigerweise Schnittpunkte errechnen, denen keine Wurzeln entsprechen.

Zweckmäßig ist es, beim *Graeffe*schen Verfahren Rechenproben einzuführen. Wenn man kontrollieren will, ob aus den beiden Funktionen $g(x)$ und $g(-x)$ die Funktion $G(x^2) = \pm g(x) \cdot g(-x)$ richtig gebildet worden ist, setzt man einen geeigneten speziellen Wert für x ein und berechnet die Funktionen nach dem *Horner*schen Schema. Den speziellen Wert muß man so groß wählen, daß die kleinen Koeffizienten etwa ebenso stark in die Rechnung eingehen wie die großen.

§ 55. Verbesserung der Wurzeln.

Die nach dem *Graeffe*schen Verfahren gefundenen Wurzeln kann man durch Iteration verbessern. Wir bilden das Produkt aus den vier Linearfaktoren

$$\varphi(x) = a_0 (x - x_1)(x - x_2)(x - x_3)(x - x_4) \,.$$

Die beiden komplexen Wurzeln fassen wir gleich zu einem Faktor zweiten Grades

$$x^2 - 2{\cdot}783\,672\, x + 8\,021\,163$$

zusammen. Damit wird

$$\varphi(x) = (x - 0{\cdot}905\,065)\,(x + 0{\cdot}688\,736)\cdot(x^2 - 2{\cdot}783\,672\,x + 8{\cdot}021\,163),$$

$$\varphi(x) = x^4 - 3{\cdot}000001x^3 + 8{\cdot}000\,001\,132x^2 - 0{\cdot}000\,005\,87x - 4{\cdot}999\,998\,756.$$

Für die Wurzeln der Gleichung ist aber

$$x^4 - 3x^3 + 8x^2 - 5 = 0\,.$$

Somit wird

$$\varphi(x) = (-x^3 + 1{\cdot}132\,x^2 - 5{\cdot}87\,x + 1{\cdot}243)\cdot 10^{-6}.$$

Dividiert man beide Seiten durch das Produkt aller Faktoren mit Ausnahme eines, so steht links eine lineare Funktion, rechts erhält man eine gebrochene Funktion, die sich nur langsam mit x ändert, wenn die linke Seite klein ist.

Hierdurch ergibt sich eine Verbesserung des betreffenden Wurzelwertes, wenn man ihn auf der rechten Seite einsetzt.

Die Verbesserung von $x = -0{\cdot}688\,736$ z. B. ergibt sich aus dem Zähler

$$(-x^3 + 1{\cdot}132\,x^2 - 5{\cdot}87\,x + 1{\cdot}243)\,10^{-6}$$

und dem Nenner

$$(x - 0{\cdot}905)\,(x^2 - 2{\cdot}784\,x + 8{\cdot}021) = x^3 - 3{\cdot}689\,x^2 + 10{\cdot}54\,x - 7{\cdot}26\,.$$

Wir berechnen beide Funktionen für den Wert $x = -0{\cdot}689$ mit dem Rechenschieber:

-1	$+1{\cdot}132$	$-5{\cdot}87$	$+1{\cdot}243$
	$+0{\cdot}689$	$-1{\cdot}25$	$+4{\cdot}91$
	$+1{\cdot}821$	$-7{\cdot}12$	$+6{\cdot}15$
$+1$	$-3{\cdot}689$	$+10{\cdot}54$	$-7{\cdot}26$
	$-0{\cdot}689$	$+3{\cdot}02$	$-9{\cdot}34$
	$-4{\cdot}378$	$+13{\cdot}56$	$-16{\cdot}60$

Die Verbesserung der Wurzel ist demnach

$$-\frac{6{\cdot}15}{16\,60}\cdot 10^{-6} = -0{\cdot}37\cdot 10^{-6}$$

und der verbesserte Wurzelwert wird

$$x = -0{\cdot}688\,736\,37\,.$$

Mit diesem Wert wäre nötigenfalls die Rechnung zu wiederholen.

Die komplexen Wurzeln kann man auf die gleiche Weise verbessern. Man kann aber auch ganz im Gebiet der reellen Zahlen bleiben und sogleich ein Paar komplexer Wurzeln zu einem quadratischen Ausdruck zusammenfassen und die Verbesserung seiner Koeffizienten berechnen.

Wir dividieren zu diesem Zweck den Ausdruck $\varphi(x)$ durch alle Faktoren mit Ausnahme des zu verbessernden Ausdrucks zweiten Grades:

$$\frac{\varphi(x)}{(x - 0\,905\,065)\,(x + 0\,688\,736)} = \frac{-x^3 + 1{\cdot}132\,x^2 - 5\,87\,x + 1\,243}{x^2 - 0\,2163\,x - 0\,623}\cdot 10^{-6}.$$

Anstatt nun eine der beiden konjugierten Wurzeln einzusetzen, berechnen wir den reellen linearen Ausdruck

$$a x + b,$$

der für die beiden konjugierten Wurzeln mit der gebrochenen Funktion übereinstimmt. Der verbesserte Faktor zweiten Grades ist dann

$$x^2 - (2{\cdot}783\,672 + a)\,x + 8{\cdot}021\,163 - b\,.$$

Um a und b zu finden, reduzieren wir zunächst Zähler und Nenner der gebrochenen Funktion modulo $x^2 - 2{\cdot}783\,672\,x + 8{\cdot}021\,163$, d. h. wir dividieren Zähler und Nenner durch diesen Ausdruck zweiten Grades und bestimmen den Rest. Die Rechnung braucht nur auf wenige Stellen genau mit dem Rechenschieber ausgeführt zu werden.

$$\begin{array}{rrrr}
-1 & +1{\cdot}132 & -5{\cdot}87 & +1{\cdot}243 \\
 & +2{\cdot}784 & -8{\cdot}02 & \\
\hline
 & -1{\cdot}652 & +2{\cdot}15 & \\
 & & +4{\cdot}60 & -13{\cdot}25 \\
\hline
 & & -2{\cdot}45 & +14{\cdot}49
\end{array}$$

$$\begin{array}{rrr}
+1 & -0{\cdot}2163 & -0{\cdot}623 \\
 & -2{\cdot}784 & +8{\cdot}02 \\
\hline
 & +2{\cdot}568 & -8{\cdot}64
\end{array}$$

Die gebrochene Funktion stimmt demnach für die beiden konjugierten Wurzeln überein mit

$$\frac{-2{\cdot}45\,x + 14{\cdot}49}{2{\cdot}568\,x - 8{\cdot}64}\cdot 10^{-6} = \left(-0{\cdot}954 + \frac{5{\cdot}25}{2{\cdot}568\,x - 8{\cdot}64}\right)\cdot 10^{-6}.$$

Um nun noch den Nenner fortzuschaffen, dividieren wir $x^2 - 2{\cdot}783\,672\,x + 8{\cdot}021\,163$ durch $2{\cdot}568\,x - 8{\cdot}64$:

$$\begin{array}{l}
1 - 2{\cdot}784 + 8{\cdot}02 : 2{\cdot}568 - 8{\cdot}64 = 0{\cdot}389 + 0{\cdot}226 \\
\;\;-3{\cdot}364 \\
\hline
\;\;+0{\cdot}580 \\
\qquad\qquad -1{\cdot}95 \\
\hline
\qquad\qquad +9{\cdot}97
\end{array}$$

Es wird also

$$\frac{x^2 - 2{\cdot}784\,x + 8{\cdot}02}{2{\cdot}568\,x - 8{\cdot}64} = 0{\cdot}389\,x + 0{\cdot}226 + \frac{9{\cdot}97}{2{\cdot}568\,x - 8{\cdot}64}.$$

Für die beiden komplexen Wurzelwerte ist daher

$$\frac{9{\cdot}97}{2{\cdot}568\,x - 8{\cdot}64} = -0{\cdot}389\,x - 0{\cdot}226$$

und somit

$$\frac{5{\cdot}25}{2{\cdot}568\,x - 8{\cdot}64} = -0{\cdot}21\,x - 0{\cdot}12\,.$$

Als Resultat der Reduktion folgt daher die lineare Funktion

$$(-0{\cdot}21\,x - 1{\cdot}07)\cdot 10^{-6}.$$

Damit erhalten wir den verbesserten Ausdruck zweiten Grades

$$x^2 - 2{\cdot}783\,671\,79\,x + 8{\cdot}021\,164\,07\,.$$

§ 56. Aufgaben zum 6. Kapitel.

1. Die positive Wurzel der Gleichung

$$x^6 + 6x - 8 = 0$$

ist auf sechs Dezimalen zu berechnen.

2. Die reelle Wurzel der Gleichung

$$x = \cos x$$

ist zu berechnen.

3. Die kleinste positive Wurzel der Gleichung

$$x \operatorname{tg} x = 1$$

ist zu berechnen.

4. Was kann man über die reellen Wurzeln der Gleichung

$$x^5 + a x^3 + b x^2 + c = 0$$

aussagen, wenn a und b positiv, c negativ ist?

5. Die reellen Wurzeln der Gleichung

$$x^6 - 8x^5 + 4x^4 + 6x^3 - 5x + 3 = 0$$

sind je zwischen zwei um höchstens eins auseinanderliegende Grenzen einzuschließen.

6. Wieviel reelle Wurzeln hat die Gleichung

$$x^7 + ax + b = 0\ ?$$

7. Sämtliche Wurzeln der Gleichung

$$x^5 - 2x^4 - 13x^3 + 14x^2 + 24x - 1 = 0$$

sind zu berechnen.

8. Sämtliche Wurzeln der Gleichung

$$x^4 - 6x^3 + 13x^2 - 30x - 49 = 0$$

sind zu berechnen.

Siebentes Kapitel.

Gleichungen mit mehreren Unbekannten.

§ 57. Das Newtonsche Verfahren für mehrere Unbekannte.

Die *Newton*sche Methode läßt sich auch auf mehrere Gleichungen mit mehreren Unbekannten ausdehnen. Sobald einigermaßen genaue Näherungswerte bekannt sind, kann man ihre Verbesserungen als neue Unbekannte einführen und die gegebenen Gleichungen unter Vernachlässigung von Gliedern zweiter Ordnung als lineare Gleichungen für die Verbesserungen schreiben.

Sind x_1 und y_1 Näherungswerte für ein Wurzelpaar der Gleichungen

$$f(x\,y) = 0\,,$$
$$g(x\,y) = 0\,,$$

so sind $\varepsilon_1 = f(x_1\,y_1)$ und $\varepsilon_2 = g(x_1\,y_1)$ wenig von Null verschieden. Die Verbesserungen der Näherungswerte bezeichnen wir mit h und k:

$$x = x_1 + h\,,$$
$$y = y_1 + k\,,$$

und entwickeln nach Potenzen von h und k:

$$0 = f(x\,y) = f(x_1\,y_1) + h\,f_1(x_1\,y_1) + k\,f_2(x_1\,y_1) + \dots$$
$$0 = g(x\,y) = g(x_1\,y_1) + h\,g_1(x_1\,y_1) + k\,g_2(x_1\,y_1) + \dots$$

Die partiellen Ableitungen nach x und y sollen durch die Indizes $_1$ und $_2$ angedeutet werden. Unter Vernachlässigung der Glieder zweiter und höherer Ordnung in h und k erhalten wir für die Verbesserungen die linearen Gleichungen

$$f_1\,h + f_2\,k + \varepsilon_1 = 0\,,$$
$$g_1\,h + g_2\,k + \varepsilon_2 = 0\,.$$

Da die Verbesserungen klein sind, brauchen die Koeffizienten dieser Gleichungen nur mit geringer relativer Genauigkeit berechnet zu werden, und die Auflösung kann mit dem Rechenschieber erfolgen.

Geometrisch betrachtet, ersetzt das *Newton*sche Verfahren die beiden Kurven

$$f(x\,y) = 0\,,$$
$$g(x\,y) = 0$$

in der Nähe des Punktes x_1, y_1 durch zwei gerade Linien, deren Schnittpunkt dann an Stelle des gesuchten Kurvenschnittpunktes genommen wird.

Die verbesserten Näherungswerte $x_1 + h$, $y_1 + k$ sind wegen der Vernachlässigung der höheren Glieder nun natürlich nicht die genauen Wurzeln der Gleichungen, sondern wiederum nur Näherungswerte, die man ebenso zur Berechnung von Verbesserungen benutzen kann. So kann man so lange fortfahren, bis die gewünschte Genauigkeit erreicht ist. Bald werden die immer geringer werdenden Verbesserungen die Koeffizienten f_1, f_2, g_1, g_2 der linearen Gleichungen für h und k nicht mehr beeinträchtigen. Man kann dann ein für allemal diese Gleichungen auflösen und h und k durch ε_1 und ε_2 ausdrücken.

Beispiel: Die reellen Wurzeln der beiden Gleichungen

$$2x^3 - y^2 - 1 = 0,$$
$$x y^3 - y - 4 = 0$$

sind zu berechnen.

Eine rohe Skizze zeigt, daß die beiden zu den Gleichungen gehörenden Kurven nur einen Schnittpunkt besitzen, dessen Abszisse und Ordinate ungefähr gleich 1·2 und 1·7 ist.

Mit den Näherungswerten $x_1 = 1{\cdot}2$ und $y_1 = 1{\cdot}7$ berechnen wir die rechten Seiten der beiden Gleichungen

$$\varepsilon_1 = -0{\cdot}434, \qquad \varepsilon_2 = 0{\cdot}1956.$$

Die linearen Gleichungen für die Verbesserungen erhalten die Form

$$6x^2 h - 2y k + \varepsilon_1 = 0,$$
$$y^3 h + (3xy^2 - 1) k + \varepsilon_2 = 0$$

oder, wenn man die Näherungswerte einsetzt,

$$8{\cdot}64\, h - 3{\cdot}40\, k = \quad 0{\cdot}434,$$
$$4{\cdot}91\, h + 9{\cdot}40\, k = -0{\cdot}1956.$$

Es ergibt sich

$$h = 0{\cdot}0349, \qquad k = -0{\cdot}0390.$$

Damit werden die verbesserten Werte

$$x = 1{\cdot}2349, \qquad y = 1{\cdot}6610.$$

Wir setzen diese Werte wieder in die Gleichungen ein und erhalten die rechten Seiten

$$\varepsilon_1 = 74{\cdot}70 \cdot 10^{-4}, \qquad \varepsilon_2 = -19{\cdot}87 \cdot 10^{-4}.$$

Die linearen Gleichungen für die neuen Verbesserungen lauten jetzt

$$9{\cdot}150\, h - 3{\cdot}322\, k = -\varepsilon_1 = -74{\cdot}70 \cdot 10^{-4},$$
$$4{\cdot}583\, h + 9{\cdot}221\, k = -\varepsilon_2 = \quad 19{\cdot}87 \cdot 10^{-4}.$$

Daraus erhalten wir

$$h = -6{\cdot}253 \cdot 10^{-4}, \quad k = 5{\cdot}263 \cdot 10^{-4}$$

und somit die verbesserten Näherungswerte

$$x = 1{\cdot}2342\,747,$$
$$y = 1{\cdot}6615\,263.$$

Die Verbesserungen sind bereits so klein geworden, daß die Koeffizienten der linearen Gleichungen nur noch in der letzten Stelle beeinflußt werden. Für alle ferneren Verbesserungen können wir das Gleichungssystem umkehren und schreiben

$$h = -0{\cdot}0926\,\varepsilon_1 - 0{\cdot}0334\,\varepsilon_2,$$
$$k = 0{\cdot}0460\,\varepsilon_1 - 0{\cdot}0919\,\varepsilon_2.$$

Setzen wir die neugewonnenen Näherungswerte abermals in die Gleichungen ein, so wird

$$\varepsilon_1 = 252{\cdot}8 \cdot 10^{-8},$$
$$\varepsilon_2 = -54{\cdot}8 \cdot 10^{-8}.$$

Damit bekommen wir die Verbesserungen

$$h = -215{\cdot}8 \cdot 10^{-8},$$
$$k = 166{\cdot}6 \cdot 10^{-8}$$

und somit die verbesserten Näherungswerte

$$x = 1{\cdot}2342\,7448\,4,$$
$$y = 1{\cdot}6615\,2646\,7.$$

Die Auflösung eines Gleichungssystems läßt sich theoretisch immer durch Elimination aller Unbekannten bis auf eine auf die Auflösung *einer* Gleichung mit *einer* Unbekannten zurückführen. In unserem Beispiel würde die Elimination von x auf die Gleichung

$$y^{11} + y^9 - 2\,y^3 - 24\,y^2 - 96\,y - 128 = 0$$

für y führen. In vielen Fällen ist jedoch die Elimination so umständlich oder so schwierig und die gewonnene Gleichung derart unübersichtlich, daß man von der Elimination keinen Gebrauch machen wird.

Man kann im Gegenteil bei der Auflösung einer Gleichung mit einer Unbekannten häufig mit Vorteil eine passende neue Unbekannte einführen und dann zwei Gleichungen mit zwei Unbekannten lösen.

Bei der Auflösung der Gleichung vierten Grades

$$a\,x^4 + b\,x^3 + c\,x^2 + d\,x + e = 0$$

beispielsweise führt man eine neue Unbekannte y ein durch

$$y = x^2 + \frac{b}{2a}\,x.$$

Dadurch erhält die Gleichung vierten Grades die Form

$$a y^2 + \left(c - \frac{b^2}{4a}\right) x^2 + d x + e = 0 .$$

In einem rechtwinkligen Koordinatensystem betrachtet stellt die Definitionsgleichung für y eine Parabel dar, die in den Punkten $x = 0$ und $x = -\frac{b}{2a}$ die x-Achse schneidet und deren Achse der y-Achse parallel ist. Für verschiedene Werte von a und b sind die Parabeln einander kongruent. Man kann also eine einmal am besten auf durchsichtigem Papier gezeichnete Parabel mit der Gleichung $y = x^2$ stets verwenden und durch Benutzung ihrer Schnittpunkte mit der x-Achse leicht in die richtige Lage bringen.

Die andere Gleichung stellt eine Ellipse, Parabel oder Hyperbel dar in symmetrischer Lage zur x-Achse. Näherungswerte für die reellen Wurzeln der beiden Gleichungen findet man jetzt bequem, wenn man eine rohe Zeichnung dieser Kurve herstellt und ihre Schnittpunkte mit der auf durchsichtigem Papier gezeichneten Normalparabel aufsucht.

Beispiel: Die Gleichung

$$x^4 + 3 x^3 + 8 x^2 - 5 = 0$$

zerfällt durch Einführung von

$$y = x^2 + \frac{3}{2} x$$

in die beiden Gleichungen

$$\frac{23}{4} x^2 + y^2 - 5 = 0 ,$$

$$x^2 + \frac{3}{2} x - y = 0 .$$

Die erste Gleichung liefert eine Ellipse mit den beiden Halbachsen

$$a = \sqrt{\frac{20}{23}} = 0{\cdot}93 , \qquad b = \sqrt{5} = 2{\cdot}24 .$$

Aus einer einfachen Skizze folgt, daß die beiden Gleichungen zwei reelle Lösungspaare besitzen mit den angenäherten Werten

$$\begin{matrix} x = -0{\cdot}9 & \text{und} & x = 0{\cdot}7 , \\ y = -0{\cdot}5 & & y = 1{\cdot}5 . \end{matrix}$$

Wir wollen das zweite Paar weiter verbessern. Bezeichnen wir die rechten Seiten der Gleichungen wieder mit ε_1 und ε_2, so ergibt sich durch Einsetzen der Näherungswerte

$$\varepsilon_1 = 0{\cdot}0675 , \quad \varepsilon_2 = 0{\cdot}04 .$$

Die linearen Gleichungen für die Verbesserungen erhalten die Form

$$\begin{aligned} 11{\cdot}5\, x \cdot h + 2 y \cdot k &= -\varepsilon_1 \\ (2 x + 1{\cdot}5) \cdot h - \quad k &= -\varepsilon_2 \end{aligned}$$

und lauten für die Näherungswerte

$$8{\cdot}05\,h + 3\,k = -0{\cdot}0675\,,$$
$$2{\cdot}9\,h - k = -0{\cdot}04\,.$$

Daraus ergeben sich

$$h = -0{\cdot}01119\,, \quad k = 0{\cdot}00754$$

und die verbesserten Werte der Unbekannten

$$x = 0{\cdot}6888\,1\,,$$
$$y = 1{\cdot}5075\,4\,.$$

Wir setzen diese Werte wieder in die Gleichungen ein und finden

$$\varepsilon_1 = 8{\cdot}1734 \cdot 10^{-4}\,,$$
$$\varepsilon_2 = 1{\cdot}3422 \cdot 10^{-4}\,.$$

Die linearen Gleichungen für die Verbesserungen werden jetzt

$$7{\cdot}9213\,h + 3{\cdot}0151\,k = -8{\cdot}1734 \cdot 10^{-4}\,,$$
$$2{\cdot}8776\,h - k = -1{\cdot}3422 \cdot 10^{-4}\,.$$

Bei weiter fortschreitender Verbesserung wird sich wegen der Genauigkeit, die x und y schon erreicht haben, nur die letzte Stelle um einige Einheiten ändern. Durch genaueres Auflösen der Gleichungen kann man daher die Verbesserungen sogleich auf vier Stellen genau berechnen:

$$h = -0{\cdot}7363 \cdot 10^{-4}\,, \quad k = -0{\cdot}7765 \cdot 10^{-4}$$

Die verbesserten Lösungen sind jetzt

$$x = 0{\cdot}6887\,3637\,,$$
$$y = 1{\cdot}5074\,6235\,.$$

Mit diesen Werten kann man die Koeffizienten der linearen Gleichungen bereits auf etwa sieben Stellen genau berechnen. Aus ihnen findet man dann weitere Verbesserungen, die auf mindestens sechs Stellen richtig sind. Die Genauigkeit läßt sich nach diesem Verfahren sehr schnell steigern, vorausgesetzt, daß die Berechnung der Koeffizienten der linearen Gleichungen bequem ausgeführt werden kann, wie es in unserm Beispiel der Fall ist.

Wir finden

$$\varepsilon_1 = 1{\cdot}3991\,990 \cdot 10^{-8}\,,$$
$$\varepsilon_2 = -0{\cdot}7639\,223 \cdot 10^{-8}$$

und damit die linearen Gleichungen

$$7{\cdot}9204\,683\,h + 3{\cdot}0149\,247\,k = -1{\cdot}3991\,990 \cdot 10^{-8}\,,$$
$$2{\cdot}8774\,727\,h - k = 0{\cdot}7639\,223 \cdot 10^{-8}\,.$$

Ihre Lösung ergibt

$$h = 0{\cdot}0544\,70 \cdot 10^{-8}\,,$$
$$k = -\,0{\cdot}6071\,87 \cdot 10^{-8}\,.$$

Damit erhalten wir die Wurzeln auf vierzehn Stellen genau:

$$x = 0{\cdot}6887\,3637\,0544\,70\,,$$
$$y = 1{\cdot}5074\,6234\,3928\,13\,.$$

§ 58. Das Iterationsverfahren.

Auch das Iterationsverfahren läßt sich sinngemäß auf Gleichungssysteme ausdehnen. Wenn man z. B. zwei Gleichungen mit zwei Unbekannten auf die Form

$$x = \varphi(xy)\,,$$
$$y = \psi(xy)$$

bringt und wenn dabei die rechten Seiten nur langsam mit x und y veränderlich sind, so kann man ein Paar Näherungswerte x_1, y_1 in die rechten Seiten einsetzen und damit ein verbessertes Wertepaar x_2, y_2 berechnen.

Subtrahiert man die Gleichungen

$$x_2 = \varphi(x_1 y_1)\,,$$
$$y_2 = \psi(x_1 y_1)$$

von den gegebenen, so erhält man die Fehler der zweiten Naherungswerte

$$x - x_2 = \varphi(xy) - \varphi(x_1 y_1)\,,$$
$$y - y_2 = \psi(xy) - \psi(x_1 y_1)\,.$$

Die rechten Seiten entwickeln wir nach dem *Taylor*schen Lehrsatz

$$x - x_2 = (x - x_1)\varphi_1 + (y - y_1)\varphi_2\,,$$
$$y - y_2 = (x - x_1)\psi_1 + (y - y_1)\psi_2\,.$$

Durch die Indizes $_1$ und $_2$ deuten wir wie früher die partiellen Ableitungen nach x und y an. Die Ableitungen sind für Werte von x zwischen x und x_1 und für Werte von y zwischen y und y_1 zu nehmen.

Für die absoluten Beträge der Fehler ergibt sich

$$|x - x_2| \leqq |x - x_1| \cdot |\varphi_1| + |y - y_1| \cdot |\varphi_2|\,,$$
$$|y - y_2| \leqq |x - x_1| \cdot |\psi_1| + |y - y_1| \cdot |\psi_2|$$

und daraus durch Addition

$$|x - x_2| + |y - y_2| \leqq |x - x_1| \cdot (|\varphi_1| + |\psi_1|) + |y - y_1| \cdot (|\varphi_2| + |\psi_2|)\,.$$

Sind nun $|\varphi_1| + |\psi_1|$ und $|\varphi_2| + |\psi_2|$ nicht größer als ein echter Bruch m, so ist

$$|x - x_2| + |y - y_2| \leqq m(|x - x_1| + |y - y_1|)\,.$$

Nach hinreichender Wiederholung des Verfahrens werden die Fehler der Näherungswerte beliebig klein, denn es ist nach n-maliger Iteration

$$|x - x_{n+1}| + |y - y_{n+1}| \leqq m^n (|x - x_1| + |y - y_1|) .$$

Diese Betrachtungen lassen sich auf ein System von beliebig vielen Gleichungen

$$\begin{aligned} x &= \varphi(x y \ldots w) , \\ y &= \psi(x y \ldots w) , \\ &\ldots\ldots\ldots\ldots \\ w &= \omega(x y \ldots w) \end{aligned}$$

ausdehnen. Sobald die rechten Seiten nur schwach von den Größen $x y \ldots w$ abhängen, kann man aus einem System von Näherungswerten ein besseres durch Einsetzen in die rechten Seiten ableiten.

Die Konvergenz des Verfahrens läßt sich noch dadurch etwas beschleunigen, daß man zum Einsetzen in die rechten Seiten jedesmal schon die aus den vorhergehenden Gleichungen gewonnenen verbesserten Näherungswerte der Unbekannten mitbenutzt.

Beispiel: Die drei Gleichungen

$$\begin{aligned} x &= \operatorname{arctg} \frac{y}{z} , \\ y &= \operatorname{arctg} \frac{z}{x} , \\ z &= \operatorname{arctg} \frac{x}{y} \end{aligned}$$

besitzen unendlich viele Lösungssysteme. Wir wollen das System in der Nähe von $x_1 = 0$, $y_1 = \frac{\pi}{2}$, $z_1 = \pi$ genauer berechnen.

Aus y_1 und z_1 findet man zunächst $x_2 = 0{\cdot}46$, dann aus z_1 und x_2 den Wert $y_2 = 1{\cdot}43$, und schließlich aus x_2 und y_2 den Wert $z_2 = 3{\cdot}45$. Auf die gleiche Weise ergeben sich weiterhin die folgenden Systeme von Näherungswerten:

x	y	z
0·393	1·457	3·405
0·4043	1·4526	3·4130
0·40239	1·45344	3·41168
0·40273	1·45330	3·41192
0·40268	1·45331	3·41189

§ 59. Anwendung auf lineare Gleichungen.

Das Iterationsverfahren laßt sich auch häufig bei der Auflösung von linearen Gleichungssystemen mit Vorteil verwenden. Wenn in den einzelnen Gleichungen jedesmal eine Unbekannte besonders stark auftritt,

d. h. wenn beispielsweise in dem System von drei Gleichungen

$$\underline{a_1}x + b_1y + c_1z = d_1\,,$$
$$a_2x + \underline{b_2}y + c_2z = d_2\,,$$
$$a_3x + b_3y + \underline{c_3}z = d_3$$

die unterstrichenen Koeffizienten absolut viel größer sind als die andern Koeffizienten auf der linken Seite, dann lösen wir nach den stark auftretenden Unbekannten auf und schreiben

$$x = \frac{d_1}{a_1} - \frac{b_1}{a_1}y - \frac{c_1}{a_1}z\,,$$
$$y = \frac{d_2}{b_2} - \frac{c_2}{b_2}z - \frac{a_2}{b_2}x\,,$$
$$z = \frac{d_3}{c_3} - \frac{a_3}{c_3}x - \frac{b_3}{c_3}y\,.$$

Die rechten Seiten hängen jetzt nur schwach von den Unbekannten ab, denn ihre Koeffizienten sind kleine Größen.

Ein System von ersten Näherungswerten ist

$$x_1 = \frac{d_1}{a_1}\,, \qquad y_1 = \frac{d_2}{b_2}\,, \qquad z_1 = \frac{d_3}{c_3}\,.$$

Beispiel: Das Gleichungssystem

$$3x + 0{\cdot}15y - 0{\cdot}09z = 6\,,$$
$$0{\cdot}08x + 4y - 0{\cdot}16z = 12\,,$$
$$0{\cdot}05x - 0{\cdot}3y + 5z = 20$$

gibt nach den stark auftretenden Unbekannten aufgelöst

$$x = 2 - 0{\cdot}05y + 0{\cdot}03z\,,$$
$$y = 3 + 0{\cdot}04z - 0{\cdot}02x\,,$$
$$z = 4 - 0{\cdot}01x + 0{\cdot}06y\,.$$

Mit den Näherungswerten $x_1 = 2$, $y_1 = 3$, $z_1 = 4$ finden wir

	x	y	z
1. Näherung	2	3	4
2. „	1·97	3·12	4·16
3. „	1·9688	3·1270	4·1675
4. „	1·96868	3·12732	4·16793
5. „	1·96867	3·12734	4·16795

Um schon während der Rechnung einen Anhalt für die Genauigkeit der einzelnen Näherungen zu gewinnen, kann man auch direkt die Gleichungen benutzen, die von den Verbesserungen eines Systems von Näherungswerten zu den Verbesserungen des nächsten Systems führen. Bezeichnen wir die Werte der verschiedenen Näherungen durch Indizes, so wird in unserm Beispiel

$$x_{n+1} - x_n = -0{\cdot}05(y_n - y_{n-1}) + 0{\cdot}03(z_n - z_{n-1})\,,$$
$$y_{n+1} - y_n = 0{\cdot}04(z_n - z_{n-1}) - 0{\cdot}02(x_n - x_{n-1})\,,$$
$$z_{n+1} - z_n = -0{\cdot}01(x_n - x_{n-1}) + 0{\cdot}06(y_n - y_{n-1})\,.$$

Wir erhalten damit

n	$x_{n+1} - x_n$	$y_{n+1} - y_n$	$z_{n+1} - z_n$
1	− 0·03	0·12	0·16
2	− 0·0012	0·0070	0·0075
3	− 0·00013	0·00032	0·00043
4	− 0·00000	0·00002	0·00002
.	− 0 03133	0·12734	0·16795

Die fünfte Näherung ist somit auf fünf Dezimalen richtig. Man erhält den Näherungswert durch Addition der Summe der Verbesserungen zu dem ersten Näherungswert:

$$x_5 = 1{\cdot}96867, \quad y_5 = 3{\cdot}12734, \quad z_5 = 4{\cdot}16795.$$

Auch das *Newton*sche Verfahren läßt sich zur Lösung von linearen Gleichungssystemen heranziehen. Sind für das Gleichungssystem

$$a_1 x + b_1 y + c_1 z - d_1 = 0,$$
$$a_2 x + b_2 y + c_2 z - d_2 = 0,$$
$$a_3 x + b_3 y + c_3 z - d_3 = 0$$

Näherungswerte x_1, y_1, z_1 bekannt, so lauten die Gleichungen für ihre Verbesserungen h, k, l

$$a_1 h + b_1 k + c_1 l = \overline{d_1},$$
$$a_2 h + b_2 k + c_2 l = \overline{d_2},$$
$$a_3 h + b_3 k + c_3 l = \overline{d_3}.$$

Dabei ist

$$\overline{d_1} = d_1 - a_1 x_1 - b_1 y_1 - c_1 z_1,$$
$$\overline{d_2} = d_2 - a_2 x_1 - b_2 y_1 - c_2 z_1,$$
$$\overline{d_3} = d_3 - a_3 x_1 - b_3 y_1 - c_3 z_1$$

gesetzt worden. Die Koeffizienten der Verbesserungen stimmen mit den Koeffizienten der Unbekannten in dem ursprünglichen System überein und hängen nicht von den Naherungswerten ab. Die Verbesserungen lassen sich daher aus ihren Gleichungen mit beliebiger Genauigkeit berechnen.

Damit ist scheinbar nichts gewonnen, wir haben nur die Auflösung eines linearen Systems durch die eines andern ersetzt. Wenn man aber irgendein Prinzip hat, nach dem aus dem ursprünglichen System Näherungswerte abgeleitet werden können, dann kann man auf die gleiche Weise für die Verbesserungen Näherungswerte h_1, k_1, l_1 ableiten.

Für die Verbesserungen h', k', l' dieser Näherungswerte kann man nun wieder ein Gleichungssystem aufstellen, wobei nur die rechten Seiten neu berechnet zu werden brauchen. Nach dem gleichen Prinzip gewinnt man aus diesen Gleichungen wieder Naherungswerte usf. Sind die Naherungen gut, so müssen die rechten Seiten fortgesetzt kleiner und kleiner werden. Damit nehmen auch die aufeinanderfolgenden Verbesserungen fortgesetzt ab. Schließlich erhält man die Unbekannten als Summen aus ihren ersten Naherungswerten und sämtlichen Verbesserungen.

Bei der praktischen Rechnung braucht man die ungeändert bleibenden Koeffizienten nicht mehr hinzuschreiben, man berechnet nur jedesmal die Größen $\bar{d}_1$, $\bar{d}_2$, $\bar{d}_3$ und bucht die einzelnen Näherungswerte.

Ein einfacher Weg zur Auffindung von Näherungswerten liegt nun vor, wenn in den Gleichungen jedesmal eine Unbekannte besonders stark auftritt, wenn z. B. die Koeffizienten a_1, b_2, c_3 absolut genommen sehr viel größer sind als die übrigen Koeffizienten der Unbekannten. Dann hat man Näherungswerte für die Unbekannten

$$x_1 = \frac{d_1}{a_1}, \quad y_1 = \frac{d_2}{b_2}, \quad z_1 = \frac{d_3}{c_3}$$

und genau so für die Verbesserungen

$$h_1 = \frac{\bar{d}_1}{a_1}, \quad k_1 = \frac{\bar{d}_2}{b_2}, \quad l_1 = \frac{\bar{d}_3}{c_3}.$$

Die oben behandelten Gleichungen

$$\begin{aligned} 3x + 0{\cdot}15\,y - 0{\cdot}09\,z &= 6, \\ 0{\cdot}08\,x + 4y - 0{\cdot}16\,z &= 12, \\ 0{\cdot}05\,x - 0{\cdot}3\,y + 5z &= 20 \end{aligned}$$

lassen sich danach auf folgende Weise lösen:

d_1	d_2	d_3	x	y	z
6	12	20	2	3	4
− 6	− 0·16	− 0·10			
− 0·45	− 12	+ 0·90			
+ 0·36	+ 0·64	− 20			
− 0·09	+ 0·48	+ 0·80	− 0·03	+ 0·12	+ 0·16
+ 0·09	+ 0·0024	+ 0·0015			
− 0·0180	− 0·48	+ 0·0360			
+ 0·0144	+ 0·0256	− 0·80			
− 0·0036	+ 0·0280	+ 0·0375	− 0·0012	+ 0·0070	+ 0·0075
+ 0·0036	+ 0·00010	+ 0·00006			
− 0·00105	− 0·0280	+ 0·00210			
+ 0·00067	+ 0·00120	− 0·0375			
− 0·00038	+ 0·00130	+ 0·00216	− 0·00013	+ 0·00032	+ 0·00043
+ 0·00038	+ 0·00001	+ 0·00001			
− 0·00005	− 0·00130	+ 0·00010			
+ 0·00004	+ 0·00007	− 0·00216			
− 0·00001	+ 0·00008	+ 0·00011	− 0·00000	+ 0·00002	+ 0·00002
		Summe	1·96867	3·12734	4·16795

Rechts stehen jedesmal die Näherungswerte; links stehen unter dem Strich die Werte von d_1, d_2, d_3, daran schließen sich die drei Summanden, die zur Bildung von $\overline{d_1}$, $\overline{d_2}$, $\overline{d_3}$ führen.

Stammen die Koeffizienten der Gleichungen von Beobachtungen her, dann wird man die Annäherung nur so weit treiben, bis die jedesmal neu berechneten rechten Seiten der Gleichungen für die Verbesserungen unterhalb der Fehlergrenze der Größen liegen.

Haben die linearen Gleichungen nicht die ausgezeichnete Gestalt, die wir bisher stets vorausgesetzt haben, dann kann man dadurch, daß man jedesmal eine Gleichung mit einem geeigneten Faktor multipliziert und von den andern subtrahiert, und durch Einführung neuer Unbekannter stets in jeder Gleichung alle Koeffizienten bis auf einen herabdrücken.

Beispiel: Im § 11 sind die Gleichungen

$$\begin{aligned} 4{\cdot}17x - 2{\cdot}13y + 1{\cdot}17z &= -2{\cdot}55\,, \\ -1{\cdot}03x + 3{\cdot}71y + 0{\cdot}65z &= -1{\cdot}15\,, \\ 1{\cdot}32x - 1{\cdot}06y + 4{\cdot}58z &= 2{\cdot}11 \end{aligned}$$

gelöst worden. Wir führen statt x eine neue Unbekannte x' ein:

$$x = x' + 0{\cdot}5y - 0{\cdot}3z\,.$$

Dann gehen die Gleichungen über in

$$\begin{aligned} 4{\cdot}17x' - 0{\cdot}045y - 0{\cdot}081z &= -2{\cdot}55\,, \\ -1{\cdot}03x' + 3{\cdot}195y + 0{\cdot}959z &= -1{\cdot}15\,, \\ 1{\cdot}32x' - 0{\cdot}40\;\,y + 4{\cdot}184z &= 2{\cdot}11\,. \end{aligned}$$

Jetzt multiplizieren wir die dritte Gleichung mit 0·8 und addieren sie zur zweiten. Ferner multiplizieren wir die erste Gleichung mit $\frac{1}{3}$ und subtrahieren sie von der dritten Gleichung. Dadurch sind die Koeffizienten in der ersten Zeile und in der ersten Kolonne bis auf einen herabgedrückt:

$$\begin{aligned} 4{\cdot}17\;\,x' - 0{\cdot}045y - 0{\cdot}081z &= -2{\cdot}55\,, \\ 0{\cdot}026x' + 2{\cdot}875y + 4{\cdot}306z &= 0{\cdot}538\,, \\ -0{\cdot}07\;\,x' - 0{\cdot}385y + 4{\cdot}211z &= 2{\cdot}96\,. \end{aligned}$$

Um schließlich noch den Koeffizienten von z in der zweiten Gleichung und den von y in der dritten Gleichung zu verkleinern, subtrahieren wir die dritte Gleichung von der zweiten und setzen dann

$$z = z' + 0{\cdot}1y\,.$$

Damit erhalten wir

$$\begin{aligned} 4{\cdot}17\;\,x' - 0{\cdot}0531\;\,y - 0{\cdot}081\;\,z' &= -2{\cdot}55\,, \\ 0{\cdot}096x' + 3{\cdot}26952y + 0{\cdot}0952z' &= -2{\cdot}422\,, \\ -0{\cdot}07\;\,x' + 0{\cdot}0361\;\,y + 4{\cdot}211\;\,z' &= 2{\cdot}96\,. \end{aligned}$$

Diese Gleichungen können nach einem der oben beschriebenen Verfahren aufgelöst werden. Es ergibt sich:

	x'	y	z'
1. Näherung	$-0{\cdot}612$	$-0{\cdot}741$	$+0{\cdot}703$
2. „	$-0{\cdot}6073$	$-0{\cdot}7434$	$+0{\cdot}6992$
3. „	$-0{\cdot}60739$	$-0{\cdot}74331$	$+0{\cdot}69920$

Von diesen Werten müssen wir noch zu den ursprünglichen Unbekannten

$$x = x' + 0{\cdot}5\,y - 0{\cdot}3\,z,$$
$$z = z' + 0{\cdot}1\,y$$

übergehen. Wir erhalten:

$$x = -1{\cdot}16651,$$
$$y = -0{\cdot}74331,$$
$$z = +0{\cdot}62487.$$

§ 60. Aufgaben zum 7. Kapitel.

1. Die reellen Lösungen der Gleichungen

$$\begin{cases} x^2y^2 - 2x^3 - 5y^3 + 10 = 0, \\ x^4 - 8y + 1 = 0 \end{cases}$$

sind nach dem *Newton*schen Verfahren zu berechnen.

2. Die reellen Wurzeln der Gleichung

$$2x^4 - 6x^3 + 8x^2 - 2x - 1 = 0$$

sind durch Zerlegen in zwei Gleichungen zu ermitteln.

3. Die beiden Gleichungen

$$20x^2 = 1 - 2x^3 + 4y^3,$$
$$10y = 5 + 2x^2 - 3y^3$$

werden annähernd erfüllt durch $x = 0{\cdot}3$, $y = 0{\cdot}5$. Diese Näherungswerte sind durch Iteration zu verbessern.

4. Die Gleichungen

$$x = \lg\frac{y}{z},$$
$$y = 3 + z^2 - x^2,$$
$$z = 1 + \frac{xy}{10}$$

sind für $x_1 = 1$, $y_1 = 4$, $z_1 = 1$ durch Iteration zu lösen. (Natürlicher Logarithmus.)

5. Das lineare Gleichungssystem

$$3{\cdot}21\,x + 0{\cdot}71\,y + 0{\cdot}34\,z = 6{\cdot}12,$$
$$0{\cdot}43\,x + 4{\cdot}11\,y + 0{\cdot}22\,z = 5{\cdot}71,$$
$$0{\cdot}17\,x + 0{\cdot}16\,y + 4{\cdot}73\,z = 7{\cdot}06$$

ist durch Iteration zu losen. Die Fehler der ermittelten Werte müssen kleiner sein als eine Einheit der zweiten Dezimale.

Achtes Kapitel.

Annäherung willkürlicher Funktionen durch Reihen gegebener.

§ 61. Annäherung nach der Methode der kleinsten Quadrate.

Im 4. Kapitel haben wir eine willkürliche Funktion durch eine ganze rationale Funktion angenahert dargestellt, in der Weise, daß beide Funktionen in einer Anzahl von Funktionswerten übereinstimmten. Über die Annäherung der beiden Funktionen *zwischen* diesen Werten haben wir nichts ausgesagt. Es besteht die Möglichkeit, daß beide Funktionen außerhalb der gewahlten Funktionswerte stark voneinander abweichen. Das wird insbesondere dann der Fall sein, wenn die anzunähernde Funktion nur durch eine Anzahl von Funktionswerten gegeben ist, die starken Schwankungen, etwa infolge von Beobachtungsfehlern, unterworfen sind.

Wir verzichten jetzt auf die genaue Übereinstimmung der beiden Funktionen in bestimmten Punkten und suchen nach einer Darstellung, die sich der gegebenen Funktion in einem bestimmten Intervall „möglichst gut" anschmiegt.

Auch die Entwicklung der Funktion in eine Taylorsche Reihe liefert eine angenäherte Darstellung. Dabei wird die Genauigkeit in hinreichender Nahe eines bestimmten Punktes beliebig groß. Faßt man jedoch von vorne herein für die Annäherung ein bestimmtes Intervall ins Auge, so lassen sich bessere Darstellungen finden.

Wir können uns bei der Betrachtung der Annäherung an eine Funktion $f(x)$ auf das Intervall -1 bis $+1$ beschränken. Denn soll die Funktion in einem beliebigen Intervall x_1 bis x_2 angenähert werden, so brauchen wir nur eine neue Veränderliche x' einzuführen:

$$x = \frac{x_2 + x_1}{2} + \frac{x_2 - x_1}{2} \cdot x',$$

die sich von -1 bis $+1$ bewegt, wenn x das Intervall x_1 bis x_2 durchläuft.

Für die Annaherung wählen wir die Form einer Reihe

$$a_0 X_0 + a_1 X_1 + a_2 X_2 + \ldots + a_n X_n,$$

die aus bestimmten Funktionen

$$X_0(x), \quad X_1(x), \quad X_2(x), \ldots X_n(x)$$

mit vorläufig unbestimmt gelassenen Koeffizienten gebildet wird. Unter dem Fehler v der Näherung verstehen wir die Differenz zwischen der Näherungsfunktion und der gegebenen Funktion $f(x)$:

$$v(x) = a_0 X_0 + a_1 X_1 + a_2 X_2 + \ldots + a_n X_n - f(x). \tag{1}$$

Als „möglichst gut" wollen wir jetzt diejenige Näherung bezeichnen, für die genau wie bei der Methode der kleinsten Quadrate die Summe der Fehlerquadrate ein Minimum wird. Nur handelt es sich hier nicht um eine diskrete Anzahl bestimmter Fehler, sondern um eine kontinuierliche Folge von Werten $v(x)$, wobei x das Intervall -1 bis $+1$ durchläuft. An Stelle der Summe ist daher hier das Integral von -1 bis $+1$ zu benutzen. Als Bedingung für „möglichst gute" Näherung stellen wir somit die Forderung auf:

$$\underline{\int_{-1}^{+1} [v(x)]^2\, dx = \text{Minimum}.} \tag{2}$$

Das Integral ist auch hier eine definite quadratische Form Ω der Unbekannten $a_0, a_1, a_2, \ldots a_n$. Der Minimalwert von Ω wird uns ebenso wie früher einen Maßstab fur die Güte der Annäherung liefern. Den Mittelwert $\frac{1}{2}\Omega$ können wir wieder als das Quadrat des mittleren Fehlers m bezeichnen:

$$m^2 = \tfrac{1}{2}\Omega = \tfrac{1}{2}\int_{-1}^{+1} [v(x)]^2\, dx. \tag{3}$$

Von dem mittleren Fehler wohl zu unterscheiden ist jedoch die Güte der Annäherung an irgendeiner Stelle x. Auch bei noch so kleinem mittleren Fehler kann die Annäherung, d. h. die Differenz zwischen darzustellender Funktion und Reihe, für einen bestimmten Wert von x beliebig schlecht werden.

Die Bedingung des Minimums (2) verlangt, daß die Ableitungen von Ω nach a_0, a_1, $a_2 \ldots a_n$ verschwinden. Damit erhalten wir $n+1$ lineare Gleichungen, aus denen die $n+1$ unbekannten Koeffizienten a_0, a_1, $a_2 \ldots a_n$ berechnet werden können:

$$\left\{\begin{aligned}
\frac{1}{2}\frac{\partial\Omega}{\partial a_0} &= a_0\int_{-1}^{+1} X_0^2\, dx + a_1\int_{-1}^{+1} X_0 X_1\, dx + a_2\int_{-1}^{+1} X_0 X_2\, dx + \ldots \\
&\qquad + a_n\int_{-1}^{+1} X_0 X_n\, dx - \int_{-1}^{+1} X_0 f(x)\, dx = 0, \\
\frac{1}{2}\frac{\partial\Omega}{\partial a_1} &= a_0\int_{-1}^{+1} X_1 X_0\, dx + a_1\int_{-1}^{+1} X_1^2\, dx + a_2\int_{-1}^{+1} X_1 X_2\, dx + \ldots \\
&\qquad + a_n\int_{-1}^{+1} X_1 X_n\, dx - \int_{-1}^{+1} X_1 f(x)\, dx = 0,
\end{aligned}\right. \tag{4}$$

$$(4)\quad\begin{cases}\dfrac{1}{2}\dfrac{\partial\Omega}{\partial a_2}=a_0\displaystyle\int_{-1}^{+1}X_2X_0\,dx+a_1\int_{-1}^{+1}X_2X_1\,dx+a_2\int_{-1}^{+1}X_2^2\,dx+\dots\\ \qquad\qquad+a_n\displaystyle\int_{-1}^{+1}X_2X_n\,dx-\int_{-1}^{+1}X_2f(x)\,dx=0,\\ \dots\dots\dots\dots\dots\dots\dots\dots\dots\dots\dots\dots\dots\dots\\ \dfrac{1}{2}\dfrac{\partial\Omega}{\partial a_n}=a_0\displaystyle\int_{-1}^{+1}X_nX_0\,dx+a_1\int_{-1}^{+1}X_nX_1\,dx+a_2\int_{-1}^{+1}X_nX_2\,dx+\dots\\ \qquad\qquad+a_n\displaystyle\int_{-1}^{+1}X_n^2\,dx-\int_{-1}^{+1}X_nf(x)\,dx=0.\end{cases}$$

Diese Gleichungen entsprechen genau den *Normalgleichungen* bei der Methode der kleinsten Quadrate. Die Koeffizienten sind auch hier symmetrisch, nur treten an die Stelle der Summen die Integrale. Das seinerzeit für die Normalgleichungen entwickelte Lösungsverfahren läßt sich hier ohne weiteres anwenden. Insbesondere kann bei der Auflösung durch Hinzunahme einer weiteren Gleichung der Minimalwert Ω_0 von Ω mitberechnet werden. Denn schreibt man die Fehlergleichung (1) für einen Augenblick

$$v(x)=a_0X_0+a_1X_1+a_2X_2+\dots+a_nX_n+b\,f(x),$$

wobei b später den Wert -1 erhält, so wird Ω eine *homogene* quadratische Form der Veränderlichen $a_0, a_1, a_2, \dots a_n, b$. Nach dem Eulerschen Satz ist dann

$$\frac{1}{2}\left(a_0\frac{\partial\Omega}{\partial a_0}+a_1\frac{\partial\Omega}{\partial a_1}+a_2\frac{\partial\Omega}{\partial a_2}+\dots+a_n\frac{\partial\Omega}{\partial a_n}+b\frac{\partial\Omega}{\partial b}\right)=\Omega.$$

Wegen der Gleichungen (4) wird mit dem Werte $b=-1$

$$-\frac{1}{2}\frac{\partial\Omega}{\partial b}=\Omega_0.$$

Somit tritt zu den Gleichungen (4) als letzte Gleichung hinzu

$$(4a)\quad\begin{cases}-\dfrac{1}{2}\dfrac{\partial\Omega}{\partial b}=-a_0\displaystyle\int_{-1}^{+1}f(x)X_0\,dx-a_1\int_{-1}^{+1}f(x)X_1\,dx-a_2\int_{-1}^{+1}f(x)X_2\,dx-\dots\\ \qquad\qquad-a_n\displaystyle\int_{-1}^{+1}f(x)X_n\,dx+\int_{-1}^{+1}[f(x)]^2\,dx=\Omega_0.\end{cases}$$

Bezeichnen wir die annähernde Reihe

$$a_0X_0+a_1X_1+a_2X_2+\dots+a_nX_n$$

zur Abkürzung mit $g(x)$, so können wir (4a) zur Berechnung von Ω_0 schreiben

$$\Omega_0=\int_{-1}^{+1}f^2(x)\,dx-\int_{-1}^{+1}f(x)\,g(x)\,dx.$$

Die Gleichungen (4) erhalten jetzt die Form

$$(4') \qquad \frac{1}{2}\frac{\partial \Omega}{\partial a_\nu} = \int_{-1}^{+1} [g(x) - f(x)] \frac{\partial g}{\partial a_\nu} dx \quad (\nu = 0, 1, 2 \ldots n).$$

Da aber $g(x)$ eine lineare homogene Funktion der Koeffizienten $a_0, a_1, a_2 \ldots a_n$ ist, so wird

$$g(x) = a_0 \frac{\partial g}{\partial a_0} + a_1 \frac{\partial g}{\partial a_1} + a_2 \frac{\partial g}{\partial a_2} + \cdots + a_n \frac{\partial g}{\partial a_n}.$$

Wenn wir daher die Gleichungen (4′) der Reihe nach mit $a_0, a_1, a_2 \ldots a_n$ multiplizieren und addieren, so wird

$$\int_{-1}^{+1} [g(x) - f(x)]\, g(x)\, dx = 0$$

oder

$$\int_{-1}^{+1} f(x)\, g(x)\, dx = \int_{-1}^{+1} g^2(x)\, dx.$$

Damit ergibt sich der Minimalwert von Ω

$$(5) \qquad \Omega_0 = \int_{-1}^{+1} f^2(x)\, dx - \int_{-1}^{+1} g^2(x)\, dx.$$

§ 62. Annäherung durch Potenzreihen.

Um die gegebene Funktion durch eine Potenzreihe anzunähern, setzen wir

$$\begin{aligned} X_0(x) &= 1, \\ X_1(x) &= x, \\ X_2(x) &= x^2, \\ &\cdots\cdots\cdots \\ X_n(x) &= x^n. \end{aligned}$$

Als Koeffizienten der Normalgleichungen (4) erhalten wir Integrale von der Form

$$\int_{-1}^{+1} x^m\, dx = \begin{cases} \dfrac{2}{m+1}, & \text{wenn } m \text{ gerade}, \\ 0, & \text{wenn } m \text{ ungerade}. \end{cases}$$

Zur Abkürzung schreiben wir

$$\begin{aligned} J_0 &= \tfrac{1}{2}\int_{-1}^{+1} f(x)\, dx, \\ J_1 &= \tfrac{1}{2}\int_{-1}^{+1} x f(x)\, dx, \\ J_2 &= \tfrac{1}{2}\int_{-1}^{+1} x^2 f(x)\, dx, \\ &\cdots\cdots\cdots\cdots \\ J_n &= \tfrac{1}{2}\int_{-1}^{+1} x^n f(x)\, dx. \end{aligned}$$

Nach Division durch 2 ergeben sich die Normalgleichungen

$$\begin{array}{ccccc}
a_0 & a_1 & a_2 & a_3 & a_4 \\
1 & 0 & \frac{1}{3} & 0 & \frac{1}{5} \ldots = J_0, \\
0 & \frac{1}{3} & 0 & \frac{1}{5} & 0 \ldots = J_1, \\
\frac{1}{3} & 0 & \frac{1}{5} & 0 & \frac{1}{7} \ldots = J_2, \\
0 & \frac{1}{5} & 0 & \frac{1}{7} & 0 \ldots = J_3, \\
\frac{1}{5} & 0 & \frac{1}{7} & 0 & \frac{1}{9} \ldots = J_4, \\
\ldots & \ldots & \ldots & \ldots & \ldots
\end{array}$$

Die Gleichungen zerfallen in zwei Gruppen. Für $n = 4$ z. B. erhalten wir

$$\begin{array}{ccc}
a_0 & a_2 & a_4 \\
1 & \frac{1}{3} & \frac{1}{5} = J_0, \\
\frac{1}{3} & \frac{1}{5} & \frac{1}{7} = J_2, \\
\frac{1}{5} & \frac{1}{7} & \frac{1}{9} = J_4
\end{array}$$

und

$$\begin{array}{cc}
a_1 & a_3 \\
\frac{1}{3} & \frac{1}{5} = J_1, \\
\frac{1}{5} & \frac{1}{7} = J_3.
\end{array}$$

Das erste System enthält nur die Unbekannten mit geradem Index, das zweite nur die mit ungeradem Index.

Aus dem ersten System wird auf bekannte Weise zunächst a_0 herausgeschafft, indem die erste Gleichung mit $\frac{1}{3}$ multipliziert von der zweiten und mit $\frac{1}{5}$ multipliziert von der dritten abgezogen wird:

$$\begin{array}{cc}
a_2 & a_4 \\
\frac{4}{45} & \frac{8}{105} = J_2 - \frac{1}{3} J_0, \\
\frac{8}{105} & \frac{16}{225} = J_4 - \frac{1}{5} J_0.
\end{array}$$

Schließlich wird auch a_2 herausgeschafft. Wir erhalten

$$\begin{array}{c}
a_4 \\
\frac{64}{11025} = J_4 - \frac{6}{7} J_2 + \frac{3}{35} J_0.
\end{array}$$

Damit wird

$$a_4 = \frac{315}{64} (3 J_0 - 30 J_2 + 35 J_4).$$

Aus den vorhergehenden Gleichungen finden wir

$$a_2 = \frac{105}{32} (-5 J_0 + 42 J_2 - 45 J_4),$$

$$a_0 = \frac{15}{64} (15 J_0 - 70 J_2 + 63 J_4).$$

Das zweite Gleichungssystem liefert

$$\begin{array}{c}
a_3 \\
\frac{4}{175} = J_3 - \frac{3}{5} J_1
\end{array}$$

und somit

$$a_3 = \frac{35}{4} (5 J_3 - 3 J_1),$$

$$a_1 = \frac{15}{4} (5 J_1 - 7 J_3).$$

Die Berechnung des mittleren Fehlers der Näherung geschieht nach (4a)

$$m^2 = \tfrac{1}{2}\Omega = \tfrac{1}{2}\int_{-1}^{+1} f^2(x)\,dx - (a_0 J_0 + a_1 J_1 + a_2 J_2 + \dots + a_n J_n). \tag{4b}$$

Bezeichnen wir den Klammerausdruck mit F_n, so wird

$$m^2 = \tfrac{1}{2}\int_{-1}^{+1} f^2(x)\,dx - F_n,$$

und es ist für $n = 4$

$$F_4 = J_0^2 + 3J_1^2 + \tfrac{5}{4}(3J_2 - J_0)^2 + \tfrac{7}{4}(5J_3 - 3J_1)^2 + \tfrac{9}{64}(3J_0 - 30J_2 + 35J_4)^2.$$

Zur bequemen Benutzung stellen wir die Koeffizienten und die Größe F_n für die ersten Werte von n zusammen.

Für $n = 0$:

$$a_0 = J_0, \qquad F_0 = a_0^2.$$

Für $n = 1$:

$$a_0 = J_0,$$
$$a_1 = 3J_1, \qquad F_1 = F_0 + \tfrac{1}{3}a_1^2.$$

Für $n = 2$:

$$a_0 = \frac{3}{4}(3J_0 - 5J_2),$$
$$a_1 = 3J_1, \qquad F_2 = F_1 + \frac{4}{45}a_2^2.$$
$$a_2 = \frac{15}{4}(3J_2 - J_0),$$

Für $n = 3$:

$$a_0 = \frac{3}{4}(3J_0 - 5J_2),$$
$$a_1 = \frac{15}{4}(5J_1 - 7J_3),$$
$$a_2 = \frac{15}{4}(3J_2 - J_0), \qquad F_3 = F_2 + \frac{4}{175}a_3^2.$$
$$a_3 = \frac{35}{4}(5J_3 - 3J_2),$$

Für $n = 4$:

$$a_0 = \frac{15}{64}(15J_0 - 70J_2 + 63J_4),$$
$$a_1 = \frac{15}{4}(3J_1 - 7J_3),$$
$$a_2 = \frac{105}{32}(-5J_0 + 42J_2 - 45J_4), \qquad F_4 = F_3 + \frac{64}{11025}a_4^2.$$
$$a_3 = \frac{35}{4}(5J_3 - 3J_1),$$
$$a_4 = \frac{315}{64}(3J_0 - 30J_2 + 35J_4).$$

Beispiel: Die Funktion

$$f(x) = \sqrt{1+x}$$

ist im Intervall -1 bis $+1$ durch eine Potenzreihe anzunähern.

Es ist

$$J_0 = \tfrac{1}{2}\int_{-1}^{+1} \sqrt{1+x}\, dx = \tfrac{1}{3}\sqrt{8}.$$

Ferner finden wir durch partielle Integration

$$J_n = \frac{1}{2}\int_{-1}^{+1} x^n \sqrt{1+x}\, dx = \left\{\frac{x^n}{3}(1+x)^{\frac{3}{2}}\right\}_{x=-1}^{x=+1} - \frac{n}{3}\int_{-1}^{+1}(x^n + x^{n-1})\sqrt{1+x}\, dx$$

$$= \frac{1}{3}\sqrt{8} - \frac{2n}{3}(J_n + J_{n-1}).$$

Somit ist

$$J_n = \frac{\sqrt{8} - 2n J_{n-1}}{2n+3}.$$

Daraus ergibt sich, wenn man nacheinander $n = 1, 2, 3\ldots$ setzt:

$$J_1 = \frac{1}{15}\sqrt{8},$$

$$J_2 = \frac{11}{105}\sqrt{8},$$

$$J_3 = \frac{13}{315}\sqrt{8},$$

$$J_4 = \frac{211}{3465}\sqrt{8}.$$

Ferner ist

$$\tfrac{1}{2}\int_{-1}^{+1} f^2(x)\, dx = \tfrac{1}{2}\int_{-1}^{+1}(1+x)\, dx = 1.$$

Für die verschiedenen Grade der Annäherung ergibt sich jetzt

$n = 0$	$a_0 = \frac{1}{3}\sqrt{8} =$	$0{\cdot}943$	$m = \frac{1}{3}$
$n = 1$	$a_0 = \frac{1}{3}\sqrt{8} =$	$0{\cdot}943$	$m = \frac{1}{15}$
	$a_1 = \frac{1}{5}\sqrt{8} =$	$0{\cdot}566$	
$n = 2$	$a_0 = \frac{5}{14}\sqrt{8} =$	$1{\cdot}010$	
	$a_1 = \frac{1}{5}\sqrt{8} =$	$0{\cdot}566$	$m = \frac{1}{35}$
	$a_2 = -\frac{1}{14}\sqrt{8} =$	$-0\ 202$	
$n = 3$	$a_0 = \frac{5}{14}\sqrt{8} =$	$1{\cdot}010$	
	$a_1 = \frac{1}{6}\sqrt{8} =$	$0{\cdot}471$	$m = \frac{1}{63}$
	$a_2 = -\frac{1}{14}\sqrt{8} =$	$-0{\cdot}202$	
	$a_3 = \frac{1}{18}\sqrt{8} =$	$0{\cdot}157$	

$$n = 4 \qquad a_0 = \frac{31}{88}\sqrt{8} = 0{\cdot}996$$

$$a_1 = \frac{1}{6}\sqrt{8} = 0{\cdot}471$$

$$a_2 = -\frac{1}{44}\sqrt{8} = -0{\cdot}064 \qquad m = \frac{1}{99}$$

$$a_3 = \frac{1}{18}\sqrt{8} = 0{\cdot}157$$

$$a_4 = -\frac{5}{88}\sqrt{8} = -0{\cdot}161$$

Durch den mittleren Fehler m wird die Genauigkeit einer jeden Näherung ausgedrückt. Sie steigert sich nur langsam mit wachsendem Grade der Näherungsfunktion.

Vergleichen wir diese Näherung mit der Näherung durch die Taylorsche Reihe an der Stelle $x = 0$:

$$\sqrt{1+x} = 1 + \frac{1}{2}x - \frac{1}{8}x^2 + \frac{1}{16}x^3 - \frac{5}{128}x^4,$$

so wird der mittlere Fehler der Taylorentwicklung erheblich größer, nämlich rund $\frac{1}{34}$.

§ 63. Annäherung an empirische Funktionen.

Wenn die anzunähernde Funktion nur durch eine Reihe diskreter Funktionswerte gegeben ist und der funktionale Zusammenhang nicht bekannt ist, so kann man über die Güte der Näherung außerhalb der gegebenen Werte nichts aussagen. Man kann zwar, wie es früher geschehen ist, stets eine ganze rationale Funktion bestimmen, die in den gegebenen Punkten mit der darzustellenden Funktion übereinstimmt, aber dieses Verfahren erscheint unberechtigt, wenn die gegebenen Ordinaten infolge von Beobachtungsfehlern starken Schwankungen unterworfen sind.

In solchen Fällen geht man in der Regel graphisch vor. Man trägt die gemessenen Werte in ein Koordinatensystem ein und legt eine „glatte“ Kurve so, daß sie sich den gefundenen Punkten so gut wie möglich anschmiegt. Um die hierbei auftretende Willkür zu vermeiden, kann man von der Methode der kleinsten Quadrate Gebrauch machen und eine einfache Funktion so bestimmen, daß die Summe der Quadrate der Abweichungen ein Minimum wird.

Sind zu den Werten $x_1, x_2, x_3, \ldots$ Funktionswerte $y_1, y_2, y_3, \ldots$ gemessen worden, so wollen wir auch jetzt wieder eine Reihe

$$a_0 X_0 + a_1 X_1 + a_2 X_2 + \ldots + a_n X_n$$

aus gegebenen Funktionen bestimmen, die sich den gemessenen Werten „möglichst gut“ anschmiegt, d. h. wir bestimmen die Koeffizienten aus der Bedingung

$$(6) \quad \sum_\nu [a_0 X_0(x_\nu) + a_1 X_1(x_\nu) + \ldots + a_n X_n(x_\nu) - y_\nu]^2 = \text{Minimum}.$$

Das Verschwinden der partiellen Ableitungen liefert ein System von $n+1$ linearen Gleichungen für die $n+1$ unbekannten Koeffizienten.

Insbesondere erhalten wir für die Annäherung durch eine Potenzreihe die Gleichungen

$$\begin{aligned}
a_0\sum 1 + a_1\sum x \quad + a_2\sum x^2 \quad + \ldots + a_n\sum x^n \quad &= \sum y,\\
a_0\sum x + a_1\sum x^2 \quad + a_2\sum x^3 \quad + \ldots + a_n\sum x^{n+1} &= \sum xy,\\
a_0\sum x^2 + a_1\sum x^3 \quad + a_2\sum x^4 \quad + \ldots + a_n\sum x^{n+2} &= \sum x^2 y,\\
\vdots \qquad\qquad \vdots \qquad\qquad \vdots \qquad\qquad\qquad \vdots \quad &\qquad \vdots\\
a_0\sum x^n + a_1\sum x^{n+1} + a_2\sum x^{n+2} + \ldots + a_n\sum x^{2n} &= \sum x^n y.
\end{aligned}$$

Als Maß für die Güte der Näherung kann man wieder den mittleren Fehler m betrachten, dessen Quadrat gleich dem Mittel aus den Quadraten der Abweichungen ist.

Die Näherungsfunktion wird man benutzen, um zwischen den gemessenen Funktionswerten zu interpolieren, sowie zur Berechnung des Differentialquotienten an einer Stelle des Intervalls.

Über den Grad der Näherungsfunktion läßt sich allgemein nichts aussagen. In der Regel wird man dafür einen Anhalt aus der Lage der Punkte im Koordinatensystem gewinnen können. Man wird den Grad so niedrig wählen, wie man kann, ohne zu große Abweichungen der Punkte von der Näherungskurve zulassen zu müssen.

Beispiel: Aus einer Messung sind folgende sieben Wertepaare hervorgegangen:

x	y
1·2	46
3·7	60
5·1	72
8·1	75
11·3	76
13·9	60
17·4	38

An welcher Stelle liegt angenähert das Maximum der Funktion?

Aus einer Zeichnung geht hervor, daß eine rationale Funktion zweiten Grades der Lage der Punkte gerecht wird. Für die Berechnung der Koeffizienten der Normalgleichungen hat man

x	x^2	x^3	x^4	y	xy	x^2y
1·2	1·4	2	2	46	55	66
3·7	13·7	51	187	60	222	821
5·1	26·0	133	677	72	367	1873
8.1	65·6	531	4305	75	608	4921
11·3	127·7	1443	16308	76	859	9704
13·9	193·2	2686	37330	60	834	11593
17·4	302·8	5268	91664	38	661	11505
60·7	730·4	10114	150470	427	3606	40483

In abgekürzter Schreibweise ergeben sich die Normalgleichungen

a_0	a_1	a_2	
7	60·7	730·4	427
	730·4	10114	3606
		150470	40483

Die Lösungen sind

$$a_0 = 34{\cdot}71\,,$$
$$a_1 = 9{\cdot}51\,,$$
$$a_2 = -\ 0{\cdot}539\,.$$

Die Näherungsfunktion hat ihr Maximum dort, wo

$$a_1 + 2\,a_2\,x = 0$$

wird, also an der Stelle

$$x = -\frac{a_1}{2\,a_2} = 8{\cdot}82\,.$$

Die Koeffizienten der Normalgleichungen lassen sich etwas verkleinern und ihre Berechnung wird dadurch etwas bequemer, wenn man den Anfangspunkt des Koordinatensystems ungefähr in die Mitte des Intervalls auf der x-Achse legt.

Um einen Anhalt dafür zu gewinnen, wie weit sich die Näherungsfunktion den gemessenen Werten anschmiegt, stellen wir beide Werte einander gegenüber. Gleichzeitig berechnen wir die Quadrate der Abweichungen:

Näherungs-funktion	gemessen	v	v^2
45·3	46	− 0·7	0.49
62·5	60	+ 2·5	6·25
69·2	72	− 2·8	7·84
76·4	75	+ 1·4	1·96
73·3	76	− 2·7	7·29
62·8	60	+ 2·8	7·84
37·0	38	− 1·0	1·00
			$\sum v^2 = 32{\cdot}67$

Die mittlere quadratische Abweichung wird

$$\tfrac{1}{7}\cdot 32{\cdot}67 = 4{\cdot}67$$

und damit der mittlere Fehler

$$m = \sqrt{4{\cdot}67} = 2{\cdot}2\,.$$

Sind die Ordinaten *äquidistant* im Abstande h gemessen, so läßt sich für die Normalgleichungen durch Verlegung des Anfangspunktes in die Mitte x_0 des Intervalls und durch Einführung von

$$u = \frac{x - x_0}{h}$$

eine besonders einfache Gestalt herbeiführen.

So wird man z. B. drei Ordinaten durch eine lineare Funktion

$$a_0 + a_1 u$$

annähern.

x	u	y
x_{-1}	-1	y_{-1}
x_0	0	y_0
x_1	$+1$	y_1

Die Normalgleichungen werden

$$3a_0 = \sum y = y_{-1} + y_0 + y_1,$$
$$2a_1 = \sum uy = -y_{-1} + y_1$$

und somit

$$a_0 = \tfrac{1}{3}(y_{-1} + y_0 + y_1),$$
$$a_1 = \tfrac{1}{2}(y_1 - y_{-1}).$$

Um den mittleren Fehler zu finden, rechnen wir die Werte der Näherungsfunktion an den drei Stellen aus und bilden die Abweichungen.

Näherungsfunktion	Abweichung
$\tfrac{1}{6}(5y_{-1} + 2y_0 - y_1)$	$-\tfrac{1}{6}(y_{-1} - 2y_0 + y_1)$
$\tfrac{1}{3}(y_{-1} + y_0 + y_1)$	$\tfrac{1}{3}(y_{-1} - 2y_0 + y_1)$
$\tfrac{1}{6}(-y_{-1} + 2y_0 + 5y_{-1})$	$-\tfrac{1}{6}(y_{-1} - 2y_0 + y_1)$

In den Abweichungen tritt jedesmal als Klammerausdruck die früher gebildete zweite Differenz $\Delta\bar{\Delta}y_0$ des Schemas

$$\begin{matrix} y_{-1} & & \\ & \bar{\Delta}y_0 & \\ y_0 & & \Delta\bar{\Delta}y_0 \\ & \Delta y_0 & \\ y_1 & & \end{matrix}$$

auf. Die mittlere quadratische Abweichung wird

$$\frac{1}{18}(\Delta\bar{\Delta}y_0)^2$$

und damit der mittlere Fehler

$$m = \pm\frac{\sqrt{2}}{6}\Delta\bar{\Delta}y_0.$$

Diese Annäherung kann man dazu benutzen, um eine Reihe stark streuender äquidistanter Beobachtungen zu „glätten". Man faßt jedesmal drei aufeinanderfolgende Werte zusammen und ersetzt den mittleren durch den Wert der linearen Näherungsfunktion, d. h. durch das arithmetische Mittel aus diesen drei Werten. Oder, was dasselbe ist, man fügt zu jedem Wert als Korrektur $\tfrac{1}{3}\Delta\bar{\Delta}$ hinzu. Der linear ausgeglichene Wert kann also auch in der Form

$$y_0 + \tfrac{1}{3}\Delta\bar{\Delta}y_0$$

gewonnen werden.

Sollte die lineare Annäherung nicht genügen, so könnte man zum „Glätten" der Beobachtungsreihe auch von fünf aufeinanderfolgenden Werten ausgehen und durch eine quadratische Funktion

$$a_0 + a_1 u + a_2 u^2$$

annähern.

x	u	y
x_{-2}	-2	y_{-2}
x_{-1}	-1	y_{-1}
x_0	0	y_0
x_1	1	y_1
x_2	2	y_2

Die Normalgleichungen lauten jetzt

$$\begin{aligned} 5a_0 \qquad\quad + 10a_2 &= \sum y, \\ 10a_1 \qquad &= \sum uy, \\ 10a_0 \qquad\quad + 34a_2 &= \sum u^2 y \end{aligned}$$

und liefern die Koeffizienten

$$\begin{aligned} a_0 &= \frac{1}{35}\left(17\sum y - 5\sum u^2 y\right), \\ a_1 &= \frac{1}{10}\sum uy, \\ a_2 &= \frac{1}{14}\left(\sum u^2 y - 2\sum y\right). \end{aligned}$$

In der Mitte des Intervalls erhalten wir an Stelle von y_0 den ausgeglichenen Wert

$$a_0 = \frac{1}{35}(-3y_{-2} + 12y_{-1} + 17y_0 + 12y_1 - 3y_2) = y_0 - \frac{3}{35}\Delta^2\overline{\Delta}^2 y_0.$$

Die Summe der Quadrate der Abweichungen läßt sich auch jetzt wieder durch die Differenzen ausdrücken. Wir finden für das Quadrat des mittleren Fehlers

$$m^2 = \frac{1}{490}(\Delta^2\overline{\Delta}^2 y_0)^2 + \frac{2}{35}\left(\frac{\Delta\overline{\Delta}^2 y_0 + \Delta^2\overline{\Delta} y_0}{2}\right)^2.$$

Anstatt die Summe über die Quadrate der Abweichungen zu einem Minimum zu machen, kann man, wenn die anzunähernde Funktion durch *äquidistante* Ordinaten gegeben ist, auch von der Forderung (2) ausgehen. Die äquidistanten Ordinaten lassen sich ja mittels des Differenzenschemas bequem durch eine ganze rationale Funktion wiedergeben, die man zur Berechnung der Integrale für die Koeffizienten der Normalgleichungen (4) benutzen kann. Wir kommen im § 73 auf dieses Verfahren zurück.

§ 64. Annäherung durch Kugelfunktionen.

Bei der Annäherung durch die ersten Glieder einer Potenzreihe sind die Koeffizienten nicht unabhängig von dem Grade der Näherungsfunktion. Geht man von einer Näherung zu der nächst höheren über, so muß ein Teil der Koeffizienten neu berechnet werden. Sollen die Koeffizienten unabhängig vom Grade der Annäherung sein, so müssen die Normalgleichungen (4) jedesmal nur einen dieser Koeffizienten enthalten. Das kann z. B. in der Weise geschehen, daß nur die in den Diagonalgliedern auftretenden Integrale von Null verschieden sind, während alle übrigen verschwinden.

Wenn es gelingt, ein System von Funktionen

$$X_0(x), \quad X_1(x), \quad X_2(x), \ldots X_n(x)$$

zu finden mit der Eigenschaft

$$(7) \qquad \begin{cases} \int\limits_{-1}^{+1} X_\alpha X_\beta \, dx = 0, & \alpha \neq \beta, \\ \int\limits_{-1}^{+1} X_\alpha X_\alpha \, dx = \lambda_\alpha \neq 0, \end{cases}$$

so können die Koeffizienten der Näherungsfunktion

$$a_0 X_0 + a_1 X_1 + a_2 X_2 + \ldots + a_n X_n$$

aus den Gleichungen

$$(8) \qquad \begin{cases} a_0 \lambda_0 = \int\limits_{-1}^{+1} f(x) \, dx, \\ a_1 \lambda_1 = \int\limits_{-1}^{+1} X_1 f(x) \, dx, \\ a_2 \lambda_2 = \int\limits_{-1}^{+1} X_2 f(x) \, dx, \\ \cdots\cdots\cdots\cdots \\ a_n \lambda_n = \int\limits_{-1}^{+1} X_n f(x) \, dx \end{cases}$$

berechnet werden. Ein derartiges System von Funktionen bezeichnet man als *Orthogonalsystem.*

Die Annäherung einer willkürlichen Funktion durch eine Reihe von *Orthogonalfunktionen* hat daher die wichtige Eigenschaft, daß die Koeffizienten der Reihe unabhängig von dem Grade der Annäherung sind. Wenn man von einer Näherung zu einer höheren übergeht, braucht man nur die neu hinzukommenden Koeffizienten zu berechnen, während die bereits berechneten ungeändert bleiben.

Für den Minimalwert Ω_0 der quadratischen Form Ω erhalten wir ebenfalls einen einfachen Ausdruck. Nach (5) ist

$$\Omega_0 = \int_{-1}^{+1} f^2(x)\,dx - \int_{-1}^{+1} (a_0 X_0 + a_1 X_1 + a_2 X_2 + \dots + a_n X_n)^2\,dx\,.$$

Da die Integrale über die Produkte zweier verschiedener Funktionen X verschwinden, wird daraus

$$\Omega_0 = \int_{-1}^{+1} f^2(x)\,dx - (\lambda_0 a_0^2 + \lambda_1 a_1^2 + \lambda_2 a_2^2 + \dots + \lambda_n a_n^2)\,. \tag{9}$$

Bei der Annäherung durch die fünf ersten Glieder einer Potenzreihe hatten wir (S. 193) zur Bestimmung der Koeffizienten die Gleichungen abgeleitet:

$$a_0 + \frac{1}{3} a_2 + \frac{1}{5} a_4 = J_0 = \frac{1}{2}\int_{-1}^{+1} f(x)\,dx\,,$$

$$\frac{4}{45} a_2 + \frac{8}{105} a_4 = J_2 - \frac{1}{3} J_0 = \frac{1}{2}\int_{-1}^{+1}\left(x^2 - \frac{1}{3}\right) f(x)\,dx\,,$$

$$\frac{64}{11025} a_4 = J_4 - \frac{6}{7} J_2 + \frac{3}{35} J_0 = \frac{1}{2}\int_{-1}^{+1}\left(x^4 - \frac{6}{7}x^2 + \frac{3}{35}\right) f(x)\,dx$$

und

$$\frac{1}{3} a_1 + \frac{1}{5} a_3 = J_1 = \frac{1}{2}\int_{-1}^{+1} x f(x)\,dx\,,$$

$$\frac{4}{175} a_3 = J_3 - \frac{3}{5} J_1 = \frac{1}{2}\int_{-1}^{+1}\left(x^3 - \frac{3}{5}x\right) f(x)\,dx\,.$$

Durch Einführung neuer unbekannter Koeffizienten $\bar{a}_0, \bar{a}_1, \dots, \bar{a}_4$:

$$\bar{a}_0 = a_0 + \frac{1}{3} a_2 + \frac{1}{5} a_4\,, \qquad \bar{a}_1 = a_1 + \frac{3}{5} a_3\,,$$

$$\bar{a}_2 = \frac{2}{3} a_2 + \frac{4}{7} a_4\,, \qquad \bar{a}_3 = \frac{2}{5} a_3\,,$$

$$\bar{a}_4 = \frac{8}{35} a_4$$

lassen sich beide Gleichungssysteme so umformen, daß nur die Diagonalglieder von Null verschieden bleiben. Zur Abkürzung schreiben wir:

$$\left\{\begin{aligned} P_0(x) &= 1\,,\\ P_1(x) &= x\,,\\ P_2(x) &= \frac{3}{2}x^2 - \frac{1}{2}\,,\\ P_3(x) &= \frac{5}{2}x^3 - \frac{3}{2}x\,,\\ P_4(x) &= \frac{35}{8}x^4 - \frac{15}{4}x^2 + \frac{3}{8}\,. \end{aligned}\right. \tag{10}$$

Damit erhalten wir die neuen Koeffizienten:

$$(11)\qquad \begin{cases} \bar{a}_0 = \frac{1}{2}\int\limits_{-1}^{+1} P_0 f(x)\,dx, \\ \bar{a}_1 = \frac{3}{2}\int\limits_{-1}^{+1} P_1 f(x)\,dx, \\ \bar{a}_2 = \frac{5}{2}\int\limits_{-1}^{+1} P_2 f(x)\,dx, \\ \bar{a}_3 = \frac{7}{2}\int\limits_{-1}^{+1} P_3 f(x)\,dx, \\ \bar{a}_4 = \frac{9}{2}\int\limits_{-1}^{+1} P_4 f(x)\,dx. \end{cases}$$

Die neueingeführten Funktionen (10) bilden ein Orthogonalsystem, d. h. es ist

$$\int\limits_{-1}^{+1} P_\alpha P_\beta\,dx = 0, \qquad \text{wenn} \qquad \alpha \neq \beta.$$

Denn das Integral über jede der Funktionen $P(x)$ multipliziert mit einer ganzen rationalen Funktion von geringerem Grade verschwindet, weil die Integrale

$$\begin{array}{cccc} \int\limits_{-1}^{+1} P_1\,dx & \int\limits_{-1}^{+1} P_2\,dx & \int\limits_{-1}^{+1} P_3\,dx & \int\limits_{-1}^{+1} P_4\,dx \\ & \int\limits_{-1}^{+1} x P_2\,dx & \int\limits_{-1}^{+1} x P_3\,dx & \int\limits_{-1}^{+1} x P_4\,dx \\ & & \int\limits_{-1}^{+1} x^2 P_3\,dx & \int\limits_{-1}^{+1} x^2 P_4\,dx \\ & & & \int\limits_{-1}^{+1} x^3 P_4\,dx \end{array}$$

sämtlich den Wert Null besitzen.

Mit den neuen Koeffizienten (11) wird jetzt eine beliebige Funktion $f(x)$ durch die Reihe

$$\bar{a}_0 P_0 + \bar{a}_1 P_1 + \bar{a}_2 P_2 + \bar{a}_3 P_3 + \bar{a}_4 P_4$$

im Intervall -1 bis $+1$ angenähert. Ein Vergleich der Formeln (8) und (11) zeigt, daß für die Funktionen $P(x)$

$$\lambda_\alpha = \frac{2}{2\alpha + 1}$$

ist. Damit erhalten wir für den Minimalwert Ω_0 nach (9)

$$(12)\qquad \Omega_0 = \int\limits_{-1}^{+1} f^2(x)\,dx - \sum_\alpha \frac{2}{2\alpha+1}\,\bar{a}_\alpha^2.$$

Um allgemein ein Orthogonalsystem von beliebig vielen ganzen rationalen Funktionen zu erhalten, gehen wir von dem Ausdruck

$$\frac{1}{\sqrt{1-2ux+u^2}}$$

und entwickeln ihn nach steigenden Potenzen von u:

$$\frac{1}{\sqrt{1-2ux+u^2}} = P_0 + P_1 u + P_2 u^2 + P_3 u^3 + \dots . \tag{13}$$

Die Koeffizienten $P_0, P_1, P_2, \dots$ der Entwicklung sind Funktionen von x und werden als *Legendresche Kugelfunktionen* nullter, erster, zweiter, ... Ordnung bezeichnet.

Setzen wir für einen Augenblick

$$2ux - u^2 = t$$

und entwickeln

$$\frac{1}{\sqrt{1-t}}$$

nach Potenzen von t, so ergibt sich

$$1 + \frac{1}{2}(2ux-u^2) + \frac{1\cdot 3}{2\cdot 4}(2ux-u^2)^2 + \frac{1\cdot 3\cdot 5}{2\cdot 4\cdot 6}(2ux-u^2)^3 + \frac{1\cdot 3\cdot 5\cdot 7}{2\cdot 4\cdot 6\cdot 8}(2ux-u^2)^4 + \dots$$

Ordnen wir diese Reihe nach Potenzen von u, so ergeben sich als Koeffizienten der einzelnen Potenzen von u:

$$\begin{aligned} P_0(x) &= 1, \\ P_1(x) &= x, \\ P_2(x) &= \frac{3}{2}x^2 - \frac{1}{2}, \\ P_3(x) &= \frac{5}{2}x^3 - \frac{3}{2}x, \\ P_4(x) &= \frac{35}{8}x^4 - \frac{15}{4}x^2 + \frac{3}{8}, \\ P_5(x) &= \frac{63}{8}x^5 - \frac{35}{4}x^3 + \frac{35}{8}x, \\ &\dots\dots\dots\dots \end{aligned}$$

Die ersten fünf Funktionen sind, wie man sieht, identisch mit den oben aufgestellten Funktionen (10).

Daß die Kugelfunktionen tatsächlich orthogonal sind, weisen wir folgendermaßen nach. Wir betrachten das Integral

$$\int \frac{dx}{\sqrt{(x_1-x)(x_2-x)}} = \lg \frac{\sqrt{x_1-x} - \sqrt{x_2-x}}{\sqrt{x_1-x} + \sqrt{x_2-x}}$$

zwischen den Grenzen -1 und $+1$

$$\int_{-1}^{+1} \frac{dx}{\sqrt{(x_1-x)(x_2-x)}} = \lg\left(\frac{\sqrt{x_1-1} - \sqrt{x_2-1}}{\sqrt{x_1-1} + \sqrt{x_2-1}} \cdot \frac{\sqrt{x_1+1} + \sqrt{x_2+1}}{\sqrt{x_1+1} - \sqrt{x_2+1}}\right).$$

Setzen wir hierin

$$x_1 = \frac{1}{2}\left(u + \frac{1}{u}\right), \qquad x_2 = \frac{1}{2}\left(v + \frac{1}{v}\right),$$

so wird

$$\frac{\sqrt{x_1 - 1} - \sqrt{x_2 - 1}}{\sqrt{x_1 + 1} - \sqrt{x_2 + 1}} = \frac{\sqrt{uv} + 1}{\sqrt{uv} - 1},$$

$$\frac{\sqrt{x_1 + 1} + \sqrt{x_2 + 1}}{\sqrt{x_1 - 1} + \sqrt{x_2 - 1}} = \frac{\sqrt{uv} + 1}{\sqrt{uv} - 1}.$$

Daher ist

$$\int\limits_{-1}^{+1} \frac{dx}{\sqrt{\frac{1}{2}\left(u + \frac{1}{u}\right) - x}\sqrt{\frac{1}{2}\left(v + \frac{1}{v}\right) - x}} = \lg\left(\frac{\sqrt{uv} + 1}{\sqrt{uv} - 1}\right)^2$$

oder

$$\int\limits_{-1}^{+1} \frac{dx}{\sqrt{1 - 2ux + u^2}\sqrt{1 - 2vx + v^2}} = \frac{1}{\sqrt{uv}} \lg \frac{1 + \sqrt{uv}}{1 - \sqrt{uv}}.$$

Die Reihenentwicklung der rechten Seite liefert

$$\int\limits_{-1}^{+1} \frac{dx}{\sqrt{1 - 2ux + u^2}\sqrt{1 - 2vx + v^2}} = 2 + \frac{2}{3} uv + \frac{2}{5} u^2 v^2 + \dots$$
$$+ \frac{2}{2\alpha + 1} u^\alpha v^\alpha + \dots$$

Andrerseits schreiben wir analog (13)

$$\frac{1}{\sqrt{1 - 2vx + v^2}} = P_0 + P_1 v + P_2 v^2 + P_3 v^3 + \dots$$

und erhalten in Verbindung mit (13)

$$\int\limits_{-1}^{+1} \frac{dx}{\sqrt{1 - 2ux + u^2}\sqrt{1 - 2vx + v^2}} = \sum_{\alpha, \beta} \int\limits_{-1}^{+1} P_\alpha P_\beta \, dx \, u^\alpha v^\beta.$$

Die Vergleichung der beiden Entwicklungen liefert einmal die Bedingung der Orthogonalität

(14) $$\int\limits_{-1}^{+1} P_\alpha P_\beta \, dx = 0, \qquad \alpha \neq \beta,$$

und zweitens die bereits oben für die ersten fünf Funktionen nachgewiesene Beziehung

(15) $$\int\limits_{-1}^{+1} P_\alpha P_\alpha \, dx = \frac{2}{2\alpha + 1}.$$

Danach erhält man die Koeffizienten der Entwicklung nach Kugelfunktionen in Übereinstimmung mit den speziellen Formeln (11) aus

(15a) $$a_\alpha = \frac{2\alpha + 1}{2} \int\limits_{-1}^{+1} P_\alpha f(x) \, dx.$$

Um die Kugelfunktionen der Reihe nach auseinander ableiten zu können, stellen wir noch eine *Rekursionsformel* auf. Wir gehen wieder von dem Ausdruck (13) aus, betrachten ihn aber jetzt als Funktion von u:

$$\varphi(u) = \frac{1}{\sqrt{1 - 2ux + u^2}} = P_0 + P_1 u + P_2 u^2 + \dots + P_n u^n + \dots$$

Der Differentialquotient ist

$$\frac{d\varphi}{du} = \frac{x - u}{(1 - 2ux + u^2)^{\frac{3}{2}}} = P_1 + 2P_2 u + 3P_3 u^2 + \dots + (n+1) P_{n+1} u^n + \dots$$

oder es ist

$$(1 - 2ux + u^2)\frac{d\varphi}{du} = (x - u)\varphi.$$

Die linke Seite gibt, wenn man nach Potenzen von u ordnet,

$$(1 - 2ux + u^2)\frac{d\varphi}{du} = P_1 + (2P_2 - 2xP_1)u + (3P_3 - 4xP_2 + P_1)u^2 + \dots$$
$$+ [(n+1)P_{n+1} - 2nxP_n + (n-1)P_{n-1}]u^n + \dots$$

Die rechte Seite wird

$$(x - u)\varphi = P_0 x + (P_1 x - P_0)u + (P_2 x - P_1)u^2 + \dots$$
$$+ (P_n x - P_{n-1})u^n + \dots$$

Der Vergleich beider Reihen liefert die gewünschte Beziehung zwischen den Kugelfunktionen verschiedener Ordnung:

$$P_1 = xP_0,$$
$$2P_2 - 2xP_1 = xP_1 - P_0,$$
$$3P_3 - 4xP_2 + P_1 = xP_2 - P_1,$$
$$\dots\dots\dots\dots\dots\dots$$
$$(n+1)P_{n+1} - 2nxP_n + (n-1)P_{n-1} = xP_n - P_{n-1}.$$

Mit Ausnahme der ersten sind alle übrigen Beziehungen in der Rekursionsformel

(16) $$(n+1)P_{n+1} = (2n+1)xP_n - nP_{n-1}$$

enthalten.

Der Vorteil bei der Entwicklung nach Kugelfunktionen liegt, wie bereits betont, darin, daß die Koeffizienten der Entwicklung unabhängig von dem Grade der Annäherung werden. Die Näherungsfunktion ist wieder eine ganze rationale Funktion, ebenso wie im § 62, und zwar sind beide Funktionen miteinander identisch. Man gelangt zum gleichen Ergebnis, gleichgültig, ob man nach Kugelfunktionen oder in eine Potenzreihe entwickelt.

Die Auswertung der Integrale (15a) geschieht durch Zerlegung in Integrale von der Form

$$\int_{-1}^{+1} x^\alpha f(x)\,dx.$$

Die Rechenarbeit bleibt also auch dieselbe wie bei der Annäherung durch eine Potenzreihe. Nur die Ableitung der Formeln ist vereinfacht worden. Etwas anderes ist es jedoch, wenn die anzunähernde Funktion durch äquidistante Ordinaten gegeben ist und man Tafeln der Kugelfunktionen verwenden kann[1]) (vgl. § 73).

Beispiel: Die Funktion

$$f(x) = \cos x$$

soll in dem Intervall $-\frac{\pi}{2}$ bis $+\frac{\pi}{2}$ durch eine ganze rationale Funktion vierten Grades angenähert werden.

Um das Intervall zwischen die Grenzen -1 bis $+1$ zu verlegen, führen wir eine neue Veränderliche t ein:

$$x = \frac{\pi}{2} t .$$

Für die einzelnen Integrale ergeben sich die folgenden Werte:

$$\int_{-1}^{+1} \cos\frac{\pi}{2} t\, dt = \frac{4}{\pi}, \qquad \int_{-1}^{+1} t \cos\frac{\pi}{2} t\, dt = 0,$$

$$\int_{-1}^{+1} t^2 \cos\frac{\pi}{2} t\, dt = \frac{4}{\pi}\left[1 - 2\left(\frac{2}{\pi}\right)^2\right], \qquad \int_{-1}^{+1} t^3 \cos\frac{\pi}{2} t\, dt = 0,$$

$$\int_{-1}^{+1} t^4 \cos\frac{\pi}{2} t\, dt = \frac{4}{\pi}\left[1 - 12\left(\frac{2}{\pi}\right)^2 + 24\left(\frac{2}{\pi}\right)^4\right].$$

Damit wird

$$\int_{-1}^{+1} P_0 \cos\frac{\pi}{2} t\, dt = \frac{4}{\pi}, \qquad \int_{-1}^{+1} P_1 \cos\frac{\pi}{2} t\, dt = 0,$$

$$\int_{-1}^{+1} P_2 \cos\frac{\pi}{2} t\, dt = \frac{4}{\pi}\left[1 - 3\left(\frac{2}{\pi}\right)^2\right], \qquad \int_{-1}^{+1} P_3 \cos\frac{\pi}{2} t\, dt = 0,$$

$$\int_{-1}^{+1} P_4 \cos\frac{\pi}{2} t\, dt = \frac{4}{\pi}\left[1 - 45\left(\frac{2}{\pi}\right)^2 + 105\left(\frac{2}{\pi}\right)^4\right].$$

Die beste Darstellung in diesem Intervall ist also

$$\frac{2}{\pi} - \frac{10}{\pi}\left[3\left(\frac{2}{\pi}\right)^2 - 1\right] P_2 + \frac{18}{\pi}\left[1 - 45\left(\frac{2}{\pi}\right)^2 + 105\left(\frac{2}{\pi}\right)^4\right] P_4$$

oder auf acht Dezimalen berechnet

$$0{\cdot}6366\,1977 - 0{\cdot}6870\,8527\, P_2 + 0{\cdot}0517\,7895\, P_4 .$$

Um den mittleren Fehler nach (12) zu finden, berechnen wir

$$a_0^2 + \frac{1}{5} a_2^2 + \frac{1}{9} a_4^2 = 0{\cdot}4999\,9986 .$$

---

[1]) *Jahnke-Emde:* Funktionentafeln mit Formeln und Kurven. S. 83. P_1 bis P_7 auf vier Dezimalen.

Da der Mittelwert von $\cos^2\frac{\pi}{2}t$ im Intervall von -1 bis $+1$

$$\frac{1}{2}\int_{-1}^{+1}\cos^2\frac{\pi}{2}t\,dt=\frac{1}{2}$$

ist, so wird das Quadrat des mittleren Fehlers

$$\frac{1}{2}\Omega_0=\frac{1}{2}\int_{-1}^{+1}\cos^2\frac{\pi}{2}t\,dt-\left(a_0^2+\frac{1}{5}a_2^2+\frac{1}{9}a_4^2\right)=0{\cdot}0000\,0014$$

und der mittlere Fehler selbst etwa

$$m=0{\cdot}0004\,.$$

Nach Potenzen von t geordnet erhalten wir die Annäherung

$$0{\cdot}9996-1{\cdot}2248\,t^2+0{\cdot}2265\,t^4\,.$$

Die Koeffizienten sind auf vier Stellen abgekürzt, weil der mittlere Fehler mehrere Einheiten der vierten Stelle beträgt.

In der ursprünglichen Veränderlichen x ausgedrückt erhalten wir schließlich die Annäherung

$$0{\cdot}9996-0{\cdot}4964\,x^2+0{\cdot}0372\,x^4\,.$$

Wollte man dagegen die Funktion $\cos x$ in dem Intervall $-\frac{\pi}{2}$ bis $+\frac{\pi}{2}$ durch die ersten drei Glieder der Taylorreihe

$$1-\frac{1}{2}x^2+\frac{1}{24}x^4$$

ersetzen, so würde die Genauigkeit erheblich geringer sein. Die mittlere quadratische Abweichung wird in diesem Falle

$$\frac{1}{\pi}\int_{-\frac{\pi}{2}}^{+\frac{\pi}{2}}\left[\cos x-\left(1-\frac{1}{2}x^2+\frac{1}{24}x^4\right)\right]^2dx=0{\cdot}0000\,3103$$

und damit der mittlere Fehler $0{\cdot}0056$.

§ 65. Annäherung durch Fouriersche Reihen.

Zur Annäherung an *periodische* Funktionen verwendet man zweckmäßig eine Reihe aus Sinus- und Kosinusfunktionen von gleicher Periode, eine sog. *Fouriersche Reihe.* Die Koeffizienten der Reihe sollen wieder so bestimmt werden, daß der mittlere Fehler der Näherung möglichst klein wird.

Die Periode der gegebenen Funktion $f(x)$ setzen wir gleich 2π voraus. Hat die Funktion irgendeine andere Periode p, so brauchen wir nur $\frac{2\pi x}{p}$ als neue Veränderliche einzuführen, um die Periode 2π zu erhalten.

Als Näherungsfunktion wählen wir den Ausdruck

$$\begin{aligned}\varphi(x) = a_0 + a_1 \cos x + a_2 \cos 2x + \dots + a_n \cos n x \\ + b_1 \sin x + b_2 \sin 2x + \dots + b_n \sin n x\end{aligned} \tag{17}$$

und bestimmen die $2n + 1$ Koeffizienten $a_0, a_1, a_2, \dots, a_n, b_1, b_2, \dots, b_n$ so, daß das Integral

$$\Omega = \int_0^{2\pi} [f(x) - \varphi(x)]^2 \, dx \tag{18}$$

ein Minimum wird. Als Maß für die Güte der Näherung werden wir wieder die mittlere quadratische Abweichung

$$m^2 = \frac{1}{2\pi} \int_0^{2\pi} [f(x) - \varphi(x)]^2 \, dx \tag{19}$$

betrachten.

Die jetzt benutzten Funktionen $\cos \alpha x$ und $\sin \beta x$ besitzen wieder die Eigenschaft der Orthogonalität. Denn es ist:

$$\left\{\begin{aligned} &\int_0^{2\pi} \cos \alpha x \, dx = 0, \quad \int_0^{2\pi} \sin \alpha x \, dx = 0, \\ &\left.\begin{aligned}\int_0^{2\pi} \cos \alpha x \cos \beta x \, dx = 0 \\ \int_0^{2\pi} \sin \alpha x \sin \beta x \, dx = 0\end{aligned}\right\} \alpha \neq \beta, \\ &\int_0^{2\pi} \cos \alpha x \sin \beta x \, dx = 0, \end{aligned}\right. \tag{20}$$

während

$$\left\{\begin{aligned} &\int_0^{2\pi} \cos \alpha x \cos \alpha x \, dx = \pi, \\ &\int_0^{2\pi} \sin \alpha x \sin \alpha x \, dx = \pi, \\ &\int_0^{2\pi} 1 \, dx = 2\pi \end{aligned}\right. \tag{21}$$

ist.

Die aus der Forderung (18) hervorgehenden Normalgleichungen enthalten somit wiederum nur die Diagonalglieder, alle übrigen Koeffizienten verschwinden. Die Koeffizienten der Diagonalglieder haben alle den Wert π mit Ausnahme des ersten, der gleich 2π wird. Wir erhalten daher die Koeffizienten der Reihe (17)

$$
(22)\qquad \left\{\begin{aligned}
a_0 &= \frac{1}{2\pi}\int_0^{2\pi} f(x)\,dx\,,\\
a_1 &= \frac{1}{\pi}\int_0^{2\pi} f(x)\cos x\,dx\,,\\
&\dots\dots\dots\dots\dots\dots\\
a_n &= \frac{1}{\pi}\int_0^{2\pi} f(x)\cos n x\,dx\,,\\
b_1 &= \frac{1}{\pi}\int_0^{2\pi} f(x)\sin x\,dx\,,\\
&\dots\dots\dots\dots\dots\dots\\
b_n &= \frac{1}{\pi}\int_0^{2\pi} f(x)\sin n x\,dx\,.
\end{aligned}\right.
$$

Wieder sind die Koeffizienten nur von den Funktionswerten, nicht aber von der Anzahl der Glieder der Näherungsfunktion abhängig. Steigert man die Anzahl der Glieder in (17), so ändern sich die bereits berechneten Koeffizienten nicht mehr, es treten nur neue Glieder hinzu. Wir erhalten damit für $f(x)$ eine unendliche Reihe

$$
(23)\qquad \left\{\begin{aligned}
f(x) = a_0 &+ a_1\cos x + a_2\cos 2x + a_3\cos 3x + \dots\\
&+ b_1\sin x + b_2\sin 2x + b_3\sin 3x + \dots,
\end{aligned}\right.
$$

deren Glieder stets die beste Näherung für $f(x)$ darstellen, die bei gleicher Gliederanzahl möglich ist, an welcher Stelle man auch die Reihe abbrechen mag, vorausgesetzt, daß man die Güte der Näherung durch den mittleren Fehler beurteilt.

Zur Berechnung des mittleren Fehlers aus (19) verwenden wir die auf Grund der Normalgleichungen abgeleitete Beziehung (5). Sie lautet jetzt

$$\Omega_0 = \int_0^{2\pi} f^2(x)\,dx - \int_0^{2\pi} \varphi^2(x)\,dx\,.$$

Da $\varphi(x)$ aus Orthogonalfunktionen aufgebaut ist, verschwinden in dem zweiten Integral alle Koeffizientenprodukte, und es wird unter Benutzung von (21)

$$\int_0^{2\pi} \varphi^2(x)\,dx = 2\pi a_0^2 + \pi(a_1^2 + a_2^2 + \dots + a_n^2 + b_1^2 + b_2^2 + \dots + b_n^2)\,.$$

Damit ergibt sich als Quadrat des mittleren Fehlers

$$(24)\qquad m^2 = \frac{1}{2\pi}\int_0^{2\pi} f^2(x)\,dx - a_0^2 - \tfrac{1}{2}\sum_{\alpha}(a_\alpha^2 + b_\alpha^2)\,.$$

Je zwei Glieder

$$a_\alpha \cos \alpha x + b_\alpha \sin \alpha x$$

kann man zu einem einzigen Gliede von der Form

$$r_\alpha \sin(\alpha x + \delta_\alpha)$$

zusammenfassen, wenn man r_α und δ_α so bestimmt, daß

$$\begin{aligned} a_\alpha &= r_\alpha \sin \delta_\alpha \\ b_\alpha &= r_\alpha \cos \delta_\alpha \end{aligned} \quad \text{oder} \quad \begin{aligned} r_\alpha &= \sqrt{a_\alpha^2 + b_\alpha^2} \\ \operatorname{tg} \delta_\alpha &= \frac{a_\alpha}{b_\alpha} \end{aligned}$$

ist. Die *Amplitude* r_α kann dabei positiv genommen werden, wenn man den Winkel δ_α, die *Phase* der Sinuswelle, im richtigen Quadranten wählt.

In dieser Schreibweise zerlegt die Fouriersche Reihe eine gegebene Funktion in eine Reihe von Sinuswellen mit verschiedener Phase. (Harmonische Analyse.)

Das Quadrat des mittleren Fehlers erhält bei dieser Schreibweise die Form

$$(24\text{a}) \qquad m^2 = \frac{1}{2\pi}\int_0^{2\pi} f^2(x)\,dx - a_0^2 - \frac{1}{2}(r_1^2 + r_2^2 + \dots + r_n^2).$$

Der Koeffizient a_0, der hier eine ausgezeichnete Rolle spielt, ist, wie aus (22) hervorgeht, gleich dem Mittelwert der Funktion im Intervall 0 bis 2π.

§ 66. Harmonische Analyse empirischer Funktionen.

Ist die anzunähernde Funktion nicht in ihrem vollen Umfange gegeben, sondern nur durch eine Anzahl äquidistanter Werte, so ersetzen wir die Integrale wieder durch Summen.

Die Periode 0 bis 2π sei durch $x_0, x_1, x_2 \dots x_r$ in r gleiche Teile geteilt, so daß

$$x_\alpha = \frac{2\pi\alpha}{r}$$

ist. Die entsprechenden Funktionswerte seien $y_0, y_1, y_2 \dots y_r$ $(y_0 = y_r)$. Die Näherung $\varphi(x)$ haben wir dann so zu bestimmen, daß

$$(25) \qquad \Omega = \sum_\alpha [y_\alpha - \varphi(x_\alpha)]^2, \qquad (\alpha = 1, 2, \dots r)$$

möglichst klein wird.

Die Aufgabe hat nur dann einen Sinn, wenn r größer als $2n$ ist. Sonst ist die Zahl der zu bestimmenden Unbekannten größer als die Zahl der gegebenen Funktionswerte. Man könnte auf unendlich viele Arten die r Fehler

$$y_\alpha - \varphi(x_\alpha), \qquad (\alpha = 1, 2 \dots r)$$

zum Verschwinden bringen. Von einer besten Annäherung könnte dann nicht mehr die Rede sein.

Aus (25) leiten wir wieder durch Nullsetzen der partiellen Ableitungen ein System von Normalgleichungen:

$$
(26)\qquad \begin{cases} \sum\limits_\alpha [y_\alpha - \varphi(x_\alpha)] = 0, \\ \sum\limits_\alpha [y_\alpha - \varphi(x_\alpha)] \cos\beta x_\alpha = 0 \\ \sum\limits_\alpha [y_\alpha - \varphi(x_\alpha)] \sin\beta x_\alpha = 0 \end{cases} \qquad \begin{cases} (\alpha = 1, 2 \ldots r), \\ (\beta = 1, 2 \ldots n), \end{cases}
$$

ab, deren Koeffizienten noch zu ermitteln sind.

Zunächst berechnen wir

$$\sum_\alpha \cos\beta x_\alpha \quad \text{und} \quad \sum_\alpha \sin\beta x_\alpha$$

für die Werte $\beta = 1, 2 \ldots n$. Wir fassen beide Summen zu einer komplexen Summe zusammen:

$$\sum_\alpha \cos\beta x_\alpha + i \sum_\alpha \sin\beta x_\alpha = \sum e^{i\beta x_\alpha}, \qquad (\alpha = 1, 2 \ldots r).$$

Nun wird, wenn wir $x = \frac{2\pi\alpha}{r}$ einsetzen und zur Abkürzung q für $e^{\frac{2\pi i\beta}{r}}$ schreiben:

$$\sum_\alpha e^{i\beta x_\alpha} = q + q^2 + \ldots + q^r = q\,\frac{q^r - 1}{q - 1}.$$

Es ist aber $q^r = e^{2\pi i\beta} = 1$, während q nicht gleich 1 sein kann, weil β kein Vielfaches von r ist, da r größer als $2n$ vorausgesetzt wurde.

Folglich ist

$$\sum_\alpha e^{i\beta x_\alpha} = 0$$

und somit

$$(27)\qquad \sum_\alpha \cos\beta x_\alpha = 0, \qquad \sum_\alpha \sin\beta x_\alpha = 0, \qquad (\alpha = 1, 2 \ldots r).$$

Ferner ist, wenn β und γ irgendeinen der Werte $1, 2 \ldots n$ bezeichnen:

$$\sum_\alpha \cos\beta x_\alpha \cos\gamma x_\alpha = \tfrac{1}{2}\sum_\alpha \cos(\beta+\gamma) x_\alpha + \tfrac{1}{2}\sum_\alpha \cos(\beta-\gamma) x_\alpha,$$

$$\sum_\alpha \sin\beta x_\alpha \sin\gamma x_\alpha = \tfrac{1}{2}\sum_\alpha \cos(\beta-\gamma) x_\alpha - \tfrac{1}{2}\sum_\alpha \cos(\beta+\gamma) x_\alpha,$$

$$\sum_\alpha \cos\beta x_\alpha \sin\gamma x_\alpha = \tfrac{1}{2}\sum_\alpha \sin(\beta+\gamma) x_\alpha - \tfrac{1}{2}\sum_\alpha \sin(\beta-\gamma) x_\alpha.$$

Da $\beta + \gamma$ höchstens gleich $2n$ sein kann, also immer kleiner als r ist, so verschwinden nach dem Vorhergehenden alle Summen auf den rechten Seiten. Nur wenn $\beta = \gamma$ ist, verschwindet die Summe

$$\sum_\alpha \cos(\beta-\gamma) x_\alpha, \qquad (\alpha = 1, 2 \ldots r)$$

nicht, sondern liefert den Wert r, da jedes Glied der Summe gleich 1 ist.

Wir erhalten daher entsprechend (20) und (21):

$$
(28)\qquad \begin{cases} \left.\begin{array}{l} \sum\limits_\alpha \cos\beta x_\alpha \cos\gamma x_\alpha = 0 \\ \sum\limits_\alpha \sin\beta x_\alpha \sin\gamma x_\alpha = 0 \end{array}\right\} \beta \neq \gamma \\ \sum\limits_\alpha \cos\beta x_\alpha \sin\gamma x_\alpha = 0 \end{cases} \qquad (\alpha = 1, 2 \ldots r),
$$

und

$$(29)\qquad \left\{\begin{aligned} &\sum_\alpha \cos\beta x_\alpha \cos\beta x_\alpha = \frac{r}{2},\\ &\sum_\alpha \sin\beta x_\alpha \sin\beta x_\alpha = \frac{r}{2}.\end{aligned}\right.$$

Damit nehmen die Gleichungen (26) die einfache Form an

$$(30)\qquad \left\{\begin{aligned} r a_0 &= \sum_\alpha y_\alpha \\ \frac{r}{2} a_\beta &= \sum_\alpha y_\alpha \cos\beta x_\alpha \\ \frac{r}{2} b_\beta &= \sum_\alpha y_\alpha \sin\beta x_\alpha \end{aligned}\right. \qquad \begin{aligned} &(\alpha = 1, 2 \ldots r),\\ &(\beta = 1, 2 \ldots n).\end{aligned}$$

Wieder sind bei festgehaltenem r die Koeffizienten der Näherung unabhängig von der Anzahl der Glieder, wenn nur $2n$ kleiner als r ist.

Um den mittleren Fehler zu bestimmen, berechnen wir den Wert des Minimums (25). Wir schreiben

$$\Omega_0 = \sum_\alpha [y_\alpha - \varphi(x_\alpha)]^2 = \sum_\alpha y_\alpha^2 - \sum_\alpha \varphi^2(x_\alpha) - 2\sum_\alpha [y_\alpha - \varphi(x_\alpha)]\,\varphi(x_\alpha).$$

Auf Grund der Gleichungen (26) verschwindet die letzte Summe. Aus den Gleichungen (27), (28) und (29) folgt für

$$\sum_\alpha \varphi^2(x_\alpha) = \sum_\alpha (a_0 + a_1 \cos x_\alpha + \cdots + a_n \cos n x_\alpha + b_1 \sin x_\alpha + \cdots + b_n \sin n x_\alpha)^2$$

der Wert

$$\sum_\alpha \varphi^2(x_\alpha) = r a_0^2 + \frac{r}{2}(a_1^2 + a_2^2 + \cdots + a_n^2 + b_1^2 + b_2^2 + \cdots + b_n^2).$$

Damit ergibt sich analog zu (24) als Quadrat des mittleren Fehlers der Mittelwert

$$(31)\qquad m^2 = \frac{1}{r}\sum_\alpha y_\alpha^2 - a_0^2 - \frac{1}{2}\sum_\alpha (a_\alpha^2 + b_\alpha^2) \qquad (\alpha = 1, 2 \ldots r).$$

Für die praktische Berechnung der Summen ist es zweckmäßig, die Anzahl r der Ordinaten gleich einem Vielfachen von vier zu wählen. Dann wiederholen sich die Werte der Funktionen sin und cos in jedem der vier Quadranten, und man braucht daher nur den vierten Teil der Produkte zu bilden. Wir schreiben deshalb $r = 4p$.

Ferner werden die Formeln am übersichtlichsten, wenn die Anzahl der zu bestimmenden Koeffizienten gerade gleich der Anzahl r der gegebenen Ordinaten ist.

Wir nähern daher jetzt die periodische Funktion $f(x)$ durch den Ausdruck

$$(17\text{a})\qquad \left\{\begin{aligned} \varphi(x) = a_0 + a_1 \cos x + \cdots + a_{2p-1}\cos(2p-1)x + a_{2p}\cos 2px \\ + b_1 \sin x + \cdots + b_{2p-1}\sin(2p-1)x \end{aligned}\right.$$

an, der gerade $4p$ Konstante enthält. Jetzt ist es möglich, sämtliche Fehler, d. h. alle Glieder der Summe (25), zum Verschwinden zu bringen.

An der Berechnung der Koeffizienten ändert sich nichts, sie werden nach wie vor durch die Gleichungen (30) dargestellt, mit Ausnahme von a_{2p}. Für diesen Wert erhalten wir aus (26) mit Hilfe von (27) und (28)

$$\sum_\alpha y_\alpha \cos\beta x_\alpha = a_\beta \sum_\alpha \cos\beta x_\alpha \cos\gamma x_\alpha \qquad (\alpha = 1, 2 \ldots r),$$

wobei $\beta = \gamma = 2p = \frac{r}{2}$ zu setzen ist. Nun ist

$$\sum_\alpha \cos\beta x_\alpha \cos\gamma x_\alpha = \tfrac{1}{2}\sum_\alpha \cos(\beta+\gamma) x_\alpha + \tfrac{1}{2}\sum_\alpha \cos(\beta-\gamma) x_\alpha$$

und die zweite Summe auf der rechten Seite liefert wieder für $\beta = \gamma$ den Wert r. Aber die erste Summe verschwindet jetzt nicht, da $\beta + \gamma = r$ nicht mehr kleiner als r ist, sondern es wird, wenn man $x_\alpha = \frac{2\pi\alpha}{r}$ einsetzt:

$$\sum_\alpha \cos r x_\alpha = \sum_\alpha \cos 2\pi\alpha = r, \qquad (\alpha = 1, 2 \ldots r).$$

Damit erhalten wir für den Koeffizienten a_{2p} die Gleichung

$$r a_{2p} = \sum_\alpha y_\alpha \cos 2p x_\alpha = \sum_\alpha y_\alpha \cos\pi\alpha = \sum_\alpha (-1)^\alpha y_\alpha .$$

An die Stelle der Gleichungen (30) treten somit jetzt die Gleichungen

$$\text{(30a)} \quad \begin{cases} r a_\beta = \sum_\alpha y_\alpha \cos\beta x_\alpha & \text{für} \quad \beta = 0 \quad \text{oder} \quad \beta = 2p, \\ \left.\begin{aligned} \frac{r}{2} a_\beta &= \sum_\alpha y_\alpha \cos\beta x_\alpha \\ \frac{r}{2} b_\beta &= \sum_\alpha y_\alpha \sin\beta x_\alpha \end{aligned}\right\} & \text{für} \quad \beta = 1, 2 \ldots 2p-1 . \end{cases}$$

Dabei durchläuft α die Werte $1, 2 \ldots r = 4p$ oder auch die Werte $0, 1, 2 \ldots r-1$.

Um bei der Bildung der Summen die Symmetrie der trigonometrischen Funktionen auszunutzen, fassen wir je zwei Glieder, die gleich weit von den Enden der Periode entfernt sind, zusammen und beachten, daß

$$\cos\beta x_\alpha = \cos\beta x_{r-\alpha}, \qquad \sin\beta x_\alpha = -\sin\beta x_{r-\alpha}$$

ist. Wir schreiben zur Abkürzung

$$\text{(31)} \quad \begin{cases} s_0 = y_{4p}, & s_{2p} = y_{2p}, \\ \left.\begin{aligned} s_\alpha &= y_\alpha + y_{4p-\alpha} \\ d_\alpha &= y_\alpha - y_{4p-\alpha} \end{aligned}\right\} & (\alpha = 1, 2 \ldots 2_{p-1}), \end{cases}$$

dann erhalten die Gleichungen (30a) die Form

$$\text{(30b)} \quad \begin{cases} r a_\beta = \sum_\alpha s_\alpha \cos\beta x_\alpha & (\beta = 0, 2p), \\ \left.\begin{aligned} \frac{r}{2} a_\beta &= \sum_\alpha s_\alpha \cos\beta x_\alpha \\ \frac{r}{2} b_\beta &= \sum_\alpha d_\alpha \sin\beta x_\alpha \end{aligned}\right\} & (\beta = 1, 2 \ldots 2p-1). \end{cases}$$

Jetzt durchläuft α nur die Werte $0, 1, 2 \ldots 2p$.

Die Summen s und die Differenzen d der Ordinaten lassen sich bequem bilden, wenn man die Reihe der Ordinaten „faltet", d. h. sie folgendermaßen in zwei Zeilen schreibt:

		y_1	y_2	y_3	$\ldots\ y_{2p-1}$	y_{2p}
	y_{4p}	y_{4p-1}	y_{4p-2}	y_{4p-3}	$\ldots\ y_{2p+1}$	
Summe	s_0	s_1	s_2	s_3	$\ldots\ s_{2p-1}$	s_{2p}
Differenz		d_1	d_2	d_3	$\ldots\ d_{2p-1}$	

Ebenso wie in den Formeln (30b) die Koeffizienten durch die Größen s und d ausgedrückt sind, lassen sich auch umgekehrt diese Größen durch die Koeffizienten ausdrücken. Wir brauchen nur dem Umstande Rechnung zu tragen, daß an den Stellen x_α die Funktionswerte mit den Werten der Näherung zusammenfallen; dann ist nach (17a):

$$(17\text{b})\quad\left\{\begin{aligned} y_\alpha &= a_0 + a_1\cos x_\alpha + a_2\cos 2x_\alpha + \ldots + a_{2p-1}\cos(2p-1)x_\alpha + a_{2p}\cos 2p x_\alpha \\ &\quad + b_1\sin x_\alpha + b_2\sin 2x_\alpha + \ldots + b_{2p-1}\sin(2p-1)x_\alpha, \\ y_{4b-\alpha} &= a_0 + a_1\cos x_\alpha + a_2\cos 2x_\alpha + \ldots + a_{2p-1}\cos(2p-1)x_\alpha + a_{2p}\cos 2p x_\alpha \\ &\quad - b_1\sin x_\alpha - b_2\sin 2x_\alpha - \ldots - b_{2p-1}\sin(2p-1)x_\alpha. \end{aligned}\right.$$

Daraus erhalten wir

$$(32)\quad\left\{\begin{aligned} s_\alpha &= \sum_\beta a_\beta\cos\beta x_\alpha \qquad (\alpha = 0,\ 2p), \\ \tfrac{1}{2}s_\alpha &= \sum_\beta a_\beta\cos\beta x_\alpha \\ \tfrac{1}{2}d_\alpha &= \sum_\beta b_\beta\sin\beta x_\alpha \end{aligned}\right\}\ (\alpha = 1,\ 2\ldots 2p-1),$$

wobei β die Werte $0, 1, 2 \ldots 2p$ durchläuft.

Mit andern Worten, die Größen s und d werden aus den Koeffizienten nach den gleichen Formeln gewonnen, wie die Größen ra und rb aus s und d. Algebraisch ist es die gleiche Aufgabe, die Sinuswellen zu einer Funktion zusammenzusetzen oder eine Funktion in Sinuswellen zu zerlegen.

Zur weiteren Vereinfachung der Rechnung benutzen wir die Tatsache, daß für gerade Werte von β

$$\cos\beta x_\alpha = \cos\beta x_{2p-\alpha}, \qquad \sin\beta x_\alpha = -\sin\beta x_{2p-\alpha},$$

dagegen für ungerade Werte von β

$$\cos\beta x_\alpha = -\cos\beta x_{2p-\alpha}, \qquad \sin\beta x_\alpha = \sin\beta x_{2p-\alpha}$$

ist. Damit können wir, ebenso wie es oben bei den Funktionswerten geschehen ist, wieder je zwei der Größen s und der Größen d zusammenfassen. Zur Abkürzung schreiben wir

$$\begin{aligned} \mathfrak{s}_p &= s_p, & \sigma_p &= d_p, \\ \mathfrak{s}_\alpha &= s_\alpha + s_{2p-\alpha}, & \sigma_\alpha &= d_\alpha + d_{2p-\alpha} \\ \mathfrak{d}_\alpha &= s_\alpha - s_{2p-\alpha}, & \delta_\alpha &= d_\alpha - d_{2p-\alpha} \end{aligned}\Bigg\}\ (\alpha = 0, 1, 2\ldots p-1).$$

Diese Größen lassen sich wieder am übersichtlichsten durch „Zusammenfalten" der Reihen für s und d gewinnen:

	s_0	s_1	s_2	$\ldots$	s_{p-1}	s_p
	s_{2p}	s_{2p-1}	s_{2p-2}	$\ldots$	s_{p+1}	
Summe	$\mathfrak{s}_0$	$\mathfrak{s}_1$	$\mathfrak{s}_2$	$\ldots$	$\mathfrak{s}_{p-1}$	$\mathfrak{s}_p$
Differenz	$\mathfrak{d}_0$	$\mathfrak{d}_1$	$\mathfrak{d}_2$	$\ldots$	$\mathfrak{d}_{p-1}$	

und

	d_1	d_2	$\ldots$	d_{p-1}	d_p
	d_{2p-1}	d_{2p-2}	$\ldots$	d_{p+1}	
Summe	σ_1	σ_2	$\ldots$	σ_{p-1}	σ_p
Differenz	δ_1	δ_2	$\ldots$	δ_{p-1}.	

Damit ergibt sich aus (30b)

$$
(30\text{c})\qquad
\begin{cases}
r\,a_\beta = \sum\limits_\alpha \mathfrak{s}_\alpha \cos\beta x_\alpha \qquad (\beta = 0,\ 2p)\,, \\[2ex]
\left.\begin{aligned}
\frac{r}{2}\,a_\beta &= \sum\limits_\alpha \mathfrak{s}_\alpha \cos\beta x_\alpha \\
\frac{r}{2}\,b_\beta &= \sum\limits_\alpha \delta_\alpha \sin\beta x_\alpha
\end{aligned}\right\}\ \beta \text{ gerade}\,, \\[2ex]
\qquad\qquad\qquad\qquad\qquad (\beta = 1, 2 \ldots p-1)\,, \\[2ex]
\left.\begin{aligned}
\frac{r}{2}\,a_\beta &= \sum\limits_\alpha \mathfrak{d}_\alpha \cos\beta x_\alpha \\
\frac{r}{2}\,b_\beta &= \sum\limits_\alpha \sigma_\alpha \sin\beta x_\alpha
\end{aligned}\right\}\ \beta \text{ ungerade}\,.
\end{cases}
$$

α durchläuft jetzt nur noch die Werte $0, 1, 2 \ldots p$.

Da für gerade Werte von α

$$\cos\beta x_\alpha = \cos(2p-\beta)\,x_\alpha\,, \qquad \sin\beta x_\alpha = -\sin(2p-\beta)\,x_\alpha\,,$$

während für ungerade Werte von α

$$\cos\beta x_\alpha = -\cos(2p-\beta)\,x_\alpha\,, \qquad \sin\beta x_\alpha = \sin(2p-\beta)\,x_\alpha$$

ist, so empfiehlt es sich, gleichzeitig a_β und $a_{2p-\beta}$ und ebenso b_β und $b_{2p-\beta}$ auszurechnen; denn in beiden kommen die gleichen Produkte vor, nur abwechselnd mit dem gleichen oder mit entgegengesetztem Vorzeichen. Man schreibt daher die einzelnen Produkte am besten abwechselnd in zwei verschiedene Spalten, deren Summen dann zu addieren oder zu subtrahieren sind.

Um die berechneten Koeffizienten einer Probe zu unterziehen, gehen wir von der Gleichung (17b) aus, quadrieren sie und summieren über alle Werte $\alpha = 1, 2 \ldots r$. Dann erhalten wir unter Benutzung der Orthogonalitätsbedingungen (28) sowie der Gleichungen (29) und der oben abgeleiteten Summe

$$\sum_\alpha \cos 2p x_\alpha \cos 2p x_\alpha = r$$

die Beziehung

$$\sum_\alpha y_\alpha^2 = r a_0^2 + \frac{r}{2}\sum_\alpha (a_\alpha^2 + b_\alpha^2) + r a_{2p}^2. \tag{33}$$

Andererseits folgt aus den Gleichungen (31) durch Quadrieren und Addieren

$$s_0^2 + s_{2p}^2 = y_{2p}^2 + y_{4p}^2,$$

$$\sum_\alpha s_\alpha^2 = (y_1 + y_{4p-1})^2 + (y_2 + y_{4p-2})^2 + \dots + (y_{2p-1} + y_{2p+1})^2,$$

$$\sum_\alpha d_\alpha^2 = (y_1 - y_{4p-1})^2 + (y_2 - y_{4p-2})^2 + \dots + (y_{2p-1} - y_{2p+1})^2.$$

oder

$$\sum_\alpha y_\alpha^2 = s_0^2 + \tfrac{1}{2}\sum_\alpha (s_\alpha^2 + d_\alpha^2) + s_{2p}^2. \tag{34}$$

Da nun nach (30b) die Koeffizienten a_α nur von den Größen s_α, die Koeffizienten b_α nur von den Größen d_α abhängen, so müssen sich die Gleichungen (33) und (34) in zwei Gleichungen, je eine zwischen den Größen a_α und s_α und eine zwischen b_α und d_α, zerspalten:

$$\left\{\begin{aligned} & s_0^2 + \frac{1}{2}(s_1^2 + s_2^2 + \dots + s_{2p-1}^2) + s_{2p}^2 \\ & \quad = r a_0^2 + \frac{r}{2}(a_1^2 + a_2^2 + \dots + a_{2p-1}^2) + r a_{2p}^2, \\ & \frac{1}{2}(d_1^2 + d_2^2 + \dots + d_{2p-1}^2) = \frac{r}{2}(b_1^2 + b_2^2 + \dots + b_{2p-1}^2). \end{aligned}\right. \tag{35}$$

Die Gleichungen (30c) liefern $r a_0$, $r a_{2p}$ sowie $\frac{r}{2} a_1, \frac{r}{2} a_2 \dots \frac{r}{2} a_{2p-1}$, $\frac{r}{2} b_1, \frac{r}{2} b_2 \dots \frac{r}{2} b_{2p-1}$; daher werden wir sogleich diese Größen der Probe unterwerfen. Schreiben wir zur Abkürzung

$$Y = y_1^2 + y_2^2 + \dots + y_{4p}^2$$

$$A = \frac{1}{2}\left(r a_0\right)^2 + \left(\frac{r}{2} a_1\right)^2 + \left(\frac{r}{2} a_2\right)^2 + \dots + \left(\frac{r}{2} a_{2p-1}\right)^2 + \frac{1}{2}\left(r a_{2p}\right)^2,$$

$$B = \left(\frac{r}{2} b_1\right)^2 + \left(\frac{r}{2} b_2\right)^2 + \dots + \left(\frac{r}{2} b_{2p-1}\right)^2,$$

$$S = 2 s_0^2 + s_1^2 + s_2^2 + \dots + s_{2p-1}^2 + 2 s_{2p}^2,$$

$$D = d_1^2 + d_2^2 + \dots + d_{2p-1}^2,$$

dann ergeben die Gleichungen (33), (34) und (35) die Proben

$$\left\{\begin{aligned} & Y = \frac{1}{2p}(A + B) = \frac{1}{2}(S + D), \\ & S = \frac{1}{p} A, \qquad D = \frac{1}{p} B. \end{aligned}\right. \tag{36}$$

Schließlich kann man die Koeffizienten a_β und b_β auch dadurch einer Probe unterwerfen, daß man aus ihnen wieder die Funktionswerte y_α berechnet. Zunächst berechnet man nach (32) die Größen s_α und d_α. Dazu werden die Koeffizienten a_β jetzt genau so behandelt wie oben die Größen s_α, und die Koeffizienten b_β genau so wie die Größen d_β. Dadurch erhalten wir

$$s_\beta \text{ an Stelle von } r a_\beta \quad \text{für} \quad \beta = 0, 2p$$

$$\left.\begin{array}{l} \frac{1}{2} s_\beta \quad " \quad " \quad " \quad \frac{r}{2} a_\beta \\ \frac{1}{2} d_\beta \quad " \quad " \quad " \quad \frac{r}{2} b_\beta \end{array}\right\} \text{ für } \quad \beta = 1, 2 \ldots 2p - 1.$$

Aus den Größen s_0, s_{2p} sowie $s_1, s_2 \ldots s_{2p-1}$, $d_1, d_2 \ldots d_{2p-1}$ erhalten wir die Funktionswerte:

$$\begin{array}{llll} y_0 = s_0 = y_{4p}, & & y_{2p} = s_{2p}, & \\ y_1 = \frac{1}{2} s_1 + \frac{1}{2} d_1, & & y_{2p+1} = \frac{1}{2} s_{2p-1} - \frac{1}{2} d_{2p-1}, & \\ y_2 = \frac{1}{2} s_2 + \frac{1}{2} d_2, & & \vdots \ldots \vdots \ldots \vdots & \\ \vdots \ldots\ldots\ldots & & y_{4p-2} = \frac{1}{2} s_2 - \frac{1}{2} d_2, & \\ y_{2p-1} = \frac{1}{2} s_{2p-1} + \frac{1}{2} d_{2p-1}, & & y_{4p-1} = \frac{1}{2} s_1 - \frac{1}{2} d_1. & \end{array}$$

Schreiben wir die Größen s_β und d_β in zwei Reihen, so ergeben sich durch Addition und Subtraktion die Ordinaten:

	s_0	$\frac{1}{2} s_1$	$\frac{1}{2} s_2$	$\ldots$	$\frac{1}{2} s_{2p-1}$	s_{2p}
		$\frac{1}{2} d_1$	$\frac{1}{2} d_2$	$\ldots$	$\frac{1}{2} d_{2p-1}$	
Summe	y_0	y_1	y_2	$\ldots$	y_{2p-1}	y_{2p}
Differenz		y_{4p-1}	y_{4p-2}	$\ldots$	y_{2p+1}	

§ 67. Zerlegung für 12 gegebene Ordinaten.

In den Formeln (30c) sind zur Bildung eines jeden Koeffizienten nur noch $p - 1$ Produkte erforderlich, wenn man die Multiplikation mit 1 nicht mitrechnet. Vorteilhaft ist es, die Zahl p durch drei teilbar anzunehmen, weil die dabei auftretende Multiplikation mit $\sin 30^0 = \cos 60^0 = \frac{1}{2}$ so bequem auszuführen ist.

Wir wählen $p = 3$, teilen also die Periode in zwölf gleiche Teile. In den Summen treten jetzt nur die drei trigonometrischen Funktionen $\sin 30^0 = \frac{1}{2}$, $\sin 60^0 = 0{\cdot}8660$ und $\sin 90^0 = 1$ auf. Die Multiplikation einer Zahl mit 0·8660 geschieht am besten in der Form (1 — 0·1340), d. h. von der betreffenden Zahl wird ihr Produkt mit 0·1340 subtrahiert.

Zur Berechnung der Koeffizienten erhalten wir jetzt das folgende Schema:

Ordinaten		y_1	y_2	y_3	y_4	y_5	y_6
	y_{12}	y_{11}	y_{10}	y_9	y_8	y_7	
Summe	s_0	s_1	s_2	s_3	s_4	s_5	s_6
Differenz		d_1	d_2	d_3	d_4	d_5	

	Summen				Differenzen		
	s_0	s_1	s_2	s_3	d_1	d_2	d_3
	s_6	s_5	s_4		d_5	d_4	
Summe	$\mathfrak{s}_0$	$\mathfrak{s}_1$	$\mathfrak{s}_2$	$\mathfrak{s}_3$	σ_1	σ_2	σ_3
Differenz	$\mathfrak{d}_0$	$\mathfrak{d}_1$	$\mathfrak{d}_2$		δ_1	δ_2	

	Kosinusglieder							
$\sin 30° = \frac{1}{2}$			$\mathfrak{d}_2$		$-\mathfrak{s}_2$	$\mathfrak{s}_1$		
$\sin 60° = 1 - 0{\cdot}1340$				$\mathfrak{d}_1$				
$\sin 90° = 1$	$\mathfrak{s}_0$ $\mathfrak{s}_2$	$\mathfrak{s}_1$ $\mathfrak{s}_3$	$\mathfrak{d}_0$		$\mathfrak{s}_0$	$-\mathfrak{s}_3$	$\mathfrak{d}_0$	$\mathfrak{d}_2$
Summe	I	II	I	II	I	II	I	II
Summe I + II	$12 a_0$		$6 a_1$		$6 a_2$			
Differenz I − II	$12 a_6$		$6 a_5$		$6 a_4$		$6 a_3$	

	Sinusglieder					
$\sin 30° = \frac{1}{2}$	σ_1					
$\sin 60° = 1 - 0{\cdot}1340$		σ_2	δ_1	δ_2		
$\sin 90° = 1$	σ_3				σ_1	σ_3
Summe	I	II	I	II	I	II
Summe I + II	$6 b_1$		$6 b_2$			
Differenz I − II	$6 b_5$		$6 b_4$		$6 b_3$	

Die angeschriebenen Werte für sin 30°, sin 60° und sin 90° sollen bedeuten, daß die in diesen Zeilen stehenden Größen $\mathfrak{s}$ und $\mathfrak{d}$ sowie σ und δ mit diesen Werten zu multiplizieren sind. Die Produkte mit $\frac{1}{2}$ und 1 können natürlich unmittelbar hingeschrieben werden, als eigentliche Multiplikation tritt nur viermal das Produkt sin 60° auf. Sonst besteht die Rechnung nur aus Additionen und Subtraktionen.

Um nach den Gleichungen (36) die Probe auszuführen, berechnen wir einmal die Summe Y und dann die Summen A und B. Sind die Koeffizienten richtig berechnet worden, muß

$$Y = \tfrac{1}{6}(A + B)$$

sein. Sollte sich eine Abweichung ergeben, empfiehlt es sich auch die Summen S und D zu berechnen, um aus den Gleichungen

$$S = \tfrac{1}{3} A\,, \qquad D = \tfrac{1}{3} B$$

schließen zu können, ob der Fehler in den Koeffizienten a oder b steckt. Sind diese beiden Gleichungen erfüllt, obwohl die erste Gleichung eine Abweichung ergab, so ist der Fehler schon bei der Bildung der Größen s und d unterlaufen.

Die Quadratsummen sind mit größerer Genauigkeit (Rechenmaschine oder Quadrattafel) zu berechnen, da sonst die kleinen Quadrate durch Fehler der großen verdeckt werden.

Will man umgekehrt aus den zwölf Koeffizienten die zwölf äquidistanten Ordinaten berechnen, so hat man, wie umstehend gezeigt wird, die Koeffizienten a der Kosinusglieder an die Stelle der Summen s, und die Koeffizienten b der Sinusglieder an die Stelle der Differenzen d in das Schema einzutragen. Man findet dann s_0 und s_6 an Stelle von $12\,a_0$ und $12\,a_6$; im übrigen $\frac{1}{2}s_\beta$ an Stelle von $6\,a_\beta$ und $\frac{1}{2}d_\beta$ an Stelle

Probe:

y_1^2	$\frac{1}{2}(12\,a_0)^2$	$2\,s_0^2$
y_2^2	$(6\,a_1)^2$	s_1^2
y_3^2	$(6\,a_2)^2$	s_2^2
y_4^2	$(6\,a_3)^2$	s_3^2
y_5^2	$(6\,a_4)^2$	s_4^2
y_6^2	$(6\,a_5)^2$	s_5^2
y_7^2	$\frac{1}{2}(12\,a_6)^2$	$2\,s_6^2$
y_8^2	A	$S = \frac{1}{3}A$
y_9^2		
y_{10}^2	$(6\,b_1)^2$	d_1^2
y_{11}^2	$(6\,b_2)^2$	d_2^2
y_{12}^2	$(6\,b_3)^2$	d_3^2
Y	$(6\,b_4)^2$	d_4^2
$\frac{1}{6}(A+B)$	$(6\,b_5)^2$	d_5^2
	B	$D = \frac{1}{3}B$.
	$A+B$	

von $6\,b_\beta$. Die hierdurch ermittelten Größen $s_0, \frac{1}{2}s_1, \ldots \frac{1}{2}s_5, s_6$ schreibt man an die Stelle der Ordinaten $y_0, y_1, \ldots, y_5, y_6$, und die Größen $\frac{1}{2}d_1, \frac{1}{2}d_2, \ldots, \frac{1}{2}d_5$ an die Stelle der Ordinaten $y_{11}, y_{10}, \ldots, y_7$. Als Summe erhält man $y_0, y_1, \ldots, y_5, y_6$ und als Differenz $y_{11}, y_{10}, \ldots, y_7$.

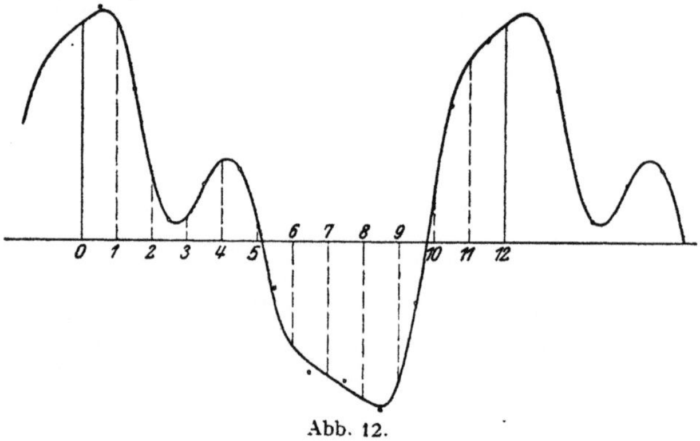

Abb. 12.

Natürlich kann man die Rechnung auch auf die bei der Analyse gefundenen sechsfachen Koeffizienten anwenden und erhält dann als Resultat die sechsfachen Ordinaten.

Beispiel: Die in der Abb. 12 gezeichnete Kurve ist zu analysieren.

Man teilt die Periode in zwölf gleiche Teile ein und entnimmt der Zeichnung die folgenden Ordinaten

$$+38,\ +12,\ +4,\ +14,\ +4,\ -18,\ -23,\ -27,\ -24,\ +8,\ +32,\ +38.$$

Die Rechnung erhält nach unserem Schema die folgende Gestalt:

		38	12	4	14	4	− 18
	38	32	8	− 24	− 27	− 23	
Summe	38	70	20	− 20	− 13	− 19	− 18
Differenz		6	4	28	41	27	

	Summen				Differenzen		
	38	70	20	− 20	6	4	28
	− 18	− 19	− 13		− 21	− 37	
Summe	20	51	7	− 20	33	45	28
Differenz	56	89	33		− 21	− 37	

	Kosinusglieder							
			16·5		− 3·5	25·5		
				77·1				
	20	51	56		20	20	56	33
	7	− 20						
Summe	27	31	72·5	77·1	16·5	45·5		
	58		149·6		62			
	− 4		− 4·6		− 29		23	

	Sinusglieder					
	16·5					
		39·0	− 18·2	− 32·0		
	28				33	28
Summe	44·5	39·0				
	83·5		− 50·2			
	5·5		13·8		5	

Das Resultat ist somit

$12\,a_0 = 58$	$6\,a_1 = 149{\cdot}6$	$6\,a_2 = 62$
$12\,a_6 = -4$	$6\,b_1 = 83{\cdot}5$	$6\,b_2 = -50{\cdot}2$
$6\,a_3 = 23$	$6\,a_4 = -29$	$6\,a_5 = -4{\cdot}6$
$6\,b_3 = 5$	$6\,b_4 = 13{\cdot}8$	$6\,b_5 = 5{\cdot}5$

Zur Probe berechnen wir die Quadratsummen:

$y_1^2 = 1444$	$\frac{1}{2}(12\,a_0)^2 = 1\,682$
$y_2^2 = 144$	$(6\,a_1)^2 = 22\,380{\cdot}2$
$y_3^2 = 16$	$(6\,a_2)^2 = 3\,844$
$y_4^2 = 196$	$(6\,a_3)^2 = 529$
$y_5^2 = 16$	$(6\,a_4)^2 = 841$
$y_6^2 = 324$	$(6\,a_5)^2 = 21{\cdot}2$
$y_7^2 = 529$	$\frac{1}{2}(12\,a_6)^2 = 8$
$y_8^2 = 729$	$A = 29\,305{\cdot}4$
$y_9^2 = 576$	
$y_{10}^2 = 64$	$(6\,b_1)^2 = 6\,972{\cdot}2$
$y_{11}^2 = 1024$	$(6\,b_2)^2 = 2\,520$
$y_{12}^2 = 1444$	$(6\,b_3)^2 = 25$
$Y = 6506$	$(6\,b_4)^2 = 190{\cdot}4$
$\frac{1}{6}(A+B) = 6507{\cdot}2$	$(6\,b_5)^2 = 30{\cdot}3$
Abrundungsfehler $1{\cdot}2$	$B = 9\,737{\cdot}9$
	$A + B = 39\,043{\cdot}3$

Schließlich können wir auch aus den Koeffizienten $6\,a_0, 6\,a_1, \ldots 6\,a_5$, $6\,a_6, 6\,b_1 \ldots 6\,b_5$ umgekehrt die sechsfachen Ordinaten berechnen:

	Koeffizienten a				Koeffizienten b		
	29	149·6	62	23	83·5	− 50·2	5
	− 2	− 4·6	− 29		5·5	13·8	
Summe	27	145	33	23	89	− 36·4	5
Differenz	31	154·2	91		78	− 64	

			45·5		−16·5	72·5		
				133·5				
	27	145	31		27	−23	31	91
	33	23						
Summe	60	168	76·5	133·5	10·5	49·5		
	228		210		60		−60	
	− 108		− 57		− 39			

	44·5					
		− 31·5	67·5	− 55·5		
	5				89	5
Summe	49·5	− 31·5				
	18		12		84	
	81		123			

Durch Addition oder Subtraktion finden wir die sechsfachen Ordinaten:

	228	210	60	− 60	− 39	− 57	− 108
		18	12	84	123	81	
Summe: $6\,y_0, 6\,y_1, \ldots 6\,y_5, 6\,y_6$	228	228	72	24	84	24	− 108
Differenz: $6\,y_{11}, 6\,y_{10}, \ldots 6\,y_7$		192	48	− 144	− 162	− 138	

In Übereinstimmung mit den ursprünglichen Werten.

Fassen wir je zwei Glieder zusammen, so können wir das Resultat auch in der Form schreiben

$$\varphi(x) = 4{\cdot}83 + 28{\cdot}55 \sin(x + \delta_1) + 13{\cdot}30 \sin(2x + \delta_2) + 3{\cdot}92 \sin(8x + \delta_3)$$
$$+ \ 5{\cdot}35 \sin(4x + \delta_4) + 1{\cdot}20 \sin(5x + \delta_5).$$

Dabei erhalten die Phasenwinkel die Werte

$$\delta_1 = \ 60^\circ{.}83, \quad \delta_2 = 129^\circ{.}00, \quad \delta_3 = \ 77^\circ{.}74, \quad \delta_4 = 295^\circ{.}45, \quad \delta_5 = 320^\circ{.}09.$$

Der Koeffizient a_6 ist so klein, daß die Funktion durch dieses Glied nicht mehr beeinflußt wird. Auch der Einfluß des Gliedes $1{\cdot}20 \sin(5x + \delta_5)$ ist kaum merklich, denn ohne dieses Glied wird der mittlere Fehler entsprechend (24a)

$$m^2 = \frac{1}{12} \sum_\alpha y_\alpha^2 - a_0^2 - \frac{1}{2}(r_1^2 + r_2^2 + r_3^2 + r_4^2).$$

Nun ist aber

$$\frac{1}{12} \sum_\alpha y_\alpha^2 = 542{\cdot}17 \quad \text{und} \quad a_0^2 + \frac{1}{2}(r_1^2 + r_2^2 + r_3^2 + r_4^2) = 541{\cdot}45,$$

der mittlere Fehler also nur gleich $\sqrt{0{\cdot}72} = 0{\cdot}85$.

§ 68. Berechnung von Zwischenwerten.

Man wird im allgemeinen der für die anzunähernde Funktion gezeichneten Kurve ansehen können, ob man mit zwölf Ordinaten eine hinreichend genaue Zerlegung erhält. Die zwölf Ordinaten müssen den Verlauf der Kurve in allen wesentlichen Punkten wiedergeben. Zwischen zwei Ordinaten dürfen keine beträchtlichen Maxima und Minima vorkommen.

Um sich von der Güte der Annäherung an zwischenliegenden Stellen überzeugen zu können, ist es erwünscht, die Funktion

$$\varphi(x) = a_0 + a_1 \cos x + a_2 \cos 2x + \ldots + a_{2p-1} \cos(2p-1)x + a_{2p} \cos 2px$$
$$+ b_1 \sin x + b_2 \sin 2x + \ldots + b_{2p-1} \sin(2p-1)x$$

auch an anderen Stellen zu berechnen als in den Punkten

$$x_\alpha = \frac{2\pi\alpha}{4p} \quad (\alpha = 0, 1, 2, \ldots 4p-1).$$

Wir setzen zu diesem Zweck

$$x = x' + \lambda$$

und berechnen $\varphi(x)$ in den Punkten

$$x' = \frac{2\pi\alpha}{4p} \quad \text{oder} \quad x = x_\alpha + \lambda.$$

Setzen wir $x = x' + \lambda$ in $\varphi(x)$ ein, so wird

$$a_0 = a_0,$$
$$a_\beta \cos\beta x + b_\beta \sin\beta x = (a_\beta \cos\beta\lambda + b_\beta \sin\beta\lambda)\cos\beta x'$$
$$+ (b_\beta \cos\beta\lambda - a_\beta \sin\beta\lambda)\sin\beta x' \, (\beta = 1, 2 \ldots 2p-1),$$
$$a_{2p}\cos 2px = a_{2p}\cos 2p\lambda \cos 2px' - a_{2p}\sin 2p\lambda \sin 2px'.$$

Das Glied $\sin 2px'$ verschwindet in den Punkten $x' = \dfrac{2\pi\alpha}{4p}$. Schreiben wir zur Abkürzung

$$(37) \qquad \left\{\begin{aligned} a_0 &= a'_0, \\ a_\beta \cos\beta\lambda + b_\beta \sin\beta\lambda &= a'_\beta \\ b_\beta \cos\beta\lambda - a_\beta \sin\beta\lambda &= b'_\beta \\ a_{2p}\cos 2p\lambda &= a'_{2p}, \end{aligned}\right. \quad (\beta = 1, 2 \ldots 2p-1),$$

so wird

$$\varphi(x_\alpha + \lambda) = a'_0 + a'_1 \cos x_\alpha + \ldots + a'_{2p-1}\cos(2p-1)x_\alpha + a'_{2p}\cos 2px_\alpha$$
$$+ b'_1 \sin x_\alpha + \ldots + b'_{2p-1}\sin(2p-1)x_\alpha.$$

Wir brauchen daher für den gegebenen Winkel λ nur aus (37) die neuen Koeffizienten a' und b' auszurechnen. Die Berechnung der $4p$ Funktionswerte aus den Größen a', b' geschieht ebenso wie früher (vgl. S. 218).

Für die Kontrollrechnung kann man die Quadratsummen in den neuen Koeffizienten durch die alten ausdrücken. Es ist zunächst

$$a'^2_\beta + b'^2_\beta = a^2_\beta + b^2_\beta \quad (\beta = 1, 2 \ldots 2p-1)$$

und daher

$$(38) \qquad A' + B' = A + B - \tfrac{1}{2}(r\,a_{2p})^2 \sin^2 2p\lambda.$$

Für die Annäherung in zwölf Ordinaten, also für den Fall $p = 3$, wollen wir $\lambda = 45°$ setzen. Dann ist

$$\begin{aligned} \cos\lambda &= \frac{1}{\sqrt{2}}, & \sin\lambda &= \frac{1}{\sqrt{2}}, \\ \cos 2\lambda &= 0, & \sin 2\lambda &= 1, \\ \cos 3\lambda &= -\frac{1}{\sqrt{2}}, & \sin 3\lambda &= \frac{1}{\sqrt{2}}, \\ \cos 4\lambda &= -1, & \sin 4\lambda &= 0, \\ \cos 5\lambda &= -\frac{1}{\sqrt{2}}, & \sin 5\lambda &= -\frac{1}{\sqrt{2}}, \\ \cos 6\lambda &= 0, & \sin 6\lambda &= -1. \end{aligned}$$

Damit erhalten wir die neuen Koeffizienten

$$
\begin{aligned}
a_0' &= a_0, & & \\
a_1' &= \frac{a_1 + b_1}{\sqrt{2}}, & b_1' &= -\frac{a_1 - b_1}{\sqrt{2}}, \\
a_2' &= b_2, & b_2' &= -a_2, \\
a_3' &= -\frac{a_3 - b_3}{\sqrt{2}}, & b_3' &= -\frac{a_3 + b_3}{\sqrt{2}}, \\
a_4' &= -a_4, & b_4' &= -b_4, \\
a_5' &= -\frac{a_5 + b_5}{\sqrt{2}}, & b_5' &= \frac{a_5 - b_5}{\sqrt{2}}, \\
a_6' &= 0.
\end{aligned}
$$

In unserem Beispiel hatten wir die folgenden Koeffizienten gefunden

$6a$	29	149·6	62	23	− 29	− 4·6	− 2
$6b$		83·5	− 50·2	5	13·8	5·5	
Summe		233·1		28		0·9	
Differenz		66·1		18		− 10·1	

Daraus ergeben sich die neuen Koeffizienten

$6a'$:	29	164·8	− 50·2	− 12·7	29	− 0·7	0
$6b'$:		− 46·7	− 62	− 19·8	− 13·9	− 7·1	

Damit erhalten wir nach dem früheren Schema

	Koeffizienten a'				Koeffizienten b'		
	29	164·8	− 50·2	− 12·7	− 46·7	− 62	− 19·8
	0	− 0·7	29		− 7·1	− 13·9	
	29	164·1	− 21·2	− 12·7	− 53·8	− 75·9	− 19·8
	29	165·5	− 79·2		− 39·6	− 48·1	

			− 39·6	143·3	10·6	82·1		
	29	164·1	29		29	12·7	29	− 79·2
	− 21·2	− 12·7						
Summe	7·8	151·4	− 10·6	143·3	39·6	94·8		
	159·2		132·7		134·4		108·2	
	− 143·6		− 153·9		− 55·2			

	− 26·9	− 65·7	− 34·3	− 41·7		
	− 19·8				− 53·8	− 19·8
Summe	− 46·7	− 65·7				
	− 112·4		− 76·0		− 34·0	
	19·0		7·4			

	159·2	132·7	134·4	108·2	− 55·2	− 153·9	− 143·6
		− 112.4	− 76·0	− 34·0	7·4	19·0	
Summe: $6y$	159·2	20·3	58·4	74·2	− 47·8	− 134·9	− 143·6
Differenz: $6y$		245·1	210·4	142·2	− 62·6	− 172·9	

Von den sechsfachen Koeffizienten ausgehend haben wir die sechsfachen Ordinaten gefunden. Für die einfachen Ordinaten an den Stellen

$$x = \frac{\pi}{4} + \alpha \frac{\pi}{6} \qquad (\alpha = 0, 1, 2, \ldots 11)$$

finden wir somit die Werte

$$\begin{array}{ccccccc} +26{\cdot}5 & +\ 3{\cdot}4 & +\ 9{\cdot}7 & +12{\cdot}4 & -\ 8{\cdot}0 & -22{\cdot}5 & -23{\cdot}9 \\ -28{\cdot}8 & -10{\cdot}4 & +23{\cdot}7 & +35{\cdot}1 & +40{\cdot}8\,. & & \end{array}$$

Zur Probe berechnen wir die Quadratsummen. Wir finden

$$Y = 6499{\cdot}1\,,$$

während nach (38)

$$A' + B' = A + B - \tfrac{1}{2}(12\,a_6)^2 = 39043{\cdot}3 - 8{\cdot}0 = 39035{\cdot}3\,,$$

also

$$\tfrac{1}{6}(A' + B') = 6505{\cdot}9$$

ist (Abrundungsfehler 6·8).

Die neu berechneten Punkte sind in die Zeichnung (Abb. 12) eingetragen. Man erkennt aus ihrer Lage, wie weit sich die Näherungsfunktion der gegebenen Kurve anschmiegt.

§ 69. Zerlegung für eine größere Zahl gegebener Ordinaten.

Sollte die Darstellung durch zwölf Ordinaten nicht ausreichend sein, so muß man ein Schema für größere Werte von r aufstellen, das ganz entsprechend unserem Schema für zwölf Ordinaten angeordnet werden kann.

Es läßt sich jedoch auch die Zerlegung für 24 gegebene Ordinaten $y_1, y_2, \ldots y_{24}$ durch zweimalige Anwendung des Schemas für zwölf Ordinaten gewinnen. Zunächst bestimmen wir wie bisher aus den zwölf Ordinaten mit geradem Index, indem wir sie wie üblich zusammenfalten:

$$\begin{array}{cccccc} & y_2 & y_4 & y_6 & y_8 & y_{10} \quad y_{12} \\ y_{24} & y_{22} & y_{20} & y_{18} & y_{16} & y_{14}\,, \end{array}$$

die Koeffizienten

$$(39)\quad \begin{cases} 12\,a_\beta = \sum_{\alpha=1}^{12} y_{2\alpha} \cos\beta x_{2\alpha} & (\beta = 0{,}6)\,, \\ 6\,a_\beta = \sum_{\alpha=1}^{12} y_{2\alpha} \cos\beta x_{2\alpha} & \\ 6\,b_\beta = \sum_{\alpha=1}^{12} y_{2\alpha} \sin\beta x_{2\alpha} & \end{cases} \left.\vphantom{\sum_1^1\sum_1^1}\right\} (\beta = 1, 2, \ldots 5)\,.$$

Sodann aus den zwölf Ordinaten mit ungeradem Index, die wir in der Form

$$\begin{array}{cccccc} & y_5 & y_7 & y_9 & y_{11} & y_{13} \quad y_{15} \\ y_3 & y_1 & y_{23} & y_{21} & y_{19} & y_{17} \end{array}$$

zusammenfalten, die Koeffizienten

$$(40)\left\{\begin{aligned} 12a'_\beta &= \sum_{\alpha=1}^{12} y_{2\alpha+3}\cos\beta x_{2\alpha} = \sum_{\alpha=1}^{12} y_{2\alpha-1}\cos\beta x_{2\alpha-4} \qquad (\beta = 0, 6)\,, \\ 6a'_\beta &= \sum_{\alpha=1}^{12} y_{2\alpha+3}\cos\beta x_{2\alpha} = \sum_{\alpha=1}^{12} y_{2\alpha-1}\cos\beta x_{2\alpha-4} \\ 6b'_\beta &= \sum_{\alpha=1}^{12} y_{2\alpha+3}\sin\beta x_{2\alpha} = \sum_{\alpha=1}^{12} y_{2\alpha-1}\cos\beta x_{2\alpha-4} \end{aligned}\right\} (\beta = 1, 2, \ldots 5),$$

wobei jetzt

$$x_\alpha = \frac{2\pi\alpha}{24}$$

gesetzt ist.

Nun berechnen sich für eine Einteilung der Periode in 24 Teile die 24 Koeffizienten $A_0, A_1, \ldots A_{11}, A_{12}$ und $B_1, B_2, \ldots B_{11}$ nach (30a) aus

$$\begin{aligned} 24A_\beta &= \sum_{\alpha=1}^{24} y_\alpha \cos\beta x_\alpha \qquad (\beta = 0, 12)\,, \\ 12A_\beta &= \sum_{\alpha=1}^{24} y_\alpha \cos\beta x_\alpha \\ 12B_\beta &= \sum_{\alpha=1}^{24} y_\alpha \sin\beta x_\alpha \end{aligned}\Bigg\} (\beta = 1, 2, \ldots 11)$$

oder, wenn wir die geraden und ungeraden Ordinaten trennen, aus

$$\begin{aligned} 24A_\beta &= \sum_{\alpha=1}^{12}(y_{2\alpha}\cos\beta x_{2\alpha} + y_{2\alpha-1}\cos\beta x_{2\alpha-1}) \qquad (\beta = 0, 12)\,, \\ 12A_\beta &= \sum_{\alpha=1}^{12}(y_{2\alpha}\cos\beta x_{2\alpha} + y_{2\alpha-1}\cos\beta x_{2\alpha-1}) \\ 12B_\beta &= \sum_{\alpha=1}^{12}(y_{2\alpha}\sin\beta x_{2\alpha} + y_{2\alpha-1}\sin\beta x_{2\alpha-1}) \end{aligned}\Bigg\} (\beta = 1, 2, \ldots 11)\,.$$

Die Summen über die geraden Ordinaten stimmen überein mit den Summen (39). Die Summen über die ungeraden Ordinaten dagegen lassen sich aus den Summen (40) ableiten. Denn setzen wir

$$(41)\qquad \left\{\begin{aligned} \bar a_\beta &= a'_\beta \cos\beta x_3 - b'_\beta \sin\beta x_3\,, \\ \bar b_\beta &= b'_\beta \cos\beta x_3 + a'_\beta \sin\beta x_3\,, \end{aligned}\right.$$

so wird

$$\begin{aligned} 12\bar a_\beta &= \sum_{\alpha=1}^{12} y_{2\alpha-1}\cos\beta x_{2\alpha-1} \qquad (\beta = 0)\,, \quad \bar a_6 = 0\,, \\ 12\bar b_\beta &= \sum_{\alpha=1}^{12} y_{2\alpha-1}\sin\beta x_{2\alpha-1} \qquad (\beta = 6)\,, \quad \bar b_0 = 0\,, \\ 6\bar a_\beta &= \sum_{\alpha=1}^{12} y_{2\alpha-1}\cos\beta x_{2\alpha-1} \\ 6\bar b_\beta &= \sum_{\alpha=1}^{12} y_{2\alpha-1}\sin\beta x_{2\alpha-1} \end{aligned}\Bigg\} (\beta = 1, 2, \ldots 5)\,.$$

Das gilt zunächst für die Werte $\beta \leqq 6$. Für die größeren Werte benutzen wir die Beziehungen

$$\begin{aligned}\beta x_{2\alpha} &= 2\alpha\pi - (12-\beta)\, x_{2\alpha}, \\ \beta x_{2\alpha-1} &= (2\alpha - 1)\pi - (12-\beta)\, x_{2\alpha-1}.\end{aligned}$$

Danach ist

$$\begin{aligned}\cos\beta x_{2\alpha} &= \cos(12-\beta)\, x_{2\alpha}, & \sin\beta x_{2\alpha} &= -\sin(12-\beta)\, x_{2\alpha}, \\ \cos\beta x_{2\alpha-1} &= -\cos(12-\beta)\, x_{2\alpha-1}, & \sin\beta x_{2\alpha-1} &= \sin(12-\beta)\, x_{2\alpha},\end{aligned}$$

und somit wird

$$12\, a_{12-\beta} = \sum_{\alpha=1}^{12} y_{2\alpha} \cos\beta x_{2\alpha} \qquad (\beta = 12),$$

$$\left.\begin{aligned} 6\, a_{12-\beta} &= \sum_{\alpha=1}^{12} y_{2\alpha} \cos\beta x_{2\alpha} \\ 6\, a_{12-\beta} &= -\sum_{\alpha=1}^{12} y_{2\alpha} \sin\beta x_{2\alpha}\end{aligned}\right\} \quad (\beta = 7, 8, \ldots 11)$$

und andrerseits

$$12\, \bar{a}_{12-\beta} = -\sum_{\alpha=1}^{12} y_{2\alpha-1} \cos\beta x_{2\alpha-1} \qquad (\beta = 12),$$

$$\left.\begin{aligned} 6\, \bar{a}_{12-\beta} &= -\sum_{\alpha=1}^{12} y_{2\alpha-1} \cos\beta x_{2\alpha-1} \\ 6\, \bar{b}_{12-\beta} &= \sum_{\alpha=1}^{12} y_{2\alpha-1} \cos\beta x_{2\alpha-1}\end{aligned}\right\} \quad (\beta = 7, 8, \ldots 11).$$

Setzt man in (41) den Wert $x_2 = \frac{\pi}{4}$ ein, so wird

$$(42) \qquad \left\{\begin{aligned} \bar{a}_0 &= a'_0, & \bar{b}_0 &= b'_0 = 0, \\ \bar{a}_1 &= \frac{a'_1 - b'_1}{\sqrt{2}}, & \bar{b}_1 &= \frac{a'_1 + b'_1}{\sqrt{2}}, \\ \bar{a}_2 &= -b'_2, & \bar{b}_2 &= -a'_2, \\ \bar{a}_3 &= -\frac{a'_3 + b'_3}{\sqrt{2}}, & \bar{b}_3 &= \frac{a'_3 - b'_3}{\sqrt{2}}, \\ \bar{a}_4 &= -a'_4, & b_4 &= -b'_4, \\ \bar{a}_5 &= -\frac{a'_5 - b'_5}{\sqrt{2}}, & \bar{b}_5 &= -\frac{a'_5 + b'_5}{\sqrt{2}}, \\ \bar{a}_6 &= b'_6 = 0, & \bar{b}_6 &= -a'_6.\end{aligned}\right.$$

Aus diesen Größen und den Koeffizientep a_β und b_β erhält man demnach die gesuchten 24 Koeffizienten durch Addition und Subtraktion.

	$12\, a_0$	$6\, a_1$	$6\, a_2$	$6\, a_3$	$6\, a_4$	$6\, a_5$	$12\, a_6$
	$12\, \bar{a}_0$	$6\, \bar{a}_1$	$6\, \bar{a}_2$	$6\, \bar{a}_3$	$6\, \bar{a}_4$	$6\, \bar{a}_5$	
Summe	$24\, A_0$	$12\, A_1$	$12\, A_2$	$12\, A_3$	$12\, A_4$	$12\, A_5$	$12\, A_6$
Differenz	$24\, A_{12}$	$12\, A_{11}$	$12\, A_{10}$	$12\, A_9$	$12\, A_8$	$12\, A_7$	

	$6\bar{b}_1$	$6\bar{b}_2$	$6\bar{b}_3$	$6\bar{b}_4$	$6\bar{b}_5$	$12\bar{b}_6$
	$6b_1$	$6b_2$	$6b_3$	$6b_4$	$6b_5$	
Summe	$12B_1$	$12B_2$	$12B_3$	$12B_4$	$12B_5$	$12B_6$
Differenz	$12B_{11}$	$12B_{10}$	$12B_9$	$12B_8$	$12B_7$.	

Für die Berechnung unseres *Beispiels* entnehmen wir der Zeichnung (Abb. 12) noch die weiteren zwölf Ordinaten an den Stellen $\frac{\pi}{4} + \alpha\frac{\pi}{6}$ $(\alpha = 1, 2, 12)$ und bezeichnen sie jetzt mit $y_5, y_7, \ldots y_{23}, y_1, y_3$:

$$3{\cdot}6,\quad 9{\cdot}5,\quad 12{\cdot}5,\quad -10{\cdot}0,\quad -20{\cdot}8,\quad -25{\cdot}1,\quad -28{\cdot}2,\quad -11{\cdot}0,$$
$$24{\cdot}5,\quad 35{\cdot}3,\quad 40{\cdot}0,\quad 26{\cdot}5.$$

Unter erneuter Anwendung unseres Schemas berechnen wir aus ihnen nach (40) die Koeffizienten

$$\begin{array}{llll} 12a'_0 = 56{\cdot}8, & 6a'_1 = 164{\cdot}7, & 6a'_2 = -50{\cdot}2. & 6a'_3 = -14{\cdot}2, \\ 12a'_6 = -6{\cdot}4, & 6b'_1 = -48{\cdot}0, & 6b'_2 = -61{\cdot}1, & 6b'_3 = -17{\cdot}0, \\ & 6a'_4 = 29{\cdot}2, & 6a'_5 = 4{\cdot}3, & \\ & 6b'_4 = -14{\cdot}7, & 6b'_5 = -\ 5{\cdot}0. & \end{array}$$

Mit Hilfe von (42) finden wir die Größen

$$\begin{array}{llll} 12\bar{a}_0 = 56{\cdot}8, & 6\bar{a}_1 = 150{\cdot}4, & 6\bar{a}_2 = 61{\cdot}1, & 6\bar{a}_3 = 22{\cdot}1, \\ & 6\bar{b}_1 = 82{\cdot}5, & 6\bar{b}_2 = -50{\cdot}2, & 6\bar{b}_3 = 2{\cdot}0, \\ 6\bar{a}_4 = -29{\cdot}2, & 6\bar{a}_5 = -6{\cdot}6, & & \\ 6\bar{b}_4 = 14{\cdot}7, & 6\bar{b}_5 = 0{\cdot}5, & 12\bar{b}_6 = 6{\cdot}4. & \end{array}$$

Hieraus ergeben sich in Verbindung mit den bereits früher (S. 221) berechneten Koeffizienten a_β und b_β durch Addition oder Subtraktion die Koeffizienten für die Einteilung der Periode in 24 Teile:

$a_0, a_1, \ldots a_5, a_6$	58	149·6	62	23	−29	−4·6	−4
$\bar{a}_0, \bar{a}_1, \ldots \bar{a}_5$	56·8	150·4	61·1	22·1	−29·2	−6·6	
Summe: $A_0, A_1, \ldots A_5, A_6$	114·8	300·0	123·1	45·1	−58·2	−11·2	−4
Differenz: $A_{12}, A_{11}, \ldots A_7$	1·2	−0·8	0·9	0·9	0·2	2·0	

$\bar{b}_1, \bar{b}_2, \ldots \bar{b}_5, \bar{b}_6$	82·5	−50·2	2·0	14·7	0·5	6·4
$b_1, b_2, \ldots b_5$	83·5	−50·2	5	13·8	5·5	
Summe: $B_1, B_2, \ldots B_5, B_6$	166·0	−100·4	7·0	28·5	6·0	6·4
Differenz: $B_{11}, B_{10}, \ldots B_7$	−1·0	0	−3·0	0·9	−5·0	

Zum Vergleich mit den früher (S. 221) berechneten Koeffizienten setzen wir die Hälften der soeben berechneten Werte her:

$$\begin{array}{llll} 12A_0 = 57{\cdot}4, & 6A_1 = 150, & 6A_2 = 61{\cdot}6, & 6A_3 = 22{\cdot}6, \\ 12A_{12} = 0{\cdot}6, & 6B_1 = 83, & 6B_2 = -50{\cdot}2, & 6B_3 = 3{\cdot}5, \\ 6A_4 = -29{\cdot}1, & 6A_5 = -5{\cdot}6, & 6A_6 = -2, & 6A_7 = 1, \\ 6B_4 = 14{\cdot}2, & 6B_5 = 3{\cdot}0, & 6B_6 = 3{\cdot}2, & 6B_7 = -2{\cdot}5, \\ 6A_8 = 0{\cdot}1, & 6A_9 = 0{\cdot}4, & 6A_{10} = 0{\cdot}4, & 6A_{11} = -0{\cdot}4, \\ 6B_8 = 0{\cdot}4, & 6B_9 = -1{\cdot}5, & 6B_{10} = 0, & 6B_{11} = -0{\cdot}5. \end{array}$$

Bei einer großen Zahl von Ordinaten können einzelne Koeffizienten a_β, b_β besonders bequem ausgerechnet werden, wenn der Index β mit r einen gemeinsamen Teiler ϱ hat. Ist nämlich

$$\beta = \varrho\beta', \quad r = \varrho r'$$

so wird

$$\beta x_\alpha = \beta \cdot \frac{2\pi\alpha}{r} = \beta' \frac{2\pi\alpha}{r'} = 2\pi\beta' + \beta \cdot \frac{2\pi(\alpha - r')}{r} = 2\pi\beta' + \beta x_{\alpha - r'}$$

und daher

$$\cos\beta x_\alpha = \cos\beta x_{\alpha - r'}, \quad \sin\beta x_\alpha = \sin\beta x_{\alpha - r'}.$$

Daher lassen sich in den Summen

$$\sum_\alpha y_\alpha \cos\beta x_\alpha, \quad \sum_\alpha y_\alpha \sin\beta x_\alpha \quad (\alpha = 1, 2, \ldots r)$$

alle die Glieder zusammenfassen, deren Indizes α um ein Vielfaches von r' verschieden sind. Zu diesem Zweck schreibt man am besten die Ordinaten $y_1, y_2, \ldots, y_r$ in Form eines Rechtecks mit ϱ Reihen von je r' Gliedern:

$$\begin{array}{llll} & y_1 & y_2 & \ldots y_{r'} \\ & y_{r'+1} & y_{r'+2} & \ldots y_{2r'} \\ & \ldots & \ldots & \ldots \\ & \ldots & \ldots & \ldots \\ & y_{r-r'+1} & y_{r-r'+2} & \ldots y_r \\ \hline \text{Summe} & z_1 & z_2 & \ldots z_{r'}. \end{array}$$

Die Summen $z_1, z_2, \ldots, z_{r'}$ sind jetzt ebenso zu behandeln, als wenn man es nur mit r' Ordinaten zu tun hätte, und liefern

$$\left.\begin{aligned} \frac{r}{2} a_\beta &= \sum_\alpha z_\alpha \cos\beta' x'_\alpha \\ \frac{r}{2} b_\beta &= \sum_\alpha z_\alpha \sin\beta' x'_\alpha \end{aligned}\right\} \quad (\alpha = 1, 2, \ldots r'),$$

wobei

$$x'_\alpha = \frac{2\pi\alpha}{r'}$$

gesetzt ist.

Nehmen wir in unserem Beispiel $r = 24$ und berechnen die Koeffizienten a_6 und b_6, so ist

$$\varrho = 6, \quad \beta' = 1, \quad r' = 4.$$

Die 24 aus der Kurve entnommenen Ordinaten sind jetzt in Form eines Rechtecks aus sechs Reihen mit je vier Gliedern anzuordnen:

	40·0	38	26·5	12
	3·6	4	9·5	14
	12·5	4	− 10·0	− 18
	− 20·8	− 23	− 25·1	− 27
	− 28·2.	− 24	− 11·0	8
	24·5	32	35·3	38
Summe	31·6	31	25·2	27

Nun ist $x'_\alpha = \alpha \frac{\pi}{2}$, und daher

$$12\, a_6 = \sum_\alpha z_\alpha \cos \alpha \frac{\pi}{2} = -z_2 + z_4 = -4,$$

$$12\, b_6 = \sum_\alpha z_\alpha \sin \alpha \frac{\pi}{2} = \quad z_1 - z_3 = \quad 6{\cdot}4.$$

Auf diesem Wege lassen sich die höheren Sinuswellen leicht ermitteln, vorausgesetzt, daß man die Ordinaten für eine geeignete Einteilung der Periode bequem aus der Zeichnung entnehmen kann.

Hat man die Zerlegung bereits für die Zwölfteilung der Periode vorgenommen, dann fügt man die höheren Glieder in solcher Verbindung mit den niederen hinzu, daß die Ordinaten an den zwölf Teilpunkten ungeändert bleiben. Sind z. B. a_7 und b_7 berechnet worden, so fügt man die Verbindungen

$$a_7 \cos 7x - a_7 \cos 5x,$$
$$b_7 \sin 7x + b_7 \sin 5x$$

hinzu. Denn da

$$\cos 7x - \cos 5x = -2 \sin x \sin 6x,$$
$$\sin 7x + \sin 5x = \quad 2 \cos x \sin 6x$$

ist, so verschwinden diese Ausdrücke an den zwölf Teilpunkten $\alpha \frac{\pi}{6}$. Allgemein kann man für irgendeinen höheren Wert von β die Ausdrücke

$$a_\beta \cos \beta x - a_\beta \cos (12 - \beta) x,$$
$$b_\beta \sin \beta x + b_\beta \sin (12 - \beta) x$$

addieren, ohne daß sich die zwölf Ordinaten und damit die bereits aus der Zwölfteilung gefundenen Glieder ändern.

Für $\beta = 6$ kann man $\quad b_6 \sin 6x$

hinzufügen, ohne die zwölf Ordinaten zu ändern.

§ 70. Annäherung durch Exponentialfunktionen.

In vielen technisch wichtigen Fällen ergeben sich durch Messungen „abklingende" Funktionen, die sowohl periodischen wie auch nichtperiodischen Charakter haben können. In beiden Fällen tut man gut, die empirische Funktion durch eine Reihe von Exponentialfunktionen, also durch eine Funktion

$$\varphi(x) = a_1 e^{\alpha_1 x} + a_2 e^{\alpha_2 x} + a_3 e^{\alpha_3 x} + \ldots$$

anzunähern. Der einzige Unterschied besteht nur darin, daß bei gedämpft periodischen Funktionen die Exponenten $\alpha_1, \alpha_2, \alpha_3, \ldots$ komplex sind, während sie sonst einen reellen negativen Wert erhalten.

Im Gegensatz zu den früher für die Näherung benutzten Funktionen sind hier die Funktionen $X_1 = e^{\alpha_1 x}$, $X_2 = e^{\alpha_2 x}, \ldots$ nicht direkt gegeben.

Sie enthalten vorläufig noch unbekannte Konstanten, $\alpha_1, \alpha_2, \ldots$, die erst für jede anzunähernde Funktion passend bestimmt werden müssen. Die Aufgabe besteht also hier aus zwei Teilen. Zunächst müssen die Konstanten $\alpha_1, \alpha_2, \ldots$ bestimmt werden, und dann sind noch die Koeffizienten $a_1, a_2, \ldots$ zu ermitteln.

Der zweite Teil ist schon im § 61 erledigt worden. Sobald die Exponenten $\alpha_1, \alpha_2, \ldots$ bekannt sind, können die Exponentialfunktionen als gegebene Funktionen $X_1, X_2, \ldots$ angesehen werden.

Zur Bestimmung der Koeffizienten $\alpha_1, \alpha_2, \ldots$ setzen wir voraus, daß die anzunähernde Funktion durch äquidistante Ordinaten $y_1, y_2, \ldots y_n$ zu den Abszissen $x_1, x_1 + h, x_1 + 2h, \ldots$ gegeben ist. Das Verfahren möge der Bequemlichkeit halber für eine dreigliedrige Annäherungsfunktion

$$\varphi(x) = a_1 e^{\alpha_1 x} + a_2 e^{\alpha_2 x} + a_3 e^{\alpha_3 x} \tag{43}$$

entwickelt werden. Die Resultate lassen sich jedoch ohne weiteres auf die Annäherung durch eine Summe von beliebig vielen Exponentialfunktionen ausdehnen.

Würden die gegebenen Ordinaten durch die Näherungsfunktion genau dargestellt, so müßte allgemein

$$y_\nu = a_1 e^{\alpha_1[x_1+(\nu-1)h]} + a_2 e^{\alpha_2[x_1+(\nu-1)h]} + a_3 e^{\alpha_3[x_1+(\nu-1)h]}$$

sein. Zur Abkürzung setzen wir

$$e^{\alpha_1 h} = z_1, \quad e^{\alpha_2 h} = z_2, \quad e^{\alpha_3 h} = z_3$$

und ferner für einen Augenblick

$$a_1 e^{\alpha_1[x_1+(\nu-1)h]} = p_1, \quad a_2 e^{\alpha_2[x_1+(\nu-1)h]} = p_2, \quad a_3 e^{\alpha_3[x_1+(\nu-1)h]} = p_3.$$

Dann werden y_ν und die drei auf y_ν folgenden Ordinaten $y_{\nu+1}, y_{\nu+2}, y_{\nu+3}$ dargestellt durch

$$\begin{aligned} y_\nu &= p_1 + p_2 + p_3, \\ y_{\nu+1} &= p_1 z_1 + p_2 z_2 + p_3 z_3, \\ y_{\nu+2} &= p_1 z_1^2 + p_2 z_2^2 + p_3 z_3^2, \\ y_{\nu+3} &= p_1 z_1^3 + p_2 z_2^3 + p_3 z_3^3. \end{aligned}$$

Um aus diesen vier Gleichungen die drei unbekannten Größen p_1, p_2, p_3 zu eliminieren, multiplizieren wir die erste mit $s_3 = -z_1 z_2 z_3$, die zweite mit $s_2 = z_1 z_2 + z_2 z_3 + z_3 z_1$, die dritte mit $s_1 = -(z_1 + z_2 + z_3)$ und addieren die Produkte zu der vierten Gleichung. Dann heben sich die rechten Seiten gegenseitig fort und wir erhalten

$$y_\nu s_3 + y_{\nu+1} s_2 + y_{\nu+2} s_1 + y_{\nu+3} = 0.$$

Diese Gleichung gilt für jeden Wert von ν. Im ganzen liefern die n äquidistanten Ordinaten $n - 3$ Gleichungen zur Bestimmung von s_1, s_2 und s_3:

$$\left\{ \begin{aligned} y_1 s_3 + y_2 s_2 + y_3 s_1 + y_4 &= 0, \\ y_2 s_3 + y_3 s_2 + y_1 s_1 + y_3 &= 0, \\ \cdots\cdots\cdots\cdots\cdots\cdots& \\ y_{n-3} s_3 + y_{n-2} s_2 + y_{n-1} s_1 + y_n &= 0 \end{aligned} \right. \tag{44}$$

Es müssen daher mindestens sechs Ordinaten gegeben sein, damit die eindeutige Bestimmung der Größen s_1, s_2, s_3 möglich wird. Sind mehr als sechs Ordinaten gegeben, so können im allgemeinen durch keine Wahl der Größen s_1, s_2, s_3 die rechten Seiten der Gleichungen (44) genau zu Null gemacht werden. Die Abweichung kann einmal davon herrühren, daß die gemessenen Ordinaten mit Beobachtungsfehlern behaftet sind, und zweitens davon, daß die empirische Funktion nicht genau, sondern nur angenähert durch einen Ausdruck von der Form (43) dargestellt werden kann. In jedem Falle machen wir von der Methode der kleinsten Quadrate Gebrauch und bestimmen die Größen s_1, s_2, s_3 so, daß die Summe der Quadrate der Abweichungen der rechten Seiten der Gleichungen (44) von dem Wert Null ein Minimum wird. Vorausgesetzt möge dabei werden, daß alle Ordinaten $y_1, y_2, \ldots, y_n$ mit gleicher Genauigkeit gemessen worden sind.

Die Methode der kleinsten Quadrate liefert zur Bestimmung von s_1, s_2, s_3 drei Normalgleichungen. Hinzu nehmen wir noch eine vierte Gleichung, um gleichzeitig mit der Auflösung der Gleichungen die Summe der Quadrate der Abweichungen bestimmen zu können. In abgekürzter Schreibweise lauten die vier Normalgleichungen:

$$\begin{array}{llll}
s_3 & s_2 & s_1 & \\
\sum_1^{n-3} y_\alpha y_\alpha & \sum_1^{n-3} y_\alpha y_{\alpha+1} & \sum_1^{n-3} y_\alpha y_{\alpha+2} & \sum_1^{n-3} y_\alpha y_{\alpha+3} \\
 & \sum_2^{n-2} y_\alpha y_\alpha & \sum_2^{n-2} y_\alpha y_{\alpha+1} & \sum_2^{n-2} y_\alpha y_{\alpha+2} \\
 & & \sum_3^{n-1} y_\alpha y_\alpha & \sum_3^{n-1} y_\alpha y_{\alpha+1} \\
 & & & \sum_4^{n} y_\alpha y_\alpha \quad = \Omega .
\end{array}$$

Aus der Summe Ω der Quadrate der Abweichungen erhält man den Mittelwert m der Abweichung einer Gleichung nach den Regeln der Ausgleichungsrechnung für den Fall, daß drei Unbekannte zu bestimmen sind:

$$m^2 = \frac{\Omega}{n-6}.$$

Daraus ergibt sich der mittlere Fehler m_y einer gemessenen Ordinate:

$$m_y^2 (1 + s_1^2 + s_2^2 + s_3^2) = \frac{\Omega}{n-6}.$$

In jedem bestimmten Fall wird man entscheiden können, ob der auf diesem Wege bestimmte mittlere Fehler m_y nicht das für die Ungenauigkeit der Ordinaten zulässige Maß überschreitet. Andernfalls ist die größere Abweichung auf das Konto der Näherungsfunktion zu setzen. Die Annäherung durch eine dreigliedrige Näherungsfunktion vermag dann den beobachteten Werten nicht gerecht zu werden; man müßte weitere Glieder heranziehen.

Nach Auflösung der Normalgleichungen können die Größen z_1, z_2, z_3 bestimmt werden aus den Beziehungen

$$s_1 = -(z_1 + z_2 + z_3),$$
$$s_2 = z_1 z_2 + z_2 z_3 + z_3 z_1,$$
$$s_3 = -z_1 z_2 z_3.$$

Nach bekannten Sätzen der Algebra sind z_1, z_2, z_3 die Wurzeln der kubischen Gleichung

(45) $$z^3 + s_1 z^2 + s_2 z + s_3 = 0.$$

Aus den Hilfsgrößen z_1, z_2, z_3 findet man schließlich die gesuchten Exponenten

$$\alpha_1 = \frac{1}{h}\lg z_1, \quad \alpha_2 = \frac{1}{h}\lg z_2, \quad \alpha_3 = \frac{1}{h}\lg z_3.$$

Besitzt die kubische Gleichung (45) ein konjugiert komplexes Wurzelpaar

$$z_2 = \lambda + i\mu, \quad z_3 = \lambda - i\mu,$$

so werden auch die Exponenten α_2 und α_3 konjugiert komplex. Da dann auch die Koeffizienten a_2 und a_3 konjugiert komplexe Werte erhalten müssen, so schreibt man die Näherungsfunktion (43) besser in der reellen Form

$$\varphi(x) = a_1 e^{\alpha_1 x} + \bar{a}_2 e^{\beta x}\cos\gamma x + \bar{a}_3 e^{\beta x}\sin\gamma x.$$

Dabei ist jetzt

$$e^{(\beta + i\gamma)h} = \lambda + i\mu$$

oder

$$\beta = \frac{1}{2h}\lg(\lambda^2 + \mu^2), \quad \gamma = \frac{1}{h}\operatorname{arc\,tg}\frac{\mu}{\lambda}.$$

Beispiel: Zu den äquidistanten Abszissen 0, 5, 10, 15, ... 60 sind die Ordinaten

0·0, 25·1, 59·2, 92·9, 119·6, 135·6, 140·2, 135·4, 124·6, 111·4, 99·2, 90·2, 85·4

gemessen worden. Die durch diese 13 Ordinaten gegebene empirische Funktion ist durch eine Funktion von der Form

$$a_1 e^{\alpha_1 x} + a_2 e^{\alpha_2 x} + a_3 e^{\alpha_3 x}$$

anzunähern.

Zur Berechnung der Größen s_1, s_2, s_3 ergeben sich $13 - 3 = 10$ lineare Gleichungen:

s_3	s_2	s_1	
0·0	25·1	59·2	92·9
25·1	59·2	92·9	119·6
59·2	92·9	119·6	135·6
92·9	119·6	135·6	140·2
119·6	135·6	140·2	135·4
135·6	140·2	135·4	124·6
140·2	135·4	124·6	111·4
135·4	124·6	111·4	99·2
124·6	111·4	99·2	90·2
111·4	99·2	90·2	85·4

Aus ihnen erhalten wir in abgekürzter Schreibweise die folgenden Normalgleichungen:

s_3	s_2	s_1	
111381	114111	112099	106946
	121222	123058	120570
		128728	129276
			132516

Die Auflösung ergibt

$$s_1 = -2{\cdot}539, \quad s_2 = 2{\cdot}283, \quad \Omega = 0{\cdot}\ldots \quad s_3 = -0{\cdot}744,$$

Innerhalb der bei der Rechnung mitgeführten Stellen erhält Ω den Wert Null. Zur genaueren Ermittlung berechnen wir mit den gefundenen Werten s_1, s_2, s_3 die rechten Seiten der zehn linearen Gleichungen und finden als Summe der Quadrate der Abweichungen den Wert

$$\Omega = 0{\cdot}105 .$$

Somit erhalten wir für den mittleren Fehler einer Ordinate

$$m_y^2 \cdot 13{\cdot}2 = \frac{0{\cdot}105}{13-6}$$

oder

$$m_y = \pm 0{\cdot}034 .$$

Da der Fehler innerhalb der Genauigkeit der gegebenen Ordinaten liegt, kann die empirische Funktion innerhalb der Beobachtungsgenauigkeit durch einen dreigliedrigen Exponentialausdruck dargestellt werden.

Die aus s_1, s_2, s_3 gebildete kubische Gleichung

$$z^3 - 2{\cdot}539\, z^2 + 2{\cdot}283\, z - 0{\cdot}744 = 0$$

besitzt eine reelle und ein Paar konjugiert komplexe Wurzeln:

$$z_1 = 1{\cdot}000, \quad z_2 = 0{\cdot}770 + 0{\cdot}389\, i, \quad z_3 = 0{\cdot}770 - 0{\cdot}389\, i .$$

Damit wird

$$\alpha_1 = 0,$$

$$\beta = \frac{1}{10} \lg 0{\cdot}744 = -0{\cdot}0296,$$

$$\gamma = \frac{1}{5} \operatorname{arctg} 0{\cdot}505 = 5°36 .$$

(Fortsetzung s. S. 246.)

§ 71. Aufgaben zum 8. Kapitel.

1. Die Funktion

$$\sqrt{1+x^2}$$

ist im Intervall 0 bis 1 durch eine ganze rationale Funktion ersten und zweiten Grades anzunähern. Wie groß ist in beiden Fällen der mittlere Fehler?

2. Aus einer Messung sind folgende Wertepaare hervorgegangen:

x	y
− 0·4	− 10
0·8	26
1·7	43
3·2	66
4·6	78
6·4	78
8·1	62
9·7	34

Aus der Zeichnung geht hervor, daß diese empirische Funktion angenähert durch eine ganze rationale Funktion zweiten Grades wiedergegeben werden kann. Wo liegt das Maximum der Funktion? Wo wird die x-Achse zum ersten Male geschnitten und wie groß ist hier der Differentialquotient?

3. Zu den äquidistanten Abszissen $x = 0, 1, 2, \ldots 10$ sind folgende Ordinaten y gemessen worden:

0, 14, 24, 29, 27, 19, 8, 2, 3, 13, 33.

Die Funktion ist durch eine ganze rationale Funktion dritten Grades anzunähern und dadurch die Lage des Maximums und Minimums der empirischen Funktion angenähert zu ermitteln. Wie groß ist der mittlere Fehler?

4. Die Funktion

$$f(x) = \sin x$$

ist im Intervall $-\frac{\pi}{2}$ bis $+\frac{\pi}{2}$ durch eine ganze rationale Funktion von höchstens viertem Grade anzunähern. Wie groß ist der mittlere Fehler? (Benutzung von Kugelfunktionen.)

5. Die Periode einer periodischen Funktion ist in zwölf Teile geteilt. Die Ordinaten $y_1, y_2, \ldots y_{12}$ in den Teilpunkten sind

100, 134, 88, − 17, − 39, − 38, − 78, − 111, − 70, 25, 53, 55.

Die Funktion ist in eine Reihe von Sinus- und Kosinusgliedern zu zerlegen. Die Werte der Näherungsfunktion in den Mitten der zwölf Teilintervalle sind zu berechnen.

6. Teilt man die Periode der in Aufgabe 5 gegebenen Funktion in 24 Teile, so treten zu den bereits angegebenen Ordinaten noch die folgenden Ordinaten $y_{0\cdot5}$ (zwischen y_0 und y_1), $y_{1\cdot5}$ (zwischen y_1 und y_2), $y_{2\cdot5}, \ldots y_{11\cdot5}$ hinzu:

45, 142, 130, − 2, − 18, − 24, − 79, − 89, − 91, − 45, 68, 43.

Daraus sind die Koeffizienten von $\cos 8x$ und $\sin 8x$ zu berechnen.

7. Die in den Aufgaben 5 und 6 durch 24 äquidistante Ordinaten gegebene periodische Funktion ist in eine Reihe von Sinus- und Kosinusgliedern bis zur zwölften Ordnung zu zerlegen.

8. Zu den äquidistanten Abszissen 0, 1, 2, ... 16 sind die folgenden 17 Ordinaten gemessen worden:

$$0{\cdot}0,\ 32{\cdot}1,\ 57{\cdot}6,\ 75{\cdot}2,\ 84{\cdot}6,\ 86{\cdot}4,\ 81{\cdot}9,\ 72{\cdot}7,\ 60{\cdot}9,\ 48{\cdot}3,$$
$$36{\cdot}4,\ 26{\cdot}7,\ 19{\cdot}9,\ 16{\cdot}5,\ 16{\cdot}4,\ 19{\cdot}3,\ 24{\cdot}6.$$

Die empirische Funktion ist durch einen dreigliedrigen Exponentialausdruck anzunähern. Welche Werte erhalten die Exponenten? Wie groß wird der mittlere Ordinatenfehler, wenn man annimmt, daß der Exponentialausdruck den genauen Funktionsverlauf darstellt?

Neuntes Kapitel.

Numerische Integration und Differentiation.

§ 72. Integration durch Interpolation.

Die verschiedenen Verfahren zur numerischen und zur graphischen Integration einer gegebenen Funktion besitzen ein ausgedehntes Anwendungsgebiet. Nicht nur bei empirischen Funktionen, sondern auch dann, wenn die zu integrierende Funktion durch einen analytischen Ausdruck gegeben ist, das Integral aber überhaupt nicht oder doch nur sehr umständlich in geschlossener Form durch bekannte Ausdrücke darstellbar ist, wird man sich mit Vorteil numerischer oder graphischer Methoden bedienen.

Welches Verfahren in einem bestimmten Fall anzuwenden ist, richtet sich im allgemeinen danach, wie die zu integrierende Funktion gegeben ist. Ist der Integrand durch eine Kurve gegeben, wird man sich in der Regel graphischer Methoden bedienen. Im Gegensatz zu den graphischen Verfahren haben die numerischen Methoden den Vorteil, daß die Genauigkeit ohne große Mühe beliebig weit gesteigert werden kann, wenn nur die zu integrierende Funktion genau genug gegeben ist. Bei empirischen Funktionen wird dieser Vorzug allerdings meistens hinfällig, da der Integrand nur mit beschränkter Genauigkeit bekannt ist.

Sehr häufig wird die Funktion durch äquidistante Ordinaten in Tabellenform gegeben sein. Es liegt dann nahe, von der Differenzenrechnung Gebrauch zu machen. Wir denken uns die gegebene Funktion mittels des Differenzenschemas durch eine ganze rationale Funktion angenähert, und ersetzen das gesuchte Integral durch das Integral über die Näherungsfunktion.

Zur Interpolation in der Umgebung einer Stelle $x = x_0$ haben wir im § 35 die Interpolationsformel (I) aufgestellt:

$$\text{(I)} \quad \begin{cases} y = y_0 + u \dfrac{\Delta y_0 + \bar{\Delta} y_0}{2} + \dfrac{u^2}{2!} \Delta \bar{\Delta} y_0 + \dfrac{u(u^2-1)}{3!} \dfrac{\Delta^2 \bar{\Delta} y_0 + \Delta \bar{\Delta}^2 y_0}{2} \\ \qquad + \dfrac{u^2(u^2-1)}{4!} \Delta^2 \bar{\Delta}^2 y_0 + \dots \end{cases}$$

Wir benutzen sie, um das Integral

$$\int_{x_{-1}}^{x_1} y\, dx$$

zu berechnen. Führen wir wieder

$$\frac{x - x_0}{h} = u$$

ein, wobei h den Abstand der äquidistanten Ordinaten bezeichnet, so wird

$$\int_{x_{-1}}^{x_1} y\,dx = h\int_{-1}^{+1} y\,du = h\left[y_0\int_{-1}^{+1} du + \Delta\bar{\Delta} y_0\int_{-1}^{+1}\frac{u^2}{2!}\,du + \Delta^2\bar{\Delta}^2 y_0\int_{-1}^{+1}\frac{u^2(u^2-1)}{4!}\,du\right.$$
$$\left. + \Delta^3\bar{\Delta}^3 y_0\int_{-1}^{+1}\frac{u^2(u^2-1)(u^2-4)}{6!}\,du + \dots\right],$$

da die Integrale über die ungeraden Funktionen von u verschwinden. Wir erhalten also

$$(1)\quad \int_{x_{-1}}^{x_1} y\,dx = 2h\left(y_0 + \frac{1}{6}\Delta\bar{\Delta} y_0 - \frac{1}{180}\Delta^2\bar{\Delta}^2 y_0 + \frac{1}{1512}\Delta^3\bar{\Delta}^3 y_0 - \dots\right).$$

Die Formel ist für die numerische Berechnung sehr bequem, da sie aus dem Differenzenschema nur die Differenzen gerader Ordnung benutzt, die in gleicher Reihe mit y_0 stehen. Will man das Integral über ein größeres Intervall berechnen, so hat man nur die einzelnen nach (1) berechneten Teilintegrale zu summieren.

Die Genauigkeit der Formel (1) wird bei gleicher Gliederzahl um so größer, je kleiner die vernachlässigten Differenzen sind. Da eine Differenz n^{ter} Ordnung ungefähr proportional zu h^n ist, so wird der Fehler, den man begeht, wenn man die Intervallänge halb so groß wählt, etwa auf $(\frac{1}{2})^{n+1}$ seines Betrages zurückgehen, wenn man jedesmal vor den n^{ten} Differenzen abbricht. Da aber dann doppelt so viele Teilintegrale nötig werden, so beträgt der Fehler des Gesamtintegrals im zweiten Falle etwa $\frac{1}{2^n}$ seines ursprünglichen Wertes.

Danach kann man den Fehler, der bei Anwendung der Formel (1) entsteht, abschätzen. Berechnet man den Wert eines Integrals einmal mit der gewöhnlichen, dann mit der doppelten Intervallänge, so ist der Fehler der genaueren Berechnung, wenn man jedesmal vor den n^{ten} Differenzen abbricht, etwa gleich $\frac{1}{2^n - 1}$ mal dem Unterschiede beider Resultate. Außerdem kommt noch der Fehler hinzu, der durch Abrundung in den einzelnen Differenzen entsteht. Auf die genauere Abgrenzung des Fehlers werden wir später zurückkommen.

Beispiel: Das Integral

$$\int_0^1 \frac{dx}{1+x^2} = \frac{\pi}{4}$$

ist zu berechnen.

Wir teilen das Intervall von 0 bis 1 in zehn gleiche Teile und berechnen $\frac{1}{1+x^2}$ an den Stellen $x = 0, 0{\cdot}1, 0{\cdot}2, \dots 1{\cdot}2.$

x	$\frac{1}{1+x^2}$	Differenzen 1.	2.	3.	4.	5.	6.
0·0	1·0000000		−198020		+22850		
		−99010		+11425		−3148	
0·1	0·9900990 1		−186595		+19702		−4762
		−285605		+31127		−7910	
0·2	0·9615385		−155468		+11792		
		−441073		+42919		−9230	
0·3	0·9174311 9		−112549		+2562		+1886
		−553622		+45481		−7344	
0·4	0·8620690		−67068		−4782		
		−620690		+40699		−4021	
0·5	0·8000000 0		−26369		−8803		+3085
		−647059		+31896		−936	
0·6	0·7352941		+5527		−9739		
		−641532		+22157		+1047	
0·7	0·6711409 4		+27684		−8692		+868
		−613848		+13465		+1915	
0·8	0·6097561		+41149		−6777		
		−572699		+6688		+2001	
0·9	0·5524861 9		+47837		−4776		−299
		−524862		+1912		+1702	
1·0	0·5000000		+49749		−3074		
		−475113		−1162			
1·1	0·4524887		+48587				
		−426526					
1·2	0·4098361						

Da die Funktion symmetrisch ist in bezug auf die Stelle $x = 0$, so läßt sich das Differenzenschema nach oben hin leicht ergänzen. Auf der anderen Seite müssen wir auch die Funktionswerte für $x = 1{\cdot}1$ und $1{\cdot}2$ berechnen, um die sechste Differenz in der Zeile $x = 0{\cdot}9$ noch zu erhalten. Die Funktionswerte und Differenzen, die zur Bildung der einzelnen Teilintegrale erforderlich sind, sind durch Unterstreichen gekennzeichnet.

Nach (1) finden wir die fünf Teilintegrale

$$\frac{1}{0{\cdot}2}\int_0^{0{\cdot}2}\frac{dx}{1+x^2} = 0{\cdot}990\,0990\,1 - 3\,1099\,2 - 109\,5 - 3\,1 = 0{\cdot}986\,9778\,3$$

$$\frac{1}{0{\cdot}2}\int_{0{\cdot}2}^{0{\cdot}4}\frac{dx}{1+x^2} = 0{\cdot}917\,4311\,9 - 1\,8758\,2 - 14\,2 + 1\,2 = 0{\cdot}915\,5540\,7$$

$$\frac{1}{0{\cdot}2}\int_{0{\cdot}4}^{0{\cdot}6}\frac{dx}{1+x^2} = 0{\cdot}800\,0000\,0 - 4394\,8 + 48\,9 + 2\,0 = 0{\cdot}799\,5656\,1$$

$$\frac{1}{0{\cdot}2}\int_{0{\cdot}6}^{0{\cdot}8}\frac{dx}{1+x^2} = 0{\cdot}671\,1409\,4 + 4614\,0 + 48\,3 + 0\,6 = 0{\cdot}671\,6072\,3$$

$$\frac{1}{0{\cdot}2}\int_{0{\cdot}8}^{1}\frac{dx}{1+x^2} = 0{\cdot}552\,4861\,9 + 7972\,8 + 26\,5 - 0\,2 = 0{\cdot}553\,2861\,0$$

$$\frac{1}{0{\cdot}2}\int_0^1\frac{dx}{1+x^2} = 3{\cdot}926\,9908\,4$$

Somit erhalten wir

$$\int_0^1 \frac{dx}{1+x^2} = 0{\cdot}7853\,98168\,.$$

Im Vergleich dazu ist

$$\frac{\pi}{4} = 0{\cdot}7853\,981634\,.$$

Addiert man schrittweise die einzelnen Teilintegrale, so erhält man eine tabellarische Darstellung der Integralfunktion

$$\int_0^x \frac{dx}{1+x^2} = \operatorname{arc\,tg}(x)$$

an den Stellen $x = 0{\cdot}2, 0{\cdot}4, 0{\cdot}6, 0{\cdot}8$ und 1. Allerdings erhält man das Integral nur in doppelt so großen Intervallen, verglichen mit der ursprünglichen Funktion.

Will man die Zwischenwerte nicht nachträglich durch Interpolation berechnen, so kann man diesen Nachteil vermeiden, wenn man von der Interpolationsformel (II) (§ 36) ausgeht:

$$\text{(II)}\quad \begin{cases} y = \dfrac{y_0+y_1}{2} + v\,\Delta y_0 + \dfrac{v^2-\frac{1}{4}}{2!}\,\dfrac{\Delta\bar{\Delta} y_0 + \Delta\bar{\Delta} y_1}{2} + \dfrac{v\left(v^2-\frac{1}{4}\right)}{3!}\,\Delta^2\bar{\Delta} y_0 \\ \qquad + \dfrac{\left(v^2-\frac{1}{4}\right)\left(v^2-\frac{9}{4}\right)}{4!}\,\dfrac{\Delta^2\bar{\Delta}^2 y_0 + \Delta^2\bar{\Delta}^2 y_1}{2} + \cdots \end{cases}$$

Hier ist

$$v = \frac{x-x_0}{h} - \frac{1}{2}$$

gesetzt worden.

Die Integration von x_0 bis x_1 liefert jetzt

$$\int_{x_0}^{x_1} y\,dx = h\int_{-\frac{1}{2}}^{+\frac{1}{2}} y\,dv$$

$$= h\left[\frac{y_0+y_1}{2}\int_{-\frac{1}{2}}^{\frac{1}{2}} dv + \frac{\Delta\bar{\Delta} y_0 + \Delta\bar{\Delta} y_1}{2}\int_{-\frac{1}{2}}^{\frac{1}{2}} \frac{v^2-\frac{1}{4}}{2!}\,dv\right.$$

$$+ \frac{\Delta^2\bar{\Delta}^2 y_0 + \Delta^2\bar{\Delta}^2 y_1}{2}\int_{-\frac{1}{2}}^{\frac{1}{2}} \frac{\left(v^2-\frac{1}{4}\right)\left(v^2-\frac{9}{4}\right)}{4!}\,dv$$

$$\left. + \frac{\Delta^3\bar{\Delta}^3 y_0 + \Delta^3\bar{\Delta}^3 y_1}{2}\int_{-\frac{1}{2}}^{\frac{1}{2}} \frac{\left(v^2-\frac{1}{4}\right)\left(v^2-\frac{9}{4}\right)\left(v^2-\frac{25}{4}\right)}{6!}\,dv + \cdots\right],$$

da wiederum die Integrale über die ungeraden Funktionen von v verschwinden. Wir erhalten also

$$\text{(2)}\quad \begin{cases} \displaystyle\int_{x_0}^{x_1} y\,dx = h\left(\frac{y_0+y_1}{2} - \frac{1}{12}\,\frac{\Delta\bar{\Delta} y_0 + \Delta\bar{\Delta} y_1}{2} + \frac{11}{720}\,\frac{\Delta^2\bar{\Delta}^2 y_0 + \Delta^2\bar{\Delta}^2 y_1}{2}\right. \\ \displaystyle\qquad\qquad \left. - \frac{191}{60480}\,\frac{\Delta^3\bar{\Delta}^3 y_0 + \Delta^3\bar{\Delta}^3 y_1}{2} + \cdots\right). \end{cases}$$

Die Formel benutzt nur die arithmetischen Mittel aus den Funktionswerten und den Differenzen ungerader Ordnung, die in gleicher Reihe mit y_0 und y_1 stehen. Der Fehler der Formel (2) kann ebenso wie bei (1) abgeschätzt werden.

Beispiel: Durch numerische Berechnung des Integrals

$$\int_1^x \frac{dx}{x} = \lg x$$

soll eine Tabelle der natürlichen Logarithmen für die Werte $x = 1{\cdot}1$, $1{\cdot}2, \ldots 2{\cdot}0$ aufgestellt werden.

Wir berechnen für das Intervall $h = 0{\cdot}1$ die Funktionswerte auf sechs Dezimalen, merken aber die siebente Stelle noch an, um bei der folgenden Addition die Abrundungsfehler möglichst herabzudrücken.

x	$\frac{1}{x}$	Differenzen 1.	2.	3.	4.	5.	6.
0·7	1·428 571						
		− 178 571					
0·8	1·250 000		+ 39 682				
		− 138 889		− 11 904			
0·9	1·111 111		+ 27 778		+ 4 328		
		− 111 111		− 7 576		− 1 803	
1·0	1·000 000 0		+ 20 202		+ 2 525		+ 833
		− 90 909		− 5 051		− 970	
1·1	0·909 090 9		+ 15 151		+ 1 555		+ 414
		− 75 758		− 3 496		− 556	
1·2	0·833 333 3		+ 11 655		+ 999		+ 222
		− 64 103		− 2 497		− 334	
1·3	0·769 230 8		+ 9 158		+ 665		+ 127
		− 54 945		− 1 832		− 207	
1·4	0·714 285 7		+ 7 326		+ 458		+ 73
		− 47 619		− 1 374		− 134	
1·5	0·666 666 7		+ 5 952		+ 324		+ 43
		− 41 667		− 1 050		− 91	
1·6	0·625 000 0		+ 4 902		+ 233		+ 30
		− 36 765		− 817		− 61	
1·7	0·588 235 3		+ 4 085		+ 172		+ 18
		− 32 680		− 645		− 43	
1·8	0·555 555 6		+ 3 440		+ 129		+ 12
		− 29 240		− 516		− 31	
1·9	0·526 315 8		+ 2 924		+ 98		+ 10
		− 26 316		− 418		− 21	
2·0	0·500 000 0		+ 2 506		+ 77		+ 3
		− 23 810		− 341		− 18	
2·1	0·476 190		+ 2 165		+ 59		
		− 21 645		− 282			
2·2	0·454 545		+ 1 883				
		− 19 762					
2·3	0·434 783						

Um alle für die Integration gebrauchten sechsten Differenzen zu bekommen, müssen am Anfang und am Ende des Intervalls drei weitere Funktionswerte hinzugenommen werden.

Nach (2) erhalten wir jetzt die zehn Teilintegrale

$$\frac{1}{h}\lg 1{\cdot}1 \qquad\qquad 0{\cdot}954\,545\,5 - 1\,473\,0 + 31\,2 - 2\,0 = 0{\cdot}953\,101\,7$$

$$\frac{1}{h}(\lg 1{\cdot}2 - \lg 1{\cdot}1) = 0{\cdot}871\,212\,1 - 1\,116\,9 + 19\,5 - 1\,0 = 0{\cdot}870\,113\,7$$

$$\frac{1}{h}(\lg 1{\cdot}3 - \lg 1{\cdot}2) = 0{\cdot}801\,282\,0 - 867\,2 + 12\,7 - 0\,6 = 0{\cdot}800\,426\,9$$

$$\frac{1}{h}(\lg 1{\cdot}4 - \lg 1{\cdot}3) = 0{\cdot}741\,758\,2 - 686\,8 + 8\,6 - 0\,3 = 0{\cdot}741\,079\,7$$

$$\frac{1}{h}(\lg 1{\cdot}5 - \lg 1{\cdot}4) = 0{\cdot}690\,476\,2 - 553\,2 + 6\,0 - 0\,2 = 0{\cdot}689\,928\,8$$

$$\frac{1}{h}(\lg 1{\cdot}6 - \lg 1{\cdot}5) = 0{\cdot}645\,833\,3 - 452\,2 + 4\,3 - 0\,1 = 0{\cdot}645\,385\,3$$

$$\frac{1}{h}(\lg 1{\cdot}7 - \lg 1{\cdot}6) = 0{\cdot}606\,617\,6 - 374\,5 + 3\,1 - 0\,1 = 0{\cdot}606\,246\,1$$

$$\frac{1}{h}(\lg 1{\cdot}8 - \lg 1{\cdot}7) = 0{\cdot}571\,895\,4 - 313\,5 + 2\,3 - 0\,0 = 0{\cdot}571\,584\,2$$

$$\frac{1}{h}(\lg 1{\cdot}9 - \lg 1{\cdot}8) = 0{\cdot}540\,935\,7 - 265\,2 + 1\,7 \quad - \quad = 0{\cdot}540\,672\,2$$

$$\frac{1}{h}(\lg 2{\cdot}0 - \lg 1{\cdot}9) = 0{\cdot}513\,157\,9 - 226\,2 + 1\,3 \quad - \quad = 0{\cdot}512\,933\,0$$

Wenn wir die einzelnen Teilintegrale schrittweise addieren, erhalten wir die gewünschte Tabelle der natürlichen Logarithmen:

x	$\lg x$	richtig lauten die beiden letzten Ziffern:
1·1	0·0953 1017	18
1·2	0·1823 2154	56
1·3	0·2623 6423	26
1·4	0·3364 7220	24
1·5	0·4054 6508	11
1·6	0·4700 0361	63
1·7	0·5306 2822	25
1·8	0·5877 8664	66
1·9	0·6418 5386	89
2·0	0·6931 4716	18

Zur Kontrolle berechnen wir nach (1) fünf Teilintegrale mit der Intervallänge $2h$:

$$\frac{1}{2h}\lg 1{\cdot}2 \qquad\qquad = 0{\cdot}909\,090\,9 + 2\,525\,2 - 8\,6 + 0\,3 = 0{\cdot}911\,607\,8\,,$$

$$\frac{1}{2h}(\lg 1{\cdot}4 - \lg 1{\cdot}2) = 0{\cdot}769\,230\,8 + 1\,526\,3 - 3\,7 + 0\,1 = 0{\cdot}770\,753\,5\,,$$

$$\frac{1}{2h}(\lg 1{\cdot}6 - \lg 1{\cdot}4) = 0{\cdot}666\,666\,7 + 992\,0 - 1\,8 \qquad = 0{\cdot}667\,656\,9\,,$$

$$\frac{1}{h\,2}(\lg 1{\cdot}8 - \lg 1{\cdot}6) = 0{\cdot}588\,235\,3 + 680\,8 - 1\,0 \qquad = 0{\cdot}588\,915\,1\,,$$

$$\frac{1}{2h}(\lg 2{\cdot}0 - \lg 1{\cdot}8) = 0{\cdot}526\,315\,8 + 487\,3 - 0\,5 \qquad = 0{\cdot}526\,802\,6\,.$$

Daraus ergeben sich durch Addition die Werte

$$\begin{aligned} \lg 1{\cdot}2 &= 0{\cdot}1823\,2156\,, \\ \lg 1{\cdot}4 &= 0{\cdot}3364\,7226\,, \\ \lg 1{\cdot}6 &= 0{\cdot}4700\,0364\,, \\ \lg 1{\cdot}8 &= 0{\cdot}5877\,8666\,, \\ \lg 2{\cdot}0 &= 0{\cdot}6931\,4718\,. \end{aligned}$$

§ 73. Trapezformel und Simpsonsche Regel.

Häufig braucht die Genauigkeit des Integrals nicht sehr groß zu sein, oder es läßt sich überhaupt keine beliebig große Genauigkeit erreichen, da die zu integrierende Funktion empirisch gegeben ist. Man kann sich dann auf die beiden ersten Glieder der Interpolationsformeln beschränken und braucht dann zur Bildung des Integrals nur solche Ordinaten heranzuziehen, die innerhalb des Integrationsintervalls liegen.

In der Formel (2) sind bereits für die zweiten Differenzen außerhalb gelegene Ordinaten erforderlich. Beschränkt man sich daher nur auf das erste Glied, so wird

$$\int_{x_0}^{x_1} y\,dx = h\,\frac{y_0 + y_1}{2}\,.$$

Daraus ergibt sich für das Integral von x_0 bis x_n durch Addition der Teilintegrale

$$(3)\qquad \int_{x_0}^{x_n} y\,dx = h\left(\tfrac{1}{2}y_0 + y_1 + y_2 + \dots + y_{n-1} + \tfrac{1}{2}y_n\right).$$

Der Fehler dieser als *Trapezregel* bezeichneten Formel ist nach unseren früheren Überlegungen etwa proportional zu h^2. Berechnet man den Wert eines Integrals mit einfacher und mit doppelter Breite der Teilintervalle, so ist der Fehler der genaueren Berechnung schätzungsweise gleich einem Drittel des Unterschiedes beider Resultate.

Auf die Berechnung des Integrals

$$\int_1^2 \frac{dx}{x} = \lg 2$$

angewandt, liefert die Trapezregel für das Intervall $h = 0{\cdot}1$ den Wert

$$\lg 2 = 0{\cdot}693\,771\,.$$

Mit der doppelten Intervallbreite $h = 0{\cdot}2$ ergibt sich dagegen

$$\lg 2 = 0{\cdot}695\,635\,.$$

Danach ist der Fehler des ersten Resultats etwa gleich

$$\tfrac{1}{3}\cdot 0{\cdot}001\,864 = 0{\cdot}000\,621\,.$$

Im Vergleich dazu ist der tatsächliche Fehler, wie wir aus dem oben genauer berechneten Werte von lg 2 erkennen, gleich

$$0{\cdot}000\,624\,.$$

Bricht man Formel (1) vor den vierten Differenzen ab, so wird angenähert

$$\int_{x_0}^{x_2} y\,dx = 2h\left(y_1 + \tfrac{1}{6}\Delta\bar{\Delta} y_1\right).$$

Die zweite Differenz läßt sich durch die Ordinaten y_0, y_1 und y_2 ausdrücken, denn es ist

$$\Delta y_1 = y_2 - y_1, \qquad \bar{\Delta} y_1 = y_1 - y_0,$$

also

$$\Delta\bar{\Delta} y_1 = \Delta y_1 - \bar{\Delta} y_1 = y_2 - 2y_1 + y_0.$$

Damit wird

$$\int_{x_0}^{x_2} y\,dx = \frac{h}{3}(y_0 + 4y_1 + y_2).$$

Für das Integral von x_0 bis x_n ergibt sich unter der Annahme, daß das Intervall in eine *gerade* Anzahl von Teilintervallen von der Breite h zerlegt wird:

$$(4) \qquad \int_{x_0}^{x_n} y\,dx = \frac{h}{3}(y_0 + 4y_1 + 2y_2 + 4y_3 + \dots + 2y_{n-2} + 4y_{n-1} + y_n)$$
$$(n \text{ gerade}).$$

Diese Annäherung ist als *Simpsonsche Regel* bekannt. Ihr Fehler ist, da die vierten Differenzen nicht mehr mitbenutzt worden sind, proportional zu h^4. Berechnet man das Integral einmal mit einfacher, dann mit doppelter Intervallbreite, so ist der Fehler der genaueren Berechnung etwa gleich $\frac{1}{15}$ des Unterschiedes beider Resultate.

Man kann den Fehler der *Simpson*schen Regel auch durch das erste nicht mehr berücksichtigte Glied $\frac{2h}{180}\Delta^2\bar{\Delta}^2 y_0$ der Formel (1) ausdrücken. Da sich die Fehler der $\frac{x_n - x_0}{2h}$ Teilintervalle addieren, so ist der Fehler der *Simpson*schen Regel der Größenordnung nach gleich

$$\frac{x_n - x_0}{180} M,$$

wenn M einen Mittelwert der vierten Differenzen bezeichnet.

Um das Integral

$$\int_1^2 \frac{dx}{x} = \lg 2$$

zu berechnen, teilen wir das Intervall von 1 bis 2 in zehn gleiche Teile, und finden nach der *Simpson*schen Regel den Wert

$$\lg 2 = 0{,}6931\,50231.$$

Teilen wir jedoch das Intervall in zwanzig gleiche Teile, so ergibt sich für $h = 0{,}05$ nach der *Simpson*schen Regel

$$\lg 2 = 0{,}6931\,47375.$$

Der Unterschied beider Resultate ist in Einheiten der letzten Dezimale gleich

$$2856 \cdot 10^{-9},$$

der Fehler des zweiten Resultats demnach gleich

$$\frac{1}{15} 2856 \cdot 10^{-9} = 190 \cdot 10^{-9},$$

während der Fehler tatsächlich 194 Einheiten der neunten Dezimale beträgt.

Schätzt man den Fehler durch die vierten Differenzen ab, so ist der Mittelwert der vierten Differenzen nach dem Schema S. 242 etwa $M = 515 \cdot 10^{-6}$. Der Fehler ist also angenähert

$$\frac{515}{180} \cdot 10^{-6} = 290 \cdot 10^{-8}$$

bei der Einteilung des Intervalls in zehn Teile. (Tatsächlich beträgt er $305 \cdot 10^{-8}$.) Für die Einteilung in 20 Teile würde sich als Fehler

$$\frac{1}{16} 290 \cdot 10^{-8} = 181 \cdot 10^{-9}$$

ergeben.

Die Genauigkeit der *Simpson*schen Regel und auch der Trapezformel läßt sich natürlich beliebig weit steigern, wenn man nur die Einteilung des Intervalls fein genug macht. Die Stärke der beiden Formeln liegt jedoch in der entgegengesetzten Richtung. Wenn die Genauigkeit nur gering zu sein braucht, genügt schon eine recht grobe Einteilung des Intervalls. Wegen der bequemen Gestalt der beiden Formeln gelingt die Berechnung eines Integrals dann überraschend schnell.

Wir benutzen die *Simpson*sche Regel zur Beendigung des im § 70 behandelten

Beispiels (S. 234): Die dort durch 13 Ordinaten gegebene empirische Funktion sollte durch einen Exponentialausdruck von der Form

$$\varphi(x) = a_1 e^{\alpha_1 x} + a_2 e^{\beta x} \cos \gamma x + a_3 e^{\beta x} \sin \gamma x$$

angenähert werden. Wir hatten bereits die Werte

$$\alpha_1 = \quad 0.000, \quad \beta = -0.0296, \quad \gamma = \quad 5.36^\circ$$

gefunden. Damit erhält der Näherungsausdruck die einfachere Form

$$\varphi(x) = a_1 + a_2 e^{\beta x} \cos \gamma x + a_3 e^{\beta x} \sin \gamma x .$$

Es bleibt noch die Bestimmung der Koeffizienten a_1, a_2, a_3 übrig.

Um das Intervall, in dem die Annäherung erfolgen soll, auf die Strecke -1 bis $+1$ zu beschränken, führen wir

$$\bar{x} = \frac{x - 30}{30}$$

ein. Dann wird

$$\varphi(x) = a_1 + \bar{a}_2\, e^{\bar{\beta}\bar{x}} \cos\bar{\gamma}\bar{x} + \bar{a}_3\, e^{\bar{\beta}\bar{x}} \sin\bar{\gamma}\bar{x}\,.$$

Dabei ist

$$\bar{\beta} = 30\beta\,, \qquad \bar{\gamma} = 30\gamma\,,$$
$$a_2 = e^{-\bar{\beta}}\,(\bar{a}_2 \cos\bar{\gamma} - \bar{a}_3 \sin\bar{\gamma})\,,$$
$$a_3 = e^{-\bar{\beta}}\,(\bar{a}_2 \sin\bar{\gamma} + \bar{a}_3 \cos\bar{\gamma})\,.$$

Zur Berechnung der Koeffizienten finden wir nach § 61 in abgekürzter Schreibweise die Normalgleichungen:

$$\begin{array}{llll}
a_1 & \bar{a}_2 & \bar{a}_3 & \\
\int_{-1}^{+1} d\bar{x} + & \int_{-1}^{+1} e^{\bar{\beta}\bar{x}} \cos\bar{\gamma}\bar{x}\, d\bar{x} + & \int_{-1}^{+1} e^{\bar{\beta}\bar{x}} \sin\bar{\gamma}\bar{x}\, dx & = \int_{-1}^{+1} y\, dx \\
 & \int_{-1}^{+1} e^{2\bar{\beta}\bar{x}} \cos^2\bar{\gamma}\bar{x}\, d\bar{x} + & \int_{-1}^{1} e^{2\bar{\beta}\bar{x}} \cos\bar{\gamma}\bar{x} \sin\bar{\gamma}\bar{x}\, d\bar{x} & = \int_{-1}^{+1} y\, e^{\bar{\beta}\bar{x}} \cos\bar{\gamma}\bar{x}\, d\bar{x} \\
 & & \int_{-1}^{+1} e^{2\bar{\beta}\bar{x}} \sin^2\bar{\gamma}\bar{x}\, dx & = \int_{-1}^{+1} y\, e^{\bar{\beta}\bar{x}} \sin\bar{\gamma}\bar{x}\, d\bar{x}\,.
\end{array}$$

Die Integrale auf den linken Seiten der Gleichungen lassen sich in geschlossener Form berechnen. Es ist nämlich

$$\frac{1}{2}\int_{-1}^{+1} e^{\beta x} \cos\gamma x\, dx = \frac{1}{\beta^2+\gamma^2}\,(\beta\cos\gamma\,\mathfrak{Sin}\,\beta + \gamma\sin\gamma\,\mathfrak{Cof}\,\beta)\,,$$

$$\frac{1}{2}\int_{-1}^{+1} e^{\beta x} \sin\gamma x\, dx = \frac{1}{\beta^2+\gamma^2}\,(\beta\sin\gamma\,\mathfrak{Cof}\,\beta - \gamma\cos\gamma\,\mathfrak{Sin}\,\beta)\,,$$

$$\frac{1}{2}\int_{-1}^{+1} e^{2\beta x} \cos^2\gamma x\, dx = \frac{1}{4\beta}\,\mathfrak{Sin}\,2\beta + \frac{1}{4(\beta^2+\gamma^2)}\,(\beta\cos 2\gamma\,\mathfrak{Sin}\,2\beta + \gamma\sin 2\gamma\,\mathfrak{Cof}\,2\beta)\,,$$

$$\frac{1}{2}\int_{-1}^{+1} e^{2\beta x} \sin^2\gamma x\, dx = \frac{1}{4\beta}\,\mathfrak{Sin}\,2\beta - \frac{1}{4(\beta^2+\gamma^2)}\,(\beta\cos 2\gamma\,\mathfrak{Sin}\,2\beta + \gamma\sin 2\gamma\,\mathfrak{Cof}\,2\beta)\,,$$

$$\frac{1}{2}\int_{-1}^{+1} e^{2\beta x} \sin\gamma x \cos\gamma x\, dx = \frac{1}{4(\beta^2+\gamma^2)}\,(\beta\sin 2\gamma\,\mathfrak{Cof}\,2\beta - \gamma\cos 2\gamma\,\mathfrak{Sin}\,2\beta)\,.$$

Für die Werte

$$\bar{\beta} = 30\beta = -0{\cdot}888\,, \qquad \bar{\gamma} = 30\gamma = 160{\cdot}8^\circ$$

wird

$$\begin{array}{llll}
\mathfrak{Sin}\,\bar{\beta} = & -1{\cdot}0094\,, & \sin\gamma = & 0{\cdot}3289\,, \\
\mathfrak{Cof}\,\bar{\beta} = & 1{\cdot}4209\,, & \cos\bar{\gamma} = & -0{\cdot}9444\,, \\
\mathfrak{Sin}\,2\bar{\beta} = & -2{\cdot}868\,, & \sin 2\bar{\gamma} = & -0{\cdot}6212\,, \\
\mathfrak{Cof}\,2\bar{\beta} = & 3{\cdot}038\,, & \cos 2\bar{\gamma} = & 0{\cdot}7837\,.
\end{array}$$

Damit erhalten wir folgende Werte für die Integrale:

$$\tfrac{1}{2}\int_{-1}^{+1} e^{\bar{\beta} x} \cos \bar{\gamma} x\, dx = 0{\cdot}0536,$$

$$\tfrac{1}{2}\int_{-1}^{+1} e^{\bar{\beta} x} \sin \bar{\gamma} x\, dx = -0{\cdot}3565,$$

$$\tfrac{1}{2}\int_{-1}^{+1} e^{2\bar{\beta} x} \cos^2 \bar{\gamma} x\, dx = 0{\cdot}7122,$$

$$\tfrac{1}{2}\int_{-1}^{+1} e^{2\bar{\beta} x} \sin^2 \bar{\gamma} x\, dx = 0{\cdot}9026,$$

$$\tfrac{1}{2}\int_{-1}^{+1} e^{2\bar{\beta} x} \sin \bar{\gamma} x \cos \bar{\gamma} x\, dx = 0{\cdot}2304.$$

Die Integrale auf den rechten Seiten der Normalgleichungen berechnen wir nach der *Simpson*schen Regel. Der Gang der Rechnung ist aus der folgenden Tabelle ersichtlich:

x	$\bar{x}$	y	$y\, e^{\bar{\beta}\bar{x}} \cos \bar{\gamma}\bar{x}$	$y\, e^{\bar{\beta}\bar{x}} \sin \bar{\gamma}\bar{x}$	$\varphi(x)$
0	-1	0·0	0·0	0·0	−0·5
5	$-\frac{5}{6}$	25·1	− 36·5	− 37·9	25·0
10	$-\frac{4}{6}$	59·2	− 31·7	− 102·2	59·3
15	$-\frac{3}{6}$	92·9	+ 24·2	− 142·8	93·1
20	$-\frac{2}{6}$	119·6	+ 95·4	− 129·4	119·7
25	$-\frac{1}{6}$	135·6	+ 140·3	− 70·9	135·4
30	0	140·2	+ 140·2	0·0	139·9
35	$\frac{1}{6}$	135·4	+ 104·3	+ 52·7	135·1
40	$\frac{2}{6}$	124·6	+ 54·9	+ 74·6	124·3
45	$\frac{3}{6}$	111·4	+ 11·9	+ 70·5	111·4
50	$\frac{4}{6}$	99·2	− 16·3	+ 52·4	99·4
55	$\frac{5}{6}$	90·2	− 29·9	+ 30·9	90·6
60	$+1$	85·4	− 33·2	+ 11·5	86·0
I. Summe der Endordinaten		85·4	− 33·2	+ 11·5	
II. Summe der geraden Ordinaten		542·8	+ 242·5	− 104·6	
III. Summe der ungeraden Ordinaten		590·6	+ 214·3	− 97·5	
Summe I + 2. Summe II + 4. Summe III		3533·4	+ 1309·0	− 587·7	
Integral		196·30	+ 72·722	− 32·65	

Somit erhalten wir die durch zwei dividierten Normalgleichungen

a_1	$\bar{a}_2$	$\bar{a}_3$	
1	0·0536	−0·3565 =	98·15,
	0·7122	0·2304 =	36·361,
		0·9026 =	−16·325.

Als Lösungen erhalten wir die Werte

$$a_1 = 100{\cdot}0\,,$$
$$\bar{a}_2 = 39{\cdot}89\,,$$
$$\bar{a}_3 = 11{\cdot}23\,.$$

Daraus ergeben sich die ursprünglichen Koeffizienten

$$a_1 = 100{\cdot}0\,, \qquad a_2 = -100{\cdot}5\,, \qquad a_3 = 6{\cdot}105\,.$$

Damit lautet die gesuchte Näherung, wenn man die beiden trigonometrischen Funktionen noch zu einem Ausdruck zusammenfaßt:

$$\varphi(x) = 100{\cdot}0 + 100{\cdot}7\, e^{\beta x} \sin(\gamma x - 86{\cdot}52^\circ)\,,$$

wobei

$$100{\cdot}7 = \sqrt{a_2^2 + a_3^2}\,, \qquad -86{\cdot}52^\circ = \operatorname{arc\,tg} \frac{a_2}{a_3}$$

ist.

Die Werte der Näherungsfunktion sind zum Vergleich mit den gegebenen Ordinaten in die letzte Spalte der oben berechneten Tabelle gesetzt worden.

§ 74. Integration durch Summation.

Für die Bezeichnung der Glieder in dem Differenzenschema (vgl. § 33) wird mit Vorteil besonders für die Zwecke der Integration eine andere Methode angewendet. Statt der Funktionswerte ... $f(x_0 - 2h)$, $f(x_0 - h)$, $f(x_0)$, $f(x_0 + h)$, $f(x_0 + 2h)$, ... schreiben wir nur ... $-2, 0$; $-1, 0$; $0, 0$; $1, 0$; $2, 0$, ..., allgemein also $n, 0$ für $f(x_0 + nh)$. Der Index 0 soll dabei bezeichnen, daß es sich in dem Differenzenschema um die Kolonne der Funktionswerte selbst handelt, während die ganze positive oder negative Zahl n angibt, der wievielste auf y_0 folgende oder ihm vorhergehende Term gemeint ist. Für die Kolonne der ersten Differenzen schreiben wir den Index 1, während für die vor dem Index stehende Zahl das arithmetische Mittel der beiden ganzen Zahlen gesetzt ist, die den beiden voneinander abgezogenen Gliedern der Kolonne 0 entsprechen:

$$(n + 1, 0) - (n, 0) = (n + \tfrac{1}{2}, 1)\,.$$

Analog werden die zweiten Differenzen mit dem Index 2 bezeichnet, und für die ihm vorangehende Zahl wird das arithmetische Mittel der Zahlen der entsprechenden beiden ersten Differenzen geschrieben und ähnlich für die weiteren Kolonnen. Das Differenzenschema sieht danach so aus

$-2, 0$		$-2, 2$		
	$-\frac{3}{2}, 1$		$-\frac{3}{2}, 3$	
$-1, 0$		$-1, 2$		
	$-\frac{1}{2}, 1$		$-\frac{1}{2}, 3$	
$0, 0$		$0, 2$		usw.
	$+\frac{1}{2}, 1$		$+\frac{1}{2}, 3$	
$1, 0$		$1, 2$		
	$+\frac{3}{2}, 1$		$+\frac{3}{2}, 3$	
$2, 0$		$2, 2$		

Die Kolonnen mit geradem Index haben die Gestalt $n, 2\lambda$, die Kolonnen mit ungeradem Index $\frac{2n+1}{2}, 2\lambda + 1$. Alle auf gleicher Höhe stehenden Glieder haben dieselbe erste Zahl.

Unter dem Symbol $n, 2\lambda + 1$, das in diesem Schema nicht vorkommt, versteht man das arithmetische Mittel der beiden Glieder $n - \frac{1}{2}, 2\lambda + 1$ und $n + \frac{1}{2}, 2\lambda + 1$, und unter dem ebenfalls nicht in dem obigen Schema vorkommenden Symbol $\frac{2n+1}{2}, 2\lambda$ versteht man das arithmetische Mittel der beiden Glieder $n, 2\lambda$ und $n + 1, 2\lambda$. Es zeigt sich nun, daß diese Mittelwerte gleichfalls ein Differenzenschema bilden:

$$\begin{array}{c|c|c}
-\frac{3}{2}, 0 & & -\frac{3}{2}, 2 \\
 & -1, 1 & \\
-\frac{1}{2}, 0 & & -\frac{1}{2}, 2 \\
 & 0, 1 & \\
+\frac{1}{2}, 0 & & +\frac{1}{2}, 2 \\
 & 1, 1 & \\
+\frac{3}{2}, 0 & & +\frac{3}{2}, 2
\end{array} \quad \text{usw.}$$

Denn wenn u, v, w drei aufeinanderfolgende Glieder einer Kolonne sind, so ist die Differenz der arithmetischen Mittel

$$\frac{w+v}{2} - \frac{v+u}{2}$$

gleich dem arithmetischen Mittel der Differenzen

$$\frac{(w-v)+(v-u)}{2}.$$

Unter Anwendung dieser Schreibweise nehmen die Interpolationsformeln (I) und (II) der § 35 und 36 die Formen an:

$$\text{(I)} \quad \begin{cases} y = 0,0 + (0,1)\,u + (0,2)\,\frac{u^2}{2!} + (0,3)\,\frac{u(u^2-1)}{3!} \\ \qquad + (0,4)\,\frac{u^2(u^2-1)}{4!} + \ldots \quad \left(u = \frac{x-x_0}{h}\right), \end{cases}$$

$$\text{(II)} \quad \begin{cases} y = \frac{1}{2}, 0 + \left(\frac{1}{2}, 1\right) v + \left(\frac{1}{2}, 2\right) \frac{v^2 - \frac{1}{4}}{2!} + \left(\frac{1}{2}, 3\right) \frac{v\left(v^2 - \frac{1}{4}\right)}{3!} + \ldots \\ \qquad (v = u - \frac{1}{2}). \end{cases}$$

Aus der Formel (I) ergibt sich durch Integration über das Intervall $x_0 - \frac{h}{2}$ bis $x_0 + \frac{h}{2}$

$$(1^*) \quad \begin{cases} \frac{1}{h}\int\limits_{x_0-\frac{h}{2}}^{x_0+\frac{h}{2}} y\,dx = \int\limits_{-\frac{1}{2}}^{+\frac{1}{2}} y\,du = 0,0 + (0,2)\int\limits_{-\frac{1}{2}}^{+\frac{1}{2}} \frac{u^2}{2!}\,du + (0,4)\int\limits_{-\frac{1}{2}}^{+\frac{1}{2}} \frac{u^2(u^2-1)}{4!}\,du + \ldots \\ \qquad = 0,0 + \frac{1}{24}(0,2) - \frac{17}{5760}(0,4) + \frac{367}{967680}(0,6) - \ldots \end{cases}$$

Analog ergibt sich aus der Formel (II) durch Integration über das Intervall x_0 bis x_1

$$(2^*)\quad \frac{1}{h}\int_{x_0}^{x_1} y\,dx = \int_{-\frac{1}{2}}^{+\frac{1}{2}} y\,dv = \left(\frac{1}{2},0\right) - \frac{1}{12}\left(\frac{1}{2},2\right) + \frac{11}{720}\left(\frac{1}{2},4\right) - \frac{191}{60480}\left(\frac{1}{2},6\right) + \dots$$

Um über die Strecke $x_0 - \frac{h}{2}$ bis $x_n + \frac{h}{2}$ zu integrieren, teilt man sie in $n+1$ Teile von der Größe h und wendet die Formel (1*) auf jeden Teil an. Damit ergibt sich

$$\frac{1}{h}\int_{x_0-\frac{h}{2}}^{x_n+\frac{h}{2}} y\,dx = \sum_{\nu=0}^{n}(\nu,0) + \frac{1}{24}\sum_{\nu=0}^{n}(\nu,2) - \frac{17}{5760}\sum_{\nu=0}^{n}(\nu,4) + \dots$$

Aus dem Differenzenschema folgt aber

$$\sum_{\nu=0}^{n}(\nu,2\lambda) = (n+\tfrac{1}{2},2\lambda-1) - (-\tfrac{1}{2},2\lambda-1).$$

Auch die erste Summe $\sum\limits_{\nu=0}^{n}(\nu,0)$ wollen wir zusammenfassen, indem wir das Differenzenschema nach links hin vervollständigen. Links von der Kolonne mit dem Index 0 berechnen wir also eine weitere Kolonne mit Gliedern, deren Differenzen die Kolonne mit dem Index 0 liefern. Wir bezeichnen diese Glieder mit $-\frac{1}{2}, -1;\ +\frac{1}{2}, -1;\ \frac{3}{2}, -1;\ \dots\ n+\frac{1}{2}, -1$. Das Glied $-\frac{1}{2}, -1$ mag dabei vorläufig noch ganz willkürlich bleiben. Dann ist

$$\sum_{\nu=0}^{n}(\nu,0) = (n+\tfrac{1}{2},-1) - (-\tfrac{1}{2},-1)$$

und somit

$$\frac{1}{h}\int_{x_0-\frac{h}{2}}^{x+\frac{h}{2}} y\,dx = \left(n+\frac{1}{2},-1\right) + \frac{1}{24}\left(n+\frac{1}{2},1\right) - \frac{17}{5760}\left(n+\frac{1}{2},3\right) + \dots$$
$$- \left(-\frac{1}{2},-1\right) - \frac{1}{24}\left(-\frac{1}{2},1\right) + \frac{17}{5760}\left(-\frac{1}{2},3\right) - \dots$$

Über den willkürlichen Wert $-\frac{1}{2}, -1$ verfügen wir nun in der Weise, daß sich die Summe der Glieder in der zweiten Reihe weghebt

$$-\frac{1}{2},-1 = -\frac{1}{24}\left(-\frac{1}{2},1\right) + \frac{17}{5760}\left(\frac{1}{2},3\right) - \dots$$

und erhalten

$$\frac{1}{h}\int_{x_0-\frac{h}{2}}^{x_n+\frac{h}{2}} y\,dx = n+\frac{1}{2},-1 + \frac{1}{24}\left(n+\frac{1}{2},1\right) - \frac{17}{5760}\left(n+\frac{1}{2},3\right) + \dots$$

Das Intervall h wird in der Regel so klein gewählt, daß schon das zweite Glied der rechten Seite nur als kleine Korrektur zu betrachten ist und die weiteren Glieder vernachlässigt werden können. Man kann dann sagen, daß die Integration dadurch ausgeführt wird, daß man das Differenzenschema um die Kolonne mit dem Index -1 vervollständigt. Werden dann noch an den Gliedern dieser Kolonne die passenden Korrekturen angebracht, so hat man damit die Tabelle für das mit $\frac{1}{h}$ multiplizierte Integral von dem Anfangspunkt $x_0 - \frac{h}{2}$ zu den Werten $x_0 + \frac{h}{2}$, $x_1 + \frac{h}{2}$, ... $x_n + \frac{h}{2}$. Wenn wir die untere Grenze des Integrals unbestimmt lassen und ebenso den Wert $-\frac{1}{2}, -1$ beliebig lassen, so können wir schreiben:

$$(1^{**})\qquad \frac{1}{h}\int^{x_n+\frac{h}{2}} y\,dx = \left(n+\frac{1}{2}, -1\right) + \frac{1}{24}\left(n+\frac{1}{2}, 1\right) - \frac{17}{5760}\left(n+\frac{1}{2}, 3\right) + \dots$$

Beide Seiten sind dann nur bis auf eine willkürliche Konstante bestimmt. Wird die linke Seite für irgendeinen Wert von n bestimmt, z. B. für $n = 0$ gleich C gesetzt, so muß die willkürliche Konstante der rechten Seite so bestimmt werden, daß

$$C = \left(\frac{1}{2}, -1\right) + \frac{1}{24}\left(\frac{1}{2}, 1\right) - \frac{17}{5760}\left(\frac{1}{2}, 3\right) + \dots$$

Aus dieser Gleichung kann $\frac{1}{2}, -1$ und damit die ganze Kolonne des Index -1 berechnet werden.

Ganz ähnlich kann die Formel (2*) benutzt werden, um das Integral

$$\frac{1}{h}\int_{x_0}^{x_n} y\,dx$$

auszurechnen. Die Strecke x_0 bis x_n wird in n Intervalle von der Größe h geteilt und das Integral in eine Summe von n Integralen zerlegt, von denen jedes nach der Formel (2*) dargestellt werden kann. Damit ergibt sich

$$\frac{1}{h}\int_{x_0}^{x_n} y\,dx = \sum_{\nu=1}^{n}\left(\nu-\frac{1}{2}, 0\right) - \frac{1}{12}\sum_{\nu=1}^{n}\left(\nu-\frac{1}{2}, 2\right) + \dots$$

Hier stehen auf der rechten Seite die Summen der Mittelwerte des Differenzenschemas. Da diese aber auch ein Differenzenschema bilden, so erhalten wir

$$\frac{1}{h}\int_{x_0}^{x_n} y\,dx = (n, -1) - \frac{1}{12}(n, 1) + \frac{11}{720}(n, 3) - \dots$$
$$- (0, -1) + \frac{1}{12}(0, 1) - \frac{11}{720}(0, 3) + \dots,$$

wo unter $n, -1$ wieder die Glieder des nach links erweiterten Differenzenschemas der Mittelwerte sind. Lassen wir wieder die willkürliche Konstante unbestimmt, so können wir schreiben

$$(2^{**})\qquad \frac{1}{h}\int^{x_n} y\,dx = (n, -1) - \frac{1}{12}(n, 1) + \frac{11}{720}(n, 3) - \dots$$

Soll nun die linke Seite für irgendeinen speziellen Wert von n, z. B. $n = 0$, einen vorgeschriebenen Wert C haben, so ist die willkürliche Konstante der Kolonne $\nu, -1$ so zu bestimmen, daß

$$C = (0, -1) - \frac{1}{12}(0, 1) + \frac{11}{720}(0, 3) - \dots$$

oder, indem wir von der Relation

$$0, -1 = (-\tfrac{1}{2}, -1) + \tfrac{1}{2}(0, 0)$$

Gebrauch machen:

$$C = \left(-\frac{1}{2}, -1\right) + \frac{1}{2}(0, 0) - \frac{1}{12}(0, 1) + \frac{11}{720}(0, 3) - \dots,$$

wodurch dann mit $-\frac{1}{2}, -1$ die Kolonne $\nu + \frac{1}{2}, -1$ des ursprünglichen Differenzenschemas bestimmt ist.

Beispiel: $\int\limits_1^x \frac{1}{x}\,dx$. Es werden für $x = 0{\cdot}8$, $0{\cdot}9$, 1, $1{\cdot}1, \dots 2{\cdot}1$ die Werte von $\frac{1}{x}$ auf vier Dezimalen ausgerechnet und die Mittelwerte je zweier aufeinander folgender ausgerechnet. Das liefert $n - \frac{1}{2}, 0$ für $n = -1, 0, 1, \dots 11$. Damit wird das Differenzenschema der Mittelwerte bis zur Kolonne mit dem Index 3 gebildet. Die weiteren Kolonnen sind zu vernachlässigen. Für $n = 0$ soll das Integral Null sein. Also ist

$$0 = (0, -1) - \frac{1}{12}(0, 1) + \frac{11}{720}(0, 3).$$

Daraus wird $0, -1$ ermittelt und die Kolonne -1 des Differenzenschemas berechnet. In Einheiten der vierten Stelle geschrieben erhalten wir damit das Differenzenschema

	11 806			
		− 1250		
	10 556		239	
− 83		− 1011		− 61
	9 545		178	
9 462		− 833		− 44
	8 712		134	
18 174		− 699		− 30
	8 013		104	
26 187		− 595		− 22
	7 418		82	
33 605		− 513		− 16
	6 905		66	
40 510		− 447		− 11
	6 458		55	
46 968		− 392		− 10
	6 066		45	
53 034		− 347		− 8
	5 719		37	
58 753		− 310		− 4
	5 409		33	
64 162		− 277		− 7
	5 132		26	
69 294		− 251		
	4 881			

Im wesentlichen kommen für die Korrekturen nur die Werte $-\frac{1}{12}(\nu, 1)$ in Betracht, da $\frac{11}{720}(\nu, 3)$ außer für $\nu = 0$ und 1 vernachlässigt werden kann.

Die Korrekturen werden am besten gleich unter die Zahlen der Kolonne -1 geschrieben, wonach sich dann durch Multiplikation mit 0·1 die Tabelle für $\log x$ ergibt.

x		$\log x$
1	− 83	0
	+ 83	
1·1	9462	0·09531
	+ 69	
1·2	18174	0·18232
	+ 58	
1·3	26187	0·26236
	+ 49	
1·4	33605	0·33648
	+ 43	
1·5	40510	0·40547
	+ 37	
1·6	46968	0·47001
	+ 33	
1·7	53034	0·53063
	+ 29	
1·8	58753	0·58779
	+ 26	
1·9	64162	0·64185
	+ 23	
2·0	69294	0·69315
	+ 21	

Die beiden Integralformeln (1^{**}) und (2^{**}) erlauben auch für die Integrale alle Glieder ihres Differenzenschemas auszudrücken. Schreiben wir für das Integral $\frac{1}{h}\int^{x_n+\frac{h}{2}} y\,dx$ das Symbol $\overline{n+\frac{1}{2}, -1}$, so ist nach Formel ($1^{**}$)

$$\overline{n+\tfrac{1}{2}, -1} = n+\frac{1}{2}, -1 + \frac{1}{24}\left(n+\frac{1}{2}, 1\right) - \frac{17}{5760}\left(n+\frac{1}{2}, 3\right) + \dots$$

Jedes Glied des Differenzenschemas für $\overline{n+\frac{1}{2}, -1}$ setzt sich dann genau in derselben Weise wie dieses aus den entsprechenden Gliedern des Differenzenschemas von $n+\frac{1}{2}, -1$ zusammen. Wir erhalten somit für die Glieder $\overline{n, 2\lambda}$ und $\overline{n+\frac{1}{2}, 2\lambda+1}$ des Differenzenschemas für $\overline{n+\frac{1}{2}, -1}$ die Formeln

$$\overline{n, 2\lambda} = n, 2\lambda + \frac{1}{24}(n, 2\lambda+2) - \frac{17}{5760}(n, 2\lambda+4) + \dots,$$

$$\overline{n+\tfrac{1}{2}, 2\lambda-1} = n+\frac{1}{2}, 2\lambda-1 + \frac{1}{24}\left(n+\frac{1}{2}, 2\lambda+1\right) - \frac{17}{5760}\left(n+\frac{1}{2}, 2\lambda+3\right) + \dots$$

Auch die Mittelwerte je zweier aufeinanderfolgender Werte derselben Kolonne drücken sich in eben derselben Weise durch die Mittelwerte des ursprünglichen Differenzenschemas aus, so daß die beiden Formeln auch noch richtig bleiben, wenn man auf beiden Seiten für n $n+\frac{1}{2}$ einsetzt.

Von der Formel (2**) gilt nicht ganz dasselbe. Zwar die Glieder des Differenzenschemas für die Integralwerte $\frac{1}{h}\int^{x_n} y\,dx$, die wir mit $\overline{\overline{n,-1}}$ bezeichnen wollen, drücken sich in der analogen Weise aus, so daß wir erhalten

$$\overline{\overline{n, 2\lambda-1}} = n, 2\lambda - 1 - \frac{1}{12}(n, 2\lambda+1) + \frac{11}{720}(n, 2\lambda+3) - \ldots,$$

$$\overline{\overline{n+\tfrac{1}{2}, 2\lambda}} = n+\frac{1}{2}, 2\lambda - \frac{1}{12}\left(n+\frac{1}{2}, 2\lambda+2\right) + \frac{11}{720}\left(n+\frac{1}{2}, 2\lambda+4\right) - \ldots$$

Aber auf der rechten Seite stehen jetzt Mittelwerte. Wenn wir also auf der linken Seite für zwei aufeinanderfolgende Werte von n Mittelwerte bilden, z. B. $\frac{1}{2}\left(\overline{\overline{n, 2\lambda-1}} + \overline{\overline{n+1, 2\lambda-1}}\right)$, so haben wir es auf der rechten Seite mit Mittelwerten von Mittelwerten zu tun. Es ist aber

$$\frac{1}{2}\left(\frac{u+v}{2} + \frac{v+w}{2}\right) = v + \frac{(w-v)-(v-u)}{4}.$$

Mithin ist z. B. $\frac{1}{2}(n+1, 2\lambda-1) + n, 2\lambda-1)$ nicht gleich

$$n+\tfrac{1}{2}, 2\lambda-1,$$

sondern gleich

$$n+\tfrac{1}{2}, 2\lambda-1+\tfrac{1}{4}(n+\tfrac{1}{2}, 2\lambda+1)$$

und ebenso

$$\tfrac{1}{2}(n+\tfrac{1}{2}, 2\lambda + n-\tfrac{1}{2}, 2\lambda) = n, 2\lambda + \tfrac{1}{4}(n, 2\lambda+2).$$

Will man also von dem Differenzenschema für $\frac{1}{h}\int^{x_n} y\,dx = \overline{\overline{n,-1}}$ zu dem Differenzenschema der Mittelwerte übergehen, so hat man zu schreiben

$$\frac{1}{2}\left(\overline{\overline{n+1, 2\lambda-1}} + \overline{\overline{n, 2\lambda-1}}\right) = \left[n+\frac{1}{2}, 2\lambda-1+\frac{1}{4}\left(n+\frac{1}{2}, 2\lambda+1\right)\right]$$
$$-\frac{1}{12}\left[n+\frac{1}{2}, 2\lambda+1+\frac{1}{4}\left(n+\frac{1}{2}, 2\lambda+3\right)\right] + \ldots$$

und

$$\frac{1}{2}\left(\overline{\overline{n+\tfrac{1}{2}, 2\lambda}} + \overline{\overline{n-\tfrac{1}{2}, 2\lambda}}\right) = \left[n, 2\lambda + \frac{1}{4}(n, 2\lambda+2)\right]$$
$$-\frac{1}{12}\left[n, 2\lambda+2+\frac{1}{4}(n, 2\lambda+4)\right] + \ldots$$

Mit Hilfe des Differenzenschemas für die Integrale können wir nun wieder die Interpolationsformeln und Integrationsformeln auf die Integrale anwenden und damit die gesuchten Werte durch die

Glieder des ursprünglichen Differenzenschemas und ihrer Mittelwerte ausdrücken.

Man kann die Integrationsformeln an der Funktion $y = e^x$ kontrollieren, weil man für diese Funktion das Integral ebenso leicht hinschreiben kann wie das Differenzenschema. Wird nämlich $e^h = m$, $x_0 = 0$ gesetzt, so wird $n, 0 = m^n$ und, wie man unmittelbar sieht,

$$n, 2\lambda = m^{n-\lambda}(m-1)^{2\lambda},$$

$$n + \tfrac{1}{2}, 2\lambda - 1 = m^{n-\lambda+1}(m-1)^{2\lambda-1},$$

Formeln, die auch für negative Werte von λ richtig bleiben, wenn man für das nach links erweiterte Differenzenschema die für jede weitere Kolonne auftretende willkürliche Konstante entsprechend bestimmt. Die Formel (1**) ergibt somit:

$$\frac{1}{h}\int^{nh+\frac{h}{2}} e^x\,dx = m^{n+1}(m-1)^{-1} + \frac{1}{24}m^n(m-1)^1 - \frac{17}{5760}m^{n-1}(m-1)^3 + \dots$$

Rechts haben wir über die willkürliche Konstante schon verfügt, links muß sie also dementsprechend bestimmt werden. Wir erhalten nach Ausführung der Integration

$$C + \frac{1}{h}m^n\sqrt{m} = \frac{m^{n+1}}{m-1}\left[1 + \frac{1}{24}\left(\frac{m-1}{\sqrt{m}}\right)^2 - \frac{17}{5760}\left(\frac{m-1}{\sqrt{m}}\right)^4 + \dots\right]$$

oder nach Multiplikation mit $(m-1)\,m^{-n-1}$

$$C(m-1)m^{-n-1} + \frac{1}{h}\frac{m-1}{\sqrt{m}} = 1 + \frac{1}{24}\left(\frac{m-1}{\sqrt{m}}\right)^2 - \frac{17}{5760}\left(\frac{m-1}{\sqrt{m}}\right)^4 + \dots$$

Für große Werte von n wird das Glied mit der Konstanten beliebig klein, daher ist

$$\frac{1}{h}\frac{m-1}{\sqrt{m}} = 1 + \frac{1}{24}\left(\frac{m-1}{\sqrt{m}}\right)^2 - \frac{17}{5760}\left(\frac{m-1}{\sqrt{m}}\right)^4 + \dots$$

Nun ist $\frac{1}{2}\frac{m-1}{\sqrt{m}} = \frac{e^{\frac{h}{2}} - e^{-\frac{h}{2}}}{2} = \mathfrak{Sin}\,\frac{h}{2}$. Setzen wir also $\frac{m-1}{\sqrt{m}} = 2u$, so ist $\frac{h}{2} = \mathfrak{Ar}\,\mathfrak{Sin}\,u = u - \frac{1}{2}\cdot\frac{1}{3}u^3 + \frac{1\cdot 3}{2\cdot 4}\cdot\frac{1}{5}u^5 - \dots$

Folglich haben wir für beliebige Werte von u die Gleichung

$$\frac{u}{u - \frac{1}{6}u^3 + \frac{3}{40}u^5 - \frac{5}{112}u^7 + \dots} = 1 + \frac{1}{6}u^2 - \frac{17}{360}u^4 + \dots$$

Auf der linken Seite sind alle Koeffizienten bekannt. Man hat also nur die Division durchzuführen, um die Werte der Koeffizienten auf der rechten Seite zu erhalten. Die Division ergibt

$$
\begin{array}{rrrrl|l}
1 & & & & & 1+\frac{1}{6}-\frac{17}{360}+\frac{367}{15120} \\
1 & -\frac{1}{6} & +\frac{3}{40} & -\frac{5}{112} & +\dots & \\
\hline
 & \frac{1}{6} & -\frac{3}{40} & +\frac{5}{112} & & \\
 & \frac{1}{6} & -\frac{1}{36} & +\frac{1}{80} & & \\
\hline
 & & -\frac{17}{360} & +\frac{9}{280} & & \\
 & & -\frac{17}{360} & +\frac{17}{2160} & & \\
\hline
 & & & \frac{367}{15120} & &
\end{array}
$$

Analog finden wir für die Integrationsformel (2**)

$$
\frac{1}{h}\int e^x\,dx = \frac{m+1}{2}\,m^n(m-1)^{-1} - \frac{1}{12}\,\frac{m+1}{2}\,m^{n-1}(m-1)^1 + \frac{11}{720}\,\frac{m+1}{2}\,m^{n-2}(m-1)^3 - \dots
$$

und, nachdem die Konstante der linken Seite analog wie oben beseitigt ist:

$$
\frac{2}{h}\,\frac{m-1}{m+1} = 1 - \frac{1}{12}\left(\frac{m-1}{\sqrt{m}}\right)^2 + \frac{11}{720}\left(\frac{m-1}{\sqrt{m}}\right)^4 - \dots
$$

oder, da

$$
u = \frac{m-1}{2\sqrt{m}} = \mathfrak{Sin}\,\frac{h}{2}, \qquad \frac{m-1}{m+1} = \mathfrak{Tg}\,\frac{h}{2} = \frac{u}{\sqrt{1+u^2}},
$$

$$
\frac{\dfrac{u}{\sqrt{1+u^2}}}{u - \frac{1}{6}u^3 + \frac{3}{40}u^5 - \frac{5}{112}u^7 + \dots} = 1 - \frac{1}{3}u^2 + \frac{11}{45}u^4 - \dots
$$

oder

$$
\frac{u - \frac{1}{2}u^2 + \frac{1\cdot 3}{2\cdot 4}u^4 - \frac{1\cdot 3\cdot 5}{2\cdot 4\cdot 6}u^6 + \dots}{u - \frac{1}{6}u^3 + \frac{3}{40}u^5 - \frac{5}{112}u^7 + \dots} = 1 - \frac{1}{3}u^2 + \frac{11}{45}u^4 - \dots
$$

Die Division ergibt

$$
\begin{array}{rrrrl|l}
1 & -\frac{1}{2} & +\frac{3}{8} & -\frac{5}{16} & +\dots & 1-\frac{1}{3}+\frac{11}{45}-\frac{191}{945}+\dots \\
1 & -\frac{1}{6} & +\frac{3}{40} & -\frac{5}{112} & +\dots & \\
\hline
 & -\frac{1}{3} & \frac{3}{10} & -\frac{15}{56} & \dots & \\
 & -\frac{1}{3} & +\frac{1}{18} & -\frac{1}{40} & \dots & \\
\hline
 & & \frac{11}{45} & -\frac{17}{70} & & \\
 & & \frac{11}{45} & -\frac{11}{270} & & \\
\hline
 & & & -\frac{191}{945} & &
\end{array}
$$

Soll eine Funktion zweimal integriert werden, so hat man die Integrationsformeln (1**) oder (2**) auf das Differenzenschema der Integrale anzuwenden.

Schreiben wir

$$\int^{x} y\,dx = F(x)\,, \qquad \text{so ist} \qquad \frac{1}{h} F\left(x_n - \frac{h}{2}\right) = \overline{n - \tfrac{1}{2}, -1}.$$

Auf das Differenzenschema dieser Werte werde die Formel (1**) angewendet. Dann ergibt sich

$$\frac{1}{h^2}\int^{x_n} F(x)\,dx = \overline{n, -2} + \frac{1}{24}\,\overline{n, 0} - \frac{17}{5760}\,\overline{n, 2} + \dots$$

Nun drücken wir die Glieder der rechten Seite durch die Glieder des ursprünglichen Differenzenschemas aus und erhalten so:

$$\begin{array}{rl}
\overline{n, -2} = & n, -2 + \frac{1}{24}(n, 0) - \frac{17}{5760}(n, 2) + \dots \\
\frac{1}{24}\,\overline{n, 0} = & \qquad\qquad \frac{1}{24}(n, 0) + \frac{1}{576}(n, 2) + \dots \\
-\frac{17}{5760}\,\overline{n, 2} = & \qquad\qquad\qquad\qquad -\frac{17}{5760}(n, 2) + \dots \\
\hline
\end{array}$$

$$\frac{1}{h^2}\int^{x_n} F(x)\,dx = n, -2 + \frac{1}{12}(n, 0) - \frac{1}{240}(n, 2) + \dots \tag{5}$$

Wird auf das Differenzenschema der Werte $\frac{1}{h} F\left(x - \frac{h}{2}\right)$ die Formel (2**) angewendet, so erhalten wir:

$$\frac{1}{h^2} = \int^{x_n + \frac{h}{2}} F(x)\,dx = \overline{n + \tfrac{1}{2}, -2} - \frac{1}{12}\,\overline{n + \tfrac{1}{2}, 0} + \frac{11}{720}\,\overline{n + \tfrac{1}{2}, 2} - \dots$$

und daher

$$\begin{array}{rl}
\overline{n + \tfrac{1}{2}, -2} = & n + \frac{1}{2}, -2 + \frac{1}{24}\left(n + \frac{1}{2}, 0\right) - \frac{17}{5760}\left(n + \frac{1}{2}, 2\right) + \dots \\
-\frac{1}{12}\,\overline{n + \tfrac{1}{2}, 0} = & \qquad\qquad -\frac{1}{12}\left(n + \frac{1}{2}, 0\right) - \frac{1}{288}\left(n + \frac{1}{2}, 2\right) + \dots \\
\frac{11}{720}\,\overline{n + \tfrac{1}{2}, 2} = & \qquad\qquad\qquad\qquad\qquad \frac{11}{720}\left(n + \frac{1}{2}, 2\right) - \dots \\
\hline
\end{array}$$

$$\frac{1}{h^2}\int^{x_n + \frac{h}{2}} F(x)\,dx = n + \frac{1}{2}, -2 - \frac{1}{24}\left(n + \frac{1}{2}, 0\right) + \frac{17}{1920}\left(n + \frac{1}{2}, 2\right) - \dots \tag{6}$$

Die Gleichungen (5) und (6) haben in dieser allgemeinen Form geschrieben auf beiden Seiten zwei willkürliche Konstanten. Auf der linken Seite sind es die beiden Integrationskonstanten. Auf der rechten Seite sind es die beiden willkürlichen Konstanten, die bei der Berechnung der Kolonnen mit den Indizes -1 und -2 in Frage kommen. Werden die Konstanten der einen Seite gegeben, so sind natürlich dadurch auch die der anderen Seite bestimmt.

Um die allgemeine Formel für das λ-fache Integral zu entwickeln, kann man folgendermaßen verfahren:

Durch wiederholte Anwendungen der Formeln (1**) und (2**) ergibt sich, daß sich das λ-fache Integral, wenn es noch durch h^λ dividiert wird, in der Form

$$n, -\lambda + \alpha_1 (n, -\lambda + 2) + \alpha_2 (n, -\lambda + 4) + \ldots\ldots$$

ausdrücken läßt, wo $\alpha_1, \alpha_2, \ldots$ gewisse rationale Zahlen sind. Um diese rationalen Zahlen zu bestimmen, setzen wir die zu integrierende Funktion gleich e^x und $x_n = nh$, $e^h = m$. Das λ-fache Integral durch h^λ dividiert, wird dann bis auf die mit Konstanten behafteten Glieder die analog wie oben verschwinden, gleich $\frac{1}{h^\lambda} m^n$, und wir erhalten: für gerade Werte $\lambda = 2\mu$

$$\frac{1}{h^{2\mu}} m^n = m^{n+\mu} (m-1)^{-2\mu} [1 + \alpha_1 m^{-1} (m-1)^{+2} + \alpha_2 m^{-2} (m-1)^4 + \ldots]$$

und für ungerade Werte $\lambda = 2\mu + 1$

$$\frac{1}{h^{2\mu+1}} m^n$$

$$= \frac{m+1}{2} m^{n+\mu} (m-1)^{-2\mu-1} [1 + \beta_1 m^{-1} (m-1)^2 + \beta_2 m^{-2} (m-1)^4 + \ldots]$$

oder anders geschrieben

$$\frac{1}{h^{2\mu}} \left(\frac{m-1}{\sqrt{m}}\right)^{2\mu} = 1 + \alpha_1 \left(\frac{m-1}{\sqrt{m}}\right)^2 + \alpha_2 \left(\frac{m-1}{\sqrt{m}}\right)^4 + \ldots$$

und

$$\frac{2}{h^{2\mu+1}} \frac{m-1}{m+1} \left(\frac{m-1}{\sqrt{m}}\right)^{2\mu} = 1 + \beta_1 \left(\frac{m-1}{\sqrt{m}}\right)^2 + \beta_2 \left(\frac{m-1}{\sqrt{m}}\right)^4 + \ldots$$

Wieder wie oben setzen wir

$$\frac{m-1}{\sqrt{m}} = 2u = 2 \operatorname{Sin} \frac{h}{2}, \quad \frac{m-1}{m+2} = \frac{u}{\sqrt{1+u^2}} = \operatorname{Tg} \frac{h}{2},$$

$$\frac{h}{2} = \operatorname{Ar\,Sin} u = u - \frac{1}{2} \cdot \frac{1}{3} u^3 + \frac{1 \cdot 3}{2 \cdot 4} \cdot \frac{1}{5} u^5 - \ldots$$

und erhalten somit zur Bestimmung der Konstanten α und β die beiden Gleichungen

$$(7) \qquad \frac{u^{2\mu}}{\left(u - \frac{1}{2} \cdot \frac{1}{3} u^3 + \frac{1 \cdot 3}{2 \cdot 4} \cdot \frac{1}{5} u^5 - \ldots\right)^{2\mu}} = 1 + 4\alpha_1 u^2 + 16 \alpha_2 u^4 + \ldots$$

und

$$(8) \qquad \frac{u^{2\mu+1} \left(1 - \frac{1}{2} u^2 + \frac{1 \cdot 3}{2 \cdot 4} u^4 - \ldots\right)}{\left(u - \frac{1}{2} \cdot \frac{1}{3} u^3 + \frac{1 \cdot 3}{2 \cdot 4} \frac{1}{5} u^5 - \ldots\right)^{2\mu+1}} = 1 + 4\beta_1 u^2 + 16 \beta_2 u^4 + \ldots$$

Die Division liefert

$$4\alpha_1 = \frac{\mu}{3}, \qquad 16\alpha_2 = \frac{\mu(5\mu - 11)}{90},$$

$$4\beta_1 = \frac{\mu - 1}{3}, \qquad 16\beta_2 = \frac{(\mu - 2)(5\mu - 11)}{90}.$$

§ 75. Die Genauigkeit der Integrationsformeln.

Der praktische Rechner wird sich in vielen Fällen damit begnügen, die Genauigkeit seiner Formeln nur der Größenordnung nach abzuschätzen und sich nicht die Mühe geben, genauere Grenzen zu berechnen, zwischen denen sein Fehler liegt. Um sich auf irgendeine Dezimalstelle seiner Rechnung noch verlassen zu können, wird er dann mit einigen Stellen mehr rechnen als er nötig hätte. Um bei den Integrationsformeln die Genauigkeit der Größenordnung nach zu überschlagen, wird man in der Regel das Differenzenschema selbst benutzen und sich überzeugen, welchen Unterschied es gemacht haben würde, wenn man noch eine Kolonne mehr hinzugezogen hätte. Wenn man in den Kolonnen so weit geht, als die letzte Dezimale, die man mitführt, noch um etwa eine Einheit beeinflußt wird, so wird ein Fehler unter normalen Verhältnissen von der Ordnung einer Einheit der letzten Stelle sein. Die Fehler, die durch die Abkürzung auf diese Stelle hinzutreten, sind von derselben Ordnung.

Es kann sich indessen unter Umständen lohnen, eine genauere Untersuchung über den Fehler zu machen und genauere Grenzen zu ermitteln, zwischen denen er liegen muß. Zu dem Ende sind in § 37 Formeln entwickelt worden.

Wir fanden dort, daß wenn eine ganze rationale Funktion $g(u)$ vom $2r$ten Grade an $2r+1$ Stellen $0, \pm 1, \pm 2, \ldots \pm r$ mit der Funktion $\varphi(u)$ übereinstimmt, deren $2r+1$ ter Differentialquotient in dem Intervall $-r$ bis $+r$ stetig ist, so ist die Differenz $\varphi(u) - g(u)$ für Werte von u, die in demselben Intervall liegen, gleich

$$\frac{\varphi^{(2r+1)}(\omega)}{(2r+1)!}\, u(u^2-1)\ldots(u^2-r^2),$$

wo ω einen Wert bedeutet, der ebenfalls in demselben Intervall liegt. Kann also diese $2r+1$te Ableitung in Grenzen eingeschlossen werden, so gilt dasselbe von dem Fehler, den man begeht, wenn $\varphi(u)$ durch $g(u)$ ersetzt wird.

Nun beruhen die Integrationsformeln doch darauf, daß die zu integrierende Funktion $f(x)$ durch eine ganze rationale Funktion $g(u)$ ersetzt wird. Soll z. B.

$$\int\limits_{x_\nu-\frac{h}{2}}^{x_\nu+\frac{h}{2}} f(x)\,dx = h\int\limits_{-\frac{1}{2}}^{+\frac{1}{2}} f(x)\,du \qquad \left(\frac{x-x_\nu}{h} = u\right)$$

berechnet werden und wird $f(x)$ durch die ganze rationale Funktion $g(u)$ von $2r$tem Grade ersetzt, die mit $f(x)$ an den Stellen $u = 0, \pm 1, \ldots \pm r$ übereinstimmt, so ist die Korrektur, die an

$$h\int\limits_{-\frac{1}{2}}^{+\frac{1}{2}} g(u)\,du$$

angebracht werden muß, um das gesuchte Integral zu geben, gleich

$$h^{2r+2}\int_{-\frac{1}{2}}^{+\frac{1}{2}} \frac{f^{(2r+1)}(\xi)}{(2r+1)!} u(u^2-1)\ldots(u^2-r^2)\,du\,,$$

wo $\xi = x_\nu + h\omega$ zwischen $x_\nu - rh$ und $x_\nu + rh$ liegt und von u abhängt. Das Produkt $u(u^2-1)\ldots(u^2-r^2)$ hat für $u = -\frac{1}{2}$ bis $+\frac{1}{2}$ das Vorzeichen von $(-1)^r u$, hat also in dem Intervall $-\frac{1}{2}$ bis 0 wie in dem Intervall 0 bis $\frac{1}{2}$ nur Werte eines Vorzeichens. Mithin kann das Integral in zwei Teile zerlegt werden

$$h^{2r+2}\frac{f^{(2r+1)}(\xi_1)}{(2r+1)!}\int_{-\frac{1}{2}}^{0} u(u^2-1)\ldots(u^2-r^2)\,du$$

$$+\,h^{2r+2}\frac{f^{(2r+1)}(\xi_2)}{(2r+1)!}\int_{0}^{\frac{1}{2}} u(u^2-1)\ldots(u^2-r^2)\,du\,.$$

Die beiden Integrale in diesem Ausdruck sind einander entgegengesetzt. Bezeichnen wir das zweite Integral mit U, so können wir die Korrektur in der Form schreiben:

$$\frac{h^{2r+2}}{(2r+1)!}\left[f^{(2r+1)}(\xi_2) - f^{(2r+1)}(\xi_1)\right]U\,.$$

Dabei liegt ξ_2 zwischen x_ν und $x_\nu + rh$, ξ_1 zwischen x_ν und $x_\nu - rh$. Wenn auch die $2r+2$te Ableitung stetig ist, so können wir hierfür schreiben:

$$\frac{h^{2r+2}}{(2r+1)!} f^{(2r+1)}(\xi)(\xi_2 - \xi_1)\,U\,.$$

ξ liegt dabei auch zwischen $x_\nu - rh$ und $x_\nu + rh$, und $\xi_2 - \xi_1$ zwischen 0 und $2rh$.

Bei der Anwendung der Formel (1**) zur Berechnung von

$$\int_{x_0+\frac{h}{2}}^{x_n+\frac{h}{2}} y\,dx$$

denken wir uns die Strecke $x_0 + \frac{h}{2}$ bis $x_n + \frac{h}{2}$ in n gleiche Teile geteilt und schätzen für jeden dieser Teile den Fehler ab. Wenn wir in der Formel (1**) $r+1$ Glieder beibehalten haben, also bis zur Kolonne mit dem Index $2r-1$ einschließlich gegangen sind, so haben wir die Funktion unter dem Integralzeichen in jedem Teilintervall durch eine ganze Funktion $2r$ten Grades ersetzt. Ist die $2r+2$te Ableitung absolut genommen, nicht größer als M in dem ganzen Bereich der Werte von $x_0 - (r-1)h$ bis $x_n + rh$, so ist der Gesamtfehler absolut genommen nicht größer als

$$2nrh^{2r+3}\frac{M}{(2r+1)!}\,|U| \qquad \left[U = \int_0^{\frac{1}{2}} u(u^2-1)\ldots(u^2-r^2)\,du\right]$$

oder, wenn wir $nh = x_n - x_0$ beachten:

$$(x_n - x_0)\,2rh^{2r+2}\frac{M}{(2r+1)!}\,|U|\,. \tag{9}$$

Normalerweise wird man $h^{2r+2}M$ durch den größten Wert abschätzen können, der in der Kolonne mit dem Index $2r+2$ vorkommt. Denn der $2r+2$te Differentialquotient ist der Grenzwert, dem sich die $2r+2$te Differenz dividiert durch h^{2r+2} für verschwindendes h nähert.

Nach der Formel (2**) ersetzen wir $f(x)$ durch eine ganze rationale Funktion $g(v)$ vom $2r+1$ten Grade $[hv = x - \frac{1}{2}(x_{\nu-1} + x_\nu)]$, die mit $f(x)$ an den $2r+2$ Stellen $v = \pm\frac{1}{2}, \pm\frac{3}{2}, \ldots \pm\frac{2r+1}{2}$ übereinstimmt. In dem Intervall $x_{\nu-1}$ bis x_ν ($v = -\frac{1}{2}$ bis $+\frac{1}{2}$) wird die Differenz $f(x) - g(v)$ gleich

$$h^{2r+2}\frac{f^{(2r+2)}(\xi)}{(2r+2)!}\left(v^2-\frac{1}{4}\right)\left(v^2-\frac{9}{4}\right)\ldots\left[v^2-\frac{1}{4}(2r+1)^2\right],$$

wo ξ zwischen $x_{\nu-r+1}$ und $x_{\nu+r}$ liegt.

Der Fehler des Integrals

$$\int_{x_{\nu-1}}^{x_\nu} y\,dx = h\int_{-\frac{1}{2}}^{+\frac{1}{2}} y\,dv$$

wird, wenn y durch $g(v)$ ersetzt wird, somit gleich

$$h^{2r+3}\frac{f^{(2r+2)}(\xi)}{(2r+2)!}\int_{-\frac{1}{2}}^{+\frac{1}{2}}\left(v^2-\frac{1}{4}\right)\ldots\left[v^2-\frac{1}{4}(2r+1)^2\right]dv,$$

wo ξ nicht derselbe Wert zu sein braucht, aber in demselben Intervall liegt. Bezeichnen wir das Integral mit V und den größten absoluten Betrag von $f^{(2r+2)}(x)$ in dem Intervall $x_0 - (r-1)h$ bis $x_n + rh$ mit M, so ist der absolute Betrag des Gesamtfehlers nicht größer als

$$nh^{2r+3}\frac{M}{(2r+2)!}\,|V|$$

oder

$$(x_n - x_0)\,h^{2r+2}\frac{M}{(2r+2)!}\,|V|\,. \tag{10}$$

§ 76. Differentiation durch Interpolation.

Ebenso wie zur Integration kann man das Differenzenschema auch zur numerischen Berechnung des Differentialquotienten einer Funktion benutzen.

Gehen wir von der Interpolationsformel (I) aus, mit der in § 74 eingeführten Bezeichnung, und differenzieren die rechte Seite nach u, so wird

$$y' = \frac{dy}{dx} = \frac{1}{h}\frac{dy}{du} = \frac{1}{h}\left[(0,1) + (0,2)\frac{d}{du}\frac{(u^2)}{2!} + (0,3)\frac{d}{du}\frac{u(u^2-1)}{3!} + \cdots\right].$$

Den Wert des Differentialquotienten an der Stelle $x = x_0$ erhalten wir, wenn wir nach Ausführung der Differentiation $u = 0$ setzen:

$$(11) \qquad y'_{x=x_0} = \frac{1}{h}\left[(0,1) - \frac{1}{6}(0,3) + \frac{1}{30}(0,5) - \cdots\right].$$

Entsprechend können wir, von der Interpolationsformel (II) ausgehend, eine bequeme Formel zur Berechnung des Differentialquotienten in der *Mitte* zwischen zwei gegebenen Ordinaten aufstellen. Es ist

$$y'_x = \frac{dy}{dx} = \frac{1}{h}\frac{dy}{dv}$$

$$= \frac{1}{h}\left[\left(\frac{1}{2},1\right) + \left(\frac{1}{2},2\right)\frac{d}{dv}\frac{v^2-\frac{1}{4}}{2!} + \left(\frac{1}{2},3\right)\frac{d}{dv}\frac{v(v^2-\frac{1}{4})}{3!} + \cdots\right]$$

und nach Ausführung der Differentiation für $v = 0$

$$(12) \qquad y'_{x=x_0+\frac{h}{2}} = \frac{1}{h}\left[\left(\frac{1}{2},1\right) - \frac{1}{24}\left(\frac{1}{2},3\right) + \frac{3}{640}\left(\frac{1}{2},5\right) - \cdots\right].$$

Bei der Differentiation darf man wegen des Faktors $\frac{1}{h}$ die Teilintervalle nicht zu klein wählen, da sonst die Funktionswerte zu viel Stellen haben müßten, um die Ableitung genau genug zu liefern. Andererseits darf h auch nicht zu groß genommen werden, da sonst die höheren Differenzen nicht schnell genug abnehmen. In jedem Falle wird es einen gewissen günstigsten Wert von h geben, über den man jedoch keine allgemeinen Aussagen machen kann.

Beispiel: Die Funktion

$$y = \sin x$$

ist für die äquidistanten Werte $x = 0°, 5°, 10°, \ldots, 45°$ gegeben. Durch Differentiation sind daraus die Werte von $\cos x$ an den Stellen $0°, 5°, 10°, \ldots, 45°$ zu berechnen.

Die Rechnung geht aus der folgenden Tabelle hervor. Die Werte von $y' = \cos x$ werden aus der vorhergehenden Spalte durch Multiplikation mit $\frac{1}{h}$ gewonnen. Da $h = 5° = \frac{\pi}{36}$ ist, so wird

$$\frac{1}{h} = \frac{36}{\pi} = 11{\cdot}45916.$$

x	$\sin x$	Differenzen 1.	2.	3.	$(0,1)-\frac{1}{6}(0,3)$	$(0,1)-\frac{1}{6}(0,3)$	$\cos x$	Die Tafel gibt als letzte Ziffern
0°	0·00000		0		8716	8727 2	1·00006	00
		8716		− 67	11 2			
5°	0·08716		− 67		8682 5	8693 5	0·99620	19
		8649		− 65	11 0			
10°	0·17365		− 132		8583	8593 8	0·98478	81
		8517		− 65	10 8			
15°	0·25882		− 197		8418 5	8429 2	0·96692	93
		8320		− 63	10 7			
20°	0·34202		− 260		8190	8200 4	0·93970	69
		8060		− 62	10 4			
25°	0·42262		− 322		7899	7909 0	0·90630	31
		7738		− 58	10 0			
30°	0·50000		− 380		7548	7557 6	0·86604	03
		7358		− 57	9 6			
35°	0·57358		− 437		7139 5	7148 6	0·81917	15
		6921		− 52	9 1			
40°	0·64279		− 489		6676 5	6684 9	0·76603	04
		6432		(− 49)	8 4			
45°	0·70711							

Aus der Symmetrieeigenschaft von $\sin x$ läßt sich das Differenzenschema nach oben leicht vervollständigen. Nach unten hin muß die letzte der dritten Differenzen extrapoliert werden.

Ähnliche Formeln lassen sich auch für die zweiten und höheren Ableitungen aufstellen. Differenziert man die Interpolationsformel (I) zweimal und setzt dann $u = 0$, so wird

$$y''_{x=x_0} = \frac{1}{h^2}\left[(0,2) - \frac{1}{12}(0,4) + \frac{1}{90}(0,6) - \ldots\right]. \tag{13}$$

Entsprechend ergibt die Interpolationsformel (II) zweimal differenziert für $v = 0$

$$y''_{x=x_0+\frac{1}{2}h} = \frac{1}{h^2}\left[\left(\frac{1}{2},2\right) - \frac{5}{24}\left(\frac{1}{2},4\right) + \frac{259}{5760}\left(\frac{1}{2},6\right) - \ldots\right]. \tag{14}$$

Über die geeignete Wahl der Intervallbreite gilt dieselbe Bemerkung wie bei den Formeln für die erste Ableitung.

Beispiel: Unter Benutzung des oben aufgestellten Differenzenschemas ist die zweite Ableitung der Funktion

$$y = \frac{1}{1+x^2}$$

an der Stelle $x = 0{\cdot}5$ zu berechnen. (S. 240.)

Die in Betracht kommenden geraden Differenzen sind in Einheiten der siebenten Dezimale, wenn man noch die achte Differenz hinzunimmt:

$$0,2 = -26369, \qquad 0,6 = +3085,$$
$$0,4 = -\;8803, \qquad 0,8 = -\;864.$$

Ergänzt man die Formel (13) noch durch das weitere Glied $-\frac{1}{560}(0, 8)$, so wird

$$y'' = \frac{1}{0{\cdot}1^2}(-26369 + 733{\cdot}6 + 34{\cdot}3 + 1{\cdot}5),$$

$$y'' = -0{\cdot}25600.$$

Andererseits findet man durch direkte Differentiation

$$y'' = \frac{2(3x^2 - 1)}{(1 + x^2)^3}$$

und für $x = 0{\cdot}5$

$$y'' = -0{\cdot}256.$$

§ 77. Differentiation durch Approximation.

Die Aufstellung des Differenzenschemas wird häufig zwecklos werden, wenn die Ordinaten der zu behandelnden Funktion nicht genau genug gegeben sind. Man erkennt an dem immer unregelmäßigeren Verlauf der höheren Differenzen, daß die Ordinatenfehler in steigendem Maße die wahren Werte der Differenzen verdecken.

In solchen Fällen, die bei empirischen Funktionen die Regel bilden, ist die Benutzung des Differenzenschemas zur Berechnung der Ableitungen unzulässig. Man muß dann auf die Methoden des 8. Kapitels zurückgreifen. Die empirische Funktion wird durch eine Näherungsfunktion ersetzt, die nicht für äquidistante Werte der unabhängigen Veränderlichen mit ihr übereinzustimmen braucht, und man ersetzt die gesuchte Ableitung durch die entsprechende Ableitung der Näherungsfunktion.

Am einfachsten geschieht die Annäherung durch eine ganze rationale Funktion

$$a_0 + a_1 x + a_2 x^2 + \ldots + a_n x^n.$$

In der Mitte des Intervalls, also an der Stelle $x = 0$, ist

$$y' = a_1, \quad y'' = 2a_2.$$

Im Falle $n = 2$, also bei der Annäherung durch eine gewöhnliche Parabel, ist

$$y' = 3J_1, \quad y'' = \frac{15}{2}(3J_2 - J_0).$$

Für $n = 3$ ist

$$y' = \frac{15}{4}(5J_1 - 7J_3), \quad y'' = \frac{15}{2}(3J_2 - J_0). \quad \text{(Vgl. S. 194.)}$$

Muß die Annäherung von höherem Grade sein, so wendet man bequemer Kugelfunktionen an. Die empirische Funktion $f(x)$ wird dann durch die Funktion

$$\varphi(x) = a_0 P_0 + a_1 P_1 + a_2 P_2 + \ldots + a_n P_n$$

angenähert, deren Koeffizienten aus der Beziehung

$$a_\lambda = \frac{2\lambda + 1}{2}\int_{-1}^{+1} P_\lambda f(x)\,dx$$

berechnet werden können. Die Integrale werden am einfachsten unter Benutzung einer Tabelle der Kugelfunktionen nach der *Simpson*schen Regel ermittelt.

Ordnet man $\varphi(x)$ nach Potenzen von x, so wird

$$\begin{aligned}\varphi(x) = a_0 - \frac{1}{2}a_2 + \frac{1\cdot 3}{2\cdot 4}a_4 - \frac{1\cdot 3\cdot 5}{2\cdot 4\cdot 6}a_6 + \dots\\ + x\left(a_1 - \frac{3}{2}a_3 + \frac{3\cdot 5}{2\cdot 4}a_5 - \frac{3\cdot 5\cdot 7}{2\cdot 4\cdot 6}a_7 + \dots\right)\\ + x^2\left(\frac{3}{2}a_2 - \frac{3\cdot 5}{2\cdot 4}2a_4 + \frac{3\cdot 5\cdot 7}{2\cdot 4\cdot 6}3a_6 - \dots\right)\\ + x^3\left(\frac{5}{2}a_3 - \frac{5\cdot 7}{2\cdot 4}2a_5 + \frac{5\cdot 7\cdot 9}{2\cdot 4\cdot 6}3a_7 - \dots\right)\\ + \dots\end{aligned}$$

Für die Ableitungen an der Stelle $x = 0$ erhalten wir

$$y' = a_1 - \frac{3}{2}a_3 + \frac{3\cdot 5}{2\cdot 4}a_5 - \frac{3\cdot 5\cdot 7}{2\cdot 4\cdot 6}a_7 + \dots$$

$$\frac{1}{2}y'' = \frac{3}{2}a_2 - \frac{3\cdot 5}{2\cdot 4}2a_4 + \frac{3\cdot 5\cdot 7}{2\cdot 4\cdot 6}3a_6 - \dots$$

Beispiel: Zu den äquidistanten Abszissen $0, 1, 2, \dots 10$ sind die elf Funktionswerte

0, 18, 28, 37, 44, 52, 58, 65, 75, 89, 109

gemessen worden. Der Differentialquotient dieser empirischen Funktion ist an der Stelle $x = 5$ zu berechnen.

Um die gegebene Funktion durch eine ganze rationale Funktion anzunähern, setzen wir $x = 5 + 5\bar{x}$, und berechnen die Integrale

$$J_\alpha = \tfrac{1}{2}\int_{-1}^{+1} \bar{x}^\alpha y \, d\bar{x}.$$

Die Rechnung geschieht nach der *Simpson*schen Regel in folgender Form

x	$\bar{x}$	y	$y\bar{x}$	$y\bar{x}^2$	$y\bar{x}^3$	y^2
0	− 1	0	0	0	0	0
1	− 0·8	18	− 14·4	11·52	− 9·216	324
2	− 0·6	28	− 16·8	10·08	− 6·048	784
3	− 0·4	37	− 14·8	5·92	− 2·368	1369
4	− 0·2	44	− 8·8	1·76	− 0·352	1936
5	0	52	0	0	0	2704
6	0·2	58	11·6	2·32	0·464	3366
7	0·4	65	26·0	10·40	4·160	4225
8	0·6	75	45·0	27·00	16·200	5625
9	0·8	89	71·2	56·96	45·568	7921
10	+ 1	109	109	109	109	11881
	J	52·1	14·77	17·684	9·4035	3382·5

Um die Annäherung prüfen zu können, ist in der letzten Spalte das Integral $\frac{1}{2}\int\limits_{-1}^{+1} y^2\,d\bar{x}$ berechnet worden. Als Maß für die Güte der Näherung haben wir dann

$$m^2 = \frac{1}{2}\int\limits_{-1}^{+1} y^2\,dx - (a_0 J_0 + a_1 J_1 + \ldots a_n J_n)\,.$$

Für $n = 2$ ergibt sich

$$a_0 = 50{\cdot}91\,,\quad a_1 = 44{\cdot}30\,,\quad a_2 = 3{\cdot}57\,.\qquad m^2 = 12{\cdot}8\,.$$

Für $n = 3$ erhalten wir

$$a_0 = 50{\cdot}91\,,\quad a_1 = 30{\cdot}03\,,\quad a_2 = 3{\cdot}57\,,\quad a_3 = 23{\cdot}78\,,\qquad m^2 = -0{\cdot}1\,.$$

Der negative Wert von m^2 ist auf den Fehler der *Simpson*schen Regel zurückzuführen. Wir erhalten als Annäherung so genau, wie es die Berechnung der Koeffizienten nach der *Simpson*schen Regel gestattet, eine ganze rationale Funktion dritten Grades. An der Stelle $\bar{x} = 0$ ist die Ableitung

$$\frac{dy}{d\bar{x}} = a_1 = 30\,,$$

daher ist die gesuchte Ableitung an der Stelle $x = 0$

$$\frac{dy}{dx} = \frac{1}{5}\,\frac{dy}{d\bar{x}} = 6{\cdot}0\,.$$

Etwas bequemer gestaltet sich die Berechnung bei Benutzung einer Tabelle der Kugelfunktionen:

$\bar{x}$	P_2	P_3	$P_2 y$	$P_3 y$
− 1	1·00	− 1·00	0	0
− 0·8	0·46	− 0·08	8·28	− 1·44
− 0·6	0·04	0·36	1·12	10·08
− 0·4	− 0·26	0·44	− 9·62	16·28
− 0·2	− 0·44	0·28	− 19·36	12·32
0	− 0·50	0·00	− 26·00	0
0·2	− 0·44	− 0·28	− 25·52	− 16·24
0·4	− 0·26	− 0·44	− 16·90	− 28·60
0·6	0·04	− 0·36	3·00	− 27·00
0·8	0·46	0·08	40·94	7·12
+ 1	1·00	1·00	109	109
		$\frac{1}{2}\int\limits_{-1}^{+1} P_\alpha y\,d\bar{x}$	0·476	1·359

Da $P_0 = 1$, $P_1 = x$ ist, so ergeben sich unter Benutzung der beiden oben berechneten Integrale J_0 und J_1 für die Entwicklung nach Kugelfunktionen die Koeffizienten

	m^2
$a_0 = 52{\cdot}10$	$668{\cdot}1$
$a_1 = 44{\cdot}30$	$13{\cdot}9$
$a_2 = 2{\cdot}38$	$12{\cdot}8$
$a_3 = 9{\cdot}51$	$-0{\cdot}1.$

Als Maß für die Güte der Näherung ist der Wert des Ausdrucks

$$m^2 = \frac{1}{2}\int_{-1}^{+1} y^2 d\bar{x} - \sum_{\alpha} \frac{a_\alpha^2}{2\alpha + 1}$$

berechnet worden.

Für die Ableitung an der Stelle $\bar{x} = 0$ ergibt sich

$$\frac{dy}{d\bar{x}} = a_1 - \frac{3}{2} a_3 = 44{\cdot}3 - 14{\cdot}3 = 30{\cdot}0$$

in Übereinstimmung mit dem früheren Werte.

§ 78. Mittelwertmethoden. Formeln von Newton-Cotes und Mac Laurin.

Die Aufgabe, den numerischen Wert des bestimmten Integrals

$$\int_a^b y\,dx$$

zu berechnen, läßt sich noch von anderer Seite her angreifen. Wir nehmen wieder an, daß durch Einführung einer passenden Veränderlichen die Integration auf die Grenzen -1 bis $+1$ zurückgeführt worden ist. Das Integral

$$J = \tfrac{1}{2}\int_{-1}^{+1} y\,dx$$

soll nun unter Benutzung einer bestimmten Anzahl von Ordinaten $y_1, y_2, \ldots, y_n$, die in dem Integrationsintervall liegen, möglichst genau durch einen Ausdruck von der Form

$$A = R_1 y_1 + R_2 y_2 + \ldots + R_n y_n \tag{15}$$

dargestellt werden.

Das Integral soll hier als Mittelwert aus den mit bestimmten Gewichten $R_1, R_2, \ldots, R_n$ genommenen Funktionswerten gebildet werden. Man bezeichnet die folgenden Verfahren daher auch als Mittelwertmethoden.

Wir nehmen an, daß die zu integrierende Funktion

$$y = f(x)$$

in dem Intervall -1 bis $+1$ in eine gut konvergierende *Taylor*sche Reihe entwickelbar ist:

$$y = a_0 + a_1 x + a_2 x^2 + a_3 x^3 + \dots$$

Dabei ist

$$a_p = \frac{f^{(p)}(0)}{p!}.$$

Setzen wir die Entwicklung in das Integral ein und integrieren gliedweise, so wird

$$J = a_0 + \frac{a_2}{3} + \frac{a_4}{5} + \dots$$

Bezeichnen wir die zu den Ordinaten $y_1, y_2, \dots, y_n$ gehörenden Abszissen mit $x_1, x_2, \dots, x_n$, so ist allgemein

$$y_\alpha = a_0 + a_1 x_\alpha + a_2 x_\alpha^2 + a_3 x_\alpha^3 + \dots,$$

und es wird daher

$$A = a_0 \sum_\alpha R_\alpha + a_1 \sum_\alpha x_\alpha R_\alpha + a_2 \sum_\alpha x_\alpha^2 R_\alpha + a_3 \sum_\alpha x_\alpha^3 R_\alpha + \dots (\alpha = 1, 2, n).$$

Da die Formeln für beliebige Funktionen gelten sollen, so müssen die Koeffizienten $a_0, a_1, a_2, \dots$ der Taylorentwicklung unbestimmt bleiben; man kann nur annehmen, daß die Koeffizienten allmählich kleiner werden. Bei empirischen Funktionen braucht das durchaus nicht immer der Fall zu sein, es ist dann sehr wohl möglich, daß in speziellen Fällen eine an sich ungenauere Formel den Wert des Integrals besser liefert als eine viel genauere Formel.

Um die Ausdrücke J und A möglichst weit zur Übereinstimmung zu bringen, vergleichen wir die Faktoren von $a_0, a_1, a_2, \dots$ Es ergibt sich

$$\left\{\begin{aligned}
&\sum_\alpha R_\alpha = 1, \\
&\sum_\alpha x_\alpha R_\alpha = 0, \\
&\sum_\alpha x_\alpha^2 R_\alpha = \tfrac{1}{3}, \\
&\sum_\alpha x_\alpha^3 R_\alpha = 0, \\
&\dots\dots\dots\dots \\
&\dots\dots\dots\dots \\
&\sum_\alpha x_\alpha^{2\beta} R_\alpha = \frac{1}{2\beta+1}, \\
&\sum x_\alpha^{2\beta+1} R_\alpha = 0, \\
&\dots\dots\dots\dots
\end{aligned}\right. \tag{16}$$

Sind die p ersten Gleichungen erfüllt, so enthält die erste nicht mehr erfüllte Gleichung die Potenzen x_α^p. Wir setzen dann

$$\sum_\alpha x_\alpha^p R_\alpha = \begin{cases} \dfrac{1}{p+1} - \Omega, & \text{wenn } p \text{ gerade ist} \\ -\Omega, & \text{wenn } p \text{ ungerade ist.} \end{cases}$$

Der Fehler des Ausdrucks A ist dann:

$$F = J - A = a_p \Omega + a_{p+1}(\;) + \dots$$

Um eine Abschätzung für den Fehler zu besitzen, setzen wir angenähert

$$F = a_p \Omega = \Omega \frac{y^{(p)}}{p!}.$$

Der Fehler wird durch diesen Ausdruck genau wiedergegeben, wenn alle auf a_p folgenden Koeffizienten verschwinden, d. h. wenn $y = f(x)$ eine ganze rationale Funktion $p$ten Grades ist. Die Darstellung des Integrals durch A wird fehlerfrei, wenn auch a_p verschwindet, wenn also $f(x)$ eine ganze rationale Funktion von höchstens $(p-1)$tem Grade ist.

Die Abszissen $x_1, x_2, \dots, x_n$ und die Gewichte $R_1, R_2, \dots, R_n$ müssen nun so bestimmt werden, daß die Gleichungen (16) erfüllt sind. Dabei kann man einmal von bestimmten, bequem gewählten Abszissen ausgehen und die zugehörigen Gewichte ausrechnen, oder man kann auch von bequemen Werten für die Gewichte ausgehen und dazu die Abszissen ermitteln. Schließlich kann man auch die Abszissen und die Gewichte ganz offen lassen und nur verlangen, daß möglichst viele der Gleichungen (16) erfüllt werden.

Im ersten Falle wählen wir die Abszissen der Einfachheit halber äquidistant. Sie liegen dann symmetrisch zur Mitte $x = 0$. Wählen wir die zu symmetrischen Abszissen gehörenden Gewichte gleich groß, also

$$R_1 = R_n, \; R_2 = R_{n-1}, \; \dots,$$

so ist die 2., 4., 6., ... der Gleichungen (16) von selbst erfüllt. Ist n gerade, so können daher n Gleichungen, ist n ungerade, sogar $n+1$ Gleichungen durch geeignete Wahl der Gewichte zum Verschwinden gebracht werden. Daher ist in beiden Fällen

$$\Omega = \frac{1}{p+1} - \sum_\alpha x_\alpha^p R_\alpha,$$

und zwar ist

$$p = n, \text{ wenn } n \text{ gerade ist,}$$
$$p = n + 1, \text{ wenn } n \text{ ungerade ist.}$$

Die Auflösung der in den Gewichten linearen Gleichungen (16) ergibt für die einzelnen Werte von n die Formeln von *Newton-Cotes*:

$$n=1 \quad x_1 = 0 \qquad \Omega = \frac{1}{3}$$
$$R_1 = 1 \qquad F = \frac{1}{3} a_2 + \ldots$$

$$n=2 \quad x_1 = -1 \quad x_2 = 1 \qquad \Omega = -\frac{2}{3}$$
$$R_1 = \frac{1}{2} \quad R_2 = \frac{1}{2} \qquad F = -\frac{2}{3} a_2 + \ldots$$

$$n=3 \quad x = -1 \quad 0 \quad 1 \qquad \Omega = -\frac{2}{15}$$
$$6R = 1 \quad 4 \quad 1 \qquad F = -\frac{2}{15} a_4 + \ldots$$

$$n=4 \quad x = -1 \quad -\frac{1}{3} \quad \frac{1}{3} \quad 1 \qquad \Omega = -\frac{8}{135}$$
$$8R = 1 \quad 3 \quad 3 \quad 1 \qquad F = -\frac{8}{135} a_4 + \ldots$$

$$n=5 \quad x = -1 \quad -\frac{1}{2} \quad 0 \quad \frac{1}{2} \quad 1 \qquad \Omega = -\frac{1}{42}$$
$$90 R_1 = 7 \quad 32 \quad 12 \quad 32 \quad 7 \qquad F = -\frac{1}{42} a_6 + \ldots$$

Man erkennt, daß die Annäherung durch $2p-1$ Ordinaten fast ebenso gut ist, wie durch $2p$ Ordinaten.

Die Formeln können auch auf mehrere Teilintervalle angewandt und ihre Resultate addiert werden. Bezeichnet man den Abstand zweier aufeinanderfolgender Ordinaten mit h, so wird das Integral über das Intervall $(n-1)h$ erstreckt

$$\int\limits_{-\frac{n-1}{2}h}^{+\frac{n-1}{2}h} y\,du = \frac{n-1}{2} h \int\limits_{-1}^{+1} y\,dx = (n-1)hJ,$$

wenn $u = \frac{n-1}{2} hx$ gesetzt wird.

Für $n=2$ ergibt sich durch Addition der Teilintegrale die Trapezregel

$$\int\limits_{x_0}^{x_m} y\,dx = \frac{h}{2}(y_0 + 2y_1 + 2y_2 + \cdots + 2y_{m-1} + y_m).$$

Für $n=3$ ergibt sich die *Simpson*sche Regel

$$\int\limits_{x_0}^{x_m} y\,dx = \frac{h}{3}(y_0 + 4y_1 + 2y_2 + 4y_3 + \cdots + 2y_{m-2} + 4y_{m-1} + y_m).$$

Für $n=5$ erhält man die Formel

$$\int\limits_{x_0}^{x_m} y\,dx = \frac{2h}{45}(7y_0 + 32y_1 + 12y_2 + 32y_3 + 14y_4 + 32y_5 + \cdots + 32y_{m-3} + 12y_{m-2} + 32y_{m-1} + 7y_m),$$

wobei m durch vier teilbar sein muß.

Andere Formeln erhält man, wenn man nach *Mac Laurin* nicht die Endordinaten, sondern die Mittelordinaten der einzelnen Teilintervalle benutzt. Teilt man das Intervall -1 bis $+1$ z. B. in drei gleiche Teile und nimmt die Mittelordinaten an den Stellen $-\frac{2}{3}$, 0, $+\frac{2}{3}$, so ergibt sich:

$$x_1 = -\frac{2}{3}, \quad x_2 = 0, \quad x_3 = +\frac{2}{3},$$
$$R_1 = \frac{3}{8}, \quad R_2 = \frac{1}{4}, \quad R_3 = \frac{3}{8}, \quad F = \frac{7}{135} a_4 .$$

Die Genauigkeit ist etwas größer als bei der entsprechenden Formel von *Newton-Cotes*.

§ 79. Formeln von Tschebyscheff.

In den bisher abgeleiteten Formeln werden die Ordinaten mit verschiedenen Gewichten multipliziert. Spielen jedoch die Beobachtungsfehler eine große Rolle, dann ist es vorteilhaft, alle Gewichte gleich groß zu wählen. Dann wird der mittlere Fehler des Ausdrucks

$$A = R_1 y_1 + R_2 y_2 + \ldots + R_n y_n$$

ein Minimum, falls alle Ordinaten mit gleicher Genauigkeit gemessen sind.

Wählt man die Gewichte gleich groß, so ergibt die erste der Gleichungen (16)

$$R_1 = R_3 = \ldots = R_n = \frac{1}{n} .$$

Die 2., 4., 6., ... Gleichung ist wieder von selbst erfüllt, wenn man die Abszissen symmetrisch zur Intervallmitte $x = 0$ annimmt. Ist n ungerade, so gehört $x = 0$ zu den gesuchten Abszissen, es können also nur noch $\frac{n-1}{2}$ weitere Gleichungen befriedigt werden.

Da in den Gleichungen (16) nur noch gerade Potenzen der Abszissen auftreten, setzen wir $x^2 = z$ und erhalten

$$(17) \qquad \left\{ \begin{aligned} &\sum_\alpha z_\alpha = \frac{n}{3}, \\ &\sum_\alpha z_\alpha^2 = \frac{n}{5}, \\ &\sum_\alpha z_\alpha^3 = \frac{n}{7}, \\ &\ldots\ldots \end{aligned} \right.$$

Den Fehler schätzen wir wieder durch $F = \Omega a_p$ ab. Dabei ist wie früher

$$\Omega = \frac{1}{p+1} - \frac{1}{n} \sum_\alpha z_\alpha^{\frac{p}{2}}$$

und es ist jetzt

$$p = n + 2, \text{ wenn } n \text{ gerade},$$
$$p = n + 1, \text{ wenn } n \text{ ungerade ist.}$$

Jetzt sind also die Formeln für gerade Werte von n vorteilhafter als die für ungerade Werte.

Durch die Gleichungen (17) sind die Potenzsummen der Unbekannten gegeben. Aus ihnen lassen sich die symmetrischen Grundfunktionen ausrechnen, und diese sind bekanntlich die Koeffizienten einer algebraischen Gleichung, deren Wurzeln die Unbekannten ergeben. Die Formeln sind natürlich nur brauchbar, wenn sämtliche Wurzeln der Gleichung reell sind.

Für $n = 4$ z. B. ist wegen der Symmetrie

$$z_1 = z_4, \quad z_2 = z_3 .$$

Die Gleichungen (17) liefern jetzt

$$z_1 + z_2 = \tfrac{2}{3},$$
$$z_1^2 + z_2^2 = \tfrac{2}{5}.$$

Quadriert man die erste Gleichung und subtrahiert davon die zweite, so ist nach Division mit 2

$$z_1 z_2 = \frac{1}{45}.$$

Daher sind z_1 und z_2 die Wurzeln der quadratischen Gleichung

$$z^2 - \frac{2}{3} z + \frac{1}{45} = 0 .$$

Es ergibt sich

$$z_1 = \frac{1}{3} + \frac{2}{15}\sqrt{5},$$
$$z_2 = \frac{1}{3} - \frac{2}{15}\sqrt{5}.$$

Ferner ist

$$z_1^3 + z_2^3 = (z_1 + z_2)\,[(z_1 + z_2)^2 - 3\,z_1 z_2] = \frac{2}{3}\left(\frac{4}{9} - \frac{1}{15}\right) = \frac{34}{135}.$$

Daher wird

$$\Omega = \frac{1}{7} - \frac{2}{4}\,(z_1^3 + z_2^3) = \frac{1}{7} - \frac{17}{135} = \frac{16}{945}.$$

Für die verschiedenen Werte von n ergeben sich auf ähnlichem Wege die Formeln von *Tschebyscheff*:

$$n = 2 \quad x_1 = -\frac{1}{3}\sqrt{3} = -0{\cdot}577350, \qquad R = \frac{1}{2}, \quad F = \frac{4}{45}\,a_4 + \dots$$
$$x_2 = +\frac{1}{3}\sqrt{3} = 0{\cdot}577350.$$

$$n = 3 \quad x_1 = -\frac{1}{2}\sqrt{2} = -0{\cdot}707107, \qquad R = \frac{1}{3}, \quad F = \frac{1}{30}\,a_4 + \dots$$
$$x_2 = 0,$$
$$x_3 = \frac{1}{2}\sqrt{2} = 0{\cdot}707107.$$

$$n=4\quad x_1=-\sqrt{\frac{1}{3}+\frac{2}{15}\sqrt{5}}=-0{\cdot}794654,\quad R=\frac{1}{4},\quad F=\frac{16}{945}a_6+\cdots$$

$$x_2=-\sqrt{\frac{1}{3}-\frac{2}{15}\sqrt{5}}=-0{\cdot}187592,$$

$$x_3=\sqrt{\frac{1}{3}-\frac{2}{15}\sqrt{5}}=0{\cdot}187592,$$

$$x_4=\sqrt{\frac{1}{3}+\frac{2}{15}\sqrt{5}}=0{\cdot}794654.$$

$$n=5\quad x_1=-\sqrt{\frac{5}{12}+\frac{1}{12}\sqrt{11}}=-0{\cdot}832497,\quad R=\frac{1}{5},\quad F=\frac{13}{1512}a_6+\cdots$$

$$x_2=-\sqrt{\frac{5}{12}-\frac{1}{12}\sqrt{11}}=-0{\cdot}374541,$$

$$x_3=0,$$

$$x_4=\sqrt{\frac{5}{12}-\frac{1}{12}\sqrt{11}}=0{\cdot}374541,$$

$$x_5=\sqrt{\frac{5}{12}+\frac{1}{12}\sqrt{11}}=0{\cdot}832497.$$

Anstatt sämtliche Gewichte gleich zu wählen, kann man auch irgendwelche anderen Werte vorschreiben. Zu einer recht genauen Darstellung gelangt man, wenn man z. B. bei vier Ordinaten die beiden mittleren mit doppeltem Gewicht annimmt. Es ist dann

$$R_1=\frac{1}{6},\qquad R_2=\frac{2}{6},\qquad R_3=\frac{2}{6},\qquad R_4=\frac{1}{6}$$

und wir erhalten die Gleichungen

$$z_1+2z_2=1,$$
$$z_1^2+2z_2^2=\tfrac{8}{5},$$
$$\tfrac{1}{3}(z_1^3+2z_2^3)=\tfrac{1}{7}-\Omega.$$

Die Lösung ergibt:

$$x_1=-\sqrt{\frac{1}{3}+\frac{2}{15}\sqrt{10}}=-0{\cdot}868890,\qquad R_1=\frac{1}{6},$$

$$x_2=-\sqrt{\frac{1}{3}-\frac{1}{15}\sqrt{10}}=-0{\cdot}350021,\qquad R_2=\frac{2}{6},$$

$$x_3=\sqrt{\frac{1}{3}-\frac{1}{15}\sqrt{10}}=0{\cdot}350021,\qquad R_3=\frac{2}{6},$$

$$x_4=\sqrt{\frac{1}{3}+\frac{2}{15}\sqrt{10}}=0{\cdot}868890,\qquad R_4=\frac{1}{6},$$

$$\Omega=\frac{80-28\sqrt{10}}{4725},\qquad F=\frac{1}{553}a_6+\cdots$$

Beispiel: Die verschiedenen bisher aufgestellten Formeln sollen zur Berechnung des Integrals

$$J=\tfrac{1}{2}\int_{-\frac{\pi}{2}}^{+\frac{\pi}{2}}\cos u\,du=1$$

benutzt werden.

Wir setzen $u = \frac{\pi}{2} x$ und erhalten

$$J = \frac{\pi}{2} \cdot \frac{1}{2} \int_{-1}^{+1} \cos \frac{\pi}{2} x \, dx = \frac{\pi}{2} A .$$

Zur Berechnung des Fehlers entnehmen wir aus der Reihenentwicklung von $\cos \frac{\pi}{2} x$ die Koeffizienten

$$a_2 = -\frac{1}{2!} \left(\frac{\pi}{2}\right)^2, \quad a_4 = \frac{1}{4!} \left(\frac{\pi}{2}\right)^4, \quad a_6 = -\frac{1}{6!} \left(\frac{\pi}{2}\right)^6, \ldots$$

Die einzelnen Formeln ergeben jetzt die folgenden Resultate. Durch den Index soll stets die Zahl der benutzten Ordinaten angezeigt werden.

Formeln von *Newton-Cotes*:	Formeln von *Tschebyscheff*:
$J_1 = 1{\cdot}571$,	
$F_1 = -0{\cdot}646$,	
$J_2 = 0$,	$J_2 = 0{\cdot}968$,
$F_2 = 1{\cdot}292$,	$F_2 = 0{\cdot}035$,
$J_3 = 1{\cdot}047$,	$J_3 = 0{\cdot}989$,
$F_3 = -0{\cdot}053$,	$F_3 = 0{\cdot}013$,
$J_4 = 1{\cdot}020$,	$J_4 = 1{\cdot}00051$,
$F_4 = -0{\cdot}024$,	$F_4 = -0{\cdot}00055$,
$J_5 = 0{\cdot}99929$,	$J_5 = 1{\cdot}00026$,
$F_5 = -0{\cdot}00076$,	$F_5 = -0{\cdot}00028$.

Formel von *Mac Laurin:*

$$J_3 = 0{\cdot}982, \quad F_3 = 0{\cdot}021 .$$

Formel aus vier Ordinaten, von denen die mittleren doppeltes Gewicht erhalten:

$$J_4 = 0{\cdot}999937, \quad F_4 = 0{\cdot}000059 .$$

§ 80. Das Verfahren von Gauß.

Um die Genauigkeit möglichst weit treiben zu können, schreibt *Gauß* weder für die Abszissen, noch für die Gewichte bestimmte Werte vor. Benutzt man n Ordinaten, so stehen jetzt $2n$ Unbekannte zur Verfügung, mit denen man $2n$ Gleichungen (16) befriedigen kann. Zur Abschätzung des Fehlers erhält man daher

$$\Omega = \frac{1}{2n+1} - \sum_{\alpha} x_\alpha^{2n} R_\alpha .$$

Der Fehler beginnt mit dem Koeffizienten a_{2n}:

$$F = \Omega\, a_{2n} + \ldots$$

Durch die *Gauß*sche Formel wird daher eine ganze rationale Funktion von höchstens $(2n-1)$tem Grade genau integriert.

Wir lösen die Gleichungen (16) zunächst für die einfachsten Fälle. Für $n = 1$ ergeben sich aus

$$R_1 = 1\,,$$
$$x_1 R_1 = 0\,,$$
$$x_1^2 R_1 = \tfrac{1}{3} - \Omega_1\,,$$

die Werte

$$R_1 = 1\,, \qquad x_1 = 0\,, \qquad \Omega_1 = \tfrac{1}{3}\,.$$

Für $n = 2$ sind die Gleichungen

$$\begin{aligned} R_1 + R_2 \quad &= 1\,,\\ x_1 R_1 + x_2 R_2 &= 0\,,\\ x_1^2 R_1 + x_2^2 R_2 &= \tfrac{1}{3}\,,\\ x_1^3 R_1 + x_2^3 R_2 &= 0\,,\\ x_1^4 R_1 + x_2^4 R_2 &= \tfrac{1}{5} - \Omega_2 \end{aligned}$$

zu lösen. Wir multiplizieren die erste mit $x_1 x_2$, die zweite mit $-(x_1+x_2)$ und addieren zu ihrer Summe die dritte Gleichung. Dann heben sich die linken Seiten fort, und es wird

$$0 = x_1 x_2 + \tfrac{1}{3}\,.$$

Auf die gleiche Weise erhalten wir aus der zweiten, dritten und vierten Gleichung

$$0 = -\tfrac{1}{3}(x_1 + x_2)\,.$$

Daher wird

$$x_1 = -x_2 = -\sqrt{\tfrac{1}{3}}.$$

Mit diesen Werten ergibt sich aus den beiden ersten Gleichungen

$$R_1 = R_2 = \tfrac{1}{2}\,.$$

Schließlich liefert die letzte Gleichung

$$\Omega_2 = \frac{1}{5} - \frac{1}{9} = \frac{4}{45}\,.$$

Eine praktische Anwendung können diese Resultate z. B. in der Meteorologie finden. Die mittlere Tagestemperatur soll aus zwei Messungen bestimmt werden, es fragt sich, wann die Thermometerablesungen vorzunehmen sind. Rechnen wir den Tag von Mitternacht bis Mitternacht, so sind die Ablesungen nach der *Gauß*schen Formel $\sqrt{\tfrac{1}{3}} \cdot 12$ Stunden vor Mittag und $\sqrt{\tfrac{1}{3}} \cdot 12$ Stunden nach Mittag, also ziemlich genau um 5 Uhr morgens und um 7 Uhr abends vorzunehmen. Das Mittel aus beiden Messungen liefert die mittlere Tagestemperatur.

Man würde genau den richtigen Wert erhalten, wenn sich der Temperaturverlauf während eines Tages durch eine Parabel dritten Grades darstellen ließe. Eine solche Parabel besitzt ein Maximum und ein Minimum, ebenso pflegt die Temperatur während eines Tages zwei Extremwerte anzunehmen. Man wird daher in der Regel auf eine gute Übereinstimmung rechnen können.

Für den Fall $n = 3$ erhalten wir die Gleichungen

$$\begin{aligned}
R_1 + \quad R_2 + \quad R_3 &= 1\,,\\
x_1 R_1 + x_2 R_2 + x_3 R_3 &= 0\,,\\
x_1^2 R_1 + x_2^2 R_2 + x_3^2 R_3 &= \tfrac{1}{3}\,,\\
x_1^3 R_1 + x_2^3 R_2 + x_3^3 R_3 &= 0\,,\\
x_1^4 R_1 + x_2^4 R_2 + x_3^4 R_3 &= \tfrac{1}{5}\,,\\
x_1^5 R_1 + x_2^5 R_2 + x_3^5 R_3 &= 0\,,\\
x_1^6 R_1 + x_2^6 R_2 + x_3^6 R_3 &= \tfrac{1}{7} - \Omega_3\,.
\end{aligned}$$

Die drei unbekannten Abszissen x_1, x_2 und x_3 betrachten wir jetzt als Wurzeln einer kubischen Gleichung

$$c_0 + c_1 x + c_2 x^2 + x^3 = 0\,.$$

Die vier ersten Gleichungen multiplizieren wir der Reihe nach mit c_0, c_1, c_2, 1 und bilden die Summe. Dann erhalten wir für die Koeffizienten der kubischen Gleichung die Beziehung

$$c_0 \cdot 1 + c_1 \cdot 0 + c_2 \cdot \tfrac{1}{3} + 1 \cdot 0 = 0\,.$$

Ebenso verfahren mir mit der 2., 3., 4. und 5. Gleichung, ferner mit der 3., 4., 5. und 6. Gleichung und schließlich mit der 4., 5., 6. und 7. Gleichung. Es ergibt sich ein System linearer Gleichungen zur Bestimmung von c_0, c_1, c_2 und Ω_3:

$$(18)\qquad \left\{\begin{array}{ccccl}
c_0 & c_1 & c_2 & 1 & \\
1 & 0 & \frac{1}{3} & 0 & = 0,\\
0 & \frac{1}{3} & 0 & \frac{1}{5} & = 0,\\
\frac{1}{3} & 0 & \frac{1}{5} & 0 & = 0,\\
0 & \frac{1}{5} & 0 & \frac{1}{7} & = \Omega_3.
\end{array}\right.$$

Die Lösung ergibt

$$c_0 = 0\,,\quad c_1 = -\frac{3}{5}\,,\quad c_2 = 0\,,\quad \Omega_3 = \frac{1}{7} - \frac{3}{25} = \frac{4}{175}\,.$$

Danach erhalten wir x_1, x_2, x_3 als Wurzeln der kubischen Gleichung

$$x^3 - \tfrac{3}{5}\,x = 0\,.$$

Die linke Seite der Gleichung ist bis auf den Faktor $\frac{5}{2}$ identisch mit der dritten Kugelfunktion (S. 204)

$$P_3 = \tfrac{5}{2}\,x^3 - \tfrac{3}{2}\,x\,.$$

Wir behaupten, daß die Abszissen für n Ordinaten allgemein als Wurzeln der n ten Kugelfunktion gewonnen werden können.

Die linken Seiten der linearen Gleichungen (18) traten schon bei der Annäherung einer willkürlichen Funktion durch eine Potenzreihe auf (§ 62). Wir erhalten die Gleichungen (18) genau, wenn wir die Koeffizienten der Forderung unterwerfen, das Integral

$$\Omega_3 = \tfrac{1}{2}\int_{-1}^{+1}(c_0 + c_1 x + c_2 x^2 + x^3)^2\, dx$$

zu einem Minimum zu machen. Allgemein werden wir daher die Koeffizienten der Gleichung n ten Grades zur Berechnung von n Abszissen durch die Forderung gewinnen:

$$\Omega_n = \tfrac{1}{2}\int_{-1}^{+1}(c_0 + c_1 x + c_2 x^2 + \dots + c_{n-1}x^{n-1} + x^n)^2\, dx = \text{Minimum.}$$

Nun läßt sich eine ganze rationale Funktion n ten Grades immer durch die n ersten Kugelfunktionen ausdrücken:

$$\begin{aligned} & c_0 + c_1 x + c_2 x^2 + \dots + c_{n-1}x^{n-1} + x^n \\ & \quad = b_0 P_0 + b_1 P_1 + b_2 P_2 + \dots + b_{n-1} P_{n-1} + b_n P_n . \end{aligned}$$

Da der Koeffizient der höchsten Potenz von x gleich 1 ist, ist auch b_n bestimmt. Alle übrigen Koeffizienten $b_0, b_1, b_2, \dots b_{n-1}$ werden durch die Forderung

$$\Omega_n = \tfrac{1}{2}\int_{-1}^{+1}(b_0 P_0 + b_1 P_1 + b_2 P_2 + \dots + b_{n-1} P_{n-1} + b_n P_n)^2\, dx = \text{Minimum}$$

gewonnen.

Durch Nullsetzen der partiellen Ableitungen erhalten wir wegen der Orthogonalität der Kugelfunktionen

$$b_\alpha \int_{-1}^{+1} P_\alpha P_\alpha\, dx = 0 \qquad (\alpha = 0, 1, 2, \dots n-1).$$

Es verschwinden daher alle Koeffizienten $b_0, b_1, b_2, \dots b_{n-1}$, und die linke Seite der Gleichung $n$ten Grades ist bis auf den Faktor b_n identisch mit P_n.

Für $n = 3$ liefert P_3 die Gleichung

$$x^3 - \tfrac{3}{5}x = 0$$

mit den Wurzeln

$$x_2 = 0, \quad x_{3,1} = \pm\sqrt{\tfrac{3}{5}} = \pm 0{\cdot}774\,597 .$$

Für $n = 4$ erhalten wir

$$x^4 - \frac{6}{7}x^2 + \frac{3}{35} = 0$$

mit den Wurzeln

$$x_{4,1} = \pm\sqrt{\frac{15 + 2\sqrt{30}}{35}} = \pm 0{\cdot}861\,136, \quad x_{3,2} = \pm\sqrt{\frac{15 - 2\sqrt{30}}{35}} = \pm 0{\cdot}339\,981.$$

Für $n = 5$
$$x^5 - \frac{10}{9}x^3 + \frac{5}{21}x = 0$$
mit den Lösungen
$$x_3 = 0\,, \quad x_{5,1} = \pm\sqrt{\frac{35 + 2\sqrt{70}}{63}} = \pm 0{\cdot}906180\,,$$
$$x_{4,2} = \pm\sqrt{\frac{35 - 2\sqrt{70}}{63}} = \pm 0{\cdot}538469\,.$$

Wir können diese Gleichungen noch auf einem anderen Wege gewinnen. Betrachten wir nämlich den Partialbruch $\frac{R_\alpha}{x - x_\alpha}$ und entwickeln ihn nach fallenden Potenzen von x, so wird
$$\frac{R_\alpha}{x - x_\alpha} = \frac{R_\alpha}{x} + \frac{x_\alpha R_\alpha}{x^2} + \frac{x_\alpha^2 R_\alpha}{x^3} + \cdots$$
Die Summe aller Partialbrüche
$$\sum_\alpha \frac{R_\alpha}{x - x_\alpha} = \frac{1}{x}\sum_\alpha R_\alpha + \frac{1}{x^2}\sum_\alpha x_\alpha R_\alpha + \frac{1}{x^3}\sum_\alpha x_\alpha^2 R_\alpha + \cdots$$
$$(\alpha = 1, 2, \ldots n)$$
erhält nach den Gleichungen für die Größen R die Form
$$(19) \quad \sum_\alpha \frac{R_\alpha}{x - x_\alpha} = \frac{1}{x} + \frac{1}{3}\frac{1}{x^3} + \frac{1}{5}\frac{1}{x^5} + \cdots + \frac{1}{2n-1}\frac{1}{x^{2n-1}} + \left(\frac{1}{2n+1} - \Omega\right)\frac{1}{x^{2n+1}} + \cdots$$

Wie man sieht, stimmen die ersten $2 \cdot n$-Glieder überein mit der bekannten im § 41 (S. 128) aufgestellten Entwicklung
$$(20) \quad \left\{ \begin{aligned} \frac{1}{2}\lg\frac{x+1}{x-1} &= \frac{1}{x} + \frac{1}{3}\frac{1}{x^3} + \frac{1}{5}\frac{1}{x^5} + \cdots \\ &+ \frac{1}{2n-1}\frac{1}{x^{2n-1}} + \frac{1}{2n+1}\frac{1}{x^{2n+1}} + \cdots \end{aligned} \right.$$

Die Bedingungen, denen die $2n$-Werte x_α und R_α unterworfen sind, sind daher identisch mit der Forderung, daß von der Entwicklung (19) möglichst viele Glieder mit der Entwicklung (20) des Logarithmus übereinstimmen sollen.

Die Summe $\sum_\alpha \frac{R_\alpha}{x - x_\alpha}$ ist eine rationale Funktion von x. Denken wir uns alle Brüche auf gemeinsamen Nenner gebracht, so erhalten wir den Quotienten zweier ganzer rationaler Funktionen $\frac{P_n(x)}{Q_n(x)}$. Der Nenner ist von $n$tem, der Zähler von $(n-1)$tem Grade. Die Entwicklung dieses Bruches stimmt in den ersten $2n$-Gliedern mit der Entwicklung (20) überein, eine Abweichung tritt erst bei dem $(2n+1)$ten Gliede auf. Daher ist der Bruch $\frac{P_n(x)}{Q_n(x)}$ identisch mit dem $n$ten Näherungsbruch der *Kettenbruchentwicklung* von $\frac{1}{2}\lg\frac{x+1}{x-1}$.

Für die einzelnen Werte von n lassen sich daher Zähler und Nenner der Näherungsbrüche durch die Beziehungen

$$P_n = q_n P_{n-1} + P_{n-2},$$
$$Q_n = q_n Q_{n-1} + Q_{n-2}$$

bilden, unter Benutzung der schon früher (S. 129) berechneten Kettenbruchnenner $q_1, q_2, q_3, \ldots$ Wir gehen von den Werten $P_0 = 0$, $P_1 = 1$, $Q_{-1} = 0$, $Q_0 = 1$ aus und erhalten:

n	q_n	P_n	Q_n
1	x	1	x
2	$-3x$	$-3x$	$-3x^2+1$
3	$\frac{1^2}{2^2}5x$	$-\frac{15}{4}x^2+1$	$-\frac{15}{4}x^3+\frac{9}{4}x$
4	$-\frac{2^2}{3^2}7x$	$\frac{35}{3}x^3-\frac{55}{9}x$	$\frac{35}{3}x^4-10x^2+1$
5	$\frac{1^2 3^2}{2^2 4^2}9x$	$\frac{945}{64}x^4-\frac{735}{64}x^2+1$	$\frac{945}{64}x^5-\frac{1050}{64}x^3+\frac{225}{64}x$
. .	. . . .	. . . .	. . . .

Daraus ergeben sich die Näherungsbrüche

$$\frac{P_1}{Q_1} = \frac{1}{x}, \qquad \frac{P_2}{Q_2} = \frac{x}{x^2-\frac{1}{3}}, \qquad \frac{P_3}{Q_3} = \frac{x^2-\frac{4}{15}}{x^3-\frac{3}{5}x}; \qquad \frac{P_4}{Q_4} = \frac{x^3-\frac{11}{21}x}{x^4-\frac{6}{7}x^2+\frac{3}{35}},$$

$$\frac{P_5}{Q_5} = \frac{x^4-\frac{7}{9}x^2+\frac{64}{945}}{x^5-\frac{10}{9}x^3+\frac{5}{21}x}, \ldots$$

Zerlegen wir die Näherungsbrüche wieder in Partialbrüche, so erhalten wir als Zähler der Partialbrüche die Größen $R_1, R_2, \ldots$ Bezeichnet x_α eine der bereits berechneten Wurzeln des Nenners, so ist

$$R_\alpha = \left[(x - x_\alpha)\frac{P(x)}{Q(x)}\right]_{x=x_\alpha}.$$

Für $n = 3$ erhalten wir daher

$$R_{3,1} = \frac{x_1^2-\frac{4}{15}}{2x_1^2} = \frac{5}{18}, \quad R_2 = \frac{-\frac{4}{15}}{-\frac{3}{5}} = \frac{4}{9}.$$

Für $n = 4$

$$R_{4,1} = \frac{x_1\left(x_1^2 - \frac{11}{21}\right)}{2x_1(x_1^2 - x_2^2)} = \frac{1}{4} - \frac{\sqrt{30}}{72} = 0{\cdot}173\,927,$$

$$R_{3,2} = \frac{x_2\left(x_2^2 - \frac{11}{21}\right)}{2x_2(x_2^2 - x_1^2)} = \frac{1}{4} + \frac{\sqrt{30}}{72} = 0{\cdot}326\,073.$$

Für $n = 5$

$$R_{5,1} = \frac{\frac{1}{3}x_1^2 - \frac{23}{135}}{2x_1^2(x_1^2 - x_2^2)} = \frac{322 - 13\sqrt{70}}{1800} = 0{\cdot}118\,463,$$

$$R_{4,2} = \frac{\frac{1}{3}x_2^2 - \frac{13}{135}}{2x_2^2(x_2^2 - x_1^2)} = \frac{322 + 13\sqrt{70}}{1800} = 0{\cdot}239\,314,$$

$$R_3 = \frac{64}{945} : \frac{5}{21} = \frac{64}{225} = 0{\cdot}284\,444.$$

Die beiden Funktionen P_n und Q_n enthalten ihrem Bildungsgesetz zufolge entweder nur gerade oder nur ungerade Potenzen von x. Daher liegen je zwei Abszissen wieder symmetrisch zur Mitte $x = 0$, und die zu symmetrischen Abszissen gehörenden Gewichte sind einander gleich.

Um die Größen Ω zu berechnen, gehen wir von den beiden Entwicklungen (19)

$$\frac{P_n}{Q_n} = \frac{1}{x} + \frac{1}{3}\frac{1}{x^3} + \frac{1}{5}\frac{1}{x^5} + \dots + \left(\frac{1}{2n+1} - \Omega_n\right)\frac{1}{x^{2n+1}} + \frac{1}{x^{2n+3}}(\dots)$$

und

$$\frac{P_{n+1}}{Q_{n+1}} = \frac{1}{x} + \frac{1}{3}\frac{1}{x^3} + \frac{1}{5}\frac{1}{x^5} + \dots + \frac{1}{2n+1}\frac{1}{x^{2n+1}} + \frac{1}{x^{2n+3}}(\dots)$$

aus und bilden die Differenz

$$\frac{P_{n+1}}{Q_{n+1}} - \frac{P_n}{Q_n} = \frac{\Omega_n}{x^{2n+1}} + \frac{p_1}{x^{2n+3}} + \dots \tag{21}$$

Nun ist aber die Differenz zweier Näherungsbrüche der Kettenbruchentwicklung nach § 39 (21)

$$\frac{P_{n+1}}{Q_{n+1}} - \frac{P_n}{Q_n} = \frac{(-1)^n}{Q_n Q_{n+1}}.$$

Nach dem Bildungsgesetz der Funktionen Q ist der Koeffizient der höchsten Potenz in Q_n gleich $\frac{q_1}{x} \cdot \frac{q_2}{x} \dots \frac{q_n}{x}$, der Koeffizient der höchsten Potenz von x in Q_{n+1} gleich $\frac{q_1}{x} \cdot \frac{q_2}{x} \dots \frac{q_n}{x} \cdot \frac{q_{n+1}}{x}$. Der Koeffizient der höchsten Potenz in den Produkten $Q_n Q_{n+1}$ ist daher gleich $\left(\frac{q_1}{x} \cdot \frac{q_2}{x} \dots \frac{q_n}{x}\right)^2 \cdot \frac{q_{n+1}}{x}$.

Die Teilnenner $q_1, q_2, \dots$ haben abwechselndes Vorzeichen, und zwar ist das Vorzeichen von q_{n+1} gleich dem von $(-1)^n$. Daher ist das Vorzeichen der höchsten Potenz von x in dem Ausdruck $\frac{(-1)^n}{Q_n Q_{n+1}}$ stets positiv.

Bezeichnen wir die Wurzeln von Q_n wieder mit x_α, die von Q_{n+1} mit x'_α, so wird, wenn wir die symmetrischen Wurzeln zusammenfassen und beachten, daß in einer der beiden Funktionen die Wurzel $x = 0$ vorkommt:

$$\frac{(-1)^n}{Q_n Q_{n+1}} = \frac{1}{p\,x\,(x^2 - x_1^2)(x^2 - x_2^2)\dots(x^2 - x_1'^2)(x^2 - x_2'^2)\dots}.$$

Dabei ist zur Abkürzung

$$p = \left(\frac{q_1}{x} \cdot \frac{q_2}{x} \dots \frac{q_n}{x}\right)^2 \frac{|q_{n+1}|}{x}$$

gesetzt worden.

Wir ziehen im Nenner x^{2n} heraus und entwickeln die einzelnen Faktoren $\dfrac{1}{1 - \frac{x_\alpha^2}{x^2}}$ und $\dfrac{1}{1 - \frac{x_\alpha'^2}{x^2}}$ nach Potenzen von x^2. Es wird

$$\frac{(-1)^n}{Q_n Q_{n+1}} = \frac{1}{p\,x^{2n+1}}\left(1 + \frac{x_1^2}{x^2} + \dots\right)\left(1 + \frac{x_2^2}{x^2} + \dots\right)\dots$$
$$\left(1 + \frac{x_1'^2}{x^2} + \dots\right)\left(1 + \frac{x_2'^2}{x^2} + \dots\right)\dots = \frac{1}{p\,x^{2n+1}} + \frac{p_1}{x^{2n+3}} + \dots$$

Vergleichen wir diese Entwicklung mit (21), so ergibt sich

$$\Omega_n = \frac{1}{p} = \frac{1}{\left(\frac{q_1}{x} \cdot \frac{q_2}{x} \dots \frac{q_n}{x}\right)^2 \frac{|q_{n+1}|}{x}}.$$

Wenn n gerade ist, so wird

$$\left|\frac{q_1}{x} \cdot \frac{q_2}{x} \dots \frac{q_n}{x}\right| = \frac{1 \cdot 3 \cdot 5 \dots (2n-1)}{1^2 \cdot 3^2 \cdot 5^2 \dots (n-1)^2},$$
$$\left|\frac{q_1}{x} \cdot \frac{q_2}{x} \dots \frac{q_{n+1}}{x}\right| = \frac{1 \cdot 3 \cdot 5 \dots (2n+1)}{2^2 \cdot 4^2 \cdot 6^2 \dots n^2}$$

dagegen, wenn n ungerade ist:

$$\left|\frac{q_1}{x} \cdot \frac{q_2}{x} \dots \frac{q_n}{x}\right| = \frac{1 \cdot 3 \cdot 5 \dots (2n-1)}{2^2 \cdot 4^2 \cdot 6^2 \dots (n-1)^2},$$
$$\left|\frac{q_1}{x} \cdot \frac{q_2}{x} \dots \frac{q_{n+1}}{x}\right| = \frac{1 \cdot 3 \cdot 5 \dots (2n+1)}{1^2 \cdot 3^2 \cdot 5^2 \dots n^2}.$$

Daher wird für jeden Wert von n

$$\Omega_n = \frac{1}{p} = \frac{1^2 \cdot 2^2 \cdot 3^2 \dots (n-1)^2 \cdot n^2}{1^2 \cdot 3^2 \cdot 5^2 \dots (2n-1)^2 (2n+1)}.$$

Für die ersten Werte von n ergibt sich danach

$$\Omega_1 = \frac{1}{3}, \quad \Omega_2 = \frac{4}{45}, \quad \Omega_3 = \frac{4}{175}, \quad \Omega_4 = \frac{64}{11025}, \quad \Omega_5 = \frac{64}{43659}, \dots$$

Wenn n um eine Einheit wächst, tritt zu Ω_n der Faktor

$$\frac{(n+1)^2}{(2n+1)(2n+3)} = \frac{(n+1)^2}{4(n+1)^2 - 1} = \frac{1}{4 - \frac{1}{(n+1)^2}},$$

d. h. etwa $\frac{1}{4}$, hinzu.

Der besseren Übersicht halber stellen wir die Resultate noch einmal zusammen:

	α	x_α	R_α
$n = 1,\quad \Omega_1 = \frac{1}{3}$	1	0	1
$n = 2,\quad \Omega_2 = \frac{4}{45}$	1	$-0{\cdot}577\,350\,269$	$\frac{1}{2}$
	2	$+0{\cdot}577\,350\,269$	$\frac{1}{2}$
$n = 3,\quad \Omega_3 = \frac{4}{175}$	1	$-0{\cdot}774\,596\,669$	$\frac{5}{18}$
	2	0	$\frac{8}{18}$
	3	$+0{\cdot}774\,596\,669$	$\frac{5}{18}$
$n = 4,\quad \Omega_4 = \frac{64}{11\,025}$	1	$-0{\cdot}861\,136\,312$	$0{\cdot}173\,927\,423$
	2	$-0{\cdot}339\,981\,044$	$0{\cdot}326\,072\,577$
	3	$+0{\cdot}339\,981\,044$	$0{\cdot}326\,072\,577$
	4	$+0{\cdot}861\,136\,312$	$0{\cdot}173\,927\,423$
$n = 5,\quad \Omega_5 = \frac{64}{43\,659}$	1	$-0{\cdot}906\,179\,846$	$0{\cdot}118\,463\,443$
	2	$-0{\cdot}538\,469\,310$	$0{\cdot}239\,314\,335$
	3	0	$0{\cdot}284\,444\,444$
	4	$+0{\cdot}538\,469\,310$	$0{\cdot}239\,314\,335$
	5	$+0{\cdot}906\,179\,846$	$0{\cdot}118\,463\,443$

$$\text{Fehler:}\qquad F_n = \Omega_n a_{2n} + \ldots$$

Die Anzahl n der Ordinaten wählt man bei diesen wie auch bei den früher abgeleiteten Mittelwertformeln so, daß die durch die Formeln noch genau integrierte ganze rationale Funktion den Verlauf der zu integrierenden Funktion im wesentlichen wiederzugeben vermag.

Das *Gauß*sche Verfahren wird man anwenden, wenn durch möglichst wenig Ordinaten, eine gute Annäherung erreicht werden soll. In der Regel also dann, wenn die Ordinaten besonders mühsam berechnet oder gemessen werden müssen. Vorausgesetzt wird dabei, daß die Ordinaten wirklich hinreichend genau an den vorgeschriebenen Stellen des Intervalls entnommen werden können. Bei numerischen Rechnungen sind allerdings die Funktionen meistens durch äquidistante Ordinaten gegeben, und dann sind die Formeln der Differenzenrechnung vorzuziehen.

Beispiel: Das Verfahren von *Gauß* ist auf die Berechnung des Integrals

$$I = \frac{1}{2}\int_{-\frac{\pi}{2}}^{\frac{\pi}{2}} \cos u \, du = 1$$

anzuwenden.

Wir erhalten für verschiedene Werte von n:

$$\begin{aligned} I_1 &= 1{\cdot}571, & F_1 &= -0{\cdot}646, \\ I_2 &= 0{\cdot}968, & F_2 &= 0{\cdot}035, \\ I_3 &= 1{\cdot}000\,69, & F_3 &= -0{\cdot}000\,72, \\ I_4 &= 0{\cdot}999\,992\,1, & F_4 &= 0{\cdot}000\,008\,4, \\ I_5 &= 1{\cdot}000\,000\,06, & F_5 &= -0{\cdot}000\,000\,06. \end{aligned}$$

Um nach der *Simpson*schen Regel etwa die gleiche Genauigkeit zu erreichen wie mit fünf Ordinaten nach dem *Gauß*schen Verfahren, muß man das Intervall in 40 gleiche Teile teilen.

§ 81. Aufgaben zum 9. Kapitel.

1. Das Integral

$$\int_{100\,000}^{200\,000} \frac{dx}{\lg x}$$

ist mit Benutzung der folgenden Werte zu berechnen:

x	$\frac{10\,000}{\lg x}$
80 000	885·75670
90 000	876·61127
100 000	868·58896
110 000	861·45736
120 000	855·04821
130 000	849·23600
140 000	843·92475
150 000	839·03946
160 000	834·52050
170 000	830·31971
180 000	826·39764
190 000	822·72164
200 000	819·26434
210 000	816 00261
220 000	812·91674

2. Die Funktion

$$F(x) = \int_0^x \frac{x\,dx}{\mathfrak{Sin}\,x}$$

ist für die Werte 0·1, 0·2, 0·3, ... 0·9, 1·0 zu berechnen:

x	$\dfrac{x}{\mathfrak{Sin}\, x}$
0·0	1·0000 0000
0·1	0·9983 3528
0·2	0 9933 6431
0·3	0·9851 5602
0·4	0·9738 2285
0·5	0·9595 1738
0·6	0·9424 2775
0·7	0·9227 7226
0·8	0·9007 9339
0·9	0·8767 5142
1·0	0·8509 1813
1·1	0·8235 7061

3. Die Koeffizienten des Exponentialausdrucks zu berechnen, durch den die in Aufgabe 8, § 71, gegebene Funktion angenähert wird.

4. Aus dem Differentialquotienten der Funktion

$$y = \log x$$

ist der Modul des *Briggs*schen Logarithmensystems angenähert zu berechnen. Zur Bildung des Differentialquotienten ist die Tabelle der Aufgabe 4, § 42, zu benutzen.

5. Der Differentialquotient der durch die folgenden Werte gegebenen Funktion ist an den Stellen $x = -4$, $x = 0$ und $x = +4$ zu berechnen:

x	y
− 10	0
− 8	26
− 6	33
− 4	32
− 2	24
0	6

x	y
2	− 15
4	− 28
6	− 27
8	− 10
10	20

6. Das Integral

$$\int_{100\,000}^{200\,000} \frac{dx}{\lg x}$$

ist unter Benutzung von fünf Ordinaten

a) nach der Formel von *Newton-Cotes*,

b) nach der Formel von *Tschebyscheff*,

c) nach dem Verfahren von *Gauß*

zu berechnen. Wie groß ist in jedem Fall etwa der Fehler?

Zehntes Kapitel.

Numerische Integration von gewöhnlichen Differentialgleichungen.

§ 82. Das Verfahren von Runge-Kutta.

Jede Gleichung, die neben den unabhängigen Veränderlichen und der Funktion auch noch deren Ableitungen enthält, bezeichnet man als Differentialgleichung. Die *Ordnung* einer Differentialgleichung ist gleich der Ordnung der höchsten Ableitung, die in der Gleichung auftritt. Hängt die Funktion nur von einer Veränderlichen ab, so spricht man von *gewöhnlichen* Differentialgleichungen. Andernfalls kommen in der Gleichung partielle Ableitungen vor. Dann hat man es mit *partiellen* Differentialgleichungen zu tun.

Die gewöhnliche Differentialgleichung erster Ordnung enthält außer der Funktion y und der unabhängigen Veränderlichen x nur noch den Differentialquotienten $y' = \frac{dy}{dx}$. Wir denken uns die Gleichung nach y' aufgelöst und schreiben sie in der Form

$$y' = f(xy)\,. \tag{1}$$

Geometrisch gesprochen ordnet diese Gleichung jedem Punkte der xy-Ebene, in dem die rechte Seite definiert ist, eine oder mehrere Richtungen zu. Als Lösungen sind alle die Kurven zu bezeichnen, die in jedem ihrer Punkte die durch die Differentialgleichung vorgeschriebene Richtung besitzen.

Um aus der Schar der Lösungen eine bestimmte herauszugreifen, schreiben wir vor, daß die Kurve durch einen Anfangspunkt mit den Koordinaten x_0, y_0 hindurchgehen soll. Wir gelangen zu einer Reihe weiterer Punkte der Lösungskurve, wenn wir jedesmal x um h wachsen lassen und die zugehörigen Änderungen k von y berechnen. Die numerische Integration der Differentialgleichung führt daher auf die Aufgabe, von einem beliebigen Punkte (x, y) ausgehend die Zunahme k von y zu berechnen, wenn x um den Betrag h wächst.

Allgemein können wir von der *Taylor*schen Reihe ausgehen und die Zunahme von y durch die Entwicklung

(2) $$\varkappa = h\frac{dy}{dx} + \frac{h^2}{2!}\frac{d^2y}{dx^2} + \frac{h^3}{3!}\frac{d^3y}{dx^3} + \frac{h^4}{4!}\frac{d^4y}{dx^4} + \dots$$

finden. Die einzelnen Differentialquotienten lassen sich nacheinander aus

$$\frac{dy}{dx} = f(xy)$$

ableiten. Es wird

$$\frac{d^2y}{dx^2} = \frac{\partial f}{\partial x} + \frac{\partial f}{\partial y}\frac{dy}{dx} = \frac{\partial f}{\partial x} + f\frac{\partial f}{\partial y},$$

$$\frac{d^3y}{dx^3} = \frac{\partial}{\partial x}\left(\frac{\partial f}{\partial x} + f\frac{\partial f}{\partial y}\right) + f\frac{\partial}{\partial y}\left(\frac{\partial f}{\partial x} + f\frac{\partial f}{\partial y}\right)$$

$$= \frac{\partial^2 f}{\partial x^2} + 2f\frac{\partial^2 f}{\partial x\,\partial y} + f^2\frac{\partial^2 f}{\partial y^2} + \frac{\partial f}{\partial x}\frac{\partial f}{\partial y} + f\frac{\partial f}{\partial y}\frac{\partial f}{\partial y}.$$

Setzt man die Reihe (2) hinreichend weit fort, so kann k mit beliebiger Genauigkeit berechnet werden. In den meisten Fällen würde die Rechnung allerdings außerordentlich umständlich werden. Die Differentialquotienten werden mit wachsender Ordnungszahl bald so reich an Gliedern, daß dieses Verfahren praktisch nicht in Frage kommen kann.

Man kann indessen, auf einem anderen Wege vorgehend, sich die vielen Differentiationen ersparen. Wie bei dem Integrationsverfahren von *Gauß* bilden wir k als Mittelwert aus vier mit geeigneten Gewichten R_1, R_2, R_3, R_4 zu versehenden Werten k_1, k_2, k_3, k_4. Diese Werte sollen folgendermaßen bestimmt sein:

(3) $$\begin{cases} k_1 = f(x, y)\,h, \\ k_2 = f(x + \alpha\,h,\quad y + \beta k_1)\,h, \\ k_3 = f(x + \alpha_1 h,\quad y + \beta_1 k_1 + \gamma_1 k_2)\,h, \\ k_4 = f(x + \alpha_2 h,\quad y + \beta_2 k_1 + \gamma_2 k_2 + \delta_2 k_3)\,h. \end{cases}$$

Die hierbei auftretenden neun Größen $\alpha, \beta, \dots \delta_2$ sollen zusammen mit den Gewichten $R_1 \dots R_4$ so bestimmt werden, daß der Ausdruck

(4) $$k = R_1 k_1 + R_2 k_2 + R_3 k_3 + R_4 k_4$$

bis zu den Gliedern vierter Ordnung in h einschließlich mit der Entwicklung (2) übereinstimmt.

Wir drücken zunächst die in der Entwicklung (2) auftretenden Differentialquotienten durch die Funktion $f(xy)$ und ihre partiellen Ableitungen aus. Zur Abkürzung führen wir den Operator

$$D = \frac{\partial}{\partial x} + f\frac{\partial}{\partial y}$$

ein. Wenden wir diesen Operator auf eine Funktion $u(xy)$ an, so ist

$$Du = \frac{\partial u}{\partial x} + f\frac{\partial u}{\partial y}.$$

Aus D gewinnen wir durch formale Anwendung des binomischen Lehrsatzes die weiteren Operatoren:

$$D^2 = \left(\frac{\partial}{\partial x} + f\frac{\partial}{\partial y}\right)^2 = \frac{\partial^2}{\partial x^2} + 2f\frac{\partial^2}{\partial x\,\partial y} + f^2\frac{\partial^2}{\partial y^2},$$

$$D^3 = \left(\frac{\partial}{\partial x} + f\frac{\partial}{\partial y}\right)^3 = \frac{\partial^3}{\partial x^3} + 3f\frac{\partial^3}{\partial x^2\partial y} + 3f^2\frac{\partial^3}{\partial x\,\partial y^2} + f^3\frac{\partial^3}{\partial y^3},$$

. . . .

$$D^n = \left(\frac{\partial}{\partial x} + f\frac{\partial}{\partial y}\right)^n = \sum_{\varkappa=0}^{n}\binom{n}{\varkappa} f^\varkappa \frac{\partial^n}{\partial x^{n-\varkappa}\,\partial y^\varkappa}.$$

Wendet man den Operator auf die Summe oder das Produkt zweier Funktionen an, so gelten dieselben Regeln wie bei der gewöhnlichen Differentiation. Es ist

$$D(u+v) = Du + Dv,$$
$$D(uv) = uDv + vDu.$$

Wendet man schließlich den Operator D auf den Ausdruck $D^n u$ an, so wird

$$D(D^n u) = D^{n+1} u + n\,Df\,D^{n-1}\left(\frac{\partial u}{\partial y}\right).$$

Die einzelnen Differentialquotienten der Entwicklung (2) erhalten wir nun aus dem ersten durch wiederholte Anwendung des Operators D. Es ist daher

$$(5)\qquad \begin{cases} \dfrac{dy}{dx} = f(xy), \\[2mm] \dfrac{d^2y}{dx^2} = Df, \\[2mm] \dfrac{d^3y}{dx^3} = D^2 f + f_y Df, \\[2mm] \dfrac{d^4y}{dx^4} = D^3 f + f_y D^2 f + f_y^2 Df + 3\,Df\,Df_y. \end{cases}$$

Dabei ist f_y für $\frac{\partial f}{\partial y}$ gesetzt worden.

Um die beiden Ausdrücke (2) und (4) bis zur vierten Potenz von h zur Übereinstimmung zu bringen, entwickeln wir nun auch k_2, k_3, k_4 nach Potenzen von h.

Die *Taylor*sche Entwicklung für zwei Veränderliche können wir allgemein symbolisch schreiben

$$f(x+p, y+q) = f(xy) + \left(p\frac{\partial}{\partial x} + q\frac{\partial}{\partial y}\right)f + \frac{1}{2!}\left(p\frac{\partial}{\partial x} + q\frac{\partial}{\partial y}\right)^2 f$$
$$+ \frac{1}{3!}\left(p\frac{\partial}{\partial x} + q\frac{\partial}{\partial y}\right)^3 f + \cdots$$

Für die Entwicklung von k_2 führen wir daher den neuen Operator

$$D_1 = \alpha\frac{\partial}{\partial x} + f\beta\frac{\partial}{\partial y}$$

ein, denn unter Benutzung des Wertes für k_1 ist

$$\alpha h \frac{\partial}{\partial x} + \beta k_1 \frac{\partial}{\partial y} = h\left(\alpha \frac{\partial}{\partial x} + f\beta \frac{\partial}{\partial y}\right) = h D_1 .$$

Damit erhalten wir die Entwicklung

$$k_2 = h\left(f + h D_1 f + \frac{h^2}{2!} D_1^2 f + \frac{h^3}{3!} D_1^3 f + \ldots\right).$$

Weiter führen wir den Operator

$$D_2 = \alpha_1 \frac{\partial}{\partial x} + f(\beta_1 + \gamma_1) \frac{\partial}{\partial y}$$

ein. Setzt man wieder fh für k_1 und die soeben gefundene Entwicklung für k_2 ein, so wird der Operator zur Bildung von k_3 gleich

$$h D_2 + h^2 \gamma_1 \left(D_1 f + \frac{h}{2!} D_1^2 f + \ldots\right) \frac{\partial}{\partial y}.$$

Damit ergibt sich

$$\begin{aligned} k_3 = h\Big(f &+ h D_2 f + \frac{h^2}{2!} D_2^2 f + \frac{h^3}{3!} D_2^3 f + \ldots \\ &+ h^2 \gamma_1 f_y D_1 f + \frac{h^3}{2!} \gamma_1 f_y D_1^2 f + \ldots \\ &+ h^3 \gamma_1 D_1 f D_2 f_y + \ldots\Big). \end{aligned}$$

Schließlich führen wir noch den Operator

$$D_3 = \alpha_2 \frac{\partial}{\partial x} + f(\beta_2 + \gamma_2 + \delta_2) \frac{\partial}{\partial y}$$

ein. Dann erhalten wir unter Benutzung der Entwicklungen für k_2 und k_3 zur Entwicklung von k_4 den Operator

$$\begin{aligned} h D_3 + h^2 \Big[&\gamma_2 \left(D_1 f + \frac{h}{2!} D_1^2 f + \ldots\right) \\ &+ \delta_2 \left(D_2 f + \frac{h}{2!} (D_2^2 f + 2\gamma_1 f_y D_1 f) + \ldots\right)\Big] \frac{\partial}{\partial y}. \end{aligned}$$

Damit wird

$$\begin{aligned} k_4 = h\Big(f &+ h D_3 f + \frac{h^2}{2!} D_3^2 f + \frac{h^3}{3!} D_3^3 f + \ldots + h^2 (\gamma_2 D_1 f + \delta_2 D_2 f) f_y \\ &+ \frac{h^3}{2!} (\gamma_2 D_1^2 f + \delta_2 D_2^2 f + 2\gamma_1 \delta_2 f_y D_1 f) f_y + \ldots \\ &+ h^3 (\gamma_2 D_1 f + \delta_2 D_2 f) D_3 f_y + \ldots\Big). \end{aligned}$$

Um nun die Größen $\alpha, \alpha_1 \ldots \delta_2$ und die Gewichte R_1, R_2, R_3, R_4 zu berechnen, bilden wir den Ausdruck

$$k = R_1 k_1 + R_2 k_2 + R_3 k_3 + R_4 k_4$$

und vergleichen ihn mit der Entwicklung

$$k = hf + \frac{h^2}{2!} Df + \frac{h^3}{3!}(D^2 f + f_y Df)$$
$$+ \frac{h^4}{4!}(D^3 f + f_y D^2 f + f_y^2 Df + 3\, Df\, Df_y) + \dots,$$

die aus (2) durch Einsetzen der Differentialquotienten (5) gewonnen wird.

Sollen beide Ausdrücke bis zu den Gliedern vierter Ordnung für beliebige Werte von h und beliebige Funktionen $f(x\,y)$ übereinstimmen, so müssen nicht nur die Koeffizienten gleicher Potenzen von h einander gleich sein, sondern innerhalb dieser Koeffizienten auch die Teile, die in den partiellen Ableitungen gleich gebildet sind. Die beiden ersten Potenzen liefern je eine Gleichung. Die dritte Potenz liefert jedoch zwei Gleichungen, denn es müssen die Glieder mit D^2 und mit $f_y D$ einzeln übereinstimmen. Die Koeffizienten der vierten Potenz schließlich liefern vier Gleichungen. Dadurch erhalten wir die folgenden acht Gleichungen

$$\begin{aligned}
R_1 + R_2 \quad + R_3 \qquad\qquad & + R_4 && = 1\,,\\
R_2 D_1 f + R_3 D_2 f \qquad & + R_4 D_3 f && = \frac{1}{2!} Df\,,\\
R_2 D_1^2 f + R_3 D_2^2 f \qquad & + R_4 D_3^2 f && = \frac{2!}{3!} D^2 f\,,\\
R_2 D_1^3 f + R_3 D_2^3 f \qquad & + R_4 D_3^3 f && = \frac{3!}{4!} D^3 f\,,\\
R_3 \gamma_1 D_1 f \qquad & + R_4 (\gamma_2 D_1 f + \delta_2 D_2 f) && = \frac{1}{3!} Df\,,\\
R_3 \gamma_1 D_1^2 f \qquad & + R_4 (\gamma_2 D_1^2 f + \delta_2 D_2^2 f) && = \frac{2!}{4!} D^2 f\,,\\
R_3 \gamma_1 D_1 f D_2 f_y & + R_4 (\gamma_2 D_1 f + \delta_2 D_2 f) D_3 f_y && = \frac{3}{4!} Df\, Df_y\,,\\
& R_4 \gamma_1 \delta_2 D_1 f\,. && = \frac{1}{4!} Df\,.
\end{aligned}$$

Die acht Gleichungen müssen nun in sämtlichen einzelnen Ableitungen der Operatoren D, D_1, D_2, D_3 übereinstimmen. Das ist nur möglich, wenn

$$(6) \qquad \left\{\begin{aligned} \alpha &= \beta\\ \alpha_1 &= \beta_1 + \gamma_1\\ \alpha_2 &= \beta_2 + \gamma_2 + \delta_2 \end{aligned}\right.$$

ist. Dann wird

$$D_1 = \alpha\, D\,,$$
$$D_2 = \alpha_1 D\,,$$
$$D_3 = \alpha_2 D\,,$$

und man erkennt, daß sich die Operatoren aus den Gleichungen herausheben. Damit werden die Gleichungen unabhängig von der speziellen

Form der Funktion $f(xy)$. Nach Streichung der Operatoren D erhalten wir die Gleichungen:

$$(7)\quad \begin{cases} R_1 + R_2 + R_3 + R_4 = 1, \\ R_2\alpha + R_3\alpha_1 + R_4\alpha_2 = \frac{1}{2}, \\ R_2\alpha^2 + R_3\alpha_1^2 + R_4\alpha_2^2 = \frac{1}{3}, \\ R_2\alpha^3 + R_3\alpha_1^3 + R_4\alpha_2^3 = \frac{1}{4}, \\ R_3\alpha\gamma_1 + R_4(\alpha\gamma_2 + \alpha_1\delta_2) = \frac{1}{6}, \\ R_3\alpha^2\gamma_1 + R_4(\alpha^2\gamma_2 + \alpha_1^2\delta_2) = \frac{1}{12}, \\ R_3\alpha\alpha_1\gamma_1 + R_4\alpha_2(\alpha\gamma_2 + \alpha_1\delta_2) = \frac{1}{8}, \\ R_4\alpha\gamma_1\delta_2 = \frac{1}{24}. \end{cases}$$

Aus der zweiten, dritten und vierten Gleichung eliminieren wir R_2 und R_4, indem wir die zweite Gleichung mit $\alpha\alpha_2$, die dritte mit $-(\alpha + \alpha_2)$ multiplizieren. Die Summe der drei Gleichungen ergibt dann

$$(8)\qquad R_3\alpha_1(\alpha - \alpha_1)(\alpha_2 - \alpha_1) = \frac{\alpha\alpha_2}{2} - \frac{\alpha + \alpha_2}{3} + \frac{1}{4}.$$

Aus der fünften und siebenten Gleichung eliminieren wir R_4 und erhalten

$$(9)\qquad R_3\alpha\gamma_1(\alpha_2 - \alpha_1) = \frac{\alpha_2}{6} - \frac{1}{8}.$$

Schließlich eliminieren wir noch R_3 aus der fünften und sechsten Gleichung:

$$R_4\alpha_1\delta_2(\alpha_1 - \alpha) = \frac{1}{12} - \frac{\alpha}{6}.$$

Daraus ergibt sich zusammen mit der achten Gleichung:

$$\alpha\gamma_1 = \frac{\alpha_1(\alpha_1 - \alpha)}{2(1 - 2\alpha)}.$$

Setzen wir diesen Wert in (9) ein, so folgt

$$(10)\qquad \frac{R_3 \cdot \alpha_1(\alpha - \alpha_1)(\alpha_2 - \alpha_1)}{2(2\alpha - 1)} = \frac{\alpha_2}{6} - \frac{1}{8}.$$

Die Gleichungen (8) und (10) ergeben jetzt

$$\frac{\alpha\alpha_2}{2} - \frac{\alpha + \alpha_2}{3} + \frac{1}{4} = \left(\frac{\alpha_2}{6} - \frac{1}{8}\right) 2(2\alpha - 1)$$

oder

$$\alpha\alpha_2 = \alpha,$$
$$\alpha(\alpha_2 - 1) = 0.$$

Da nach der achten Gleichung α nicht verschwinden kann, so ist

$$(11)\qquad \alpha_2 = 1.$$

Die zweite, dritte und vierte der Gleichungen (7) können nach R_2, R_3 und R_4 aufgelöst werden, vorausgesetzt, daß die Determinante

$$(12)\qquad \begin{vmatrix} \alpha & \alpha_1 & \alpha_2 \\ \alpha^2 & \alpha_1^2 & \alpha_2^2 \\ \alpha^3 & \alpha_1^3 & \alpha_2^3 \end{vmatrix} = \alpha\,\alpha_1\,\alpha_2\,(\alpha-\alpha_1)\,(\alpha_1-\alpha_2)\,(\alpha_2-\alpha)$$

nicht verschwindet. Zusammen mit der ersten Gleichung ergeben sie mit dem Werte $\alpha_2 = 1$:

$$(13)\qquad \begin{cases} R_1 = \dfrac{1}{2} + \dfrac{1}{12}\,\dfrac{1-2(\alpha+\alpha_1)}{\alpha\,\alpha_1}, & R_3 = \dfrac{1}{12}\,\dfrac{1-2\alpha}{\alpha_1\,(\alpha_1-\alpha)\,(1-\alpha_1)}, \\ R_2 = \dfrac{1}{12}\,\dfrac{2\alpha_1-1}{\alpha\,(\alpha_1-\alpha)\,(1-\alpha)}, & R_4 = \dfrac{1}{2} + \dfrac{1}{12}\,\dfrac{2(\alpha+\alpha_1)-3}{(1-\alpha)\,(1-\alpha_1)}. \end{cases}$$

Die beiden Größen α und α_1 bleiben unbestimmt, denn die noch fehlenden Unbekannten γ_1, γ_2, δ_2 können aus den drei folgenden Gleichungen durch α und α_1 ausgedrückt werden, vorausgesetzt, daß auch ihre Determinante

$$(14)\qquad \begin{vmatrix} R_3\alpha & R_4\alpha & R_4\alpha_1 \\ R_3\alpha^2 & R_4\alpha^2 & R_4\alpha_1^2 \\ R_3\alpha\,\alpha_1 & R_4\alpha\,\alpha_2 & R_4\alpha_1\,\alpha_2 \end{vmatrix} = R_3 R_4^2\,\alpha^2\,\alpha_1\,(\alpha_1-\alpha)\,(\alpha_1-\alpha_2)$$

nicht verschwindet. Wir finden

$$(15)\qquad \begin{cases} \gamma_1 = \dfrac{\alpha_1\,(\alpha_1-\alpha)}{2\alpha\,(1-2\alpha)}, \\ \gamma_2 = \dfrac{1-\alpha}{2\alpha\,(\alpha_1-\alpha)}\cdot\dfrac{\alpha+\alpha_1-1-(2\alpha_1-1)^2}{6\alpha\,\alpha_1-4\,(\alpha+\alpha_1)+3}, \\ \delta_2 = \dfrac{1-2\alpha}{\alpha_1\,(\alpha_1-\alpha)}\cdot\dfrac{(1-\alpha)\,(1-\alpha_1)}{6\alpha\,\alpha_1-4\,(\alpha+\alpha_1)+3}. \end{cases}$$

Aus den Gleichungen (6) ergeben sich schließlich β, β_1 und β_2.

Wir erhalten demnach eine zweifach unendliche Mannigfaltigkeit von Lösungen, aus der wir einzelne Lösungen nach bestimmten Gesichtspunkten herausgreifen können.

Um eine symmetrische Lösung zu erhalten, können wir beispielsweise vorschreiben, daß

$$R_1 = R_4 \quad \text{und} \quad R_2 = R_3$$

ist. Diese Bedingungen sind erfüllt, wenn

$$\alpha + \alpha_2 = 1$$

ist. Dann nehmen die Gleichungen (13) und (15) die einfache Form an:

$$(16)\qquad \begin{cases} 12R_1 = 12R_4 = 6 - \dfrac{1}{\alpha\alpha_1}, & \alpha + \alpha_1 = 1, \\ 12R_2 = 12R_3 = \dfrac{1}{\alpha\alpha_1}, & \alpha_2 = 1, \\ \gamma_1 = \dfrac{\alpha_1}{2\alpha}, & \\ \gamma_2 = -\dfrac{\alpha_1}{2\alpha}\,\dfrac{\alpha_1 - \alpha}{6\alpha\alpha_1 - 1}, & \delta_2 = \dfrac{\alpha}{6\alpha\alpha_1 - 1}. \end{cases}$$

Sollen die Abszissen gleichmäßig über das Intervall von x bis $x + h$ verteilt sein, dann müssen wir

$$\alpha = \tfrac{1}{3}, \quad \alpha_1 = \tfrac{2}{3}$$

setzen. Wir erhalten die Lösung:

$$\begin{array}{llll} R_1 = \frac{1}{8}, & & & \\ R_2 = \frac{3}{8}, & \alpha = \frac{1}{3}, & \beta = \frac{1}{3}, & \\ R_3 = \frac{3}{8}, & \alpha_1 = \frac{2}{3}, & \beta_1 = -\frac{1}{3}, & \gamma_1 = 1, \\ R_4 = \frac{1}{8}, & \alpha_2 = 1, & \beta_2 = 1, & \gamma_2 = -1, \quad \delta_2 = 1. \end{array}$$

Zu einer besonders bequemen Lösung gelangt man, wenn man

$$\alpha = \alpha_1$$

annimmt. Dann verschwinden die Größen β, β_2 und γ_2, und es wird

$$(17)\qquad \begin{cases} R_1 = \frac{1}{6}, & & & \\ R_2 = \frac{1}{3}, & \alpha = \frac{1}{2}, & \beta = \frac{1}{2}, & \\ R_3 = \frac{1}{3}, & \alpha_1 = \frac{1}{2}, & \beta_1 = 0, & \gamma_1 = \frac{1}{2}, \\ R_4 = \frac{1}{6}, & \alpha_2 = 1, & \beta_2 = 0, & \gamma_2 = 0, \quad \delta_2 = 1. \end{cases}$$

Betrachtet man die Fälle, in denen die Deteıminanten (12) (14) und verschwinden, so ergeben sich endliche Lösungen nur in den drei Fällen

$$\begin{array}{l} 1.\ \alpha = \alpha_1, \\ 2.\ \alpha = \alpha_2 = 1, \\ 3.\ \alpha_1 = 0. \end{array}$$

Jedesmal bleibt eins der Gewichte unbestimmt, und zwar kann im ersten Fall R_3, im zweiten R_2 und im dritten R_1 willkürlich gewählt werden. In jedem Falle sind jedoch die Werte $R_3 = 0$ und $R_4 = 0$ auszuschließen. Setzt man im ersten Falle $R_2 = R_3$, so gelangt man wieder zu der Lösung (17).

In den beiden anderen Fällen kann eins der Gewichte zum Verschwinden gebracht werden. Setzt man im zweiten Falle $R_2 = 0$, so ergibt sich:

$$\begin{array}{llll} R_1 = \frac{1}{6}, & & & \\ R_2 = 0, & \alpha = 1, & \beta = 1, & \\ R_3 = \frac{2}{3}, & \alpha_1 = \frac{1}{2}, & \beta_1 = \frac{3}{8}, & \gamma_1 = \frac{1}{8}, \\ R_4 = \frac{1}{6}, & \alpha_2 = 1, & \beta_2 = -\frac{1}{2}, & \gamma_2 = -\frac{1}{2}, \quad \delta_2 = 2. \end{array}$$

Der dritte Fall liefert für $R_1 = 0$ die Lösung:

$$\begin{aligned}
&R_1 = 0\,,\\
&R_2 = \tfrac{2}{3}\,, \quad \alpha = \tfrac{1}{2}\,, \quad \beta = \tfrac{1}{2}\,,\\
&R_3 = \tfrac{1}{6}\,, \quad \alpha_1 = 0\,, \quad \beta_1 = -\tfrac{1}{2}\,, \quad \gamma_1 = \tfrac{1}{2}\,,\\
&R_4 = \tfrac{1}{6}\,, \quad \alpha_2 = 1\,, \quad \beta_2 = -\tfrac{3}{2}\,, \quad \gamma_2 = \tfrac{3}{2}\,, \quad \delta_2 = 1\,.
\end{aligned}$$

Die Größe k_α muß natürlich auf jeden Fall berechnet werden, wenn auch das entsprechende Gewicht verschwindet. Höchstens könnte die Genauigkeit ein wenig geringer sein. Dieser Vorteil bedeutet jedoch so wenig gegenüber der bequemen Gestalt der Lösung (17), daß wir dieser Lösung fernerhin den Vorzug geben werden.

Die vier Größen k_1, k_2, k_3, k_4 sind nach (17) folgendermaßen bestimmt:

$$\text{(18)} \qquad \left\{\begin{aligned}
k_1 &= f(xy)\,h\,,\\
k_2 &= f\left(x + \frac{h}{2}\,,\ y + \frac{k_1}{2}\right) h\,,\\
k_3 &= f\left(x + \frac{h}{2}\,,\ y + \frac{k_2}{2}\right) h\,,\\
k_4 &= f(x + h\,,\ y + k_3)\,h\,.
\end{aligned}\right.$$

Aus ihnen erhalten wir den Zuwachs

$$k = \tfrac{1}{6}\,k_1 + \tfrac{1}{3}\,k_2 + \tfrac{1}{3}\,k_3 + \tfrac{1}{6}\,k_4$$

bis auf Glieder fünfter Ordnung in h.

Den Fehler des Verfahrens könnte man durch Berechnung der Glieder fünfter Ordnung abschätzen. Bedeutend bequemer ist es jedoch, das Verfahren ein zweites Mal mit doppelter Intervallbreite anzuwenden. Der Fehler der ersten Berechnung beträgt dann etwa $\frac{1}{15}$ des Unterschiedes beider Resultate.

Trägt man die Lösungen (17) in die Reihenentwicklungen für k_2 und k_3 ein, dann wird

$$\begin{aligned}
k_2 &= h\left[f + \frac{h}{2}\,Df + \frac{h^2}{8}\,D^2 f + \frac{h^3}{48}\,D^3 f + \cdots\right],\\
k_3 &= h\left[f + \frac{h}{2}\,Df + \frac{h^2}{8}\,(D^2 f + 2\,f_y Df) + \frac{h^3}{48}\,(D^3 f + 3\,f_y D^2 f\right.\\
&\qquad \left. + 6\,Df\,Df_y) + \cdots\right]
\end{aligned}$$

und es folgt

$$\begin{aligned}
k_2 - k_1 &= \frac{h^2}{2}\left[Df + \frac{h}{4}\,D^2 f + \frac{h^2}{24}\,D^3 f + \cdots\right],\\
k_3 - k_2 &= \frac{h^3}{4}\left[f_y Df + \frac{h}{4}\,f_y D^2 f + \frac{h}{2}\,Df\,Df_y + \cdots\right].
\end{aligned}$$

Durch Division erhält man bis auf Glieder dritter Ordnung

$$\frac{k_3 - k_2}{k_2 - k_1} = \frac{h}{2}\left(f_y + \frac{h}{2}\,Df_y + \cdots\right) = \frac{h}{2}\,f_y\left(x + \frac{h}{2}\,,\ y + \frac{k_1}{2}\right).$$

Da $k_2 - k_1$ von zweiter Ordnung in h ist, so ergibt sich bis auf Glieder fünfter Ordnung die Beziehung

$$k_3 = k_2 + \frac{h}{2}(k_2 - k_1) f_y\left(x + \frac{h}{2}, y + \frac{k_1}{2}\right). \tag{19}$$

Von dieser Formel zur Berechnung von k_3 wird man zweckmäßig Gebrauch machen, wenn f_y leicht gebildet werden kann. Da $\frac{h}{2}(k_2 - k_1)$ von dritter Ordnung ist, braucht man $f_y\left(x + \frac{h}{2}, y + \frac{k_1}{2}\right)$ nur bis auf Glieder erster Ordnung genau zu berechnen.

Ist die rechte Seite der Differentialgleichung frei von y, so führen die Formeln (18) auf die *Simpson*sche Regel. Denn aus der Gleichung

$$y' = f(x)$$

erhält man das Integral:

$$k = \int_0^h f(x)\,dx = \frac{h}{6}\left[f(x) + 4f\left(x + \frac{h}{2}\right) + f(x+h)\right].$$

Bei der praktischen Ausführung wollen wir die Rechnung in folgender Form anordnen:

$h = \ldots$

x	y	$f(xy)$	$k = h \cdot f$	(k)
x	y	$f(x, y)$	k_1	$\frac{1}{2}(k_1 + k_4)$
$x + \frac{h}{2}$	$y + \frac{k_1}{2}$	$f\left(x + \frac{h}{2}, y + \frac{k_1}{2}\right)$	k_2	$k_2 + k_3$
$x + \frac{h}{2}$	$y + \frac{k_2}{2}$	$f\left(x + \frac{h}{2}, y + \frac{k_2}{2}\right)$	k_3	Summe
$x + h$	$y + k_3$	$f(x + h, y + k_3)$	k_4	$k = \frac{1}{3}$ Summe
$x + h$	$y + k$			

Zwischen die zweite und dritte Spalte werden nach Bedarf weitere Spalten für die Berechnung von $f(xy)$ eingeschaltet. Um die Abrundungsfehler möglichst niedrig zu halten, wird man gerne ein bis zwei Dezimalen mehr mitnehmen, als für das Resultat erforderlich ist.

Beispiel: Die Differentialgleichung

$$y' = \frac{1}{10}y^2 - xy$$

ist für die Anfangswerte $x_0 = 0$, $y_0 = 1$ zu integrieren.

Als Intervallbreite wählen wir $h = 0{\cdot}2$. Nach dem oben aufgestellten Schema ergibt sich folgende Rechnung:

$h = 0{\cdot}2$

x	y	$f(xy)$	$k = h \cdot f$	(k)
0	1	0·1	0·02	0·000 000
0·1	1·01	0·001 010	0·000 202	0·000 204
0·1	1·000 101	0·000 010	0·000 002	0·000 204
0·2	1·000 002	— 0·100 000	— 0·020 000	0·000 068
0·2	1·000 068	— 0·100 000	— 0·020 000	— 0·039 194
0·3	0·990 068	— 0·198 997	— 0·039 799	— 0·079 395
0·3	0·980 168	— 0·197 977	— 0·039 595	— 0·118 589
0·4	0·960 472	— 0·291 938	— 0·058 388	— 0·039 530
0·4	0·960 538	— 0·291 952	— 0·058 390	— 0·074 476
0·5	0·931 343	— 0·378 932	— 0·075 786	— 0·151 025
0·5	0·922 645	— 0·376 195	— 0·075 239	— 0·225 501
0·6	0·885 299	— 0·452 804	— 0·090 561	— 0·075 167
0·6	0·885 371	— 0·452 834	— 0·090 567	— 0·101 764
0·7	0·840 088	— 0·517 487	— 0·103 497	— 0·206 306
0·7	0·833 622	— 0.514 043	— 0·102 809	— 0·308 070
0·8	0·782 562	— 0.564 809	— 0·112 962	— 0·102 690
0·8	0·782 681	— 0·564 886	— 0·112 977	— 0·118 398
0·9	0·726 192	— 0·600 837	— 0·120 167	— 0·239 792
0·9	0·722 597	— 0·598 123	— 0·119 625	— 0·358 190
1·0	0·663 056	— 0·619 092	— 0·123 818	— 0·119 397
1·0	0·663 284	— 0·619 289	— 0·123 858	— 0·123 631
1·1	0·601 355	— 0·625 328	— 0·125 066	— 0·250 013
1·1	0·600 751	— 0·624 736	— 0·124 947	— 0·373 644
1·2	0·538 337	— 0·617 024	— 0·123 405	— 0·124 548
1·2	0·538 736			

Um den Fehler abschätzen zu können und um gleichzeitig eine Kontrolle zu besitzen, führen wir die Rechnung noch einmal mit doppelter Intervallbreite durch:

$h = 0{\cdot}4$

x	y	$f(xy)$	k	
0	1	0·1	0·04	— 0·038 369
0·2	1·02	— 0·099 960	— 0·039 984	— 0·079 968
0·2	0·980 008	— 0·099 960	— 0·039 984	— 0·118 337
0·4	0·960 016	— 0·291 843	— 0·116 737	— 0·039 446
0·4	0·960 554	— 0·291 955	— 0·116 782	— 0·171 316
0·6	0·902 163	— 0·459 908	— 0·183 963	— 0·362 244
0·6	0·868 572	— 0·445 701	— 0·178 281	— 0·533 560
0·8	0·782 273	— 0·564 623	— 0·225 849	— 0·177 853
0·8	0·782 701	— 0·564 899	— 0·225 960	— 0·236 074
1·0	0·669 721	— 0·624 868	— 0·249 947	— 0·495 734
1·0	0·657 727	— 0·614 467	— 0·245 787	— 0·731 808
1·2	0·536 914	— 0·615 469	— 0·246 188	— 0·243 936
1·2	0·538 765			

An der Stelle $x = 1{\cdot}2$ beträgt der Unterschied beider Lösungen 29 Einheiten der letzten Stelle. Der Fehler der ersten Lösung ist daher an dieser Stelle etwa gleich 2 Einheiten der sechsten Dezimale.

Die Differentialgleichung

$$y' = \frac{1}{10} y^2 - x y$$

läßt sich auch in geschlossener Form lösen. Für die gegebenen Anfangswerte ist

$$y = \frac{e^{-\frac{x^2}{2}}}{1 - \frac{\sqrt{2}}{10} \int\limits_0^{\frac{x}{\sqrt{2}}} e^{-t^2} d t}$$

Daraus können durch Reihenentwicklungen leicht genauere Werte berechnet werden. Als Resultat erhalten wir:

x	y	Fehler etwa	genauerer Wert
0·2	1·000 068		
0·4	0·960 538	1	0·960 5374
0·6	0·885 371		
0·8	0·782 681	1	0·782 6798
1·0	0·663 284		
1·2	0·538 736	2	0·538 7334

Sollte im Laufe der Rechnung ein kleiner Fehler unterlaufen sein, so ist es durchaus nicht nötig, die ganze Rechnung von der fehlerhaften Stelle an zu wiederholen. Man kann vielmehr durch eine einfache Rechnung, vorausgesetzt, daß es sich wirklich nur um einen *kleinen* Fehler handelt, den Einfluß des Fehlers auf die späteren Werte ermitteln.

Hat man etwa an einer Stelle statt des richtigen Funktionswertes y fälschlich den Wert $\bar{y} = y + \delta$ gebildet, so ist daraus irrtümlich $\bar{k}_1 = f(x, y + \delta) h$ berechnet worden. Für hinreichend kleine Fehler kann man diesen Ausdruck entwickeln und nach dem ersten Gliede abbrechen:

$$\bar{k}_1 = h (f_{(x,y)} + \delta f_y) = k_1 + h \delta f_y .$$

Weiter ist dann

$$\bar{k}_2 = f\left(x + \frac{h}{2}, y + \delta + \frac{\bar{k}_1}{2}\right) h$$

$$= f\left(x + \frac{h}{2}, y + \frac{k_1}{2}\right) h + h \delta f_y = k_2 + h \delta f_y ,$$

$$\bar{k}_3 = k_3 + h \delta f_y ,$$

$$\bar{k}_4 = k_4 + h \delta f_y .$$

Daraus ergibt sich

$$\bar{k} = k + h\delta f_y,$$

und damit wird

$$\bar{y} + \bar{k} = y + k + \delta(1 + h f_y).$$

An Stelle des Wertes $\bar{y} + \bar{k}$ ist also der richtige Wert

$$y + k = \bar{y} + \bar{k} - \delta(1 + h f_y) \tag{20}$$

zu setzen. Man bildet für alle auf die fehlerhafte Stelle folgenden Werte den Ausdruck $1 + h f_y$; durch Multiplikation mit δ erhält man schrittweise aus einer Korrektur die folgende.

Man kann diese Rechnung auch dazu benutzen, um abzuschätzen, wie stark ein Abrundungsfehler, der eine halbe Einheit der letzten Stelle ausmacht, die folgenden Werte beeinflußt.

Beispiel: Für die oben aufgelöste Differentialgleichung ist

$$f_y = \tfrac{1}{5} y - x.$$

An der Stelle $x = 0{\cdot}2$ kann der Abrundungsfehler eine halbe Einheit der letzten Stelle betragen. Dieser Fehler pflanzt sich durch die Rechnung fort, und bei jedem Schritt kann außerdem ein weiterer Abrundungsfehler hinzutreten. Den höchstens möglichen Abrundungsfehler erhalten wir durch folgende Rechnung:

x	y	$1 + h f_y$	Abrundungsfehler
0·2	1·00	1·00	0·5
0·4	0·96	0·96	1·0
0.6	0 89	0·92	1·5
0·8	0·78	0·87	1·8
1·0	0·66	0·83	2·1
1·2			2·2

Der Abrundungsfehler beträgt danach für $x = 1{\cdot}2$ ungünstigenfalls etwa zwei Einheiten der sechsten Dezimale.

Man könnte versuchen, die Genauigkeit weiter als bis zu den Gliedern vierter Ordnung zu treiben. Es zeigt sich jedoch, daß sich die Formeln nicht so wählen lassen, daß *sämtliche* Glieder fünfter Ordnung richtig dargestellt werden. Wohl aber können einzelne dieser Glieder zwischen den Ausdrücken (2) und (4) zur Übereinstimmung gebracht werden. Wenn die rechte Seite der Differentialgleichung y nur schwach enthält, dann kann man in den Gliedern fünfter Ordnung alle die Ausdrücke vernachlässigen, die f_y enthalten. Unter dieser Voraussetzung läßt sich eine Lösung so wählen, daß neben den Gliedern fünfter Ordnung sogar noch die Glieder sechster Ordnung richtig wiedergegeben werden. Denn es ist unter Vernachlässigung der f_y enthaltenden Glieder

$$\frac{d^5 y}{d x^5} = D^4 f + \ldots,$$

$$\frac{d^6 y}{d x^6} = D^5 f + \ldots$$

und

$$k_2 = h\left[f + \ldots \frac{h^4}{4!}(D_1^4 f + \ldots) + \frac{h^5}{5!}(D_1^5 f + \ldots) + \ldots\right],$$

$$k_3 = h\left[f + \ldots \frac{h^4}{4!}(D_2^4 f + \ldots) + \frac{h^5}{5!}(D_2^5 f + \ldots) + \ldots\right],$$

$$k_4 = h\left[f + \ldots \frac{h^4}{4!}(D_3^4 f + \ldots) + \frac{h^5}{5!}(D_3^5 f + \ldots) + \ldots\right],$$

Zu den früheren Gleichungen treten daher noch die beiden Gleichungen

$$R_2 D_1^4 f + R_3 D_2^4 f + R_4 D_3^4 f = \frac{4!}{5!} D^4 f,$$

$$R_2 D_1^5 f + R_3 D_2^5 f + R_4 D_3^5 f = \frac{5!}{6!} D^5 f$$

hinzu. Unter Berücksichtigung von (6) haben wir daher dem System (7) noch die Gleichungen

$$(21) \qquad \begin{cases} R_2 \alpha^4 + R_3 \alpha_1^4 + R_4 \alpha_2^4 = \frac{1}{5}, \\ R_2 \alpha^5 + R_3 \alpha_1^5 + R_4 \alpha_2^5 = \frac{1}{6} \end{cases}$$

hinzuzufügen.

Der Wert von α_2 ist natürlich immer gleich 1. Betrachten wir α und α_1 als Wurzeln einer quadratischen Gleichung

$$z^2 + p z + q = 0,$$

so ergeben die zweite, dritte und vierte der Gleichungen (7) zusammen mit den neuen Gleichungen (21) für p und q die Beziehungen

$$\tfrac{1}{2} q + \tfrac{1}{3} p + \tfrac{1}{4} = R_4(1 + p + q),$$
$$\tfrac{1}{3} q + \tfrac{1}{4} p + \tfrac{1}{5} = R_4(1 + p + q),$$
$$\tfrac{1}{4} q + \tfrac{1}{5} p + \tfrac{1}{6} = R_4(1 + p + q).$$

Daraus folgt zunächst

$$p = -1, \qquad q = \frac{1}{5}, \qquad R_4 = \frac{1}{12},$$

und die quadratische Gleichung

$$z^2 - z + \tfrac{1}{5} = 0$$

ergibt die Lösungen

$$\alpha = \frac{1}{10}(5 - \sqrt{5}) = 0{\cdot}2763\,9320,$$

$$\alpha_1 = \frac{1}{10}(5 + \sqrt{5}) = 0{\cdot}7236\,0680.$$

Da $\alpha + \alpha_1 = 1$ ist, haben wir es mit einer symmetrischen Lösung zu tun. Daher ist

$$R_1 = R_4 = \frac{1}{12}, \qquad R_2 = R_3 = \frac{5}{12}.$$

Die übrigen Größen erhalten wir aus den Formeln (16) und (6):

$$\beta = \frac{1}{10}(5 - \sqrt{5}) = 0{\cdot}2763\,9320,$$

$$\beta_1 = -\frac{1}{20}(5 + 3\sqrt{5}) = -0{\cdot}5854\,1020,$$

$$\beta_2 = \frac{1}{4}(-1 + 5\sqrt{5}) = 2{\cdot}5450\,8497,$$

$$\gamma_1 = \frac{1}{4}(3 + \sqrt{5}) = 1{\cdot}3090\,1699,$$

$$\gamma_2 = -\frac{1}{4}(5 + 3\sqrt{5}) = -2{\cdot}9270\,5098,$$

$$\delta_2 = \frac{1}{2}(5 - \sqrt{5}) = 1{\cdot}3819\,6601.$$

Die Ableitung dieser und aller vorhergehenden Lösungen stützt sich auf die Voraussetzung, daß die Taylorsche Reihe gut konvergiert. Nun kann aber $f(xy)$ schon zu Beginn oder im Laufe der weiteren Integration unendlich werden. Die Lösungskurve verläuft dann parallel der y-Achse und die Taylorsche Entwicklung ist nicht mehr anwendbar. Diese Schwierigkeit läßt sich leicht beheben. Sobald die Werte von $f(xy)$ groß werden, vertauscht man die Rollen der beiden Veränderlichen und löst nach dem gleichen Verfahren die umgekehrte Differentialgleichung

$$\frac{dx}{dy} = \frac{1}{f(xy)} = \varphi(xy).$$

In der Umgebung eines singulären Punktes läßt sich allerdings auch auf diesem Wege nichts erreichen.

§ 83. Integration durch Iteration.

Bei vielen numerischen Methoden spielt die Auffindung und Verbesserung einer Näherungslösung eine wichtige Rolle. Auch zur Integration der Differentialgleichung

$$y' = f(xy)$$

läßt sich dieses Verfahren heranziehen.

Für den Anfangspunkt x_0, y_0 lautet die Differentialgleichung als Integralgleichung geschrieben

$$y = y_0 + \int_{x_0}^{x} f(xy)\,dx. \tag{22}$$

Die Aufgabe besteht nun darin, eine Funktion $y(x)$ zu ermitteln, die auf der linken Seite der Gleichung wieder auftritt, wenn man sie in die rechte Seite einsetzt.

Geht man anstatt von der genauen Lösung von einer Näherungslösung $y_1(x)$ aus, so erscheint auf der linken Seite der Gleichung natürlich nicht wieder $y_1(x)$, sondern eine andere Näherungslösung $y_2(x)$. Benutzt man $y_2(x)$, so gelangt man zu einer weiteren Näherungslösung $y_3(x)$ usw. Allgemein erhält man aus einer Näherungslösung $y_n(x)$ durch *Iteration* eine Näherungslösung $y_{n+1}(x)$:

$$y_{n+1} = y_0 + \int_{x_0}^{x} f(x y_n)\, dx. \tag{23}$$

Es fragt sich, ob die Reihe der aufeinanderfolgenden Näherungslösungen $y_1(x)$, $y_2(x)$, ... gegen die genaue Lösung $y(x)$ konvergiert. Um den Fehler der Näherungslösung zu untersuchen, bilden wir die Differenz der Gleichungen (22) und (23)

$$y - y_{n+1} = \int_{x_0}^{x} [f(xy) - f(xy_n)]\, dx$$

oder

$$y - y_{n+1} = \int_{x_0}^{x} \frac{f(xy) - f(xy_n)}{y - y_n} (y - y_n)\, dx.$$

Wir nehmen nun an, daß der Ausdruck

$$\frac{f(xy) - f(xy_n)}{y - y_n}$$

für alle in Betracht kommenden Werte x, y, y_n eine gewisse Grenze M absolut genommen nicht überschreitet. Bezeichnen wir die größten absoluten Beträge, die die Differenzen $y - y_n$ und $y - y_{n+1}$ in dem Intervall x_0 bis x haben können, mit ε_n und ε_{n-1}, so folgt aus (24) nach dem Mittelwertsatz der Integralrechnung:

$$\varepsilon_{n+1} \leqq M\,|x - x_0|\,\varepsilon_n.$$

Wählt man die Strecke $x - x_0$, über die integriert werden soll, klein genug, so wird $M\,|x - x_0|$ nicht größer sein als ein echter Bruch $\varkappa$. Dann beträgt der Maximalfehler von y_{n+1} höchstens einen Bruchteil $\varkappa$ des Maximalfehlers von y_n. Ebenso ist der Maximalfehler von y_n höchstens gleich demselben Bruchteil $\varkappa$ des Fehlers von y_{n-1} und so fort. Es ist also

$$\varepsilon_{n+1} \leqq \varkappa^n\, \varepsilon_1.$$

Da ε_1 eine feste Konstante ist, wird die Näherungslösung y_{n+1} beliebig genau, wenn man nur n hinreichend groß wählt, d. h. die einzelnen Näherungslösungen konvergieren gegen die wahre Lösung $y(x)$.

Obgleich durch die Bedingung

$$M\,|x - x_0| \leqq \varkappa$$

die Konvergenz des Verfahrens auf ein hinreichend kleines Intervall $x - x_0$ beschränkt ist, kann man doch weiter fortschreiten. Denn man kann jeden mit ausreichender Genauigkeit ermittelten Punkt als neuen Anfangspunkt wählen und jedesmal über ein hinreichend kleines Intervall weiter integrieren.

In der Regel lohnt es sich nicht, den Wert von M zu berechnen, um ein Maß für das zulässige Integrationsintervall zu besitzen. Der Verlauf der einzelnen Näherungslösungen zeigt deutlich genug, wie weit die Integration ausgedehnt werden kann. Vorteilhaft ist es, wenn M möglichst klein ist. Hier bringt zuweilen eine Drehung des Koordinatensystems Gewinn. Sobald zwei aufeinanderfolgende Näherungen innerhalb der gewählten Genauigkeitsgrenze keine Abweichung zeigen, stellen sie die gesuchte Lösung mit der gewünschten Genauigkeit dar.

Für die wiederholten Integrationen benutzen wir das Differenzenschema, und zwar werden wir uns in der Regel auf die Mitnahme der zweiten Differenzen beschränken. Der Fehler, der durch die Vernachlässigung der vierten und höheren Differenzen entsteht, läßt sich ja beliebig klein machen, wenn man die einzelnen Teilintervalle nur klein genug wählt.

Die erste Näherung, auf die sich das ganze Verfahren aufbaut, kann man nun entweder nach den Verfahren des § 82 oder auf graphischem Wege ermitteln. Häufig genügt auch schon eine ganz rohe Schätzung auf Grund der Anfangswerte, denn es zeigt sich, daß man den Begriff „Näherung" im allgemeinen nicht engherzig zu fassen braucht.

Sollte im Laufe der Rechnung ein Fehler unterlaufen, so stellt auch ein fehlerhafter Wert von y_n, wenn er nicht ganz aus dem Rahmen der übrigen Werte herausfällt, noch eine brauchbare Näherung dar und wird durch das Iterationsverfahren automatisch wieder verbessert.

Beispiel: Die Differentialgleichung

$$y' = \frac{1}{10} y^2 - x y$$

ist mit den Anfangswerten $x_0 = 0$, $y_0 = 1$ zu integrieren.

Wir wählen $h = 0{\cdot}1$, berechnen also die Funktionswerte an den Stellen $0{\cdot}1$, $0{\cdot}2$, $0{\cdot}3$, ... Das Integrationsintervall dehnen wir bis zu dem Werte $x_n = 1{\cdot}2$ aus; es zeigt sich im Laufe der Rechnung, daß das Iterationsverfahren bis zu dieser Stelle noch gut konvergiert.

Ohne jede Kenntnis über den Verlauf der Lösung wählen wir als erste rohe Näherung den Anfangswert:

$$y_1 = 1$$

und berechnen die zugehörigen Werte

$$f(x y) = \frac{1}{10} y^2 - x y .$$

Zur Integration wählen wir, von dem Werte $y_0 = 1$ ausgehend, zunächst die Formel

$$\int\limits_{x-h}^{x+h} f\,dx = 2h\left(f + \tfrac{1}{6}\,\Delta\bar{\Delta} f\right)$$

und berechnen die Werte von y_2 an den Stellen 0·2, 0·4, ... 1·2. Dann ermitteln wir von $y_2(0{\cdot}2)$ aus den Wert $y_2(0{\cdot}1)$ durch das Integral

$$\int\limits_{x}^{x+h} f\,dx = h\left[\frac{f(x+h)+f(x)}{2} - \frac{1}{12}\,\frac{\Delta\bar{\Delta} f(x+h) + \Delta\bar{\Delta} f(x)}{2}\right]$$

und wenden schließlich wieder die erste Formel an, um von $y_2(0{\cdot}1)$ ausgehend y_2 an den Stellen 0·3, 0·5, ... 1·1 zu berechnen. Genau so verfahren wir zur Bildung von y_3, y_4, ...

Die Rechnung ist aus der folgenden Tabelle ersichtlich. Zur bequemeren Addition sind die Werte $\frac{1}{6}\Delta\bar{\Delta} f$ jedesmal unter die entsprechenden Werte von f gesetzt worden.

x	y_1	$f(xy_1)$	y_2	$f(xy_2)$	Differenzen	y_3
0·0	1	0·1	1·000	0·1000		1·000
					— 995	
0·1	1	0·0	1·005	0·0005	— 10	1·005
				— 2	— 1005	
0·2	1	— 0·1	1·000	— 0·1000	+ 20	1·000
				+ 3	— 985	
0·3	1	— 0·2	0·985	— 0·1985	+ 52	0·985
				+ 9	— 933	
0·4	1	— 0·3	0·960	— 0·2918	+ 82	0·961
				+ 14	— 851	
0·5	1	— 0·4	0·925	— 0·3769	+ 114	0·927
				+ 19	— 737	
0·6	1	— 0·5	0·880	— 0·4506	+ 149	0·886
				+ 25	— 588	
0·7	1	— 0·6	0·825	— 0·5094	+ 180	0·837
				+ 30	— 408	
0·8	1	— 0·7	0·760	— 0·5502	+ 214	0·784
				+ 36	— 194	
0·9	1	— 0·8	0·685	— 0·5696	+ 250	0·728
				+ 42	+ 56	
1·0	1	— 0·9	0·600	— 0·5640	+ 284	0·671
				+ 47	+ 340	
1·1	1	— 1·0	0·505	— 0·5300	+ 320	0·616
				+ 53	+ 660	
1·2	1	— 1·1	0·400	— 0·4640		0·566

Man erkennt deutlich, wie die Konvergenz des Verfahrens nach und nach schlechter wird. Die ersten Werte ändern sich kaum noch, während die letzten Werte noch stark voneinander abweichen. Wir wenden das Verfahren noch zweimal an und erhalten das folgende Bild. Das Differenzenschema ist fortgelassen.

x	$f(x y_3)$	y_4	$f(x y_4)$	y_5
0·0	0·1000	1·000	0·1000	1·000
0·1	0·0005	1·005	0·0005	1·005
0·2	— 0·1000	1·000	— 0·1000	1·000
0·3	— 0·1985	0·985	— 0·1985	0·985
0·4	— 0·2920	0·961	— 0·2919	0·961
0·5	— 0·3776	0·927	— 0·3775	0·927
0·6	— 0·4531	0·885	— 0·4528	0·885
0·7	— 0·5158	0·837	— 0·5158	0·837
0·8	— 0·5657	0·783	— 0·5651	0·783
0·9	— 0·6022	0·724	— 0·5992	0·724
1·0	— 0·6260	0·663	— 0·6190	0·663
1·1	— 0·6397	0·599	— 0·6230	0·601
1·2	— 0·6472	0·535	— 0·6134	0·539

Die Werte, die sich von einer Näherung zur nächsten nicht mehr ändern, braucht man natürlich nicht neu zu berechnen. Würde man das Iterationsverfahren noch einmal auf die Näherung y_5 anwenden, so würde sich innerhalb der gewählten dreiziffrigen Genauigkeit keinerlei Änderung mehr ergeben.

Wünscht man die Genauigkeit weiterzutreiben, so muß man sich zunächst Rechenschaft davon ablegen, wieweit die bei der Integration vernachlässigten höheren Differenzen das Resultat verfälschen können. Der Fehler der benutzten Integrationsformeln läßt sich durch die Größe der vierten Differenzen abschätzen. Für das ganze Intervall x_0 bis x beträgt der Fehler etwa

$$F = -\frac{x - x_0}{180} \Delta^2 \overline{\Delta}^2 . \tag{24}$$

Dabei ist für $\Delta^2 \overline{\Delta}^2$ ein Mittelwert aus dem Integrationsintervall zu wählen.

Um die vierten Differenzen zu ermitteln, stellen wir das folgende Differenzenschema auf:

x	$f(x y)$	Differenzen 1.	2.	3.	4.
0·0	0·1000				
		— 995			
0·1	0·0005		— 10		
		— 1005		30	
0·2	— 0·1000		+ 20		0
		— 985		30	
0·3	— 0·1985		50		— 1
		— 935		29	
0·4	— 0·2920		79		— 3
		— 856		26	
0·5	— 0·3776		105		— 11
		— 751		15	

x	$f(xy)$	Differenzen 1.	2.	3.	4.
0·6	—0·4527		120		+ 3
		— 631		18	
0·7	—0·5158		138		— 4
		— 493		14	
0·8	—0·5651		152		—23
		— 341		— 9	
0·9	—0·5992		143		+ 4
		— 198		— 5	
1·0	—0·6190		138		0
		— 60		— 5	
1·1	—0·6250		133		
		— 73			
1·2	—0·6177				

Obwohl die vierten Differenzen stark schwanken, kann man doch ihr arithmetisches Mittel als geeigneten Mittelwert für die Fehlerabschätzung ansehen. Danach ist $\Delta^2\bar{\Delta}^2 = -4\cdot 10^{-4}$, und der Formelfehler für die Integration von 0·0 bis 1·2 wird

$$F = \frac{1{\cdot}2}{180}\cdot 4\cdot 10^{-4} = 3\cdot 10^{-6}.$$

Die einzelnen Näherungen konvergieren somit gegen eine Funktion, deren Wert an der Stelle 1·2 um etwa drei Einheiten der sechsten Dezimale zu klein sein wird.

Wünscht man größere Genauigkeit, so muß man entweder das Teilintervall h kleiner wählen oder bei der Integration höhere Differenzen benutzen.

Dehnen wir unsere Lösung bis zu der erreichbaren Genauigkeit aus, so ergeben sich nacheinander die folgenden Näherungen:

x	y_6	y_7	y_8	y_9	y_{10}
0·0	1·0000	1·000 000	1·000 000	1·000 000	1·000 000
0·1	1·0050	1·005 045	1·005 046	1·005 046	1·005 046
0·2	1·0001	1·000 066	1·000 068	1·000 068	1·000 068
0·3	0·9850	0·985 113	0·985 114	0·985 113	0·985 113
0·4	0·9605	0·960 538	0·960 537	0·960 537	0·960 537
0·5	0·9269	0·926 987	0·926 985	0·926 986	0·926 986
0·6	0·8853	0·885 374	0·885 369	0·885 370	0·885 369
0·7	0·8368	0·836 837	0·836 830	0·836 831	0·836 831
0·8	0·7826	0·782 688	0·782 678	0·782 679	0·782 678
0·9	0·7242	0·724 357	0·724 337	0·724 340	0·724 340
1·0	0·6632	0·663 310	0·663 287	0·663 281	0·663 281
1·1	0·6009	0·600 987	0·600 949	0·600 956	0·600 956
1·2	0·5387	0·538 772	0·538 721	0·538 733	0·538 731

Weiterhin ändern sich die auf sechs Dezimalen hingeschriebenen Näherungswerte nicht mehr. Die letzte Näherung ist an der Stelle 1·2, verglichen mit dem genaueren Werte auf Seite 297, um 2·4 Einheiten der sechsten Dezimale zu klein.

Das Verfahren der Iteration wird zweckmäßig auch als Probe des *Runge-Kutta*schen Verfahrens angewendet. Hat man z. B. für die oben behandelte Differentialgleichung

$$y' = \frac{1}{10} y^2 - xy$$

auf dem in § 82 auseinandergesetzten Wege die Werte gefunden:

x	y	$\frac{1}{10} y^2 - xy$	Δ	Δ^2
0	1	0·1		
			— 2000	
0·2	1·0001	— 0·1000		+ 80
			— 1920	
0·4	0·9605	— 0·2920		
			— 1608	
0·6	0·8854	— 0·4528		+ 487
			— 1121	
0·8	0·7827	— 0·5649		
			— 544	
1·0	0·6633	— 0·6193		+ 563
			+ 19	
1·2	0·5387	— 0·6174		

so integriere man über die Funktion $\frac{1}{10} y^2 - xy$, indem man den sechsten Teil der zweiten Differenzen bei $x = 0·2$, $0·6$, $1·0$ zu den Werten von $\frac{1}{10} y^2 - xy$ hinzufügt und addiert

$$\begin{array}{r} -0·0987 \\ -0·4447 \\ \underline{-0·6099} \\ -1·1533 \end{array}$$

Mit dem Intervall 0·4 multipliziert gibt das für y den Zuwachs

$$\Delta y = -0·4613$$

und somit für $x = 1·2$ $y = 0·5387$, wie berechnet worden ist. Führt die Integration zu einem neuen Wert von y, so ist anzunehmen, daß der neue Wert der richtigere ist.

§ 84. Integration durch Summation.

Das Verfahren der Iteration läßt sich mit der im 9. Kapitel, § 74, S. 252 abgeleiteten Integrationsformel

$$(25) \qquad \frac{1}{h}\int^{x} f(x, y)\, dx = (n, -1) - \frac{1}{12}(n, 1) + \frac{11}{720}(n, 3) - \dots$$

mit Vorteil verbinden. Dabei wählen wir h klein genug, damit bei der Genauigkeit, mit der wir y zu berechnen wünschen, nur eine geringe Anzahl der Glieder auf der rechten Seite berücksichtigt zu werden braucht, in der Regel nur die ersten beiden.

Als *Beispiel* werde die Differentialgleichung

$$\frac{dy}{dx} = x + y$$

mit den Anfangsbedingungen $x = 0$, $y = 1$ gewählt. Zwar kann man die Lösung $y = 2e^x - 1 - x$ weniger umständlich durch die Potenzentwicklung von e^x berechnen, aber um das Verfahren zu erläutern, schadet das nichts. Das Beispiel ist so gewählt, daß die Berechnung von $f(x, y)$ keine Mühe macht. Im allgemeinen ist nämlich die wiederholte Berechnung von $f(x, y)$ die Hauptarbeit, die bei der numerischen Auflösung einer Differentialgleichung zu leisten ist. Alles übrige sind im wesentlichen nur Additionen. h werde gleich 0·1 angenommen. Als erste Annäherung nehmen wir $f(x, y)$ konstant an gleich $f(0, 1) = 1$ und bilden das Differenzenschema der *Mittelwerte* von $f(x, y)$, das wir nach links, entsprechend den Anfangsbedingungen von $\int^x f(x, y)\,dx$, fortsetzen:

$n, -1$	$n+\frac{1}{2}, 0$	$n, +1$
9		
	1	
10		0
	1	
11		

$(n = -1,\ 0,\ +1)$.

Die Kolonne $n, -1$ gibt hier ohne weitere Korrektur die Werte von

$$\frac{1}{h}\int^x f(x, y)\,dx$$

an, weil die Glieder $n, 1$ verschwinden. Das gibt für y und $f(x, y)$, da

$$y = \int^x f(x, y)\,dx:$$

x	y	$f(xy)$
– 0·1	0·9	0·8
0·0	1·0	1·0
0·1	1·1	1·2

Mit den neuen Werten von $f(x, y)$ wird wieder das Differenzenschema der Mittelwerte gebildet und nach links entsprechend den Anfangsbedingungen ergänzt:

$n, -1$	$n+\frac{1}{2}, 0$	$n, 1$
9·117		0·2
	0·9	
10·017		0·2
	1·1	
11·117		0·2

Da $(0,1) = 0{\cdot}2$, so ist $-\frac{1}{12}(0,1) = -0{\cdot}017$; daher muß $(0,-1) = 10{\cdot}017$ genommen werden, damit das Integral durch h dividiert den Wert 10 erhält. Die Werte $(-1,1)$ und $(+1,1)$ werden zunächst durch die Werte 0·2 angenähert, indem wir $(n+\frac{1}{2}, 2)$ noch gleich 0 annehmen. Die Formel (25) liefert somit $y = 0{\cdot}910$, $1{\cdot}000$, $1{\cdot}110$. Mit diesen Werten von y für $x = -0{\cdot}1$, $0{\cdot}0$, $0{\cdot}1$ werden von neuem drei Werte von $f(x, y)$ berechnet und das Differenzenschema der Mittelwerte aufgestellt:

x	y	$f(x,y)$	$n, -1$	$n+\frac{1}{2}, 0$	$n, 1$	$n+\frac{1}{2}, 2$
−0·1	0·910	0·810	9·112		0·180	
				0·905		0·020
0·0	1·000	1·000	10·017		0·200	
				1·105		0·020
0.1	1·110	1·210	11·122		0·220	

Die Werte für $n+\frac{1}{2}, 2$ ergeben sich aus der zweiten Differenz der drei Werte von $f(x, y)$ durch die Annahme, daß die zweite Differenz konstant sei und daher auch die Mittelwerte dieselbe zweite Differenz haben. Von neuem wird nun die Integrationsformel (25) angewendet und ergibt $y = 0{\cdot}9097$, $1{\cdot}0000$, $1{\cdot}1104$ und $f(x,y) = 0{\cdot}8097$, $1{\cdot}0000$, $1{\cdot}2104$ mit der zweiten Differenz $\Delta^2 f = 0{\cdot}0201$.

Wird nun noch einmal das Differenzenschema der Mittelwerte gebildet:

x	y	$f(x,y)$	$n, -1$	$n+\frac{1}{2}, 0$	$n, 1$	$n+\frac{1}{2}, 2$
−0·1	0·9097	0·8097	9·1119		0·1803	
				0·9048		0·0201
0·0	1·0000	1·0000	10·0167		0·2004	
				1·1052		0·0201
0·1	1·1104	1·2104	11·1219		0·2205	

wo wieder die beiden Werte von $n+\frac{1}{2}, 2$ gleich der zweiten Differenz der drei Werte von $f(x, y)$ angenommen werden, so ergeben sich nach der Integrationsformel (25) für y die Werte 0·9097, 1·0000, 1·1104, d. h. dieselben Werte, die schon berechnet waren. Wir nehmen daher an, daß sie etwa auf eine Einheit der vierten Dezimale richtig sind.

Man braucht natürlich nicht, wie hier der Deutlichkeit wegen geschehen ist, das Schema immer wieder von neuem hinzuschreiben, sondern kann statt dessen die hingeschriebenen Zahlen bei den wiederholten Schritten verbessern, vielleicht zuerst mit Bleistift schreiben und erst die endgültigen Werte mit Tinte ausziehen.

Um die weiteren Werte von y zu finden, extrapolieren wir jetzt das Differenzenschema der Mittelwerte, indem wir einstweilen noch $n+\frac{1}{2}, 2$ als konstant betrachten und für $2+\frac{1}{2}, 2$ auch 0·0201 schreiben. Dann wird das Schema nach links vervollständigt

9·1119		0·1803	
	0·9048		0·0201
10·0167		0·2004	
	1·1052		0·0201
11·1219		0·2205	
	1·3257		0·0201
12·4476		0·2406	

und liefert für y den nächsten Wert 1·2428 und für $f(x, y)$ 1·4428 und damit für den letzten Mittelwert von f den verbesserten Wert 1·3266 statt 1·3257. Das ändert nun zwar wieder die Kolonne $n, 1$ und $n+\frac{1}{2}, 2$, hat aber keinen Einfluß auf die vierte Dezimale von y. In dem Differenzenschema haben wir aber jetzt so fortzufahren:

			0·0210
11·1219		0·2214	
	1·3266		0·0210
12·4485		0·2424	

was jedoch den Wert 1·2428 für y, der hieraus nach der Formel (25) berechnet wird, nicht ändert. Wir fahren daher mit der Extrapolation des Differenzenschemas weiter fort. Dabei werden wir gut tun, auch die Kolonne $n+\frac{1}{2}, 2$ nicht mehr konstant zu halten. Aus dem nächsten Wert von y wird sich sogleich ergeben, um wieviel die Werte $n+\frac{1}{2}, 2$ zunehmen.

Einstweilen können wir ihnen den Zuwachs geben, welcher der Änderung $(0, 2) = 0·0200$ auf $(\frac{1}{2}, 2) = 0·0210$ entspricht, d. h. 0·0020 für eine Änderung von n auf $n+1$.

Die Extrapolation ergibt danach

11·1219		0·2214	
	1·3266		0·0230
12·4485		0·2444	
	1·5710		0·0250
14·0195		0·2694	

und damit $y = 0{\cdot}1\,(14{\cdot}0195 - 0{\cdot}0224) = 1{\cdot}3997$ und $f(x, y) = 1{\cdot}6997$. Somit ergibt sich der letzte Mittelwert $(2 + \frac{1}{2}, 0) = 1{\cdot}5712$, so daß sich das Schema der Mittelwerte so abändert:

				0·0022
			0·0232	
12·4485		0·2446		0·0022
	1·5712		0·0254	
14·0197		0·2700		

Der Wert von y wird dadurch indessen bis auf die vierte Dezimale nicht geändert. Es ist nun eine Kolonne $(n, 3)$ hinzugetreten. Nach der Formel (25) liefert sie aber zu y nur den Beitrag $h \cdot \frac{11}{720}(n, 3)$, was für die vierte Dezimale nicht in Betracht kommt. Für die weitere Extrapolation wird $(n, 3)$ konstant gesetzt.

Man wird die ganze Rechnung in einem Formular etwa der folgenden Form vereinigen, indem man bei jedem neuen Schritt vorwärts an den vorhergehenden Werten des Schemas die sich ergebenden Änderungen anbringt:

x	y	$f(x, y)$	$n, -1$	$n + \frac{1}{2}, 0$	$n, 1$	$n + \frac{1}{2}, 2$	$n, 3$
−0·1	0·9097	0·8097	9·1119		0·1803		
				0·9048		0·0201	
0·0	1·0000	1·0000	10·0167		0·2004		
				1·1052		0·0210	
0·1	1·1104	1·2104	11·1219		0·2214		0·0022
				1·3266		0·0232	
0·2	1·2428	1·4428	12·4485		0·2246		0·0022
				1·5712		0·0254	
0·3	1·3997	1·6997	14·0197		0·2700		

Es empfiehlt sich, die Korrekturen $-\frac{1}{12}(n, 1)$, die nach der Formel (25) an den Werten $n, -1$ anzubringen sind, um hy zu erhalten, mit kleiner Schrift unter die Werte $n, -1$ zu schreiben.

Nachdem so eine größere Anzahl der Kolonnen der Differenzentabelle der Mittelwerte aufgebaut ist, geht die Rechnung rasch weiter, rascher als bei dem ersten Aufbau. Es kann sich daher unter Umständen lohnen, die ersten Werte auf anderem Wege, z. B. durch Reihenentwicklung, zu ermitteln, wenn dieser Weg gangbar ist.

Die Fortsetzung der obigen Tabelle lautet für das Differenzenschema, in Einheiten der vierten Dezimale geschrieben:

x	y	$f(x, y)$	$n, -1$	$n+\frac{1}{2}, 0$	$n, 1$	$n+\frac{1}{2}, 2$	$n, 3$
0·2	1·2428	1·4428	124 485		2246		26
				15 712		258	
0·3	1·3997	1·6997	140 197		2704		27
				18 416		285	
0·4	1·5836	1·9836	158 609		2989		29
				21 405		314	
0·5	1·7974	2·2974	180 017		3303		33
				24 708		347	
0·6	2·0442	2·6442	204 724		3650		37
				28 358		384	
0·7	2·3275	3·0275	233 080		4034		41
				32 392		425	
0·8	2·6510	3·4510	265 472		4459		43
				36 851		468	
0·9	3·0191	3·9191	302 323		4927		45
				41 778		513	
1·0	3·4365	4·4365	344 103		5440		

§ 85. Gleichungen zweiter und höherer Ordnung.

Verfahren von *Runge-Kutta.*

Die für die Lösung von Differentialgleichungen erster Ordnung entwickelten Methoden lassen sich ohne Schwierigkeit so erweitern, daß sie auf gewöhnliche Differentialgleichungen von beliebiger Ordnung angewandt werden können. Wir denken uns die Differentialgleichung $n$ter Ordnung nach der höchsten Ableitung aufgelöst:

$$\frac{d^n y}{d x^n} = f\left(x, y, \frac{dy}{dx}, \frac{d^2 y}{dx^2}, \ldots \frac{d^{n-1} y}{d x^{n-1}}\right)$$

und führen $n-1$ neue Funktionen $y_1, y_2, \ldots y_{n-1}$ ein durch die Beziehungen

$$y_1 = \frac{dy}{dx},$$

$$y_2 = \frac{d^2 y}{dx^2},$$

$$\cdots\cdots\cdots$$

$$y_{n-1} = \frac{d^{n-1} y}{d x^{n-1}}.$$

Dann läßt sich die Differentialgleichung $n$ter Ordnung durch ein System von n Differentialgleichungen erster Ordnung ersetzen:

$$\frac{d y_{n-1}}{dx} = f(x, y, y_1, y_2, \ldots y_{n-1}),$$

$$\frac{dy}{dx} = y_1,$$

$$\frac{dy_1}{dx} = y_2,$$

$$\cdots\cdots\cdots$$

$$\frac{d y_{n-2}}{dx} = y_{n-1}.$$

Gelingt es uns, ein Verfahren zur Integration eines Systems von n Differentialgleichungen erster Ordnung zu finden, so ist damit gleichzeitig die Lösung einer Differentialgleichung $n$ter Ordnung erledigt.

Wir beschränken uns weiterhin auf die Lösung eines Systems von zwei Gleichungen. Die Ausdehnung des Verfahrens auf eine größere Zahl von Gleichungen ist ohne weiteres erkennbar.

Allgemein sind zwei Funktionen $y(x)$ und $z(x)$ aus den beiden Gleichungen

$$\left\{\begin{aligned} y' &= f(xyz), \\ z' &= g(xyz) \end{aligned}\right. \tag{26}$$

zu ermitteln. Aus der zweifach unendlichen Schar wird eine bestimmte Lösung durch die Angabe der Anfangswerte x_0, y_0, z_0 herausgegriffen. Für die Differentialgleichung zweiter Ordnung muß neben den Werten x_0 und y_0 auch der Wert der ersten Ableitung im Anfangspunkt gegeben sein.

Ebenso wie im § 82 gelangen wir von dem Anfangspunkt aus zu weiteren Werten der beiden Funktionen $y(x)$ und $z(x)$, wenn wir jedesmal x um einen Betrag h wachsen lassen und die entsprechenden Änderungen k von y und l von z berechnen. Wieder begnügen wir uns damit, die beiden Größen k und l durch Ausdrücke von der Form

$$\left\{\begin{aligned} k &= R_1 k_1 + R_2 k_2 + R_3 k_3 + R_4 k_4, \\ l &= R_1 l_1 + R_2 l_2 + R_3 l_3 + R_4 l_4 \end{aligned}\right. \tag{27}$$

bis zu Gliedern vierter Ordnung in h richtig darzustellen. Die Hilfsgrößen k_1, k_2, k_3, k_4 sollen jetzt, den erweiterten Gleichungen (3) entsprechend, die folgende Bedeutung erhalten:

$$\begin{aligned} k_1 &= f(xyz)\,h, \\ k_2 &= f(x+\alpha h, y+\beta k_1, z+\beta l_1)\,h, \\ k_3 &= f(x+\alpha_1 h, y+\beta_1 k_1+\gamma_1 k_2, z+\beta_1 l_1+\gamma_1 l_2)\,h, \\ k_4 &= f(x+\alpha_2 h, y+\beta_2 k_1+\gamma_2 k_2+\delta_2 k_3, z+\beta_2 l_1+\gamma_2 l_2+\delta_2 l_3)\,h. \end{aligned}$$

Genau so werden die Größen l_1, l_2, l_3, l_4 durch die zweite Gleichung bestimmt.

Die Forderung, daß die Ausdrücke (27) bis zu den Gliedern vierter Ordnung in h mit den beiden Entwicklungen

$$\begin{aligned} k &= h\frac{dy}{dx} + \frac{h^2}{2!}\frac{d^2y}{dx^2} + \frac{h^3}{3!}\frac{d^3y}{dx^3} + \frac{h^4}{4!}\frac{d^4y}{dx^4} + \cdots, \\ l &= h\frac{dz}{dx} + \frac{h^2}{2!}\frac{d^2z}{dx^2} + \frac{h^3}{3!}\frac{d^3z}{dx^3} + \frac{h^4}{4!}\frac{d^4z}{dx^4} + \cdots \end{aligned}$$

übereinstimmen müssen, führt wieder zu den Gleichungen (7). Die Ableitung der Gleichungen geschieht ebenso wie im § 82, nur sind die dort eingeführten Operatoren entsprechend zu erweitern. Der Operator D hat hier beispielsweise die Bedeutung

$$D = \frac{\partial}{\partial x} + f\frac{\partial}{\partial y} + g\frac{\partial}{\partial z}.$$

Wir wählen wieder die einfache Lösung (17) aus. Dann sind die Größen k und l folgendermaßen bestimmt:

$$k_1 = f(x\,y\,z)\,h\,, \qquad l_1 = g(x\,y\,z)\,h\,,$$

$$k_2 = f\left(x+\frac{h}{2}, y+\frac{k_1}{2}, z+\frac{l_1}{2}\right)h\,, \qquad l_2 = g\left(x+\frac{h}{2}, y+\frac{k_1}{2}, z+\frac{l_1}{2}\right)h\,,$$

$$k_3 = f\left(x+\frac{h}{2}, y+\frac{k_2}{2}, z+\frac{l_2}{2}\right)h\,, \qquad l_3 = g\left(x+\frac{h}{2}, y+\frac{k_2}{2}, z+\frac{l_2}{2}\right)h\,,$$

$$k_4 = f(x+h, y+k_3, z+l_3)\,h\,, \qquad l_4 = g(x+h, y+k_3, z+l_3)\,h\,.$$

Daraus erhalten wir die Zunahmen von y und z:

$$k = \tfrac{1}{6}k_1 + \tfrac{1}{3}(k_2+k_3) + \tfrac{1}{6}k_4\,,$$

$$l = \tfrac{1}{6}l_1 + \tfrac{1}{3}(l_2+l_3) + \tfrac{1}{6}l_4\,.$$

Da der Fehler eines einzelnen Schrittes proportional zu h^5 ist, erhält man wieder eine einfache Fehlerabschätzung, indem man die Integration ein zweites Mal mit doppelter Intervallbreite vornimmt. Der Fehler der ersten Berechnung ist dann etwa gleich $\frac{1}{15}$ des Unterschiedes beider Ergebnisse.

Der oben eingeschlagene Weg zur Zurückführung einer Differentialgleichung $n$ter Ordnung auf ein System von n Differentialgleichungen erster Ordnung ist durchaus nicht der einzig mögliche. In bestimmten Fällen wird man häufig andere Substitutionen vornehmen, um ein für die numerische Rechnung bequemes Gleichungssystem zu erhalten.

Beispiel: Die *Bessel*sche Differentialgleichung für den Parameter 0:

$$\frac{d^2y}{dx^2} + \frac{1}{x}\frac{dy}{dx} + y = 0$$

ist für die Anfangswerte $x_0 = 0$, $y_0 = 1$, $y_0' = 0$ zu integrieren.

Wir führen die neue Funktion

$$z = x\,y'$$

ein. Dann folgt aus der gegebenen Gleichung

$$z' = x\,y'' + y' = -\,x\,y\,.$$

Wir erhalten daher an Stelle der *Bessel*schen Gleichung die beiden Differentialgleichungen erster Ordnung:

$$y' = \frac{z}{x}\,,$$

$$z' = -\,x\,y\,.$$

Aus den gegebenen Anfangsbedingungen folgen für unser Gleichungssystem die Anfangswerte

$$x_0 = 0\,, \quad y_0 = 1\,, \quad z_0 = 0\,.$$

Die Rechnung ordnen wir ebenso wie bei den Differentialgleichungen erster Ordnung an. Der einzige Unterschied besteht darin, daß die entsprechenden Größen k und l jetzt gleichzeitig berechnet werden müssen. Für h wählen wir den Wert 0·2.

Der Gang der Rechnung geht aus der folgenden Tabelle hervor:

$h = 0{\cdot}2$

x	y	z	$f = \frac{z}{x}$	$g = -xy$	$k = h \cdot f$	$l = hg$	(k)	(l)
0·0	1·00 000	0·00 000	0·00 000	0·00 000	0·00 000	0·00 000	— 0·01 000	— 0·01 960
0·1	1·00 000	00 000	00 000	— 0·10 000	00 000	— 0·02 000	2 000	4 000
0·1	1·00 000	— 0·01 000	— 0·10 000	10 000	— 0·02 000	2 000	— 0·03 000	— 0·05 960
0·2	0·98 000	02 000	10 000	19 600	2 000	3 920	— 0·01 000	— 0·01 987
0·2	0·99 000	— 0·01 987	— 0·09 933	— 0·19 800	— 0·01 987	— 0·03 960	— 0·02 955	— 0·05 809
0·3	98 007	03 967	13 222	29 402	2 644	5 880	5 929	11 741
0·3	97 678	04 927	16 423	29 303	3 285	5 861	— 0·08 884	— 0·17 550
0·4	95 715	07 848	19 620	38 286	3 924	7 657	— 0·02 961	— 0·05 850
0·4	0·96 039	— 0·07 837	— 0·19 592	— 0·38 416	— 0·03 918	— 0·07 683	— 0·04 827	— 0·09 303
0·5	94 080	11 679	23 358	47 040	4 672	9 408	9 688	18 778
0·5	93 703	12 541	25 082	46 852	5 016	9 370	— 0·14 515	— 0·28 081
0·6	91 023	17 207	28 678	54 614	5 736	10 923	— 0·04 838	— 0·09 360
0·6	0·91 201	— 0·17 197	— 0·28 662	— 0·54 721	— 0·05 732	— 0·10 944	— 0·06 555	— 0·12 234
0·7	88 335	22 669	32 384	61 834	6 477	12 367	13 157	24 682
0·7	87 963	23 380	33 400	61 574	6 680	12 315	— 0·19 712	— 0·36 916
0·8	84 521	29 512	36 890	67 617	7 378	13 523	— 0·06 571	— 0·12 305
0·8	0·84 630	— 0·29 502	— 0·36 878	— 0·67 704	— 0·07 376	— 0·13 541	— 0·08 089	— 0·14 416
0·9	80 942	36 272	40 302	72 848	8 060	14 570	16 235	29 078
0·9	80 600	36 787	40 876	72 540	8 175	14 508	— 0·24 324	— 0·43 494
1·0	76 455	44 010	44 010	76 455	8 802	15 291	— 0·08 108	— 0·14 498
1·0	0·76 522	— 0·44 000	— 0·44 000	— 0·76 522	— 0·08 800	— 0·15 304	— 0·09 384	— 0·15 702
1·1	72 122	51 652	46 956	79 334	9 391	15 867	18 833	31 669
1·1	71 826	51 933	47 212	79 009	9 442	15 802	— 0·28 217	— 0·47 371
1·2	67 080	59 802	49 835	80 496	9 967	16 099	— 0·09 406	— 0·15 790
1 2	0·67 116	— 0·59 790						

Führt man dieselbe Rechnung mit doppelter Intervallbreite aus, so erhält man an der Stelle $x = 1{\cdot}2$ die Werte

$$y = 0{\cdot}67123\,, \qquad z = -0{\cdot}59715\,.$$

Danach hat y an der Stelle $x = 1{\cdot}2$ einen Fehler von etwa einer halben Einheit, z ein Fehler von etwa fünf Einheiten der letzten Dezimale. Hinzu kommen jedoch noch die durch Abrundung entstandenen Fehler.

Ist während der Rechnung ein *kleiner* Fehler unterlaufen, so ist es wieder nicht nötig, die Rechnung von der fehlerhaften Stelle an zu wiederholen. Hat man an die Stelle der richtigen Werte y und z die fehlerhaften Werte

$$\bar{y} = y + \delta \quad \text{und} \quad \bar{z} = z + \varepsilon$$

gesetzt, so ist aus ihnen irrtümlich

$$\begin{aligned} \bar{k}_1 &= (f + \delta f_y + \varepsilon f_z)\,h\,, & \bar{l}_1 &= (g + \delta g_y + \varepsilon g_z)\,h\,,\\ &= k_1 + (\delta f_y + \varepsilon f_z)\,h\,, & &= l_1 + (\delta g_y + \varepsilon g_z)\,h \end{aligned}$$

berechnet worden. Ferner ist

$$\begin{aligned} \bar{k}_2 &= k_2 + (\delta f_y + \varepsilon f_z)\,h\,, & \bar{l}_2 &= l_2 + (\delta g_y + \varepsilon g_z)\,h\,,\\ \bar{k}_3 &= k_3 + (\delta f_y + \varepsilon f_z)\,h\,, & \bar{l}_3 &= l_3 + (\delta g_y + \varepsilon g_z)\,h\,,\\ \bar{k}_4 &= k_4 + (\delta f_p + \varepsilon f_z)\,h\,, & \bar{l}_4 &= l_4 + (\delta g_y + \varepsilon g_z)\,h \end{aligned}$$

und

$$\bar{k} = k + (\delta f_y + \varepsilon f_z)\,h\,, \qquad \bar{l} = l + (\delta g_y + \varepsilon g_z)\,h\,.$$

An die Stelle der richtigen Werte $y + k$ und $z + l$ treten daher die falschen Werte

$$(28) \qquad \left\{ \begin{aligned} \bar{y} + \bar{k} &= y + k + \delta(1 + h f_y) + \varepsilon h f_z\,,\\ \bar{z} + \bar{l} &= z + l + \delta h g_y + \varepsilon(1 + h f_z)\,. \end{aligned} \right.$$

Beispiel: Wir benutzen dieses Resultat, um abzuschätzen, welchen Einfluß der Abrundungsfehler in der oben durchgeführten Rechnung höchstens besitzen kann. An der Stelle $x = 0{\cdot}2$ kann der Abrundungsfehler eine halbe Einheit der fünften Dezimale betragen. Bei jedem weiteren Schritt kann ein gleicher Abrundungsfehler hinzutreten.

Aus unserem Gleichungssystem erhalten wir

$$\begin{aligned} f_y &= 0\,, & f_z &= \frac{1}{x}\,,\\ g_y &= -x\,, & g_z &= 0\,. \end{aligned}$$

Daher ist

$$\begin{aligned} \bar{y} + \bar{k} &= y + k + \delta + \varepsilon \frac{h}{x}\,,\\ \bar{z} + \bar{l} &= z + l + \varepsilon - \delta h x\,. \end{aligned}$$

Es ergibt sich, daß für $x = 1{\cdot}2$ der Wert von y um höchstens fünf, der Wert von z um höchstens drei Einheiten der fünften Dezimale durch Abrundung fehlerhaft geworden sein kann.

Bei Differentialgleichungen zweiter und höherer Ordnung tritt zuweilen der Fall ein, daß die Anfangswerte nicht vollständig gegeben sind. Die an der Stelle x_0 fehlenden Werte werden durch Bedingungen ersetzt, die die Lösung an einer anderen Stelle x_1 erfüllen soll. Man hat es dann mit sogenannten *Randwertaufgaben* zu tun. Bei einer Gleichung zweiter Ordnung kann z. B. im Anfangspunkt x_0 nur der Wert y_0 gegeben sein. Dann kann man der Lösung die weitere Bedingung auferlegen, daß sie an der Stelle x_1 den Wert y_1 oder auch die Ableitung y_1' besitzt. Geometrisch gesprochen soll unter allen Lösungskurven, die durch den Punkt x_0, y_0 hindurchgehen, diejenige ausgewählt werden, die an der Stelle x_1 die Ordinate y_1 oder die Richtung y_1' besitzt.

Numerisch wird man die Aufgabe so angreifen, daß man eine Reihe von Lösungen von x_0 bis x_1 berechnet, die von dem gegebenen Anfangswerte y_0 und verschiedenen Werten y_0' ausgehen. Zwischen den Anfangswerten y_0' hat man so lange zu interpolieren, bis man eine Lösung findet, die an der Stelle x_1 den gewünschten Wert annimmt. Um einen Anhalt dafür zu besitzen, in welcher Weise die Endwerte durch eine Änderung des Anfangswertes beeinflußt werden, kann man, sobald es sich nur noch um kleine Änderungen handelt, zweckmäßig von den Formeln (28) Gebrauch machen.

§ 86. Integration durch Iteration.

Auch die Lösungen eines Systems von Differentialgleichungen erster Ordnung lassen sich durch Iteration weiter verbessern. Wir beschränken uns auf die Betrachtung von zwei Gleichungen; die Ausdehnung des Verfahrens auf beliebig viele Gleichungen wird sofort erkennbar sein.

Wir schreiben die beiden Differentialgleichungen

$$\frac{dy}{dx} = f(xyz),$$

$$\frac{dx}{dz} = g(xyz)$$

als Integralgleichungen für die gegebenen Anfangswerte x_0, y_0, z_0:

$$(29) \qquad \begin{cases} y = y_0 + \int\limits_{x_0}^{x} f(xyz)\,dx, \\ z = z_0 + \int\limits_{x_0}^{x} g(xyz)\,dx. \end{cases}$$

Setzen wir in die rechten Seiten zwei Näherungslösungen $y_1(x)$ und $z_1(x)$ ein, so entstehen durch Integration neue Näherungslösungen $y_2(x)$ und $z_2(x)$. Allgemein führt ein System von Näherungslösungen $y_n(x)$ und $z_n(x)$ durch Iteration zu dem System $y_{n+1}(x)$ und $z_{n+1}(x)$:

$$y_{n+1} = y_0 + \int_{x_0}^{x} f(x y_n z_n)\, dx,$$

$$z_{n+1} = z_0 + \int_{x_0}^{x} g(x y_n z_n)\, dx.$$

Um den Fehler der Näherungen zu untersuchen, subtrahieren wir diese Gleichungen von den Gleichungen (29):

$$y - y_{n+1} = \int_{x_0}^{x} [f(x y z) - f(x y_n z_n)]\, dx,$$

$$z - z_{n+1} = \int_{x_0}^{x} [g(x y z) - g(x y_n z_n)]\, dx$$

und formen die rechten Seiten folgendermaßen um:

$$y - y_{n+1} = \int_{x_0}^{x} \left[\frac{f(x y z) - f(x y_n z)}{y - y_n}(y - y_n) + \frac{f(x y_n z) - f(x y_n z_n)}{z - z_n}(z - z_n)\right] dx,$$

$$z - z_{n+1} = \int_{x_0}^{x} \left[\frac{g(x y z) - g(x y_n z)}{y - y_n}(y - y_n) + \frac{g(x y_n z) - g(x y_n z_n)}{z - z_n}(z - z_n)\right] dx.$$

Die vier dabei auftretenden Differenzenquotienten

$$\frac{f(x y z) - f(x y_n z)}{y - y_n}, \ldots$$

sind gleich gewissen Werten der entsprechenden Differentialquotienten $\frac{\partial f}{\partial y}, \frac{\partial f}{\partial z}, \frac{\partial g}{\partial y}, \frac{\partial g}{\partial z}$ für Werte der Veränderlichen im Bereich y, y_n, z, z_n. Wir nehmen an, daß die beiden ersten Differentialquotienten für alle in Betracht kommenden Werte x, y, z absolut genommen nicht größer als eine feste Zahl M sind, und daß ebenso die beiden letzten Differentialquotienten eine feste Zahl N nicht übersteigen. Bezeichnen ferner δ_n und ε_n je den größten absoluten Betrag von $y - y_n$ und $z - z_n$ in dem Intervall x_0 bis x, so ist

$$\delta_{n+1} \leqq M(\delta_n + \varepsilon_n)|x - x_0|,$$

$$\varepsilon_{n+1} \leqq N(\delta_n + \varepsilon_n)|x - x_0|$$

und daher

$$\delta_{n+1} + \varepsilon_{n+1} \leqq (M + N)(\delta_n + \varepsilon_n)|x - x_0|.$$

Beschränkt man daher das Integrationsintervall so weit, daß der Ausdruck

$$(M + N)|x - x_0|$$

kleiner als ein echter Bruch $\varkappa$ wird, so ist

$$\delta_{n+1} + \varepsilon_{n+1} \leqq \varkappa(\delta_n + \varepsilon_n) \leqq \varkappa^n(\delta_1 + \varepsilon_1).$$

Die größten Fehler der Näherungslösungen können daher mit zunehmendem n innerhalb des bestimmten Integrationsgebietes beliebig klein gemacht werden.

Das Iterationsverfahren ist auch hier in der x-Richtung nicht beschränkt. Denn von einem mit hinreichender Genauigkeit ermittelten Wertetripel x_1, y_1, z_1 kann man stets wieder um ein so kleines Stück auf der x-Achse fortschreiten, daß die Bedingung

$$(M+N)(x-x_1) \leqq \varkappa < 1$$

erfüllt wird.

Wie bei den Differentialgleichungen erster Ordnung ist es auch hier zwecklos, vorher zu ermitteln, wieweit sich die Konvergenz erstreckt. Das Aufhören der Konvergenz macht sich ja durch das Verhalten der einzelnen Näherungen deutlich genug bemerkbar.

Werden an irgendeiner Stelle die Werte von $f(xyz)$ oder $g(xyz)$ zu groß, so wird hier ebenso wie bei den Gleichungen erster Ordnung ein Wechsel der unabhängigen Veränderlichen von Vorteil sein. Je nachdem man y oder z als unabhängige Veränderliche einführt, erhalten die Gleichungen die Gestalt

$$\frac{dx}{dy} = \frac{1}{f(xyz)}, \qquad \frac{dz}{dy} = \frac{g(xyz)}{f(xyz)}$$

oder

$$\frac{dx}{dz} = \frac{1}{g(xyz)}, \qquad \frac{dy}{dz} = \frac{f(xyz)}{g(xyz)}.$$

Zur Ausführung der Integration werden wir auch hier wieder das Differenzenschema bis zu den zweiten Differenzen benutzen und den Fehler abschätzen, der durch Vernachlässigung der höheren Differenzen entsteht.

Die ersten Näherungswerte können nach der Methode des § 85 ermittelt werden. Meistens genügt aber auch schon eine ganz rohe Schätzung aus den Anfangswerten. Natürlich konvergiert das Verfahren um so schneller, je besser die ersten Näherungswerte sind.

Zur Berechnung einer weiteren Näherung wird man stets die beiden *besten* Näherungslösungen heranziehen. Das soll heißen, wenn man aus den beiden Näherungen z_1 und y_1 die Näherung y_2 berechnet hat, so wird man die Berechnung von z_2 natürlich auf die Lösungen y_2 und z_1 stützen und nicht wie bei der Berechnung von y_2 von y_1 und z_1 ausgehen.

Beispiel: Die beiden aus der *Bessel*schen Differentialgleichung gewonnenen Gleichungen erster Ordnung

$$y' = \frac{z}{x},$$

$$z' = -xy$$

sind mit den Anfangswerten $x_0 = 0$, $y_0 = 1$, $z_0 = 0$ zu integrieren.

Wir wählen $h = 0{\cdot}1$ und dehnen die Integration bis zu der Stelle $x = 1{\cdot}2$ aus. Wie sich im Laufe der Rechnung zeigt, konvergiert das Verfahren noch gut bis zu dieser Stelle.

Als erste Näherung wählen wir y konstant, und zwar gleich dem Anfangswerte 1. Die Integration erfolgt wieder nach den gleichen Formeln wie im § 83.

Beschränken wir uns zunächst auf drei Dezimalen, so erhalten wir die in der folgenden Tabelle enthaltene Rechnung. Die Näherungs-

x	y_1	z'	z_1	y'	y_2	z'	1. Diff.	2. Diff.	z_2	y'	1. Diff.	2. Diff.	y_3	z'	1. Diff.	2. Diff.	z_3
0·0	1	0·0	0·000	0·00	1·000	0·000			0·000	0·000			1·000	0·000			0·000
							— 100				— 50				— 100		
0·1	1	— 0·1	— 0·005	— 0·05	0·998	— 0·100		2	— 0·005	— 0·050		0	0·998	— 0·100		2	— 0·005
							— 98				— 50				— 98		
0·2	1	— 0·2	— 0·020	— 0·10	0·990	— 0·198		3	— 0·020	— 0·100		2	0·990	— 0·198		3	— 0·020
							— 95				— 48				— 95		
0·3	1	— 0·3	— 0·045	— 0·15	0·978	— 0·293		4	— 0·044	— 0·148		0	0·978	— 0·293		4	— 0.044
							— 91				— 48				— 91		
0·4	1	— 0·4	— 0 080	— 0·20	0·960	— 0·384		6	— 0·078	— 0·196		2	0·960	— 0·384		5	— 0.078
							— 85				— 46				— 86		
0·5	1	— 0·5	— 0·125	— 0·25	0·938	— 0·469		8	— 0·121	— 0·242		2	0·939	— 0·470		9	— 0·121
							— 77				— 44				— 77		
0·6	1	— 0·6	— 0·180	— 0·30	0·910	— 0·546		9	— 0·172	— 0·286		1	0·912	— 0·547		7	— 0·172
							— 68				— 43				— 70		
0·7	1	— 0·7	— 0·245	— 0·35	0·878	— 0·614		10	— 0·230	— 0·329		4	0·881	— 0·617		10	— 0·230
							— 58				— 39				— 60		
0·8	1	— 0·8	— 0·320	— 0·40	0·840	— 0·672		12	— 0·294	— 0·368		3	0·846	— 0·677		10	— 0·295
							— 46				— 36				— 50		
0·9	1	— 0·9	— 0·405	— 0·45	0·798	— 0·718		14	— 0·364	— 0·404		2	0·808	— 0·727		11	— 0·365
							— 32				— 34				— 39		
1·0	1	— 1·0	— 0·500	— 0·50	0·750	— 0·750		15	— 0·438	— 0·438		5	0·766	— 0·766		13	— 0·440
							— 17				— 29				— 26		
1·1	1	— 1·1	— 0·605	— 0·55	0·698	— 0·767		16	— 0·514	— 0·467		4	0·720	— 0·792		11	— 0·518
							— 1				— 25				— 15		
1·2	1	— 1·2	— 0·720	— 0·60	0·640	— 0·768			— 0·590	— 0·492			0·672	— 0·807			— 0·598

werte y_3 und z_3 ändern sich innerhalb der dreistelligen Genauigkeit bei weiteren Schritten nicht mehr.

Die Genauigkeit kann leicht bedeutend weiter getrieben werden. Nach drei Schritten erhalten wir bereits Werte, die sich in den sechs ersten Dezimalen nicht mehr ändern. Es ergeben sich bei den weiteren Schritten die folgenden Werte:

x	y_4	z_4	y_5	z_5	y_6	z_6
0·0	1·0000	0·00 000	1·00 000	0·000 000	1·000 000	0·000 000
0·1	0·9975	— 0·00 500	0·99 750	— 0·004 994	0·997 502	— 0·004 994
0·2	0·9900	— 0·01 991	0·99 002	— 0·019 900	0·990 025	— 0·019 900
0·3	0·9776	— 0·04 450	0·97 762	— 0·044 495	0·977 626	— 0·044 496
0·4	0·9604	— 0·07 842	0·96 040	— 0·078 411	0·960 398	— 0·078 411
0·5	0·9385	— 0·12 114	0·93 847	— 0·121 134	0·938 470	— 0·121 134
0·6	0·9120	— 0·17 203	0·91 200	— 0·172 022	0·912 005	— 0·172 021
0·7	0·8812	— 0·23 030	0·88 120	— 0·230 297	0·881 201	— 0·230 297
0·8	0·8463	— 0·29 508	0·84 628	— 0·295 075	0·846 287	— 0·295 074
0·9	0·8075	— 0·36 535	0·80 753	— 0·365 354	0·807 524	— 0·365 355
1·0	0·7652	— 0·44 006	0·76 520	— 0·440 053	0·765 197	— 0·440 051
1·1	0·7196	— 0·51 799	0·71 962	— 0·517 993	0·719 622	— 0·517 993
1·2	0·6711	— 0·59 796	0·67 113	— 0·597 949	0·671 132	— 0·597 947

Schließlich ist noch zu untersuchen, wieweit die bei der Integration vernachlässigten vierten Differenzen das Resultat ändern können. Aus dem Differenzenschema entnehmen wir für die vierte Differenz bei der Integration von y' den Mittelwert $\Delta^2 \bar{\Delta}^2 = -17 \cdot 10^{-6}$, für die Integration von z' den Mittelwert $\Delta^2 \bar{\Delta}^2 = -100 \cdot 10^{-6}$. Nach (24) sind daher die Integrationsfehler an der Stelle 1·2 etwa

$$\left.\begin{array}{l} F_y = 0{\cdot}1 \\ F_z = 0{\cdot}7 \end{array}\right\} \text{Einheiten der sechsten Dezimale.}$$

§ 87. Integration durch Summation.

Das in § 84 auseinandergesetzte Verfahren kann auf Differentialgleichungen beliebiger Ordnung ausgedehnt werden, wie das im wesentlichen schon im vorhergehenden Paragraphen gezeigt ist. Wie dort beschränken wir uns auf den Fall

$$\frac{dy}{dx} = f(x, y, z),$$
$$\frac{dz}{dx} = g(x, y, z)$$

und haben nun wieder für eine Näherung $y_n z_n$ die Integrale

$$\int^x f(x, y_n, z_n)\,dx \qquad \text{und} \qquad \int^x g(x, y_n, z_n)\,dx$$

mit den vorgeschriebenen Anfangsbedingungen nach der Formel (25) auszuführen. Zu dem Ende legen wir die Differenzentabellen der Mittelwerte der Funktion f und diejenige der Mittelwerte der Funktion g an und vervollständigen beide nach der Kolonne mit dem Index -1 genau wie bei der Berechnung der Lösung einer Differentialgleichung erster Ordnung. Nach der Formel (25) werden dann bessere Werte von y und z berechnet und mit diesen neue Werte von f und g, die wieder zu verbesserten Differenzentabellen der Mittelwerte führen, und so fort.

Bei einer Differentialgleichung zweiter Ordnung

$$\frac{d^2 y}{d x^2} = g\left(x, y, \frac{d y}{d x}\right)$$

ist es nicht immer das Vorteilhafteste, $z = \frac{d y}{d x}$ als zweite Funktion einzuführen. Es kann z. B. zweckmäßig sein, $z = \sin\varphi \left(\frac{d y}{d x} = \operatorname{tg}\varphi\right)$ zu betrachten. Dann wird $\frac{d z}{d x} = \cos\varphi \frac{d\varphi}{d x} = \frac{d\varphi}{d s}$ gleich der Krümmung der in den rechtwinkligen Koordinaten x und y gezeichneten Kurve. Wenn nun die Krümmung in einfacher Weise von Ort und Richtung abhängt, so empfiehlt sich diese Art der Darstellung.

So hat man z. B. für die Gestalt eines Tropfens oder einer Blase die Differentialgleichung

$$y = \frac{a^2}{2}\left(\frac{1}{r_1} + \frac{1}{r_2}\right),$$

wo a eine Konstante und r_1 und r_2 die Hauptkrümmungsradien einer Rotationsfläche um die y-Achse sind. Ist φ der Richtungswinkel der Meridiankurve, also $\frac{d y}{d x} = \operatorname{tg}\varphi$, so ist $\frac{1}{r_1} = \frac{d(\sin\varphi)}{d x}$ und $\frac{1}{r_2} = \frac{\sin\varphi}{x}$. Wir setzen dann $\sin\varphi = z$ und erhalten

$$\frac{d y}{d x} = \frac{z}{\sqrt{1 - z^2}},$$

$$\frac{d z}{d x} = \frac{2 y}{a^2} - \frac{z}{x}.$$

Für $x = 0$ ist $z = 0$, und für kleine Werte von x geht $\frac{z}{x}$ in $\frac{d z}{d x}$ über. Mithin folgt aus der zweiten Gleichung für $x = 0$:

$$\frac{d z}{d x} = \frac{y}{a^2}.$$

a ist nur eine Maßstabskonstante; wir könnten $\frac{x}{a}$ und $\frac{y}{a}$ als neue Veränderliche einführen und diese neuen Veränderlichen wieder mit x, y bezeichnen, so erhalten wir die Gleichungen

$$\frac{d y}{d x} = \frac{z}{\sqrt{1 - z^2}},$$

$$\frac{d z}{d x} = 2 y - \frac{z}{x}.$$

Die erste Annäherung wird hier besser durch Reihenentwicklungen von y und z nach Potenzen von x gewonnen. Es ist, wie man durch

Einsetzen von Potenzreihen mit unbestimmten Koeffizienten erfährt für die Anfangsbedingungen $x_0 = 0$, $y_0 = 1$, $z_0 = 0$:

$$z = x + \frac{1}{4}x^3 + \frac{1}{16}x^5 + \dots,$$

$$y = 1 + \frac{x^2}{2} + \frac{3}{16}x^4 + \dots$$

Daraus berechnen wir die erste Annäherung für $x = 0, 0{\cdot}1, 0{\cdot}2, 0{\cdot}3, 0{\cdot}4$:

x	z	y	$f = \frac{z}{\sqrt{1-z^2}}$	$g = 2y - \frac{z}{x}$
0	0·0000	1·0000	0·0000	1·000
0·1	0·1002	1·0050	0·1007	1·008
0·2	0·2020	1·0203	0·2063	1·031
0·3	0·3069	1·0465	0·3224	1·070
0·4	0·4166	1·0848	0·4583	1·128

Wir machen uns nun den Umstand zunutze, daß die erste Gleichung y nicht enthält, indem wir zuerst mit Hilfe der Mittelwerttabelle von f und der Integrationsformel (25) die Werte von y neu berechnen. Mit diesem neuen Werte von y wird dann g berechnet und dann ebenfalls integriert. Mit den dadurch erhaltenen Werten von z wird wieder f und damit von neuem y berechnet und so fort.

Mittelwertstabelle für f in Einheiten der vierten Stelle.

y	$n, -1$	$n+\frac{1}{2}, 0$	$n, 1$	$n+\frac{1}{2}, 2$	$n, 3$	$n+\frac{1}{2}, 4$
1·0000	100 083		1008		46	
		504		23		9
1·0050	100 587		1031		55	
		1535		78		18
1·0203	102 122		1109		73	
		2644		151		27
1·0466	104 766		1260		100	
		3904		251		
1·0854	108 670		1511			

Die ersten vier Werte von y stimmen mit der ersten Näherung bis auf eine Einheit der vierten Stelle überein. Die Mittelwerttabelle für g lautet in Einheiten der dritten Dezimale:

z	$n, -1$	$n+\frac{1}{2}, 0$	$n, 1$	$n+\frac{1}{2}, 2$
0·0000	0		0	
		1004		16
0·1003	1004		16	
		1020		14
0·2021	2024		30	
		1050		20
0·3070	3074		50	
		1100		20
0·4166	4173		70	

Dabei ist der letzte Wert der letzten Kolonne extrapoliert. Wir erhalten bis auf eine Einheit der vierten Stelle dieselben Werte von z. Mithin werden die Werte von y und z auf etwa eine Einheit der vierten Stelle richtig sein.

Nun werden gerade so wie in dem Falle einer Differentialgleichung erster Ordnung die Mittelwerttabellen extrapoliert und rückwärts in den höheren Kolonnen korrigiert, wenn die neu hinzukommenden Werte es nötig machen.

Wenn im Verlaufe der Rechnung z^2 größer wird als 0·5, so tut man gut, y zur unabhängigen Veränderlichen zu machen und statt $z = \sin\varphi$ die Funktion $w = \cos\varphi$ einzuführen. Es wird dann $\frac{dz}{dx} = -\frac{dw}{dy}$ gleich der Krümmung der Kurve, und die Differentialgleichungen lauten nun

$$\frac{dx}{dy} = \frac{w}{\sqrt{1-w^2}},$$

$$\frac{dw}{dy} = -2y + \frac{\sqrt{1-w^2}}{x}.$$

Auf diese Weise wird das Unendlichwerden der rechten Seite der ersten Gleichung vermieden.

Wenn eine Differentialgleichung zweiter Ordnung von der Form

$$\frac{d^2y}{dx^2} = f(x, y)$$

gegeben ist, so wendet man am besten die in § 74 abgeleitete Formel (5) für die zweifache Integration an:

$$(26) \qquad \frac{1}{h^2}\int^{x}\!\!\int^{x} f\,dx\,dx = (n, -2) + \frac{1}{12}(n, 0) - \frac{1}{240}(n, 2) + \ldots,$$

wobei das Differenzenschema von f selbst, nicht das seiner Mittelwerte, in Frage kommt. Die Glieder $(0, -2)$ und $(-\frac{1}{2}, -1)$ sind dabei den Anfangsbedingungen entsprechend zu bestimmen.

Ebenso ist die Formel (26) auf f und g bei einem System von zwei Differentialgleichungen von der Form

$$\frac{d^2y}{dx^2} = f(x, y, z),$$

$$\frac{d^2z}{dx^2} = g(x, y, z)$$

anzuwenden und Analoges gilt für Differentialgleichungen höherer Ordnung.

§ 88. Aufgaben zum 10. Kapitel.

1. Die *Bessel*sche Funktion nullter Ordnung ist als Lösung der *Bessel*schen Differentialgleichung

$$\frac{d^2 J}{d x^2} + \frac{1}{x}\frac{d J}{d x} + J = 0$$

für die Anfangswerte $x_0 = 0$, $J_0 = 1$, $J_0' = 0$ an den Stellen 0·2, 0·4, ... 1·2 zu berechnen.

Durch die Substitution

$$\frac{1}{J}\frac{d J}{d x} = -\operatorname{tg}\frac{y}{2}$$

läßt sich die *Bessel*sche Differentialgleichung auf eine Differentialgleichung erster Ordnung für $y(x)$ zurückführen. Denn wir erhalten durch Differentiation

$$\frac{J''}{J} - \frac{J'^2}{J^2} = -\frac{y'}{2\cos^2\frac{y}{2}}$$

oder

$$\frac{J''}{J} = \operatorname{tg}^2\frac{y}{2} - \frac{y'}{2\cos^2\frac{y}{2}}.$$

Damit wird die Differentialgleichung nach Division durch J

$$\operatorname{tg}^2\frac{y}{2} - \frac{y'}{2\cos^2\frac{y}{2}} - \frac{1}{x}\operatorname{tg}\frac{y}{2} + 1 = 0$$

oder

$$y' = 2 - \frac{\sin y}{x}$$

mit den Anfangswerten $x_0 = 0$, $y_0 = 0$.

Im Anfangspunkt wird der Ausdruck

$$\frac{\sin y}{x}$$

unbestimmt. Wir finden jedoch

$$\lim_{x=0}\frac{\sin y}{x} = \frac{y_0'}{1} = 2 - \lim_{x=0}\frac{\sin y}{x}.$$

Somit ist

$$\lim_{x=0}\frac{\sin y}{x} = 1 \quad \text{und} \quad y_0' = 1.$$

Nach Ermittlung von y findet man J durch eine Quadratur:

$$J = e^{-\int_0^x \operatorname{tg}\frac{y}{2}\,dx}$$

2. Die Differentialgleichung

$$y' = \frac{y - x}{y + x}$$

ist für die Anfangswerte $x_0 = 0$, $y_0 = 1$ von 0 bis 1 zu integrieren. Das Ergebnis ist mit der genauen Lösung

$$\frac{1}{2} \lg(x^2 + y^2) + \operatorname{arctg} \frac{y}{x} = \frac{\pi}{2}$$

zu vergleichen.

3. Die Differentialgleichung der Kapillarität $2y = \left(\frac{1}{r_1} + \frac{1}{r_2}\right)$ (vgl. § 87) ist für die Anfangsbedingungen $x = 0$, $y = 1$, $\frac{dy}{dx} = 0$ nach der *Runge-Kutta*schen und nach der Summationsmethode bis zu dem Punkte zu berechnen, wo $\frac{dy}{dx}$ unendlich wird.

Elftes Kapitel.

Auflösungen der Aufgaben.

§ 89. Lösungen der Aufgaben des 1. Kapitels.

1. Die Strecken

0·758, 1·361, 2·493, 3·58, 5·71, 9·26, 11·07 Zoll

werden in Zentimetern ausgedrückt gleich:

1·925, 3·457, 6·33, 9·09, 14·50, 23·52, 28·12 cm.

2. Für die Kolbenabstände

40, 35, 30, 25, 20, 15, 10, 5 cm

ergeben sich die Drucke:

1·080, 1·234, 1·440, 1·728, 2·16, 2·88, 4·32, 8·64 Atm.

3. Die einzelnen Abschnitte der Strecke sind:

0·96, 1·45, 2·41, 3·61, 4·82 km.

4. Bei achtstündiger Arbeitszeit gebrauchen

75, 100, 250, 600 Arbeiter

89·6, 67·2, 26·9, 11·2 Tage;

bei sechsstündiger Arbeitszeit dagegen:

119·5, 89·6, 35·8, 14·9 Tage.

5. Man findet die folgenden Wurzeln:

$$\sqrt{27{\cdot}3} = 5{\cdot}22, \qquad \sqrt[3]{0{\cdot}0291} = 0{\cdot}308,$$
$$\sqrt{0{\cdot}0684} = 0{\cdot}2615, \qquad \sqrt[3]{6{\cdot}15} = 1{\cdot}832,$$
$$\sqrt{5{\cdot}31} = 2{\cdot}304, \qquad \sqrt[3]{21{\cdot}4} = 2{\cdot}78,$$
$$\sqrt{1846} = 43{\cdot}0, \qquad \sqrt[3]{442} = 7{\cdot}62.$$

6. Die Kreise mit den Durchmessern

1·35, 4·91, 7·25, 11·31, 24·06, 38·77 mm

haben die Flächeninhalte:

1·431, 18·93, 41·3, 100·5, 455, 1181 mm².

7. Zu den Fallhöhen

12, 23, 36, 58, 112 m

gehören die Geschwindigkeiten:

15·3, 21·2, 26·6, 33·7, 46·9 m/sec.

8. Durch die Querschnitte mit den Durchmessern

14·7, 19·1, 23·0, 31·8, 37·4 cm

strömt das Wasser mit den Geschwindigkeiten:

2·69, 1·59, 1·10, 0·57, 0·415 m/sec.

9. Mit den für l, P und E gegebenen Zahlenwerten wird

$$\Delta l = \frac{0{\cdot}579}{d^2}\,\text{mm}\,.$$

Es gehören daher zu den Drahtdurchmessern

0·78, 1·32, 2·53, 4·48 mm

die Verlängerungen:

0·950, 0·332, 0·090, 0·029 mm.

10. Man bestimmt zunächst die Winkel

$\gamma = 118{\cdot}4^\circ$ $\quad 87{\cdot}7^\circ$ $\quad 78{\cdot}1^\circ$

und findet dann je bei einer Stellung des Rechenschiebers die Seiten:

$b = 202 \quad 67{\cdot}0 \quad 39{\cdot}6,$

$c = 238 \quad 80{\cdot}6 \quad 96{\cdot}7\,.$

11. In den drei Fällen findet man jedesmal bei einer Stellung des Rechenschiebers zunächst den Winkel β und dann aus dem Winkel γ die Seite c:

$\beta =$	$28{\cdot}2^\circ$	$2{\cdot}9^\circ$	rd. 84°,
$\gamma =$	$129{\cdot}9^\circ$	$164{\cdot}0^\circ$	„ 42°,
$c =$	$190{\cdot}9$	$111{\cdot}0$	„ 53.

Im letzten Falle ist das Dreieck durch die gegebenen Größen nur ungenau bestimmt.

12. Man findet zunächst nach dem Tangenssatz:

$$\frac{\alpha-\beta}{2} = 21{\cdot}6^\circ \quad 24{\cdot}3^\circ \quad -2{\cdot}7^\circ$$

und damit

$\alpha = 63{\cdot}9^\circ \quad 82{\cdot}7^\circ \quad 63{\cdot}2^\circ,$

$\beta = 20{\cdot}7^\circ \quad 34{\cdot}1^\circ \quad 68{\cdot}6^\circ.$

Die Seite c ergibt sich dann aus dem Sinussatz:

$c = 207 \quad 131{\cdot}1 \quad 101{\cdot}2\,.$

13. Für die verschiedenen Winkel

$$65{\cdot}3^\circ, \quad 47{\cdot}1^\circ, \quad 31{\cdot}6^\circ, \quad 23{\cdot}7^\circ$$

erhält man die Seillängen:

$$25{\cdot}9, \quad 32{\cdot}1, \quad 44{\cdot}8, \quad 58{\cdot}5 \text{ m},$$

14. Die Polarkoordinaten

$$\begin{array}{lllll} r = & 6{\cdot}50 & 4{\cdot}81 & 7{\cdot}54 & 5{\cdot}36, \\ \varphi = & 51{\cdot}2^\circ & 117{\cdot}9^\circ & 241{\cdot}3^\circ & 327{\cdot}9^\circ \end{array}$$

lauten, in rechtwinklige Koordinaten verwandelt:

$$\begin{array}{lllll} x = & 4{\cdot}07 & -2{\cdot}25 & -3{\cdot}62 & 4{\cdot}54. \\ y = & 5{\cdot}07 & 4{\cdot}25 & -6{\cdot}61 & -2{\cdot}85. \end{array}$$

15. Die rechtwinkligen Koordinaten

$$\begin{array}{lllll} x = & 2{\cdot}31 & -1{\cdot}87 & -4{\cdot}39 & 1{\cdot}61, \\ y = & 4{\cdot}49 & 5{\cdot}72 & -0{\cdot}94 & -3{\cdot}86 \end{array}$$

lauten in Polarkoordinaten verwandelt:

$$\begin{array}{lllll} r = & 5{\cdot}049 & 6{\cdot}018 & 4{\cdot}490 & 4{\cdot}182, \\ \varphi = & 62{\cdot}78^\circ & 116{\cdot}10^\circ & 192{\cdot}09^\circ & 292{\cdot}64^\circ. \end{array}$$

16. Es ergeben sich durch Multiplikation mit $2 + 0{\cdot}3026$ die folgenden natürlichen Logarithmen:

$$\begin{array}{lll} \lg 2 = 0{\cdot}6931, & \lg 5 = 1{\cdot}6095, & \lg 8 = 2{\cdot}0795, \\ \lg 3 = 1{\cdot}0986, & \lg 6 = 1{\cdot}7919, & \lg 9 = 2{\cdot}1971, \\ \lg 4 = 1{\cdot}3864, & \lg 7 = 1{\cdot}9459. & \end{array}$$

17. Man findet die folgenden Wurzelwerte:

$$\sqrt{19{\cdot}315} = 4{\cdot}3949,$$
$$\sqrt{57{\cdot}896} = 7{\cdot}6089,$$
$$\sqrt{143{\cdot}23} = 11{\cdot}9687.$$

18. Die Gleichung

$$x^2 - 2{\cdot}11\,x + 1{\cdot}062 = 0 \quad \text{hat die Wurzeln} \quad \begin{cases} x_1 = 1{\cdot}280, \\ x_2 = 0{\cdot}830, \end{cases}$$

$$x^2 - 3{\cdot}51\,x - 18{\cdot}12 = 0 \quad ,, \quad ,, \quad ,, \quad \begin{cases} x_1 = 6{\cdot}36, \\ x_2 = -2{\cdot}85, \end{cases}$$

$$x^2 + 4{\cdot}78\,x + 4{\cdot}66 = 0 \quad ,, \quad ,, \quad ,, \quad \begin{cases} x_1 = -3{\cdot}415, \\ x_2 = -1{\cdot}365. \end{cases}$$

19. Die erste und die dritte Gleichung haben je drei reelle Wurzeln, die zweite Gleichung hat nur eine reelle positive Wurzel.

20. Die Gleichung

$$x^3 - 7{\cdot}98\,x + 8{\cdot}38 = 0 \quad \text{hat die Wurzeln} \quad \begin{cases} x_1 = 1{\cdot}865, \\ x_2 = 1{\cdot}384, \\ x_3 = -3{\cdot}249, \end{cases}$$

$$x^3 + 3{\cdot}38\,x - 1{\cdot}54 = 0 \quad \text{„ „ Wurzel} \quad x = 0{\cdot}4318,$$

$$x^3 - 34{\cdot}9\,x - 41{\cdot}7 = 0 \quad \text{„ „ Wurzeln} \quad \begin{cases} x_1 = 6{\cdot}433, \\ x_2 = -5{\cdot}182, \\ x_3 = -1{\cdot}251. \end{cases}$$

Die Gleichungen der Aufgabe 20 lauten in reduzierter Form:

$$\begin{array}{lll}
1) & u^3 - 0{\cdot}380\,u - 0{\cdot}065 = 0, & x = u + 0{\cdot}933, \\
2) & u^3 - 18{\cdot}21\,u + 27{\cdot}12 = 0, & x = u - 0{\cdot}433, \\
3) & u^3 - 8{\cdot}801\,u - 9{\cdot}226 = 0, & x = u + 0{\cdot}917, \\
4) & u^3 - 2{\cdot}044\,u - 0{\cdot}264 = 0, & x = u - 3{\cdot}167, \\
5) & u^3 + 1{\cdot}157\,u - 0{\cdot}1416 = 0, & x = u + 1{\cdot}260, \\
6) & u^3 - 1{\cdot}915\,u + 1{\cdot}409 = 0, & x = u - 1{\cdot}277
\end{array}$$

und ergeben der Reihe nach die folgenden Wurzeln:

$$\begin{array}{llll}
1) & u_1 = 0{\cdot}689, & u_2 = -0{\cdot}500, & u_3 = -0{\cdot}189, \\
2) & u_1 = 3{\cdot}055, & u_2 = 1{\cdot}820, & u_3 = -4{\cdot}876, \\
3) & u_1 = 3{\cdot}394, & u_2 = -2{\cdot}099, & u_3 = -1{\cdot}295, \\
4) & u_1 = 1{\cdot}490, & u_2 = -1{\cdot}360, & u_3 = -0{\cdot}130, \\
5) & u = 0{\cdot}1208, & & \\
6) & u = -1{\cdot}6619. & &
\end{array}$$

Daraus folgen die Wurzeln der ursprünglichen Gleichungen:

$$\begin{array}{llll}
1) & x_1 = 1{\cdot}622, & x_2 = 0{\cdot}433, & x_3 = 0{\cdot}745, \\
2) & x_1 = 2{\cdot}622, & x_2 = 1{\cdot}387, & x_3 = -5{\cdot}309; \\
3) & x_1 = 4{\cdot}311, & x_2 = -1{\cdot}182, & x_3 = -0{\cdot}378, \\
4) & x_1 = -1{\cdot}676, & x_2 = -4{\cdot}527, & x_3 = -3{\cdot}297, \\
5) & x = 1{\cdot}3808, & & \\
6) & x = -2{\cdot}9386. & &
\end{array}$$

Anmerkung. Die Aufgaben sind mit einem normalen (25 cm langen) Rechenschieber gerechnet worden.

§ 90. Lösungen der Aufgaben des 2. Kapitels.

1. Die beiden linearen Gleichungen haben die Wurzeln:

$$x = 1{\cdot}931, \qquad y = 0{\cdot}869.$$

2. Subtrahiert man den dritten Teil der ersten Gleichung von der zweiten, so entsteht die Gleichung:

$$0{\cdot}0652\,x - 2{\cdot}9376\,y = -1{\cdot}2470\,.$$

Aus dieser und der ersten Gleichung können die Wurzeln mit dem Rechenschieber auf vier Dezimalen berechnet werden:

$$x = 1{\cdot}6904\,, \qquad y = 0{\cdot}4620\,.$$

3. Die drei linearen Gleichungen haben die Wurzeln:

$$x = 0{\cdot}624\,, \qquad y = 0{\cdot}0920\,, \qquad z = 0{\cdot}0093\,.$$

4. Die Determinante vierten Grades besitzt den Wert:

$$375{\cdot}8\,.$$

5. Die Umkehrung der drei linearen Funktionen ergibt:

$$\begin{aligned} x &= 0{\cdot}1389\,u - 0{\cdot}0150\,v - 0{\cdot}0765\,w\,,\\ y &= 0{\cdot}1019\,u + 0{\cdot}1088\,v - 0{\cdot}0928\,w\,,\\ z &= -0{\cdot}0618\,u - 0{\cdot}1342\,v - 0{\cdot}0629\,w\,. \end{aligned}$$

§ 91. Lösungen der Aufgaben des 3. Kapitels.

1. Der Unterschied der beiden mit dem Rechenschieber und der Maschine erhaltenen Resultate ergibt den wahren Fehler w eines jeden Rechenschieberprodukts. Für jede Gruppe wird der mittlere Fehler m nach der Formel

$$m = \sqrt{\frac{[w\,w]}{n}}$$

berechnet.

Die Annäherung der zu den durchschnittlichen Produktwerten p aufgetragenen mittleren Fehler durch eine durch den Nullpunkt gehende Gerade verlangt die Bestimmung einer Zahl a so, daß für den Ausdruck

$$p_i\,a - m_i = 0$$

die Summe der Quadrate der Abweichungen möglichst klein wird. Führt man für a einen Näherungswert a_0 ein,

$$a = a_0 + \alpha\,.$$

und schreibt zur Abkürzung $m_i - a_0\,p_i = l_i$, so lauten die *Fehlergleichungen*

$$p_i\,\alpha - l_i = v_i\,.$$

Daraus ergeben sich die *Normalgleichungen* zur Berechnung von α und $[v\,v]$:

$$\begin{aligned} [p\,p]\,\alpha - [p\,l] &= 0\,,\\ -[p\,l]\,\alpha + [l\,l] &= [v\,v]\,. \end{aligned}$$

Den mittleren Fehler von α findet man aus

$$m_\alpha^2 = \frac{[v v]}{(n-1)[p p]}.$$

Die mittleren Fehler der einzelnen Gruppen und die Koeffizienten der Normalgleichungen ergeben sich für den Näherungswert $a_0 = 0{\cdot}6 \cdot 10^{-3}$ aus der folgenden Tabelle:

Gruppe	p	m	l	$pp \cdot 10^{-6}$	$pl \cdot 10^{-3}$	ll
1	1500	1·34	0·44	2·25	0·66	0·19
2	2500	1·18	—0·32	6·25	—0·80	0·10
3	3500	1·79	—0·31	12·25	—1·08	0·10
4	4500	2·32	—0·38	20·25	—1·71	0·14
5	5500	4·54	1·24	30·25	6·82	1·54
6	6500	4·78	0·88	42·25	5·72	0·77
7	7500	3·41	—1·09	56·25	—8·18	1·19
8	8500	4·61	—0·49	72·25	—4·16	0·24
9	9500	6·26	0·56	90·25	5·32	0·31
			[ ] =	332·25	+ 2·59	4·58

Danach lauten die Normalgleichungen

$$332\,\alpha\,10^3 - 2{\cdot}59 = 0\,,$$
$$-2{\cdot}59\,\alpha\,10^3 + 4{\cdot}58 = [v v]\,.$$

Sie ergeben

$$\alpha \cdot 10^3 = 0{\cdot}0078\,, \qquad a = a_0 + \alpha = 0{\cdot}608 \cdot 10^{-3}\,, \qquad [v v] = 4{\cdot}56$$

und

$$m_\alpha = \sqrt{\frac{4{\cdot}56}{8{\cdot}332}} = 0{\cdot}041\,.$$

Der relative mittlere Fehler eines mit dem Rechenschieber gerechneten Produkts ist daher

$$\underline{0{\cdot}61 \pm 0{\cdot}04\,‰.}$$

2. Für den Näherungswert

$$N = 20{\cdot}52''$$

ergeben sich die folgenden, in tausendstel Sekunden ausgedrückten, Zuschläge ν. Der ausgeglichene Wert wird

$$L = N + \frac{[p\nu]}{[p]}\,.$$

Sein Gewicht ist

$$P = [p] = 221\,.$$

Den mittleren Fehler der Gewichtseinheit nach der Ausgleichung berechnet man aus

$$\mu^2 = \frac{[p v v]}{n-1}\,, \qquad [p v v] = [p \nu \nu] - \frac{[p\nu]^2}{[p]}\,.$$

Damit wird der mittlere Fehler des Resultats

$$M = \frac{\mu}{\sqrt{P}}.$$

Nr.	p	v	pv	pvv
1	6	10	60	600
2	22	− 6	− 132	792
3	24	5	124	600
4	151	3	453	1 359
5	5	− 40	− 200	8000
6	5	− 70	− 350	24 500
7	5	− 60	− 300	18000
8	2	− 90	− 180	16200
9	1	− 80	− 80	6400
		[ ] =	− 609	76451

Es ergibt sich

$$L = 20{\cdot}52 - \frac{609}{221} \cdot 10^{-3} = 20''517$$

und

$$[pvv] = 76451 - \frac{609^2}{221} = 74773.$$

Daraus folgt

$$\mu = \sqrt{\frac{74773}{8}} \cdot 10^{-3} = 97 \cdot 10^{-3} \quad \text{und} \quad M = \frac{97 \cdot 10^{-3}}{\sqrt{221}} = 6{\cdot}5 \cdot 10^{-3}.$$

Es ist also

$$\underline{L = 20''517 \pm 0''006.}$$

Schließt man die vier letzten Beobachtungen aus, so wird

$$[p] = 208, \quad [pv] = 301, \quad [pvv] = 11351.$$

Daraus folgt

$$\underline{L = 20''521 \pm 0''004.}$$

3. Die Unterschiede zwischen den gemessenen und den genähert berechneten Ordinaten werden mit l bezeichnet (vgl. S. 56). Die Abszissen messen wir, um mit kleineren Werten rechnen zu können, von dem Nullpunkt 30 000 aus. Es genügt die Angabe zweier Ziffern. Die Koeffizienten der Normalgleichungen zur Berechnung von ξ, η und $[vv]$ ergeben sich aus folgender Tabelle:

$l \cdot 10^3$	$x' \cdot 10^{-3}$	lx'	$x'x' \cdot 10^{-6}$	$ll \cdot 10^6$
0	− 20	0	400	0
− 1	− 14	14	196	1
− 9	− 12	108	144	81
7	− 7	− 49	49	49
18	+ 5	90	25	324
15	+ 6	90	36	225
− 4	+ 14	− 56	196	16
0	+ 22	0	484	0
[ ] = + 26	− 6	197	1530	696

Die Reduktion der Normalgleichungen (in abgekürzter Schreibweise) ergibt:

$\xi \cdot 10^3$	$\eta \cdot 10^6$	
8	−6	26
	1530	197
	4	−20
		696
		84
	1526	217
		612
		31
		581 = $[vv] \cdot 10^6$.

Und nach Umstellung:

$\eta \cdot 10^6$	$\xi \cdot 10^3$	
1530	−6	197
	8	26
	0·0	−0·8
		696
		25
	8	26·8
		671
		90
		581 = $[vv] \cdot 10^6$.

Aus den Werten

$$\xi = 3{\cdot}35 \cdot 10^{-3}, \qquad \eta = 0{\cdot}142 \cdot 10^{-6}$$

berechnen wir die Zuschläge

$$l = \xi + \eta x'.$$

Daraus ergeben sich die nicht beobachteten verbesserten Ordinaten:

$$\bar{y} = y + l.$$

Die Summe $[v\,v]$ liefert den mittleren Fehler

$$m = \sqrt{\frac{[v\,v]}{n-2}} = \sqrt{\frac{581}{6}} \cdot 10^{-3} = 9{\cdot}8 \cdot 10^{-3}$$

und den mittleren Fehler von $\beta = \beta_0 + \eta$

$$m_\beta = \frac{m}{\sqrt{1526 \cdot 10^6}} = 0{\cdot}25 \cdot 10^{-6}.$$

Der Schwerpunkt der beobachteten Ordinaten hat die Abszisse

$$\frac{[x]}{n} = 30 \cdot 10^3 + \frac{[x']}{n} = 29 \cdot 10^3.$$

Da die Abszissen als fehlerfrei angesehen werden können, so wird der mittlere Fehler μ der durch die Interpolation neu gefundenen Ordinaten aus

$$\mu^2 = \frac{m^2}{n} + r^2 m_\beta^2 \qquad \text{(vgl. S. 59)}$$

berechnet:

$$\mu^2 \cdot 10^6 = 12{\cdot}1 + 0{\cdot}062 \cdot (r \cdot 10^{-3})^2.$$

Dabei ist r der Abstand der Ordinaten vom Schwerpunkt.

Die Ergebnisse sind in der folgenden Tabelle enthalten:

$x' \cdot 10^{-3}$	$r \cdot 10^{-3}$	$l \cdot 10^3$	$\bar{y}$	$\mu \cdot 10^3$
− 19	− 18	1	4238·978	5·7
− 15	− 14	1	45·388	5·0
− 13	− 12	2	50·298	4·6
− 1	0	3	71·327	3·5
− 1	0	3	71·933	3·5
10	11	5	91·629	4·4
11	12	5	94·293	4·6
19	20	6	4309·549	6·1

4. Bringt man an den Näherungskoordinaten des Punktes A die kleinen Verbesserungen ξ und η an, so findet man durch Entwicklung des Ausdrucks

$$\operatorname{tg}(\varphi + \varDelta\varphi) = \frac{y_P - (y_A + \eta)}{x_P - (x_A + \xi)}$$

die Änderung des Winkels φ:

$$\varDelta\varphi = \frac{\sin\varphi}{s}\xi - \frac{\cos\varphi}{s}\eta,$$

wenn s die genäherte Entfernung des Zielpunktes bedeutet.

Bezeichnet man die Ablesungen mit α, so ist der Verdrehungswinkel u durch die Beziehung

$$\alpha + u = \varphi + \varDelta\varphi$$

bestimmt. Für u bestimmen wir zunächst einen Näherungswert u_0:

$$u = u_0 + \zeta.$$

Außerdem führen wir die Abkürzungen

$$a = \frac{\sin\varphi}{s}, \qquad b = -\frac{\cos\varphi}{s}, \qquad l = \alpha + u_0 - \varphi$$

ein. Dann lauten die *Fehlergleichungen*

$$a_i\xi + b_i\eta - \zeta - l_i = v_i \qquad (i = 1, 2 \ldots n).$$

Zur Bestimmung von ξ, η und ζ würden wir zu einem System von drei Normalgleichungen gelangen. Da jedoch ζ in allen Fehlergleichungen den gleichen Koeffizienten besitzt, so läßt sich diese Unbekannte vorher eliminieren. Bildet man nämlich den Mittelwert sämtlicher Fehlergleichungen, so ergibt sich

$$\frac{1}{n}[a]\xi + \frac{1}{n}[b]\eta - \zeta - \frac{1}{n}[l] = \frac{1}{n}[v].$$

Nun folgt aber aus den Gleichungen (19) (S. 61)

$$[cv] = -[v] = 0,$$

und es ist daher

$$\frac{1}{n}[a]\xi + \frac{1}{n}[b]\eta - \zeta - \frac{1}{n}[l] = 0.$$

Subtrahiert man diese Gleichung von den Fehlergleichungen, so fällt ζ heraus, und es entstehen die neuen Fehlergleichungen

$$\bar{a}_i\xi + \bar{b}_i\eta - \bar{l}_i = v_i .$$

Dabei ist

$$\bar{a}_i = a_i - \frac{1}{n}[a], \qquad \bar{b}_i = b_i - \frac{1}{n}[b], \qquad \bar{l}_i = l_i - \frac{1}{n}[l].$$

Aus den Fehlergleichungen gelangen wir zu den *Normalgleichungen* zur Berechnung von ξ, η und $[vv]$:

$$\begin{aligned}
[\bar{a}\bar{a}]\,\xi + [\bar{a}\bar{b}]\,\eta - [\bar{a}\bar{l}] &= 0,\\
[\bar{b}\bar{a}]\,\xi + [\bar{b}\bar{b}]\,\eta - [\bar{b}\bar{l}] &= 0,\\
-[\bar{l}\bar{a}]\,\xi - [\bar{l}\bar{b}]\,\eta + [\bar{l}\bar{l}] &= [vv].
\end{aligned}$$

Zur Bestimmung von ξ, η und u sind drei Beobachtungen erforderlich. Die Zahl der überschüssigen Beobachtungen ist demnach $n-3$. Damit ergibt sich der mittlere Fehler

$$m = \sqrt{\frac{[vv]}{n-3}}.$$

Die mittleren Fehler von ξ und η ergeben sich aus den bei der Reduktion der Normalgleichungen auftretenden Koeffizienten:

$$m_\alpha = \frac{m}{\sqrt{[\bar{a}\bar{a},1]}},$$

$$m_\beta = \frac{m}{\sqrt{[\bar{b}\bar{b},1]}}.$$

Schließlich ergibt sich noch der Verdrehungswinkel

$$u = u_0 + \zeta = u_0 + \frac{1}{n}[a]\,\xi + \frac{1}{n}[b]\,\eta - \frac{1}{n}[l].$$

Den Näherungswert u_0 wählen wir gleich dem Mittelwert der Differenzen $\varphi_i - \alpha_i$:

$$u_0 = \frac{1}{n}[\varphi - \alpha].$$

Dann ist

$$l_i = \frac{1}{n}[\varphi - \alpha] - (\varphi_i - \alpha_i)$$

und daher

$$[l] = 0, \qquad \text{d. h.} \qquad \bar{l}_i = l_i .$$

Da l in Bogensekunden ausgedrückt ist, so muß man, um ξ und η in Zentimetern zu erhalten,

$$a = \frac{206\,265}{s_{\mathrm{cm}}}\sin\varphi, \qquad b = -\frac{206\,265}{s_{\mathrm{cm}}}\cos\varphi$$

setzen. Die Berechnung der Koeffizienten der Normalgleichungen ergibt sich jetzt aus folgender Tabelle:

	$\varphi - \alpha$	l	a	b	$\bar{a}$	$\bar{b}$	$\bar{a}\bar{a}$	$\bar{a}\bar{b}$	$\bar{a}l$	$\bar{b}\bar{b}$	$\bar{b}l$	ll
	14° 5′ 0″6	− 0″98	0·214	− 0·476	0·104	− 0·512	0·011	− 0·053	− 0·102	0·262	0·502	0·960
	4 59·6	+ 0·02	+ 413	− 078	+ 303	− 114	092	− 035	+ 006	013	− 002	000
	5 1·0	− 1·38	+ 714	+ 715	+ 604	+ 679	365	+ 410	− 834	461	− 937	1·904
	4 57·9	+ 1·72	− 309	+ 821	− 419	+ 785	176	− 329	− 721	616	+ 1·350	2·958
	4 59·0	+ 0·62	− 482	− 804	− 592	− 840	350	+ 497	− 367	706	− 521	384
[ ] =	24′ 58″1	0·00	+ 0·550	+ 0·178	0·000	− 0·002	0·994	+ 0·490	− 2·018	2·058	+ 0·392	6·206
$\frac{1}{n}$ [ ] =	u_0 = 14° 4′ 59″62		+ 0·110	+ 0·036								

Die Reduktion der Normalgleichungen ergibt:

$$\begin{array}{rrrr}
 & \xi & \eta & = \\
 & 0{\cdot}994 & 0{\cdot}490 & -\,2{\cdot}018 \\
 & & 2{\cdot}058 & 0{\cdot}392 \\
 & & 241 & -\,995 \\
 & & & 6{\cdot}206 \\
 & & & 4{\cdot}097 \\
\cline{3-4}
 & & 1{\cdot}817 & 1{\cdot}387 \\
 & & & 2{\cdot}109 \\
\eta = 0{\cdot}76 & & & 1{\cdot}059 \\
\cline{4-4}
 & & & 1{\cdot}050 = [v\,v]
\end{array}$$

und nach Umstellung:

$$\begin{array}{rrrr}
 & \eta & \xi & = \\
 & 2{\cdot}058 & 0{\cdot}490 & 0{\cdot}392 \\
 & & 0{\cdot}994 & -\,2{\cdot}108 \\
 & & 117 & 93 \\
 & & & 6{\cdot}206 \\
 & & & 75 \\
\cline{3-4}
 & & 0{\cdot}877 & -\,2{\cdot}111 \\
\xi = -\,2{\cdot}41 & & & 6{\cdot}131 \\
 & & & 5{\cdot}081 \\
\cline{4-4}
 & & & 1{\cdot}050 = [v\,v]\,.
\end{array}$$

Aus $[v v]$ folgt

$$m = \sqrt{\frac{1{\cdot}050}{2}} = 0{\cdot}72\,.$$

Damit werden die mittleren Fehler

$$m_\xi = \frac{0{\cdot}72}{\sqrt{0{\cdot}877}} = 0{\cdot}77\,,$$

$$m_\eta = \frac{0{\cdot}72}{\sqrt{1{\cdot}817}} = 0{\cdot}54\,.$$

Endlich ist

$$\zeta = \frac{1}{n}[a]\,\xi + \frac{1}{n}[b]\,\eta = -\,0{\cdot}265 + 0{\cdot}027 = -\,0{\cdot}238\,.$$

Es ergeben sich also die Resultate:

$$\underline{\xi = -\,2{\cdot}4 \pm 0{\cdot}8\ \text{cm}\,,} \qquad \underline{u = 14^\circ\,4'\,59''38\,.}$$

$$\underline{\eta = 0{\cdot}8 \pm 0{\cdot}5\ \text{cm}\,,}$$

Zur Probe berechnen wir die Änderungen des Winkels φ:

$$\Delta \varphi_i = a \xi + b \eta$$

und bilden die Abweichungen

$$v_i = \Delta \varphi_i - \zeta - l_i .$$

$a\xi$	$b\eta$	$\Delta\varphi$	v	vv
− 0·516	− 0·362	− 0″88	+ 0″34	0·116
− 996	− 059	− 1·06	− 0·84	706
− 1·721	+ 543	− 1·18	+ 0·44	194
+ 745	+ 624	1·37	− 0·11	012
+ 1·163	− 611	0·55	+ 0·17	029
		[ ] =	0·00	1·057 statt 1·050

5. Die Reduktion des symmetrischen Systems

1	− 0·55	− 0·35	0
	3	− 0·75	0
		5	0
			− 6

ergibt die Koeffizienten

$$a'_{22} = 2{\cdot}70 , \qquad a''_{33} = 4{\cdot}56 , \qquad a'''_{44} = -6 .$$

Damit ergibt sich die transformierte Gleichung

$$\underline{x'^2 + 2{\cdot}70\, y'^2 + 4{\cdot}56\, z'^2 - 6 = 0 .}$$

Die Fläche ist ein *Ellipsoid.*

6. In den Beziehungen des § 23 ergibt sich für die Transformation der quadratischen Form das folgende Schema:

x^2	y^2	z^2	yz	zx	xy	2α	α	$\frac{\alpha}{2}$
c	*b*	*a*	*f*	*e*	*d*			
3	− 1·5	1	3·5	0	− 2·5	54° 28′	27° 14′	13° 37′
	− 0·901	+ 0·901		− 1·144	+ 0·278			
a	*b*	*c*	*d*	*e*	*f*			
3	− 2·401	1·901	0	− 1·144	− 2·222	− 22° 22′	− 11° 11′	− 5° 35′5
+ 0·220	− 0·220		− 0·222	+ 0·022				
a	*c*	*b*	*d*	*f*	*e*			
3·220	− 2·621	1·901	− 0·222	− 1·122	0	− 40° 24′	− 20° 12′	− 10° 6′
+ 0·206		− 0·206	+ 0·007		+ 0·077			
c	*b*	*a*	*f*	*e*	*d*			
3·426	− 2·621	1·695	− 0·215	0	0·077	− 223′	− 111′5	− 55′8
	− 3	+ 3						
3·426	− 2·624	1·698						

Die transformierte quadratische Form lautet also

$$\underline{3{\cdot}426\, x'^2 - 2{\cdot}624\, y'^2 + 1{\cdot}698\, z'^2 .}$$

Zur Probe berechnen wir die Werte der symmetrischen Determinante

$$\begin{vmatrix} 3-\lambda & -1{\cdot}25 & 0 \\ -1{\cdot}25 & -1{\cdot}5-\lambda & 1{\cdot}75 \\ 0 & 1{\cdot}75 & 1-\lambda \end{vmatrix}.$$

Für λ ist einer der gefundenen Koeffizienten einzusetzen. Es ergibt sich:

	$\lambda = 3{\cdot}426$			$\lambda = -2{\cdot}624$			$\lambda = 1{\cdot}698$	
− 0·426	− 1·25	0	5·624	− 1·25	0	1·302	− 1·25	0
	− 4·926	1·75		1·124	1·75		− 3·198	1·75
	− 3·668	0		0·278	0		1·200	0
		− 2·426			3·624			− 0·698
		0			0			0
	− 1·258	1·75		0·846	1·75		− 4·398	1·75
		− 2·426			3·624			− 0·698
		− 2·434			3·620			− 0·696
		0·008			0·004			− 0·002
	statt	0		statt	0		statt	0

§ 92. Lösungen der Aufgaben des 4. Kapitels.

1. Die reelle Wurzel der Gleichung

$$x^5 + 5x - 7 = 0$$

liegt in der Nähe von $x = 1$. Die Entwicklung nach Potenzen von $x - 1 = y$ lautet:

$$y^5 + 5y^4 + 10y^3 + 10y^2 + 10y - 1 = 0.$$

Diese Gleichung wird durch den Wert $y = 0{\cdot}1$ angenähert erfüllt. Die Entwicklung nach Potenzen von $y - 0{\cdot}1 = z$ lautet

$$z^5 + 5{\cdot}6z^4 + 12{\cdot}1z^3 + 13{\cdot}31z^2 + 12{\cdot}3205z + 0{\cdot}11051 = 0$$

oder

$$-12{\cdot}3205z = 0{\cdot}11051 + 13{\cdot}31z^2 + \ldots$$

Man findet mit dem Rechenschieber den Wert

$$z = -0{\cdot}00906$$

und damit

$$x = 1 + 0{\cdot}1 - 0{\cdot}00906 = \underline{1{\cdot}09094}.$$

Die Probe ergibt durch Einsetzen in die Gleichung nach dem *Horner*schen Schema:

$$x^5 + 5x - 7 = -0{\cdot}00003.$$

2. Nach dem verallgemeinerten *Horner*schen Schema erhält man die Produktentwicklungen:

$$x^4 = x + x(x-1) + 2x(x-1)(x+1) + x(x-1)(x+1)(x-2)$$

und

$$x^4 = -x + x(x+1) - 2x(x+1)(x-1) + x(x+1)(x-1)(x+2).$$

3. Nach dem Schema auf Seite 98 erhält man die ganze rationale Funktion

$$g(x) = 1716{\cdot}76\,x - 4{\cdot}1745\,x\,(x-18) - 0{\cdot}08074\,x\,(x-18)\,(x-30) \\ + 0{\cdot}000\,188\,x\,(x-18)\,(x-30)\,(x-45).$$

Die Koeffizienten sind in Einheiten der 5ten Dezimale, x ist in Grad gemessen.

Zur Berechnung der Funktionswerte führen wir zunächst die lineare Interpolation aus und bringen dann die Werte der übrigen Glieder als Korrektur an. Zur Probe berechnen wir gleichzeitig sin 54°, das Resultat muß mit dem bekannten Wert $\frac{1}{4}(\sqrt{5}+1) = 0{\cdot}80\,9017$ übereinstimmen:

x	lin. Interpol.	Korr.	$g(x)$
10	17 167·6	+ 194·3	0·17 362
20	34 335·2	− 132·8	34 202
30	51 502·8	− 1 502·8	500000
40	68670·4	− 4392·4	64278
50	85 838·0	− 9232·8	76605
54	92705·0	− 11 803·3	809017

4. Die Interpolation ist für den Wert

$$u = 0{\cdot}4159\,2654$$

vorzunehmen. Führt man die Rechnung nach Formel (I) durch, so sind dem Differenzenschema die folgenden Werte in Einheiten der letzten Dezimale zu entnehmen:

				Produkte
$y_0 =$	4913 6169			4913 6169
$\dfrac{\Delta y_0 + \bar{\Delta} y_0}{2} =$	1401436·5	$u =$	0·4159 2654	+58 2894·6
$\Delta\bar{\Delta} y_0 =$	−4 5215	$\dfrac{u^2}{2!} =$	0·0864 97	− 3911·0
$\dfrac{\Delta^2\bar{\Delta} y_0 + \Delta\bar{\Delta}^2 y_0}{2} =$	2924	$\dfrac{u(u^2-1)}{3!} =$	−0·0573 3	− 167·6
$\Delta^2\bar{\Delta}^2 y_0 =$	−284	$\dfrac{u^2(u^2-1)}{4!} =$	−0·0060	+ 1·7
$\dfrac{\Delta^3\bar{\Delta}^2 y_0 + \Delta^2\bar{\Delta}^3 y_0}{2} =$	39	$\dfrac{(u^2-1)(u^2-4)}{5!} =$	0·0110	+ 0·4
			$\log \pi =$	0·4971 4987 1

Bei der Interpolation nach Formel (II) ist

$$v = u - \tfrac{1}{2} = -0{\cdot}0840\,7346.$$

Im übrigen ergibt sich die folgende Rechnung:

		Produkte
$\dfrac{y_0+y_1}{2} = 4982\,5583{\cdot}5$		$4982\,5583{\cdot}5$
$\Delta y_0 = 137\,8829$	$v = -0{\cdot}0840\,7346$	$-11\,5922{\cdot}9$
$\dfrac{\Delta\bar{\Delta}y_0 + \Delta\bar{\Delta}y_1}{2} = -43824$	$\dfrac{1}{2!}\left(v^2-\dfrac{1}{4}\right) = -0{\cdot}1214\,66$	$+\quad 5323{\cdot}1$
$\Delta^2\bar{\Delta}y_0 = 2782$	$\dfrac{v}{3!}\left(v^2-\dfrac{1}{4}\right) = 0{\cdot}0034$	$+\quad 9{\cdot}5$
$\dfrac{\Delta^2\bar{\Delta}^2y_0 + \Delta^2\bar{\Delta}^2y_1}{2} = -265{\cdot}5$	$\dfrac{1}{4!}\left(v^2-\dfrac{1}{4}\right)\left(v^2-\dfrac{9}{4}\right) = 0{\cdot}0227$	$-\quad 6{\cdot}0$

$$\log\pi = 0{\cdot}4971\,4987\,2$$

5. Für die Einschaltung von drei Zwischenwerten in das Intervall ist in Formel (II) (S. 112)

$$v = -\tfrac{1}{4}, \qquad v = 0, \qquad v = +\tfrac{1}{4}$$

zu setzen. Damit ergeben sich die drei Interpolationsformeln:

$$y_{\frac{1}{4}} = \frac{y_0+y_1}{2} - \frac{1}{4}\Delta y_0 - \frac{3}{32}\,\frac{\Delta\bar{\Delta}y_0 + \Delta\bar{\Delta}y_1}{2} + \frac{1}{128}\Delta^2\bar{\Delta}y_0 + \frac{35}{2048}\,\frac{\Delta^2\bar{\Delta}^2y_0 + \Delta^2\bar{\Delta}^2y_1}{2} - .$$

$$y_{\frac{1}{2}} = \frac{y_0+y_1}{2} \qquad - \frac{1}{8}\,\frac{\Delta\bar{\Delta}y_0 + \Delta\bar{\Delta}y_1}{2} \qquad + \frac{3}{128}\,\frac{\Delta^2\bar{\Delta}^2y_0 + \Delta^2\bar{\Delta}^2y_1}{2} - .$$

$$y_{\frac{3}{4}} = \frac{y_0+y_1}{2} + \frac{1}{4}\Delta y_0 - \frac{3}{32}\,\frac{\Delta\bar{\Delta}y_0 + \Delta\bar{\Delta}y_1}{2} - \frac{1}{128}\Delta^2\bar{\Delta}y_0 + \frac{35}{2048}\,\frac{\Delta^2\bar{\Delta}^2y_0 + \Delta^2\bar{\Delta}^2y_1}{2} + .$$

Die Anwendung dieser Formeln auf die Intervalle 196 bis 200 und 200 bis 204 liefert die Werte:

x	lg x	Δ	Δ^2	Δ^3
196	5·278 1147			
		5 0891		
197	5·283 2038		− 258	
		5 0633		3
198	5·288 2671		− 255	
		5 0378		2
199	5·293 3049		− 253	
		5 0125		3
200	5·298 3174		− 250	
		4 9875		3
201	5·303 3049		− 247	
		4 9628		2
202	5·308 2677		− 245	
		4 9383		2
203	5·313 2060		− 243	
		4 9140		
204	5·318 1200			

Der gleichförmige Verlauf der höheren Differenzen bietet eine Probe für die Richtigkeit der berechneten Werte.

6. Wir setzen $g_0 = 1$, $g_1 = 0{\cdot}57\,296$ und bilden die Kettenbruchentwicklung für $\frac{g_0}{g_1}$. In den Bezeichnungen des § 39 ergibt sich:

ν	g_ν	q_ν	P_ν	Q_ν
1	0·57 296	1	1	1
2	42 704	1	2	1
3	14 592	2	5	3
4	13 520	1	7	4
5	1 072	12	89	51

Die Zahl 0·57 296 wird daher genähert durch den Bruch

$$\frac{4}{7}$$

dargestellt. Der Fehler beträgt:

$$\frac{1}{g_0}\frac{g_5}{P_4} = 0{\cdot}00\,153 \qquad \text{oder} \qquad 2{\cdot}7\ ^0/_{00}.$$

§ 93. Lösungen der Aufgaben des 5. Kapitels.

1. Aus der Reihe

$$S = 1 - \frac{1}{3} + \frac{1}{5} - \frac{1}{7} + \dots \left(c_n = \frac{(-1)^n}{2n+1}\right)$$

erhält man durch Bilden des arithmetischen Mittels zweier Näherungswerte die Reihe

$$S_1 = \frac{5}{6} - \frac{1}{3\cdot 5} + \frac{1}{5\cdot 7} - \frac{1}{7\cdot 9} + \dots \left(c_n' = \frac{(-1)^n}{(2n+1)(2n+3)}\right).$$

Aus dieser wieder die Reihe

$$S_2 = \frac{4}{5} - \frac{2}{3\cdot 5\cdot 7} + \frac{2}{5\cdot 7\cdot 9} - \frac{2}{7\cdot 9\cdot 11} + \dots \left(c_n'' = \frac{(-1)^n\cdot 2}{(2n+1)(2n+3)(2n+5)}\right)$$

usw.

$$S_3 = \frac{83}{105} - \frac{3!}{3\cdot 5\cdot 7\cdot 9} + \frac{3!}{5\cdot 7\cdot 9\cdot 11} - \dots \left(c_n''' = \frac{(-1)^n\cdot 3!}{(2n+1)(2n+3)(2n+5)(2n+7)}\right),$$

$$S_4 = \frac{248}{315} - \frac{4!}{3\cdot 5\cdot 7\cdot 9\cdot 11} + \frac{4!}{5\cdot 7\cdot 9\cdot 11\cdot 13} - \dots$$

Man erkennt für die Korrekturen der einzelnen Reihen leicht das allgemeine Bildungsgesetz:

$$c_n^{(p)} = \frac{(-1)^n\cdot p!}{(2n+1)(2n+3)\dots(2n+2p+1)}.$$

Soll der Fehler, d. h. das Glied, vor dem die Reihe abgebrochen wird, kleiner als eine Einheit der sechsten Dezimale sein, so müßten von der ursprünglichen Reihe 500 000 Glieder summiert werden. Für die übrigen Reihen ergibt sich die notwendige Gliederzahl aus dem Ausdruck für $c_n^{(p)}$. Man findet

$p = 1$	500	Glieder
2	62	„
3	23	„
4	13	„

Addiert man bei der vierten Reihe die ersten 13 Glieder, so ergibt sich:

$$0{\cdot}785\,398\,68\,.$$

Die Summe der ersten 14 Glieder ist

$$0{\cdot}785\,397\,82\,.$$

Das Mittel aus beiden liefert den Näherungswert

$$\left|\begin{array}{l} 0{\cdot}785\,398\,25 \\ \qquad\quad \pm 43, \end{array}\right.$$

da der Fehler kleiner als die halbe Differenz beider Werte sein muß.

Zum Vergleich ist

$$\frac{\pi}{4} = 0{\cdot}785\,398\,16.$$

2. Das gleiche Verfahren formt die Reihe

$$S = 1 - \frac{1}{2^2} + \frac{1}{3^2} - \frac{1}{4^2} + \ldots \left(c_n = \frac{(-1)^n}{(n+1)^2}\right)$$

um in die Reihe

$$S_1 = \frac{7}{8} - \frac{1}{2}\,\frac{5}{2^2\cdot 3^2} + \frac{1}{2}\,\frac{7}{3^2\cdot 4^2} - \ldots \left(c_n' = \frac{(-1)^n}{2}\,\frac{2n+3}{(n+1)^2\,(n+2)^2}\right)$$

und diese wieder in

$$S_2 = \frac{121}{144} - \frac{1}{2}\,\frac{26}{2^2\cdot 3^2\cdot 4^2} + \frac{1}{2}\,\frac{47}{3^2\cdot 4^2\cdot 5^2} - \ldots \left(c_n'' = \frac{(-1)^n}{2}\,\frac{3n^2+12n+11}{(n+1)^2\,(n+2)^2\,(n+3)^2}\right).$$

Die Summe der ersten 17 Glieder dieser Reihe ergibt

$$0{\cdot}822\,462\,0\,.$$

Die Summe der ersten 18 Glieder:

$$0{\cdot}822\,471\,4\,.$$

Das Mittel aus beiden Näherungswerten lautet:

$$\left|\begin{array}{l} 0{\cdot}822\,466\,7 \\ \qquad\quad \pm 47\,. \end{array}\right.$$

Zum Vergleich ist

$$\frac{\pi^2}{12} = 0{\cdot}822\,467\,0\,.$$

3. Am ersten Tage werden durch a_1 Kranke $k a_1$ Personen angesteckt. Die Gesamtzahl der Kranken ist daher am zweiten Tage

$$a_2 = k\,a_1 + k\,a_0\,.$$

Da die Dauer der Krankheit zwei Tage beträgt, so sind $k a_1$ Personen auch noch am dritten Tage krank, dazu treten $k a_2$ neue Erkrankungen. Die Gesamtzahl ist

$$a_3 = k a_2 + k a_1 .$$

Allgemein erhält man a_n aus der Rekursionsformel

$$a_n = k a_{n-1} + k a_{n-2} .$$

Faßt man die Zahlen a_n als Koeffizienten einer Potenzreihe

$$f(x) = a_0 + a_1 x + a_2 x^2 + \dots a_n x^n + \dots$$

auf, so ist

$$f(x) = \frac{a_0 + (a_1 - k a_0) x}{1 - k x - k x^2} .$$

Daraus folgt

$$a_n = \frac{1}{k\sqrt{1+\frac{4}{k}}}\left(\frac{a_0 + (a_1 - k a_0) x_1}{x_1^{n+1}} - \frac{a_0 + (a_1 - k a_0) x_2}{x_2^{n+1}}\right),$$

wenn x_1 und x_2 die beiden Wurzeln der Gleichung

$$k x^2 + k x = 1$$

sind:

$$x_1 = \frac{1}{2}\left(\sqrt{1+\frac{4}{k}} - 1\right),$$

$$x_2 = -\frac{1}{2}\left(\sqrt{1+\frac{4}{k}} + 1\right).$$

Da x_2 absolut genommen stets größer als 1 ist, so strebt a_n für große Werte von n gegen

$$\left|\ \frac{a_0 + (a_1 - k a_0) x_1}{x_1^{n+1} k \sqrt{1+\frac{4}{k}}}\right. .$$

Dieser Ausdruck wird konstant, wenn $x_1 = 1$, d. h.

$$\underline{k = \tfrac{1}{2}}$$

ist. Dann strebt a_n gegen

$$\tfrac{1}{3}(a_0 + 2 a_1) .$$

4. Für $\sin\alpha = 0{\cdot}05$ wird

$$\cos\alpha = \sqrt{1 - \sin^2\alpha} = 0{\cdot}99874\,92177\,72 .$$

Den Winkel selbst erhält man aus

$$\alpha = \sin\alpha + \frac{1}{2}\frac{1}{3}\sin^3\alpha + \frac{1\cdot 3}{2\cdot 4}\frac{1}{5}\sin^5\alpha + \frac{1\cdot 3\cdot 5}{2\cdot 4\cdot 6}\frac{1}{7}\sin^7\alpha + \dots$$

Es wird in Bogenmaß

$$\alpha = 0{\cdot}05002\,08568\,06$$

und in Grad umgerechnet

$$\alpha = 2^\circ\,51'\,57''\,54\,233\,74 .$$

Nach den Formeln auf Seite 144 erhält man damit für $\bar{p} = 2 \sin \alpha = 0{\cdot}1$ die Tabelle:

α	$\cos \alpha$	$\sin \alpha$
2° 51′ 57·54234	0·99874 92178	
5° 43′ 55·08467		0·09987 49218
8° 35′ 52·62701	0·98876 17256	
11° 27′ 50·16935		0·19875 10943
14° 19′ 47·71169	0·96888 66162	
17° 11′ 45·25402		0·29563 97560
20° 3′ 42·79636	0·93932 26406	
22° 55′ 40·33870		0·38957 20200
25° 47′ 37·88104	0·90036 54386	
28° 39′ 35·42337		0·47960 85639
31° 31′ 32·96571	0·85240 45822	
34° 23′ 30·50805		0·56484 90221
37° 15′ 28·05039	0·79591 96800	
40° 7′ 25·59272		0·64444 09901
42° 59′ 23·13506	0·73147 55810	
45° 51′ 20·67740		0·71758 85482
48° 43′ 18·21973	0·65971 67261	
51° 35′ 15·76207		0·78356 02208
54° 27′ 13·30441	0·58136 07041	
57° 19′ 10·84675		0·84169 62912
60° 11′ 8·38908	0·49719 10749	
63° 3′ 5·93142		0·89141 53987
65° 55′ 3·47376	0·40804 95351	
68° 47′ 1·01610		0·93222 03522
71° 38′ 58·55843	0·31482 74999	
74° 30′ 56·10077		0·96370 31022
77° 22′ 53·64311	0·21845 71896	
80° 14′ 51·18545		0·98554 88211
83° 6′ 48·72778	0·11990 23075	
85° 58′ 46·27012		0·99753 90519
88° 50′ 43·81246	0·02014 84023	
91° 42′ 41·35480		0·99955 38921

5. Für die Bogenlänge erhält man die Reihenentwicklung

$$\frac{s}{2p} = \frac{l}{2p} + \frac{1}{2}\,\frac{1}{3}\left(\frac{l}{2p}\right)^3 - \frac{1}{2\cdot 4}\,\frac{1}{5}\left(\frac{l}{2p}\right)^5 + \frac{1\cdot 3}{2\cdot 4\cdot 6}\,\frac{1}{7}\left(\frac{l}{2p}\right)^7 - \dots$$

Setzt man

$$\frac{6\,(s-l)}{l} = u\,, \qquad \left(\frac{l}{2p}\right)^2 = v\,,$$

so wird

$$u = v - \frac{3}{20}v^2 + \frac{3}{56}v^3 - \frac{5}{192}v^4 + \dots$$

Durch Umkehrung dieser Reihe ergibt sich

$$v = u + \frac{3}{20}u^2 - \frac{3}{350}u^3 + \frac{23}{8400}u^4 - \dots$$

Für $s = \frac{61}{60} l$ wird $u = \frac{1}{10}$. Die Reihe liefert

$$v = 0{\cdot}101\,49? \,.$$

Damit wird

$$p = \frac{l}{2\sqrt{v}} = 1{\cdot}56948\, l \,.$$

§ 94. Lösungen der Aufgaben des 6. Kapitels.

1. Die positive Wurzel der Gleichung

$$x^6 + 6x - 8 = 0$$

liegt in der Nähe von 1. Man findet etwa nach dem *Newton*schen Verfahren die aufeinanderfolgenden Näherungen:

$$\begin{aligned} x_1 &= 1\,, \\ x_2 &= 1{\cdot}08\,, \\ x_3 &= 1{\cdot}075\,5\,, \\ x_4 &= 1{\cdot}075\,458\,. \end{aligned}$$

2. Die Gleichung

$$x = \cos x$$

besitzt eine und nur eine reelle Lösung in der Nähe von $\frac{\pi}{4}$. Man kann diesen Wert durch Iteration verbessern, aber das Verfahren konvergiert sehr langsam, da der Differentialquotient der rechten Seite nur wenig kleiner als 1 ist.

Die Konvergenz läßt sich auf folgende Weise beschleunigen: Sind x_1, x_2 und x_3 drei aufeinanderfolgende Näherungswerte, so ist nach der Beziehung auf Seite 155

$$\begin{aligned} x - x_2 &= k\,(x - x_1)\,, \\ x - x_3 &= k\,(x - x_2) \end{aligned}$$

angenähert für den gleichen Wert k. Daraus folgt

$$(x - x_2)^2 = (x - x_1)\,(x - x_3)\,.$$

Führt man hier die Differenzen der Näherungswerte aus dem Schema

$$\begin{array}{ccc} x_1 & & \\ & \Delta_1 & \\ x_2 & & \Delta^2 \\ & \Delta_2 & \\ x_3 & & \end{array}$$

ein, so wird

$$x = x_2 - \frac{\Delta_1\,\Delta_2}{\Delta^2}\,.$$

Haben Δ_1 und Δ_2 verschiedene Vorzeichen, und unterscheiden sie sich absolut nur wenig voneinander, so kann man auch angenähert setzen:

$$x = \frac{1}{2}\left(x_2 + \frac{x_1 + x_3}{2}\right).$$

Zu dem auf diesem Wege berechneten Näherungswerte bestimmt man durch Iteration zwei weitere und wiederholt dann das Verfahren.

Die Gleichung $x = \cos x$ liefert zu dem Näherungswerte $x_1 = 45°$ die weiteren:

x	Δ	Δ^2	$-\frac{\Delta_1 \Delta_2}{\Delta^2}$
45°			
	— 4·486		
40·514		7·531	1·814
	3·045		
43·559			
42° 328			
	31		
359		— 52	— 12·5
	— 21		
338			
42° 20′47″			
	420		
47·420		— 703	— 169
	— 283		
47·137			
$x = 42° 20′ 47″251$			

3. Die kleinste positive Wurzel der Gleichung

$$x - \operatorname{ctg} x = 0$$

liegt in der Nähe von $\frac{\pi}{4}$. Man findet, am bequemsten nach dem *Newton*schen Verfahren, die folgenden Näherungen:

$$\begin{aligned} x_1 &= \frac{\pi}{4} = 0·7854 &&= 45°, \\ x_2 &= 0·8873 &&= 50° 50′3, \\ x_3 &= 0·8600 &&= 49° 16′ 28″, \\ x_4 &= 0·860332 &&= 49° 17′ 36″2, \\ x_5 &= 0·86033358 &&= 49° 17′ 36″540. \end{aligned}$$

4. Die Gleichung hat nach der *Cartesi*schen Zeichenregel eine positive und keine oder zwei negative reelle Wurzeln.

5. Für die Gleichung findet man die folgende *Sturm*sche Kette:

	x^6	x^5	x^4	x^3	x^2	x	
$g_0 =$	1	— 8	4	6	0	— 5	3
	$g_1 =$	6	— 40	16	18	0	— 5
		$g_2 =$	7·56	— 6·56	— 4	4·17	— 1·89
			$g_3 =$	11·01	3·73	— 20·69	13·70
				$g_4 =$	— 13·28	22·35	— 9·45
					$g_5 =$	— 8·96	2·14
						$g_6 =$	4·86

Die einzelnen Funktionen erhalten die folgenden Vorzeichen:

x	g_0	g_1	g_2	g_3	g_4	g_5	g_6	Zeichenwechsel
$-\infty$	+	−	+	−	−	+	+	4
0	+	−	−	+	−	+	+	4
1	+	−	−	+	−	−	+	4
2	−	−	+	+	−	−	+	3
7	−	+	+	+	−	−	+	3
8	+	+	+	+	−	−	+	2
$+\infty$	+	+	+	+	−	−	+	2

Danach besitzt die Gleichung zwei reelle Wurzeln, und zwar eine zwischen 1 und 2 und eine zwischen 7 und 8.

6. Die Gleichung besitzt die folgende *Sturm*sche Kette:

$$g_0 = x^7 + a x + b,$$
$$g_1 = 7 x^6 + a,$$
$$g_2 = -\tfrac{6}{7} a x - b,$$
$$g_3 = -a - 7\left(\frac{7b}{6a}\right)^6.$$

Danach sind folgende Fälle zu unterscheiden:

$a \geqq 0$. Die Gleichung hat eine positive Wurzel, wenn $b < 0$ ist,
„ „ „ „ negative „ , „ $b > 0$ „;

$a < 0$, $|b| < b_0$, zwei positive, eine negative Wurzel, wenn $b > 0$ ist,
eine „ , zwei „ Wurzeln, „ $b < 0$ „;

$|b| > b_0$, eine positive Wurzel, wenn $b < 0$ ist,
„ negative „ , „ $b > 0$ „.

Dabei ist

$$b_0 = -\frac{6a}{7}\left(-\frac{a}{7}\right)^{\frac{1}{6}}.$$

7. Man findet nach dem *Graeffe*schen Verfahren die folgenden Gleichungen für die Potenzen der Wurzeln:

	x^5	x^4	x^3	x^2	x	
2. Potenz	1	$-3^1\,0$	$2^2\,73$	$-8^2\,24$	$6^2\,04$	-1
4. „	1	$-3^2\,54$	$2^4\,630$	$-3^5\,493$	$3^5\,632$	-1
8. „	1	$-7^4\,272$	$4^8\,450$	$-1^{11}029$	$1^{11}319$	-1
16. „	1	$-4^9\,399$	$1^{17}831$	$-1^{22}047$	$1^{22}740$	-1
32. „	1	$-1^{19}898$	$3^{34}342$	$-1^{44}095$	$3^{44}026$	-1

Aus der letzten Gleichung ergeben sich die Wurzeln:

$$x_1 = 4{\cdot}0036,$$
$$x_2 = -2{\cdot}9952,$$
$$x_3 = 1{\cdot}9832,$$
$$x_4 = -1{\cdot}0323,$$
$$x_5 = 0{\cdot}0407.$$

Durch Einsetzen können diese Werte verbessert werden. Es ergibt sich:

$$\begin{aligned} x_1 &= 4{\cdot}003\,5576 \\ x_2 &= -2{\cdot}995\,2112 \\ x_3 &= 1{\cdot}983\,1816 \\ x_4 &= -1{\cdot}032\,2635 \\ x_5 &= 0{\cdot}040\,7355 \\ \text{Summe}\ & 2{\cdot}000\,0000 \end{aligned}$$

8. Nach dem *Graeffe*schen Verfahren ergeben sich für die Potenzen der Wurzeln die folgenden Gleichungen:

	x^4	x^3	x^2	x	
2. Potenz	1	$-1^{1}\,0$	$-2^{2}\,89$	$-2^{3}\,174$	$2^{3}\,401$
4. „	1	$-6^{2}\,78$	$+4^{4}\,484$	$-6^{6}\,114$	$5^{6}\,765$
8. „	1	$-3^{5}\,700$	$-6^{9}\,268$	$-3^{13}686$	$3^{12}323$
16. „	1	$-1^{11}494$	$+1^{19}201$	$-1^{27}359$	$1^{27}104$
32. „	1	$-2^{22}231$	$-2^{38}620$	$-1^{54}848$	$1^{54}220$

Von der Gleichung für die 32. Potenzen an zerspalten sich die Gleichungen vierten Grades in eine lineare, eine quadratische und eine weitere lineare Gleichung. Die Gleichung hat demnach zwei reelle Wurzeln x_1, x_2 und ein Paar konjugiert komplexe Wurzeln $u \pm iv$:

$$\begin{aligned} x_1 &= 4{\cdot}9933, \\ x_2 &= -0{\cdot}9871, \\ u^2 + v^2 &= 9{\cdot}9414, \end{aligned} \qquad \begin{aligned} u &= 0{\cdot}9969, \\ v &= 2{\cdot}9912. \end{aligned}$$

Durch Einsetzen lassen sich diese Wurzeln weiter verbessern:

$$\begin{aligned} x_1 &= 4{\cdot}993\,31160, & u &= 0{\cdot}996\,8946, \\ x_2 &= -0{\cdot}987\,10083, & v &= 2{\cdot}991\,2478. \end{aligned}$$

Probe: $x_1 + x_2 + 2u = 5{\cdot}999\,9999\,7$ statt 6,

$$\frac{1}{x_1} + \frac{1}{x_2} + \frac{2u}{u^2+v^2} = -0{\cdot}612\,24491$$

$$\text{statt } -\frac{30}{49} = -0{\cdot}612\,24490.$$

§ 95. Lösungen der Aufgaben des 7. Kapitels.

1. Die Gleichungen besitzen zwei reelle Lösungen in der Nähe von $x = -2$, $y = 2$ und von $x = 1{\cdot}6$, $y = 0{\cdot}9$.

Durch Verbesserung dieser Näherungswerte findet man

$$\begin{aligned} x &= -1{\cdot}973\,5205, \\ y &= 2{\cdot}021\,1670 \end{aligned}$$

und

$$\left|\begin{array}{l} x = 1{\cdot}5960149\,, \\ y = 0{\cdot}9360689\,. \end{array}\right.$$

2. Die Gleichung vierten Grades läßt sich in die beiden Gleichungen

$$4{\cdot}5\,x^2 + 2\,y^2 - 2\,x - 1 = 0\,,$$
$$x^2 - 1{\cdot}5\,x - y = 0$$

zerlegen. Die Ellipse besitzt zwei Schnittpunkte mit der Parabel mit den Koordinaten

$$\begin{array}{l} x = -0{\cdot}2 \\ y = 0{\cdot}4 \end{array} \quad \text{und} \quad \begin{array}{l} x = 0{\cdot}6\,, \\ y = -0{\cdot}5\,. \end{array}$$

Durch Verbesserung findet man die Werte

$$\left|\begin{array}{l} x = -0{\cdot}22794747\,, \\ y = 0{\cdot}39388124 \end{array}\right.$$

und

$$\left|\begin{array}{l} x = 0{\cdot}59920910\,, \\ y = -0{\cdot}53976210\,. \end{array}\right.$$

3. Man findet durch Iteration die Werte

$$\left|\begin{array}{l} x = 0{\cdot}26524460\,, \\ y = 0{\cdot}48073972\,. \end{array}\right.$$

4. Die durch Iteration verbesserten Werte sind

$$\left|\begin{array}{l} x = 1{\cdot}0262518\,, \\ y = 3{\cdot}9104903\,, \\ z = 1{\cdot}4013148\,. \end{array}\right.$$

5. Die nach den „stark" auftretenden Unbekannten aufgelösten Gleichungen lauten

$$x = 1{\cdot}907 - 0{\cdot}2212\,y - 0{\cdot}1059\,z\,,$$
$$y = 1{\cdot}389 - 0{\cdot}0535\,z - 0{\cdot}1046\,x\,,$$
$$z = 1{\cdot}493 - 0{\cdot}0359\,x - 0{\cdot}0338\,y\,.$$

Die Näherungswerte mit ihren Verbesserungen werden:

x	y	z
1·907	1·389.	1·493
− 466	− 280	− 115
+ 74	+ 55	+ 26
− 15	− 9	− 4
+ 2	+ 2	0
1·502	1·157	1·400

§ 96. Lösungen der Aufgaben des 8. Kapitels.

1. Um das Intervall zwischen die Grenzen -1 bis $+1$ zu verlegen, führen wir die Veränderliche

$$t = 2x - 1$$

ein. Wir erhalten dann die Integrale:

$$J_0 = \frac{1}{2}\int_{-1}^{+1}\sqrt{1+\left(\frac{t+1}{2}\right)^2}\,dt = \int_0^1 \sqrt{1+x^2}\,dx = \frac{1}{2}\sqrt{2} + \frac{1}{2}\lg\left(1+\sqrt{2}\right),$$

$$J_1 = \frac{1}{2}\int_{-1}^{+1} t\sqrt{1+\left(\frac{t+1}{2}\right)^2}\,dt = \frac{5}{6}\sqrt{2} - \frac{2}{3} - \frac{1}{2}\lg\left(1+\sqrt{2}\right),$$

$$J_2 = \frac{1}{2}\int_{-1}^{+1} t^2\sqrt{1+\left(\frac{t+1}{2}\right)^2}\,dt = \frac{2}{3}\left(2-\sqrt{2}\right).$$

Danach wird

$$J_0 = 1{\cdot}1477936,$$
$$J_1 = 0{\cdot}0711578,$$
$$J_2 = 0{\cdot}3905243,$$

und es ergibt sich

für $n = 1$

$$a_0 = J_0 = 1{\cdot}1477936, \qquad a_1 = 3J_1 = 0{\cdot}2134735, \qquad F_1 = 1{\cdot}3326204;$$

für $n = 2$

$$a_0 = \tfrac{3}{4}(3J_0 - 5J_2) = 1{\cdot}1180695,$$
$$a_1 = 3J_1 = 0{\cdot}2134735, \qquad F_2 = 1{\cdot}3333272.$$
$$a_2 = \frac{15}{4}(3J_2 - J_0) = 0{\cdot}0891723,$$

Ferner ist

$$\tfrac{1}{2}\int_{-1}^{+1} f^2\,dt = \int_0^1 (1+x^2)\,dx = \tfrac{4}{3}$$

und daher das Quadrat des mittleren Fehlers

$$m^2 = \tfrac{4}{3} - F_n.$$

Kehrt man noch zu der ursprünglichen Veränderlichen zurück,

$$a_0 + a_1 t + a_2 t^2 + \ldots = b_0 + b_1 x + b_2 x^2 + \ldots,$$

so wird die Näherungsfunktion

für $n = 1$

$$\underline{0{\cdot}93432 + 0{\cdot}42695\,x} \qquad m = 0{\cdot}0267;$$

für $n = 2$

$$\underline{0{\cdot}99377 + 0{\cdot}07026\,x + 0{\cdot}35669\,x^2} \qquad m = 0{\cdot}0025,$$

2. Um die Koeffizienten der Normalgleichungen möglichst herabzudrücken, führen wir die neue Veränderliche

$$t = x - 5$$

ein. Für die Koeffizienten der Normalgleichungen erhält man dann die folgenden Summen:

$$\begin{aligned} &\sum t = -5{\cdot}9, \\ &\sum t^2 = 94{\cdot}8, \qquad \sum y = 377, \\ &\sum t^3 = -137{\cdot}0, \qquad \sum ty = 114{\cdot}1, \\ &\sum t^4 = 1875, \qquad \sum t^2 y = 2361. \end{aligned}$$

Die Auflösung ergibt

$$\begin{aligned} a_0 &= 79{\cdot}5, \\ a_1 &= 2{\cdot}42, \\ a_2 &= -2{\cdot}58. \end{aligned}$$

Damit wird die empirische Funktion durch die quadratische Funktion

$$a_0 + a_1 t + a_2 t^2$$

angenähert. Das Maximum liegt an der Stelle

$$t = -\frac{a_1}{2a_2} = 0{\cdot}47$$

oder

$$x = 5 + t = \underline{5{\cdot}47.}$$

Die Schnittpunkte mit der x-Achse findet man aus der Gleichung

$$a_0 + a_1 t + a_2 t^2 = 0.$$

Es ist für den ersten Schnittpunkt

$$t = -5{\cdot}10 \quad \text{und} \quad x = \underline{-0{\cdot}10.}$$

Der Differentialquotient ist an dieser Stelle

$$y' = a_1 + 2a_2 t = \underline{28{\cdot}7.}$$

3. Wir führen als neue Veränderliche

$$u = x - 5$$

ein, dann werden die Koeffizienten der Normalgleichungen:

$$\begin{aligned} &\sum u = 0, \\ &\sum u^2 = 110, \qquad \sum y = 172, \\ &\sum u^3 = 0, \qquad \sum uy = 25, \qquad\qquad \sum y^2 = 4038. \\ &\sum u^4 = 1958, \qquad \sum u^2 y = 1659, \\ &\sum u^5 = 0, \qquad \sum u^3 y = 3259, \\ &\sum u^6 = 41030, \end{aligned}$$

Die Auflösung ergibt

$$a_0 = 16{\cdot}35\,,\quad a_1 = -7{\cdot}88\,,\quad a_2 = -0{\cdot}071\,,\quad a_3 = 0{\cdot}456\,,\qquad \Omega_0 = 56{\cdot}7\,.$$

Die empirische Funktion wird damit angenähert durch

$$a_0 + a_1 u + a_2 u^2 + a_3 u^3.$$

Maximum und Minimum findet man aus der Gleichung

$$a_1 + 2a_2 u + 3a_3 u^2 = 0\,.$$

Es ergibt sich:

Maximum für $\underline{x = 2{\cdot}65}$,

Minimum für $\underline{x = 7{\cdot}45}$.

Den mittleren Fehler der Näherung erhält man aus

$$m^2 = \frac{\Omega_0}{11}\,,$$

$$\underline{m = 2{\cdot}3}\,.$$

4. Um das Intervall zwischen die Grenzen -1 bis $+1$ zu verlegen, führen wir eine neue Veränderliche t ein:

$$x = \frac{\pi}{2} t\,.$$

Für die einzelnen Integrale ergeben sich die folgenden Werte:

$$\int_{-1}^{+1} \sin\frac{\pi}{2} t\,dt = 0\,,\qquad \int_{-1}^{+1} t \sin\frac{\pi}{2} t\,dt = 2\left(\frac{2}{\pi}\right)^2,$$

$$\int_{-1}^{+1} t^2 \sin\frac{\pi}{2} t\,dt = 0\,,\qquad \int_{-1}^{+1} t^3 \sin\frac{\pi}{2} t\,dt = 6\left(\frac{2}{\pi}\right)^2\left[1 - 2\left(\frac{2}{\pi}\right)^2\right].$$

$$\int_{-1}^{+1} t^4 \sin\frac{\pi}{2} t\,dt = 0\,,$$

Damit wird

$$\int_{-1}^{+1} P_0 \sin\frac{\pi}{2} t\,dt = 0\,,\qquad \int_{-1}^{+1} P_1 \sin\frac{\pi}{2} t\,dt = 2\left(\frac{2}{\pi}\right)^2,$$

$$\int_{-1}^{+1} P_2 \sin\frac{\pi}{2} t\,dt = 0\,,\qquad \int_{-1}^{+1} P_3 \sin\frac{\pi}{2} t\,dt = 6\left(\frac{2}{\pi}\right)^2\left[2 - 5\left(\frac{2}{\pi}\right)^2\right].$$

$$\int_{-1}^{+1} P_4 \sin\frac{\pi}{2} t\,dt = 0\,,$$

Für die Entwicklung nach Kugelfunktionen:

$$a_0 P_0 + a_1 P_1 + a_2 P_2 + a_3 P_3 + a_4 P_4$$

ergeben sich somit die Koeffizienten:

$$a_0 = 0, \qquad a_1 = 3\left(\frac{2}{\pi}\right)^2 = 1{\cdot}215\,8542,$$

$$a_2 = 0, \qquad a_3 = 21\left(\frac{2}{\pi}\right)^2\left[2-5\left(\frac{2}{\pi}\right)^2\right] = -0{\cdot}224\,8913.$$

$$a_4 = 0,$$

Da

$$\frac{1}{2}\int_{-1}^{+1}\sin^2\frac{\pi}{2}t\,dt = \frac{1}{2}$$

ist, ergibt sich der mittlere Fehler der Darstellung aus

$$m^2 = \frac{1}{2} - \left(\frac{1}{3}a_1^2 + \frac{1}{7}a_3^2\right).$$

Es ist

$$m = 0{\cdot}0028.$$

Ordnet man die Näherungsfunktion nach Potenzen von t und kehrt dann wieder zu der ursprünglichen Veränderlichen zurück, so ergibt sich die Näherung:

$$\underline{0{\cdot}9888\,x - 0{\cdot}1451\,x^3.}$$

5. Nach dem Schema auf Seite 218 und 219 findet man die Koeffizienten:

$$\begin{array}{ll} 12a_0 = 102, & \\ 6a_1 = 470{\cdot}3, & 6b_1 = 376{\cdot}8, \\ 6a_2 = 1{\cdot}5, & 6b_2 = 19{\cdot}9, \\ 6a_3 = -194, & 6b_3 = -72, \\ 6a_4 = 1{\cdot}5, & 6b_4 = -6{\cdot}1, \\ 6a_5 = 2{\cdot}7, & 6b_5 = 25{\cdot}2, \\ 12a_6 = -6. & \end{array}$$

Die Probe ergibt

$$\begin{array}{rr} & A = 264\,050 \\ & B = 148\,230 \\ Y = 68\,718 & A + B = 412\,280 \\ & \frac{1}{6}(A+B) = 68\,713 \end{array}$$

Um die Funktionswerte in den Intervallmitten zu berechnen, ermittelt man zunächst die Koeffizienten a' und b' nach den Formeln auf Seite 225. Es ergibt sich

$$\begin{array}{ll} 6a_0' = 51, & \\ 6a_1' = 599{\cdot}0, & 6b_1' = -66{\cdot}1, \\ 6a_2' = 19{\cdot}9, & 6b_2' = -1{\cdot}5, \\ 6a_3' = 86{\cdot}3, & 6b_3' = 188{\cdot}1, \\ 6a_4' = -1{\cdot}5, & 6b_4' = 6{\cdot}1, \\ 6a_5' = -19{\cdot}7, & 6b_5' = -15{\cdot}9, \\ 6a_6' = 0. & \end{array}$$

Mit diesen Werten erhält man durch dasselbe Schema die sechsfachen Ordinaten. Die Ordinaten selbst werden:

$$\begin{array}{ll} y_{0\cdot5} = 68{\cdot}7\,, & y_{6\cdot5} = -49{\cdot}5\,, \\ y_{1\cdot5} = 129{\cdot}1\,, & y_{7\cdot5} = -105{\cdot}9\,, \\ y_{2\cdot5} = 119{\cdot}1\,, & y_{8\cdot5} = -97{\cdot}2\,, \\ y_{3\cdot5} = 35{\cdot}8\,, & y_{9\cdot5} = -24{\cdot}1\,, \\ y_{4\cdot5} = -40{\cdot}1\,, & y_{10\cdot5} = 50{\cdot}0\,, \\ y_{5\cdot5} = -36{\cdot}4\,, & y_{11\cdot5} = 52{\cdot}5\,. \end{array}$$

Probe:

$$\begin{array}{lr} & A + B = 412\,280 \\ & \tfrac{1}{2}(12\,a_6)^2 = 18 \\ \hline Y = 68\,736 & A' + B' = 412\,262 \\ & \tfrac{1}{6}(A' + B') = 68\,710 \end{array}$$

6. Um die Koeffizienten a_8 und b_8 zu berechnen, ordnet man die 24 Ordinaten $y_{0\cdot5}, y_1, y_{1\cdot5}, \ldots y_{11\cdot5}, y_{12}$ nach Seite 230 in Form eines Rechtecks mit acht Reihen an. Die Summen der drei Kolonnen sind:

$$z_1 = -44\,,\quad z_2 = 88\,,\quad z_3 = 138\,.$$

Dann wird:

$$12\,a_8 = \sum_\alpha z_\alpha \cos\alpha\,\frac{2\pi}{3} = -\frac{1}{2}(z_1 + z_2) + z_3\,,$$

$$12\,b_8 = \sum_\alpha z_\alpha \sin\alpha\,\frac{2\pi}{3} = (z_1 - z_2)\sin\frac{\pi}{3}\,,$$

$$\underline{\underline{12\,a_8 = 116}}\,,\qquad \underline{\underline{12\,b_8 = -114{\cdot}3}}\,.$$

7. Durch Zusammenfalten der Ordinaten $y_{0\cdot5}, y_{1\cdot5}, \ldots y_{11\cdot5}$ in der Form

$$\begin{array}{cccccc} & y_{2\cdot5} & y_{3\cdot5} & y_{4\cdot5} & y_{5\cdot5} & y_{6\cdot5} & y_{7\cdot5} \\ y_{1\cdot5} & y_{0\cdot5} & y_{11\cdot5} & y_{10\cdot5} & y_{9\cdot5} & y_{8\cdot5} & \end{array}$$

berechnet man zunächst die Koeffizienten a' und b'. Man findet:

$$\begin{array}{ll} 12\,a_0' = 80\,, & \\ 6\,a_1' = 584{\cdot}8\,, & 6\,b_1' = -58{\cdot}3\,, \\ 6\,a_2' = 19{\cdot}5\,, & 6\,b_2' = 6{\cdot}0\,, \\ 6\,a_3' = 121\,, & 6\,b_3' = 183\,, \\ 6\,a_4' = 114{\cdot}5\,, & 6\,b_4' = 120{\cdot}4\,, \\ 6\,a_5' = -12{\cdot}8\,, & 6\,b_5' = -16{\cdot}7\,, \\ 12\,a_6' = -30\,. & \end{array}$$

Aus a' und b' werden nach (42) (S. 228) die Koeffizienten $\bar{a}$ und $\bar{b}$ berechnet:

$$
\begin{array}{rlrl}
12\bar{a}_0 = & 80, & & \\
6\bar{a}_1 = & 454{\cdot}7, & 6\bar{b}_1 = & 372{\cdot}3, \\
6\bar{a}_2 = & -6{\cdot}0, & 6\bar{b}_2 = & 19{\cdot}5, \\
6\bar{a}_3 = & -215{\cdot}0, & 6\bar{b}_3 = & -43{\cdot}8, \\
6\bar{a}_4 = & -114{\cdot}5, & 6\bar{b}_4 = & -120{\cdot}4, \\
6\bar{a}_5 = & -2{\cdot}8, & 6\bar{b}_5 = & 20{\cdot}9, \\
12\bar{a}_6 = & 0. & &
\end{array}
$$

Schließlich findet man aus $\bar{a}$ und a sowie aus b und $\bar{b}$ nach dem Schema auf Seite 228 und 229 die Koeffizienten A und B (a und b sind die bereits in Aufgabe 5 berechneten Koeffizienten):

$$
\begin{array}{|rlrl}
24A_0 = & 182, & & \\
12A_1 = & 925{\cdot}0, & 12B_1 = & 749{\cdot}1, \\
12A_2 = & -4{\cdot}5, & 12B_2 = & 39{\cdot}4, \\
12A_3 = & -409{\cdot}0, & 12B_3 = & -115{\cdot}8, \\
12A_4 = & -113{\cdot}0, & 12B_4 = & -126{\cdot}5, \\
12A_5 = & -0{\cdot}1, & 12B_5 = & 46{\cdot}1, \\
12A_6 = & -6, & 12B_6 = & 30, \\
12A_7 = & 5{\cdot}5, & 12B_7 = & -4{\cdot}3, \\
12A_8 = & 116{\cdot}0, & 12B_8 = & -114{\cdot}3, \\
12A_9 = & 21{\cdot}0, & 12B_9 = & 28{\cdot}2, \\
12A_{10} = & 7{\cdot}5, & 12B_{10} = & -0{\cdot}4, \\
12A_{11} = & 15{\cdot}6, & 12B_{11} = & -4{\cdot}5, \\
24A_{12} = & 22. & &
\end{array}
$$

Probe:

$$
\begin{aligned}
\tfrac{1}{2}(24A_0)^2 + \sum_1^{11}(12A_\alpha)^2 + \tfrac{1}{2}(24A_{12})^2 &= 1\,066\,762 \\
\sum_1^{11}(12B_\alpha)^2 &= \underline{609\,039} \\
\text{Summe} &= 1\,675\,801 \\
\frac{1}{12}\,\text{Summe} &= 139\,650{\cdot}0 \\
\sum y^2 &= \underline{139\,652\phantom{{\cdot}0}} \\
\text{Abrundungsfehler}\ & 2{\cdot}0.
\end{aligned}
$$

8. Die Normalgleichungen zur Berechnung von s_3, s_2 und s_1 (vgl. S. 232) erhalten die folgenden Koeffizienten:

$$\sum_1^{14} y_\alpha y_\alpha = 45366{\cdot}04, \quad \sum_2^{15} y_\alpha y_\alpha = 45635{\cdot}00, \quad \sum_3^{16} y_\alpha y_\alpha = 44977{\cdot}08,$$

$$\sum_1^{14} y_\alpha y_{\alpha+1} = 44111{\cdot}31, \quad \sum_2^{15} y_\alpha y_{\alpha+1} = 44427{\cdot}83, \quad \sum_3^{16} y_\alpha y_{\alpha+1} = 43053{\cdot}65,$$

$$\sum_1^{14} y_\alpha y_{\alpha+2} = 40809{\cdot}39, \quad \sum_2^{15} y_\alpha y_{\alpha+2} = 41212{\cdot}83, \quad \sum_4^{17} y_\alpha y_\alpha = 42264{\cdot}48.$$

$$\sum_1^{14} y_\alpha y_{\alpha+3} = 36281{\cdot}06,$$

Die Auflösung ergibt:

$$s_1 = -2{\cdot}774, \quad s_2 = 2{\cdot}637, \quad s_3 = -0{\cdot}868, \qquad \Omega = 0{\cdot}14.$$

Die kubische Gleichung

$$z^3 + s_1 z^2 + s_2 z + s_3 = 0$$

hat die Wurzeln:

$$z_1 = 1{\cdot}053, \quad z_2 = 0{\cdot}861 + 0{\cdot}289\,i, \quad z_3 = 0{\cdot}861 - 0{\cdot}289\,i.$$

Mit dem Wert $h = 1$ ergeben sich die Exponenten:

$$\alpha = \lg z_1 = 0{\cdot}052, \quad \beta = \tfrac{1}{2}\lg z_2 z_3 = -0{\cdot}097, \quad \gamma = \operatorname{arctg}\frac{0{\cdot}289}{0{\cdot}861} = 18°6.$$

Die empirische Funktion wird daher angenähert durch den Ausdruck:

$$\underline{\varphi(x) = a_1 e^{0{\cdot}052x} + a_2 e^{-0{\cdot}097x}\cos 18°6x + a_3 e^{-0{\cdot}097}\sin 18°6x.}$$

Der mittlere Ordinatenfehler m_y ergibt sich aus

$$m_y^2(1 + s_1^2 + s_2^2 + s_3^2) = \frac{\Omega}{17-6}, \quad 16{\cdot}4\,m_y^2 = 0{\cdot}013, \quad \underline{m_y = \pm 0{\cdot}025.}$$

§ 97. Lösungen der Aufgaben des 9. Kapitels.

1. Man erhält nach Formel (1) (S. 239) die folgenden Teilintegrale:

$$\int_{100\,000}^{120\,000} \frac{dx}{\lg x} = 1723{\cdot}15507\,,$$

$$\int_{120\,000}^{140\,000} \frac{dx}{\lg x} = 1698{\cdot}63876\,,$$

$$\int_{140\,000}^{160\,000} \frac{dx}{\lg x} = 1678{\cdot}20090\,,$$

$$\int_{160\,000}^{180\,000} \frac{dx}{\lg x} = 1660{\cdot}73225\,,$$

$$\int_{180\,000}^{200\,000} \frac{dx}{\lg x} = 1645{\cdot}51613\,.$$

Damit wird

$$\underline{\int_{100\,000}^{200\,000} \frac{dx}{\lg x} = 8406{\cdot}24311\,.}$$

2. Da der Integrand in bezug auf die Stelle $x = 0$ symmetrisch ist, läßt sich das Differenzenschema nach oben leicht ergänzen. Man berechnet die ersten Teilintegrale nach (2) (S. 241) und zum Schluß, wenn die höheren Differenzen nicht mehr bekannt sind, nach (1):

$$\begin{aligned}
F(0{\cdot}1) &= 0{\cdot}0999\,44484\,,\\
F(0{\cdot}2) - F(0{\cdot}1) &= 0{\cdot}0996\,12313\,,\\
F(0{\cdot}3) - F(0{\cdot}2) &= 0{\cdot}0989\,52590\,,\\
F(0{\cdot}4) - F(0{\cdot}3) &= 0{\cdot}0979\,74406\,,\\
F(0{\cdot}5) - F(0{\cdot}4) &= 0{\cdot}0966\,91047\,,\\
F(0{\cdot}6) - F(0{\cdot}5) &= 0{\cdot}0951\,19590\,,\\
F(0{\cdot}7) - F(0{\cdot}6) &= 0{\cdot}0932\,80405\,,\\
F(0{\cdot}8) - F(0{\cdot}7) &= 0{\cdot}0911\,96581\,,\\
F(0{\cdot}9) - F(0{\cdot}7) &= 0{\cdot}1800\,89895\,,\\
F(1{\cdot}0) - F(0{\cdot}8) &= 0{\cdot}1752\,90568\,.
\end{aligned}$$

Daraus ergeben sich die Funktionswerte

x	$F(x)$
0·0	0·0000 00000
0·1	0·0999 44484
0·2	0·1995 56797
0·3	0·2985 09387
0·4	0·3964 83793
0·5	0·4931 74840
0·6	0·5882 94430
0·7	0·6815 74835
0·8	0·7727 71416
0·9	0·8616 64730
1·0	0·9480 61984

3. Die empirische Funktion der Aufgabe 8, § 71, wird durch einen Exponentialausdruck von der Form

$$a_1 e^{\alpha x} + a_2 e^{\beta x} \cos \gamma x + a_3 e^{\beta x} \sin \gamma x$$

angenähert. Für die Exponenten sind die Werte

$$\alpha = 0{\cdot}052\,, \quad \beta = -\,0{\cdot}097\,, \quad \gamma = 18°6$$

gefunden worden (vgl. § 96).

Um das Intervall für die Annäherung auf die Strecke -1 bis $+1$ zu verlegen, führen wir

$$\bar{x} = \frac{x-8}{8}$$

ein. Dann wird die Näherungsfunktion

$$\varphi(x) = \bar{a}_1 e^{\bar{\alpha}\bar{x}} + \bar{a}_2 e^{\bar{\beta}\bar{x}} \cos \bar{\gamma}\bar{x} + \bar{a}_3 e^{\bar{\beta}\bar{x}} \sin \bar{\gamma}\bar{x}$$

und es ist

$$\bar{\alpha} = 8\alpha\,, \qquad \bar{\beta} = 8\beta\,, \qquad \bar{\gamma} = 8\gamma\,,$$

$$a_1 = \bar{a}_1 e^{-\bar{\alpha}}\,,$$

$$a_2 = e^{-\bar{\beta}} (\bar{a}_2 \cos \bar{\gamma} - \bar{a}_3 \sin \bar{\gamma})\,,$$

$$a_3 = e^{-\bar{\beta}} (\bar{a}_2 \sin \bar{\gamma} + \bar{a}_3 \cos \bar{\gamma})\,.$$

Die linken Seiten der Normalgleichungen zur Berechnung von $\bar{a}_1$, $\bar{a}_2$ und $\bar{a}_3$ können nach den Formeln auf Seite 247 ermittelt werden:

$$\int_{-1}^{+1} e^{2\bar{\alpha} x}\, dx = 2{\cdot}239\,,$$

$$\int_{-1}^{+1} e^{(\bar{\alpha}+\bar{\beta})x} \cos \bar{\gamma} x\, dx = 0{\cdot}3841\,, \qquad \int_{-1}^{+1} e^{(\bar{\alpha}+\bar{\beta})x} \sin \bar{\gamma} x\, dx = -\,0{\cdot}2955\,,$$

$$\int_{-1}^{+1} e^{2\bar{\beta} x} \cos^2 \bar{\gamma} x\, dx = 1{\cdot}122\,, \qquad \int_{-1}^{+1} e^{2\bar{\beta} x} \sin^2 \bar{\gamma} x\, dx = 1{\cdot}784\,.$$

$$\int_{-1}^{+1} e^{2\bar{\beta} x} \cos \bar{\gamma} x \sin \bar{\gamma} x\, dx = 0{\cdot}3001\,,$$

Die rechten Seiten findet man nach der *Simpson*schen Regel:

$$\int_{-1}^{+1} y\, e^{\bar{\alpha} x}\, dx = 88{\cdot}4,$$

$$\int_{-1}^{+1} y\, e^{\bar{\beta} x} \cos \bar{\gamma} x\, dx = 36{\cdot}18,$$

$$\int_{-1}^{+1} y\, e^{\bar{\beta} x} \sin \bar{\gamma} x\, dx = -60{\cdot}0.$$

Die Auflösung der Normalgleichungen ergibt die Werte

$$\bar{a}_1 = 29{\cdot}64,$$
$$\bar{a}_2 = 31{\cdot}20,$$
$$\bar{a}_3 = -33{\cdot}99.$$

Damit wird

$$a_1 = 19{\cdot}55,$$
$$a_2 = -19{\cdot}73,$$
$$a_3 = 98{\cdot}3\ .$$

Zur Kontrolle berechnen wir die Werte der Näherungsfunktion:

x	y	$\varphi(x)$
0	0·0	— 0·2
1	32·1	32·1
2	57·6	57·7
3	75·2	75·3
4	84·6	84·7
5	86·4	86·4
6	81·9	81·8
7	72·7	72·7
8	60·9	60·8
9	48·3	48·2
10	36·4	36·4
11	26·7	26·7
12	19·9	20·0
13	16·5	16·5
14	16·4	16·4
15	19·3	19·3
16	24·6	24·5

Aus den Abweichungen ergibt sich der mittlere Ordinatenfehler:

$$m_y = \sqrt{\frac{[v\,v]}{n-3}} = \sqrt{\frac{0{\cdot}12}{14}} = \underline{\pm 0{\cdot}09}\,.$$

4. Der Differentialquotient der Funktion $y = \log x$ ist

$$y' = \frac{1}{x} \log e\,.$$

Wenn man den Modul des *Briggs*schen Logarithmensystems mit M bezeichnet, so ist daher

$$M = x\,y'.$$

Aus dem Differenzenschema erhält man nach den Formeln (11) und (12) (S. 263) die Differentialquotienten:

$$y'_{30\cdot5} = 0{\cdot}01423916,$$
$$y'_{31} = 0{\cdot}01400950,$$
$$y'_{31\cdot5} = 0{\cdot}01378713$$

und nach Multiplikation mit x die Werte:

$$x = 30{\cdot}5, \quad xy' = 0{\cdot}4342944,$$
$$x = 31, \quad xy' = 0{\cdot}4342945,$$
$$x = 31{\cdot}5, \quad xy' = 0{\cdot}4342946.$$

Daraus folgt als Mittelwert:

$$\underline{M = 0{\cdot}4342945.}$$

5. Die empirische Funktion kann durch eine ganz rationale Funktion dritten Grades angenähert werden. Führt man $\bar{x} = \frac{x}{10}$ ein, so ergeben sich nach der *Simpson*schen Regel die Integrale

$$I_0 = 5{\cdot}13, \quad I_1 = -9{\cdot}29,$$
$$I_2 = 2{\cdot}285, \quad I_3 = -3{\cdot}188.$$

Damit werden die Koeffizienten nach den Formeln auf Seite 194:

$$a_0 = 3{\cdot}0, \quad a_1 = -90{\cdot}6,$$
$$a_2 = 6{\cdot}5, \quad a_3 = 104{\cdot}5.$$

Die Näherungsfunktion lautet:

$$\varphi(x) = a_0 + a_1\bar{x} + a_2\bar{x}^2 + a_3\bar{x}^3.$$

Für die Ableitungen y'_1, y'_2 und y'_3 an den Stellen $x = -4$, $x = 0$ und $x = +4$ erhält man aus

$$y' = \frac{d\varphi}{dx} = \frac{1}{10}\frac{d\varphi}{d\bar{x}}$$

die Werte

$$y'_1 = \frac{1}{10}(a_1 - 0{\cdot}8\,a_2 + 0{\cdot}48\,a_3),$$
$$y'_2 = \frac{1}{10}a_1,$$
$$y'_3 = \frac{1}{10}(a_1 + 0{\cdot}8\,a_2 + 0{\cdot}48\,a_3)$$

oder

$$\underline{y'_1 = -4{\cdot}6, \quad y'_2 = -9{\cdot}1, \quad y'_3 = -3{\cdot}5.}$$

Um eine Vorstellung von der Güte der Annäherung zu bekommen, berechnen wir die Funktionswerte:

x	y	$\varphi(x)$
− 10	0	− 4·5
− 8	26	26·1
− 6	33	37·1
− 4	32	33·5
− 2	24	20·5
0	6	3·0
2	− 15	− 14·1
4	− 28	− 25·6
6	− 27	− 26·5
8	− 10	− 11·9
10	+ 20	+ 23·3

Aus den Abweichungen ergibt sich der mittlere Ordinatenfehler:

$$m_y = \sqrt{\frac{[v\,v]}{n-4}} = \sqrt{\frac{82}{7}} = \pm 3{\cdot}4\,.$$

6. Um das Integrationsintervall von − 1 bis + 1 zu erstrecken, führen wir

$$x = 150\,000 + 50\,000\,\bar{x}$$

ein. Dann wird

$$I = \int\limits_{100\,000}^{200\,000} \frac{d\,x}{\lg x} = \frac{1}{2}\int\limits_{-1}^{+1} \frac{100\,000}{\lg x}\, d\bar{x}\,.$$

Für die Formel von *Newton-Cotes* berechnen wir die folgenden Funktionswerte:

x	$\frac{100000}{\lg x}$
100000	8685·8896
125000	8520·7406
150000	8390·3946
175000	8283·2602
200000	8192·6434

Die Reihenentwicklung der Funktion

$$\frac{100000}{\lg(150000 + 50000\,\bar{x})}$$

hat die Koeffizienten:

$$a_6 = 0{\cdot}2371\,, \qquad a_{10} = 0{\cdot}0020\,.$$

Somit ergibt sich:

a) $\quad I = 8406{\cdot}2499\,,\quad F = -0{\cdot}0056\,.$

Um die Formel von *Tschebyscheff* anwenden zu können, sind die Funktionswerte zu berechnen:

x	$\frac{100000}{\lg x}$
108375·126	8625·6317
131272·930	8485·3413
150000	8390·3946
168727·070	8308·3821
191624·874	8221·4565

Durch Addition findet man

b) $\left| \begin{array}{l} I = 8406{\cdot}2412\,, \\ F = \quad 0{\cdot}0020\,. \end{array} \right.$

Für das *Gauß*sche Verfahren braucht man die folgenden Funktionswerte:

x	$\frac{100000}{\lg x}$
104691·007703	8651·440674
123076·534495	8532·014318
150000	8390·394608
176923·465505	8275·766741
195308·992297	8208 604842

Die Multiplikation mit den Gewichten liefert

$$R_1 y_1 = 1024{\cdot}879445\,,$$
$$R_2 y_2 = 2041{\cdot}833335\,,$$
$$R_3 y_3 = 2386{\cdot}601133\,,$$
$$R_4 y_4 = 1980{\cdot}509616\,,$$
$$R_5 y_5 = \ 972{\cdot}419588\,.$$

Daraus findet man durch Addition den Integralwert

c) $\left| \begin{array}{l} I = 8406{\cdot}243117\,, \\ F = \quad 0{\cdot}000003\,. \end{array} \right.$

§ 98. Lösungen der Aufgaben des 10. Kapitels.

1. Die Integration der Differentialgleichung

$$y' = 2 - \frac{\sin y}{x}$$

liefert nach dem *Runge-Kutta*schen Verfahren

x	$y\ (h = 0{\cdot}2)$	$y\ (h = 0{\cdot}4)$
0·0	0·000 000	0·000 000
0·2	0·200 333	
0·4	0·402 686	0·402 661
0·6	0·609 161	
0·8	0·822 022	0·821 975
1·0	1·043 787	
1·2	1·277 312	1·277 249

Die Werte in der dritten Spalte sind mit der doppelten Intervalllänge erhalten. Danach beträgt der Fehler bei $x = 1{\cdot}2$ etwa 4 Einheiten der sechsten Stelle.

Aus $\operatorname{tg}\frac{y}{2}$ erhält man durch Integration $-\lg I$ und damit die gesuchte *Bessel*sche Funktion I:

x	$\operatorname{tg}\frac{y}{2}$	$-\lg I$	I
0·0	0·000 000	0·000 000	1·000 000
0·2	0·100 504	0·010 025	0·990 025
0·4	0·204 111	0·040 408	0·960 398
0·6	0·314 365	0·092 110	0·912 004
0·8	0·435 837	0·166 897	0·846 287
1·0	0·575 084	0·267 622	0·765 197
1·2	0·742 463	0·398 790	0·671 131

2. Durch Iteration des Anfangswertes $y_1 = 1$ erhält man nacheinander die Näherungen:

x	y_1	y_2	y_3	y_4	y_5
0·0	1	1·00	1·000	1·000	1·00 000
0·1	1	1·09	1·091	1·091	1·09 113
0·2	1	1·16	1·168	1·168	1·16 784
0·3	1	1·22	1·233	1·233	1·23 349
0·4	1	1·27	1·290	1·290	1·29 015
0·5	1	1·31	1·338	1·339	1·33 922
0·6	1	1·34	1·379	1·382	1·38 169
0·7	1	1·36	1·414	1·418	1·41 833
0·8	1	1.38	1·444	1·450	1·44 968
0·9	1	1·38	1·467	1·476	1·47 622
1·0	1	1·39	1·486	1·498	1·49 828

Die genaue Lösung ist für $x = 1$ aus der Gleichung

$$\frac{1}{2}\lg(1+y^2) + \operatorname{arctg} y = \frac{\pi}{2}$$

zu berechnen. Man erhält etwa nach dem Verfahren des § 49 den Wert

$$\underline{y = 1{\cdot}498\,278\,.}$$

3. Nach dem *Runge-Kutta*schen Verfahren erhält man für die beiden Differentialgleichungen

$$y' = \frac{z}{\sqrt{1-z^2}},$$

$$z' = 2y - \frac{z}{x}$$

die Lösung:

x	y	y	z	z	w	w
0·0	1·00 000	1·00 000	0·00 000	0·00 000	1·00 000	1·00 000
0·1	1·00 502		0·10 025		0·99 496	
0·2	1·02 031	1·02 035	0·20 202	0·20 201	0·97 938	0·97 938
0·3	1·04 663		0·30 691		0·95 174	
0·4	1·08 546	1·08 551	0·41 670	0·41 670	0·90 904	0·90 904
0·5	1·13 951		0·53 353		0·84 578	
0·6	1·21 408	1·21 422	0·66 018	0·66 016	0·75 111	0·75 113

Die mit größerer Intervallänge gefundenen Werte sind jedesmal zum Vergleich dahinter gesetzt.

Weiter löst man jetzt die Gleichungen

$$\frac{dx}{dy} = \frac{w}{\sqrt{1-w^2}}, \qquad w = \sqrt{1-z^2}$$

$$\frac{dw}{dy} = -2y + \frac{\sqrt{1-w^2}}{x},$$

mit den Anfangswerten $y = 1{\cdot}21\,408$, $x = 0{\cdot}6$, $w = 0{\cdot}75\,111$.

y	x	x	w	w	z	z
1·21 408	0·6	0·6	0·75 111	0·75 111	0·66 018	0·66 018
1·25	0·63 808		0·70 239		0·71 179	
1·30	0·68 294	0·68 294	0·63 118	0·63 118	0·77 564	0·77 563
1·35	0·71 992		0·55 594		0·83 122	
1·40	0·75 013		0·47 661		0·87 911	
1·50	0·79 301	0·79 298	0·30 533	0·30 534	0·95 225	0·95 224
1·60	0·81 485		0·11 642		0·99 320	
1·70	0·81 627	0·81 624	− 0·09 146	− 0·09 140	0·99 581	0·99 582

Geht man andrerseits von den Werten des § 87 aus, so ergibt sich nach dem Summationsverfahren:

x	y	z
0·00	1·00000	0·00000
0·05	00125	05004
0·10	00502	10025
0·15	01135	15084
0·20	02031	20201
0·25	03202	25396
0·30	1·04663	0·30690

x	y	z
0·35	1·06435	0·36106
0·40	08546	41670
0·45	11033	47408
0·50	13950	53353
0·55	17371	59541
0·60	21406	66018
0·65	1·26232	0·72839

Durch Interpolation findet man die Werte

$$y = 1{\cdot}2, \qquad x = 0{\cdot}58\,353, \qquad z = 0{\cdot}63\,849, \qquad w = 0{\cdot}76\,963.$$

Von hier aus ergibt sich weiter nach dem Summationsverfahren, wenn man wieder y als unabhängige Veränderliche einführt:

y	x	w
1·20	0·58353	0·76963
1·25	63808	70239
1·30	68294	63118
1·35	71991	55594
1·40	75013	47662
1·45	77433	39317
1·50	79301	30533
1·55	80647	21315
1·60	81485	11642
1·65	81817	0·01496
1·70	0·81627	− 0·09146

Der Differentialquotient $\frac{dy}{dx}$ wird unendlich, wenn $z = 1$ oder $w = 0$ ist. Durch Interpolation findet man für diesen Punkt die Werte:

$$\underline{x = 0{\cdot}81\,822,} \qquad \underline{y = 1{\cdot}65\,718.}$$

Namen- und Sachverzeichnis.

(Die Zahlen geben die Seiten an.)

Berichtigungen.

Seite 35, Zeile 12 von oben lies $3{\cdot}71\,y$ statt $3{\cdot}17\,y$.
" 40, " 3 von unten lies $2{\cdot}13\,y$ statt $2{\cdot}13\,x$.
" 42, " 3 von unten lies c_3' statt c_3.
" 43, " 8 von oben lies $c_2'z$ statt $c_3'z$.
" 44, " 13 von oben lies 9·3486 statt 0·3486.
" 47, " 3 von unten lies $M^2 =$ statt $m^2 =$.
" 47, " 1 von unten lies $M =$ statt $m =$.
" 51, " 28 von oben lies 8·800 statt 8·900.
" 53, " 9 von unten lies ξ statt ξ'.
" 55, " 1 von oben lies $\frac{\lambda}{\sqrt{1+\beta^2\lambda^2}}$ statt $\frac{1}{\sqrt{1+\beta^2\lambda^2}}$.
" 55, " 2 von oben lies $\frac{1}{\sqrt{1+\beta^2\lambda^2}}$ statt $\frac{\lambda}{\sqrt{1+\beta^2\lambda^2}}$.
" 72, " 5 von oben lies a_{44}'' statt a_4''.
" 76, " 7 von oben lies Hyperboloid.
" 77, " 12 u. 13 von unten lies Richtungskosinusse.
" 78, " 7 von unten lies geteilte statt gestellte.
" 88, " 6 von unten lies $= 6$ statt $= 0$.
" 93, " 12 von oben lies $p\,a_1'$ statt p_1'.
" 105, " 13 von oben lies Differenzenquotienten.
" 162, " 6 von oben lies $-g_{\nu+1}(x)$ statt $-g_{\nu-1}(x)$.
" 163, " 18 von oben lies 6·118 statt 6·108.
" 166, " 26 von oben lies $+$ statt $-$.
" 194, " 7 von unten lies $5J_3 - 3J_1$ statt $5J_3 - 3J_2$.
" 200, " 2 von unten lies 77 statt 73.
" 204, " 9 von unten lies $\frac{15}{8}$ statt $\frac{35}{8}$.
" 207, " 3 von oben lies 77 statt 73.
" 215, " 15 von oben lies $y_{4p-\alpha}$ statt $y_{4b-\alpha}$.
" 221, " 12 von oben lies 27 41 statt -21 -37.
" 223, " 3 von oben lies $3x + \delta_3$ statt $8x + \delta_3$.
" 241, " 15 von oben lies $\Delta^2\bar{\Delta}^2 y_1$ statt $\Delta^2\bar{\Delta}\,y_1$.
" 301, " 18 von unten lies ε_{n+1} statt ε_{n-1}.

MIX
Papier aus verantwortungsvollen Quellen
Paper from responsible sources
FSC® C105338

If you have any concerns about our products,
you can contact us on
ProductSafety@springernature.com

In case Publisher is established outside the EU,
the EU authorized representative is:
Springer Nature Customer Service Center GmbH
Europaplatz 3, 69115 Heidelberg, Germany

Printed by Libri Plureos GmbH
in Hamburg, Germany